"十二五"普通高等教育本科国家级规划教材

住房和城乡建设部"十四五"规划教材

教育部高等学校建筑环境与能源应用工程专业教学指导分委员会规划推荐教材

建筑设备工程施工技术与管理

（第三版）

丁云飞　主　编

李风雷　董重成　副主编

黄建麟　主　审

中国建筑工业出版社

图书在版编目（CIP）数据

建筑设备工程施工技术与管理/丁云飞主编；李风雷，董重成副主编. —3 版. —北京：中国建筑工业出版社，2022.6（2023.4 重印）
"十二五"普通高等教育本科国家级规划教材　住房和城乡建设部"十四五"规划教材　教育部高等学校建筑环境与能源应用工程专业教学指导分委员会规划推荐教材
ISBN 978-7-112-27019-4

Ⅰ. ①建… Ⅱ. ①丁… ②李… ③董… Ⅲ. ①房屋建筑设备-建筑安装工程-工程施工-高等学校-教材
Ⅳ. ①TU8

中国版本图书馆 CIP 数据核字（2021）第 269836 号

本书为教育部高等学校建筑环境与能源应用工程专业教学指导分委员会规划推荐教材。

本书共 15 章，主要介绍了供暖、通风空调、空调冷热源、建筑给水排水及建筑供配电等系统的安装内容，以专业施工质量验收规范为指导，以基本施工技术为基础，重点突出"四新"技术是本书的特点。同时，本书还介绍了安装工程项目管理的基本内容，这些内容既是从事安装活动必须具备的基本知识，也是建造师考试大纲的主要要求。

这次修订对第二版内容进行了精简和合并，对涉及的标准、规范尽可能进行更新，并增加了 BIM 技术应用的内容。

本教材可供高校建筑环境与能源应用工程专业的师生使用，也可供相关专业的技术人员参考。

为了更好地支持相应课程的教学，我们向采用本书作为教材的教师提供课件，有需要者可与出版社联系。

建工书院：http://edu.cabplink.com
邮箱：jckj@cabp.com.cn　电话：(010) 58337285

* 　 * 　 *

责任编辑：齐庆梅
责任校对：芦欣甜

"十二五"普通高等教育本科国家级规划教材
住房和城乡建设部"十四五"规划教材
教育部高等学校建筑环境与能源应用工程专业教学指导分委员会规划推荐教材
建筑设备工程施工技术与管理
（第三版）
丁云飞　主　编
李风雷　董重成　副主编
黄建麟　主　审

*

中国建筑工业出版社出版、发行（北京海淀三里河路 9 号）
各地新华书店、建筑书店经销
霸州市顺浩图文科技发展有限公司制版
天津安泰印刷有限公司印刷

*

开本：787 毫米×1092 毫米　1/16　印张：24½　字数：607 千字
2022 年 8 月第三版　　2023 年 4 月第二次印刷
定价：**58.00** 元（赠教师课件）
ISBN 978-7-112-27019-4
（38811）

出 版 说 明

　　党和国家高度重视教材建设。2016年，中办国办印发了《关于加强和改进新形势下大中小学教材建设的意见》，提出要健全国家教材制度。2019年12月，教育部牵头制定了《普通高等学校教材管理办法》和《职业院校教材管理办法》，旨在全面加强党的领导，切实提高教材建设的科学化水平，打造精品教材。住房和城乡建设部历来重视土建类学科专业教材建设，从"九五"开始组织部级规划教材立项工作，经过近30年的不断建设，规划教材提升了住房和城乡建设行业教材质量和认可度，出版了一系列精品教材，有效促进了行业部门引导专业教育，推动了行业高质量发展。

　　为进一步加强高等教育、职业教育住房和城乡建设领域学科专业教材建设工作，提高住房和城乡建设行业人才培养质量，2020年12月，住房和城乡建设部办公厅印发《关于申报高等教育职业教育住房和城乡建设领域学科专业"十四五"规划教材的通知》（建办人函〔2020〕656号），开展了住房和城乡建设部"十四五"规划教材选题的申报工作。经过专家评审和部人事司审核，512项选题列入住房和城乡建设领域学科专业"十四五"规划教材（简称规划教材）。2021年9月，住房和城乡建设部印发了《高等教育职业教育住房和城乡建设领域学科专业"十四五"规划教材选题的通知》（建人函〔2021〕36号）。为做好"十四五"规划教材的编写、审核、出版等工作，《通知》要求：（1）规划教材的编著者应依据《住房和城乡建设领域学科专业"十四五"规划教材申请书》（简称《申请书》）中的立项目标、申报依据、工作安排及进度，按时编写出高质量的教材；（2）规划教材编著者所在单位应履行《申请书》中的学校保证计划实施的主要条件，支持编著者按计划完成书稿编写工作；（3）高等学校土建类专业课程教材与教学资源专家委员会、全国住房和城乡建设职业教育教学指导委员会、住房和城乡建设部中等职业教育专业指导委员会应做好规划教材的指导、协调和审稿等工作，保证编写质量；（4）规划教材出版单位应积极配合，做好编辑、出版、发行等工作；（5）规划教材封面和书脊应标注"住房和城乡建设部'十四五'规划教材"字样和统一标识；（6）规划教材应在"十四五"期间完成出版，逾期不能完成的，不再作为《住房和城乡建设领域学科专业"十四五"规划教材》。

　　住房和城乡建设领域学科专业"十四五"规划教材的特点：一是重点以修订教育部、住房和城乡建设部"十二五""十三五"规划教材为主；二是严格按照专业标准规范要求编写，体现新发展理念；三是系列教材具有明显特点，满足不同层次和类型的学校专业教学要求；四是配备了数字资源，适应现代化教学的要求。规划教材的出版凝聚了作者、主审及编辑的心血，得到了有关院校、出版单位的大力支持，教材建设管理过程有严格保障。希望广大院校及各专业师生在选用、使用过程中，对规划教材的编写、出版质量进行反馈，以促进规划教材建设质量不断提高。

住房和城乡建设部"十四五"规划教材办公室
2021年11月

第三版前言

"建筑设备工程施工技术与管理"课程是面向建筑环境与能源应用工程专业本科生的一门专业课程。它涉及暖通空调、建筑给水排水、建筑供配电等建筑设备设施的施工安装技术及施工安装过程中的项目管理等领域的知识，通过本课程的学习，可培养学生的工程实践能力，为本专业学生走向工作岗位打下良好的基础。

随着建筑设备施工安装技术的迅速发展，新设备、新材料、新工艺、新方法的不断涌现，施工安装水平有了大幅度提高，同时，对施工管理的要求也越来越高。由于篇幅限制，本书主要介绍了供暖、通风空调、空调冷热源、建筑给水排水及建筑供配电等系统的安装内容，以专业施工质量验收规范为指导，以基本施工技术为基础，重点突出"四新"技术是本书的特点。本书还介绍了安装工程项目管理的基本内容，这些内容既是从事安装活动必须具备的基本知识，也是建造师考试大纲的主要知识点。

由于本门课程实践性较强，教学过程中，施工技术知识可以用实物、图片、录像、动画等教学方式来增强课程的直观性、生动性、形象性，也可以结合生产实习或现场教学。施工管理知识结合案例进行教学，将更有利于学生对相关知识的掌握。由于技术进步，建筑施工安装相关标准规范也在不断更新，学习时应对本书中涉及的标准规范进行跟踪，凡书中内容与新修订标准规范不一致的，应按新修订的标准规范执行。

第三版修订时对部分内容进行了精简与合并，并增加了BIM技术应用的内容。同时对涉及的标准和规范内容都进行了更新。

第三版全书共十五章，其中第一、二、八章由太原理工大学李凤雷修订；第三、四章由哈尔滨工业大学董重成修订；第五章由广州大学赵矿美、唐兰修订；第六章第一节、第七章、第十一~十二章、第十四章由广州大学丁云飞修订；第六章第二节由广州大学吴会军修订；第六章第三节由哈尔滨工业大学王威修订；第九章由广州大学郝海青、徐晓宁修订；第十三章由广州大学梁红宁修订；第十五章第一节由苏州科技大学刘成刚修订，第二节由太原理工大学景胜蓝、李凤雷编写。全书由丁云飞主编，李凤雷、董重成副主编，由广东省工业设备安装有限公司黄建麟教授级高级工程师主审。

本次修订还配套制作了教学视频，读者可扫描封底二维码学习浏览。

由于编者水平和经验有限，书中错误和不妥之处在所难免，敬请各位师生和广大读者不吝指教，并提出建议。

第二版前言

"建筑设备工程施工技术与管理"课程是面向建筑环境与能源应用工程专业本科生的一门专业课程。它涉及暖通空调、建筑给水排水、建筑供配电等建筑设备设施的施工安装技术及施工安装过程中的项目管理等领域的知识，通过本课程的学习，培养学生的工程实践能力，为本专业学生走向工作岗位打下良好的基础。

随着建筑设备施工安装技术的迅速发展，新设备、新材料、新工艺、新方法的不断涌现，施工安装水平有了大幅度的提高，同时，对施工管理的要求也越来越高。由于篇幅限制，本书主要介绍了供暖、通风空调、空调冷热源、建筑给水排水及建筑供配电等系统的安装内容，以专业施工质量验收规范为指导，以基本施工技术为基础，重点突出"四新"技术是本书的特点。本书还介绍了安装工程项目管理的基本内容，这些内容既是从事安装活动必须具备的基本知识，也是建造师考试大纲的主要知识点。

由于本课程实践性较强，教学过程中，施工技术知识可以用实物、图片、录像等教学方式来增强课程的直观性、生动性、形象性，也可以结合生产实习或现场教学。施工管理知识结合案例进行教学，将更有利于学生对相关知识的掌握。由于技术进步，建筑施工安装相关标准规范也在不断更新，学习时应对本书中涉及的标准规范进行跟踪，凡书中内容与新修订标准规范不一致的，应按新修订的标准规范执行。

第二版修订中对部分内容进行了精简和合并，并增加了绿色施工的内容。同时对涉及的标准和规范内容都进行了更新。

第二版全书共十五章，其中第一、二、八章由太原理工大学李风雷修订，第三、四章由哈尔滨工业大学董重成修订，第五章由广州大学赵矿美修订，第六章第一节、第七章、第十~十四章由广州大学丁云飞修订，第六章第二节由广州大学吴会军修订，第六章第三节由哈尔滨工业大学王威修订，第九章由广州大学徐晓宁、郝海青修订，第十五章由苏州科技学院刘成刚编写。全书由丁云飞主编，李风雷、董重成副主编，仍承北京市建筑设计研究院吴德绳教授级高级工程师、中建一局安装公司任俊和教授级高级工程师主审。

为方便任课教师教学，我们制作了包含书中概念、图表等内容的电子素材，可发送邮件至 jiangongshe@163.com 免费索取。

由于编者水平和经验有限，书中错误和不妥之处在所难免，敬请各位师生和广大读者不吝指教，并提出建议。

编者

2013 年 8 月

第一版前言

"建筑设备工程施工技术与管理"课程是面向建筑环境与设备工程专业本科生的一门专业课程。它涉及暖通空调、建筑给水排水、建筑供配电等建筑设备设施的施工安装技术及施工安装过程中的项目管理等领域的知识,通过本课程的学习,培养学生的工程实践能力,为本专业学生走向工作岗位打下良好的基础。

随着建筑设备施工技术的迅速发展,新设备、新材料、新工艺、新方法的不断涌现,施工安装水平有了大幅度的提高。由于篇幅限制,本书主要介绍了供暖、锅炉、通风空调、制冷、建筑给排水及建筑供配电等系统的安装内容,以专业施工质量验收规范为指导,以基本施工技术为基础,重点突出"四新"技术是本书的特点。同时,本书还介绍了安装工程项目管理的基本内容,这些内容既是从事安装活动必须具备的基本知识,也是建造师考试大纲的主要要求。由于本门课程实践性较强,教学过程中,施工技术知识可以用实物、图片、录像等教学方式来增强课程的直观性、生动性、形象性,也可以结合生产实习或现场教学。施工管理知识可结合案例进行教学,将更有利于学生对相关知识的掌握。

全书共十五章,其中第七、八、十一~十五章由广州大学丁云飞编写,第三、四章由哈尔滨工业大学董重成编写,第一、二、九章由太原理工大学李风雷编写,第五章由哈尔滨工业大学王威编写,第六章由广州大学赵矿美编写,第十章由广州大学徐晓宁、郝海青编写。全书由丁云飞主编,承北京市建筑设计研究院吴德绳教授级高级工程师、中建一局安装公司任俊和教授级高级工程师主审。

由于编者水平和经验有限,书中错误和不妥之处在所难免,敬请各位师生和广大读者不吝指教,并提出建议。

编者

2008 年 5 月

目 录

绪　　论

一、本课程开设的目的

营造健康、舒适或具有特殊要求的室内环境是建筑环境与能源应用工程专业的主要任务，而这个任务需要经过规划、设计、施工、调试、运行管理等环节来完成，其中施工是将设计蓝图变为实体工程的关键环节，而施工技术和施工管理水平直接制约着施工进度和工程质量，甚至决定设计目标能否实现。因此，建筑环境与能源应用专业开设"施工技术与管理"课程是十分必要的。

"施工技术与管理"课程是建筑环境与能源应用工程专业的学生学习安装技术和施工管理的课程，也是总结研究安装企业生产经营管理的科学。学习"施工技术与管理"课程可以使学生增长施工专业知识，在走上工作岗位后能既具有扎实的专业知识又具有相应的管理知识，这对发展安装技术和提高安装质量十分重要。安装质量的好坏直接关系着工业项目的生产能力和产品质量，关系着建设项目的经济效益，关系着人民生活的舒适与健康。同时对全面贯彻国家各项建设方针，高质量地完成每项建设工程也是十分必要的。

二、施工安装技术规范

近年来，随着我国国民经济的快速发展和人们物质文化生活水平的不断提高，对建筑设备设施的应用日益广泛，技术要求也越来越高，传统的水、暖、电被赋予了越来越多的专业内涵，它已不再仅仅是一般的生活给水排水、采暖、照明。以满足和实现人所需要的各种功能为主要特征的现代建筑中，建筑设备工程所占地位得到了前所未有的提高，其系统（包括供热、空调、给水排水、通信网络与自动控制及建筑电气）的投资占建筑总投资已达 30%～40%，而且，建筑级别越高，设备设施系统越完善，该比例越大。一大批新材料、新技术、新工艺、新设备不断出现，这既是对安装行业的挑战，更是为这一行业带来了前所未有的发展机遇。

为了确保施工质量，国家颁布了《建筑工程施工质量验收规范》，规范是法令性的文件，所有建筑安装企业和其他企事业单位、工程技术人员都必须严格遵守这些技术法规。

《建筑工程施工质量验收规范》以"验评分离、强化验收、完善手段、过程控制"为指导思想，由《建筑工程施工质量验收统一标准》和其他 14 本建筑工程的专业工程质量验收规范组成。《建筑工程施工质量验收统一标准》以技术立法的形式，统一建筑工程施工质量验收的方法、内容和单位工程的质量验收指标。各专业工程质量验收规范规定了各分项工程验收指标的具体内容。因此，应用《建筑工程施工质量验收统一标准》时，必须同时满足各专业工程质量验收规范的要求。

专业工程质量验收规范一般按分部工程编制，每册规范一般由总则、术语、基本规定、各子分部工程安装、分部（子分部）工程质量验收、附录及条文说明组成。与本专业相关的主要有：《机械设备安装工程施工及验收通用规范》《建筑电气工程施工质量验收规范》《建筑给水排水及采暖工程施工质量验收规范》《通风与空调工程施工质量验收规范》等。

在《建筑工程施工质量验收规范》的专业工程质量验收规范中，许多为满足使用安全要求，防止使用中任何由其引起的事故发生，以及施工质量直接涉及人民生命财产安全和公众利益而设立的条文，称为强制性条文，施工过程中必须严格执行。规范中的强制性条文以黑体字标示。

在《建筑工程施工质量验收规范》的专业工程质量验收规范中，各子分部工程的安装要求均分一般规定、主控项目及一般项目。

一般规定主要说明本子分部工程的适用范围及安装中的基本要求。

主控项目则是建筑工程中对安全、卫生、环境保护和公众利益起决定性作用的检验项目。除主控项目以外的检验项目称为一般项目。

三、本书的内容、特点及学习方法

本书包括施工技术及施工管理两部分内容。施工技术主要以专业施工质量验收规范为指导，以基本施工技术为基础，突出新材料、新技术和新工艺的应用、新设备的安装技术。施工管理主要以我国最新的基本建设政策法规为指针，结合我国施工企业管理的现状，主要介绍施工项目管理的基本知识。

施工技术是一门实践性很强的应用技术，又是一门知识面广和多学科交叉的综合技术，它主要研究施工过程中的材料选用、加工制作和安装工艺、设备的安装方法及施工机具的技术性能和使用条件。由于篇幅和课时限制，本课程主要讲授供暖、通风空调、空调冷热源系统、建筑给水排水及建筑供配电等系统的安装内容，教材的内容是建筑环境与能源应用工程安装中的基本知识和方法，在今后的工作中，同学们还需要在实践中进一步学习。

施工管理的内容贯穿于施工招投标到竣工验收的整个施工过程之中，它的主要目的是进行良好的施工现场管理，使施工安全、施工质量、施工进度及施工成本处于受控状态，实现施工组织设计规定的项目管理目标。本课程施工管理部分主要内容包括安装工程招投标及施工合同、施工组织、项目管理及绿色施工等内容。这些内容既是安装企业技术及管理人员必须具备的知识，也是建造师考试大纲的主要要求。

由于本课程实践性较强，在教学过程中，施工技术知识可以用实物、图片、视频、动画等教学方式来增强课程的直观性、生动性、形象性，施工管理知识可结合案例进行，如果能结合生产实习，让学生在施工现场参与施工过程、施工组织、项目管理活动，则将更有利于学生对知识的掌握。

第一章　安装工程常用材料

将冷水、热水、蒸汽、燃气等流体通过管道输送到建筑内，然后将循环或废弃的流体再由管道输送到流体处理设备进行处理，这是建筑环境与能源应用工程领域创造舒适室内生活环境的主要手段。因此，管道是建筑设备安装工程的主要材料。另外，管道阀门、固定或支撑管道及设备的型材、紧固件、板材、电工线材等也是安装工程中的常用材料。

第一节　管道及其附件的通用标准

制定管道及其附件的通用标准是为了简化管道、管件、阀门和法兰等的品种规格，以便于设计、制造、施工、运行管理中统一规格，使管道及其附件具有通用性和互换性。在管道工程中，管道及其附件通用标准的主要内容是统一管道及其附件的主要参数与结构尺寸，如公称直径、公称压力、管螺纹标准等。

一、公称直径

公称直径是为了设计、制造、安装和检修方便而人为规定的各种管道元件的通用口径，也称公称通径、公称口径、公称尺寸等。对管道而言，公称直径既不是管道的外径也不是管道的内径，一般情况下接近管道的内径。同一公称直径管道的外径相同，但壁厚不一定相等。对于内螺纹管件、阀门等附件，公称直径等于其内径。

公称直径用符号 DN 表示，公称直径的数值由 DN 后的无因次整数数字表示，如 $DN150$ 表示公称直径为 150mm。现行管道元件的公称直径见表 1-1。

管道元件的公称直径（摘自 GB/T 1047—2019）　　　　表 1-1

DN 6	DN 25	DN 80	DN 250	DN 500	DN 750	DN 1000	DN 1300	DN 1800	DN 2300	DN 2800	DN 3600
DN 8	DN 32	DN 100	DN 300	DN 550	DN 800	DN 1050	DN 1400	DN 1900	DN 2400	DN 2900	DN 3800
DN 10	DN 40	DN 125	DN 350	DN 600	DN 850	DN 1100	DN 1500	DN 2000	DN 2500	DN 3000	DN 4000
DN 15	DN 50	DN 150	DN 400	DN 650	DN 900	DN 1150	DN 1600	DN 2100	DN 2600	DN 3200	
DN 20	DN 65	DN 200	DN 450	DN 700	DN 950	DN 1200	DN 1700	DN 2200	DN 2700	DN 3400	

二、公称压力、试验压力、工作压力

1. 公称压力

公称压力是设备、管道及其附件在基准温度下的耐压强度，用符号 PN 表示，公称压力的大小由 PN 后的无因次数字表示，如 $PN16$ 表示公称压力为 1.6MPa。管道的公称压力见表 1-2。不同材料的制品如设备、管道及其附件等所允许承受的压力（耐压强度）不同，即使是同一材料的制品在温度不同时耐压强度也不同，并且随着温度的升高，其耐压强度降低。不同材料制品的基准温度不同，铸铁和铜的基准温度为 120℃，合金钢、钢、

管道元件的公称压力（摘自 GB/T 1048—2019）   表 1-2

PN 系列	PN 2.5	PN 6	PN 10	PN 16	PN 25	PN 40	PN 63
	PN 100	PN 160	PN 250	PN 320	PN 400	—	—
Class 系列	Class 25[a]	Class 75	Class 125[b]	Class 150	Class 250[b]	Class 300	(Class 400)
	Class 600	Class 800[c]	Class 900	Class 1500	Class 2000[d]	Class 2500	Class 3000[e]
	Class 4500[f]	Class 6000[e]	Class 9000[g]	—	—	—	—

注：带括号的公称压力数值不推荐使用；
[a] 适用于灰铸铁法兰和法兰管件；[b] 适用于铸铁法兰，法兰管件和螺纹管件；[c] 适用于承插焊和螺纹连接的阀门；[d] 适用于锻钢制的螺纹管件；[e] 适用于锻钢制的承插焊和螺纹管件；[f] 适用于对焊连接的阀门；[g] 适用于锻钢制的承插焊管件。

塑料制品的基准温度分别为 250℃、200℃、20℃。

2. 试验压力

在常温下对设备、管道及其附件进行强度和严密性试验的压力标准，称为试验压力。试验压力用符号 P_S 表示，P_S 后跟以"MPa"为单位的试验压力数值。如 $P_S1.5MPa$ 表示试验压力为 1.5MPa。设备、管道及其附件在出厂前必须进行压力试验。一般情况下，强度试验时，$P_S=1.5PN$，严密性试验时，$P_S=PN$。

3. 工作压力

在正常运行条件下设备、管道及其附件所承受工作介质的最大压力，称为工作压力。工作压力用符号 Pt 表示，"t"为介质最高温度的 1/10 的整数值。如 $P30\ 10MPa$ 表示介质的最高温度为 300℃，工作压力为 10MPa。

在工程实践中，通常按照设备、管道及其附件承受的最高温度，把工作温度分成若干等级，并计算每个温度等级下所允许的工作压力。对于优质碳素钢制品，工作温度分为 11 个等级，在每一个工作温度等级下的工作压力见表 1-3。

优质碳素钢制品公称压力与工作压力的关系   表 1-3

温度等级	温度范围	最大工作压力	温度等级	温度范围	最大工作压力
1	0～200℃	PN	7	351～375℃	$0.67PN$
2	201～250℃	$0.92PN$	8	376～400℃	$0.64PN$
3	251～275℃	$0.86PN$	9	401～425℃	$0.55PN$
4	276～300℃	$0.81PN$	10	426～435℃	$0.50PN$
5	301～325℃	$0.75PN$	11	436～450℃	$0.45PN$
6	326～350℃	$0.71PN$			

三、管螺纹标准

为了使螺纹连接的管道、附件以及设备接头的螺纹具有通用性和互换性，国家对管螺纹制定了统一标准。

按螺纹牙型角的不同，管螺纹分为 55°管螺纹和 60°管螺纹两大类，见图 1-1。在我国现行国家标准中，当焊接钢管采用螺纹连接时，管子外螺纹和管件内螺纹均应采用 55°管螺纹。

按管螺纹的构造形式，分为圆锥螺纹和圆柱螺纹两种。圆锥管螺纹各圈螺纹的直径皆不相等，从螺纹的端头到根部成锥台形；圆柱管螺纹其螺纹深度及每圈螺纹的直径都相等，只是螺尾部分较粗一些，见图 1-1（c）。一般情况下，管子加工成圆锥螺纹

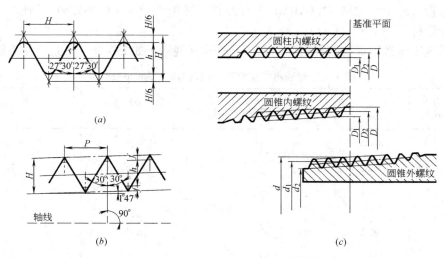

图 1-1　管螺纹

（a）55°圆柱内螺纹基本牙型；（b）60°圆锥管螺纹基本牙型；（c）55°圆柱螺纹及圆锥螺纹

P—螺距；h—牙型高度；H—原始三角形高度；r—圆弧半径；f—削平高度；D—内螺纹大径；

D_1—内螺纹中径；D_2—内螺纹小径；d—外螺纹大径；d_1—外螺纹中径；d_2—外螺纹小径

（外丝），管子附件加工成圆柱螺纹（内丝）。对 55°管螺纹而言基准平面是指定剖面，这个剖面的圆锥管螺纹的大径、中径和小径分别等于相同公称直径的圆柱螺纹的大径、中径和小径。

第二节　钢管、铜管及其附件

一、钢管及其附件

（一）钢管

钢管是应用最广泛的管材。按照制造时所用钢种不同可分为碳素钢管（普通碳素钢管、优质碳素钢管）和合金钢管（低合金钢管和高合金钢管）两大类。

碳素钢管有较好的力学性能，能承受较高的压力，也具有较好的焊接、加工等机械性能，碳素钢管的使用温度范围为 $-40\sim450℃$，同时碳素钢管材产量大、规格品种多、价格低廉，广泛用于机械、电子、石油、化工、冶金、电力、轻工、纺织等工业部门。

常用的碳素钢管材按照制造方法分为焊接钢管（有缝钢管）和无缝钢管两类。焊接钢管可用普通碳素钢制造，也可用优质碳素钢制造；无缝钢管一般用优质碳素钢制造。

1. 焊接钢管

焊接钢管也称有缝钢管，是由钢板卷制焊接而成的。焊接钢管常用钢材有 Q195、Q215A、Q215B、Q235A、Q235B、Q275A、Q275B、Q345A、Q345B 等。常用的有低压流体输送用焊接钢管、螺旋缝焊接钢管和直缝卷制电焊钢管三种。

（1）低压流体输送用焊接钢管。

低压流体输送用焊接钢管可用来输送给水、污水、空气、蒸汽、燃气等低压流体。这种钢管表面有镀锌和不镀锌两种，镀锌管俗称白铁管，非镀锌管俗称黑铁管。按管壁厚度分为普通管（适用于 $PN \leqslant 1.0$MPa）和加厚管（适用于 $PN \leqslant 1.6$MPa）两种，普通管是最常用的管材之一。

低压流体输送用焊接钢管用公称直径来表示其规格，如 $DN50$。其规格见表 1-4。

低压流体输送用焊接钢管（摘自 GB/T 3091—2015）   表 1-4

公称口径 (DN)	外径 (D)			最小公称壁厚 t	不圆度 不大于
	系列 1	系列 2	系列 3		
6	10.2	10	—	2.0	0.20
8	13.5	12.7	—	2.0	0.20
10	17.2	16.0	—	2.2	0.20
15	21.3	20.8	—	2.2	0.30
20	26.9	26.0	—	2.2	0.35
25	33.7	33.0	32.5	2.5	0.40
32	42.4	42.0	41.5	2.5	0.40
40	48.3	48.0	47.5	2.75	0.50
50	60.3	59.5	59.0	3.0	0.60
65	76.1	75.5	75.0	3.0	0.60
80	88.9	88.5	88.0	3.25	0.70
100	114.3	114.0		3.25	0.80
125	139.7	141.3	140.0	3.5	1.00
150	165.1	168.3	159.0	3.5	1.20
200	219.1	219.0		4.0	1.60

注：1. 表中的公称口径系近似内径的名义尺寸，不表示外径减去两倍壁厚所得的内径。
   2. 系列 1 是通用系列，属推荐选用系列；系列 2 是非通用系列；系列 3 是少数特殊、专用系列。

（2）螺旋缝焊接钢管

螺旋缝焊接钢管可用作蒸汽、凝水、热水、污水、空气等室外管道和长距离输送管道。其适用于介质压力 $PN \leqslant 2$MPa，介质温度 $t \leqslant 200$℃ 的场合。螺旋缝焊接钢管的管缝成螺旋形，采用自动埋弧焊或高频焊焊接而成，外径 219~1420mm，壁厚 6~16mm。螺旋缝焊接钢管的规格，用外径×壁厚表示，如用 $\phi325 \times 8$（也可用 $D325 \times 8$）来表示公称直径为 $DN300$ 的螺旋缝焊接钢管。

（3）直缝卷制电焊钢管

直缝卷制电焊钢管在暖通空调工程中多用在室外蒸汽、水和废气等管道上。适用于压力 $PN \leqslant 1.6$MPa，温度 $\leqslant 200$℃ 的范围。公称直径小于 150mm 的有标准件，公称直径大于或等于 150mm 的无标准件，通常是在现场制作或委托加工。

2. 无缝钢管

无缝钢管按用途可分为普通无缝钢管和专用无缝钢管两类。按制造方法分为热轧无缝钢管和冷拔（冷轧）无缝钢管。无缝钢管由 10、20、Q345 等牌号的钢制造。

（1）普通无缝钢管

普通无缝钢管的品种规格齐全。外径 6~1016mm，壁厚 0.25~120mm，长度 3000~12500mm。在安装工程中，公称直径小于 50mm 管道的一般可采用冷拔（冷轧）管，公称直径大于或等于 50mm 的一般采用热轧管。同一公称直径无缝钢管外径相同，但有多种壁厚，以满足不同压力的需要。与螺旋缝焊接钢管相同，无缝钢管的规格用外径×壁厚表示。如 $\phi159 \times 4.5$（或 $D159 \times 4.5$）表示外径为 159mm，壁厚为 4.5mm，对应公称直径为 $DN150$ 的无缝钢管。建筑设备安装工程中无缝钢管多用在锅炉房、热力站、制冷机房的工艺管道以及供热外网工程中。常用规格见表 1-5。

无缝钢管常用规格及质量（摘自 GB/T 17395—2008）　　表 1-5

外径 (mm)	壁厚(mm)											
	3.5	4	4.5	5	5.5	6	7	8	9	10	11	12
	理论质量(kg/m)											
57	4.62	5.23	5.83	6.41	6.99	7.55	8.63	9.67	10.65	11.59	12.48	13.32
60	4.88	5.52	6.16	6.78	7.39	7.99	9.15	10.26	11.32	12.33	13.29	14.21
73	6.00	6.81	7.60	8.38	9.16	9.91	11.39	12.82	14.21	15.54	16.82	18.05
76	6.26	7.10	7.93	8.75	9.56	10.36	11.91	13.42	14.87	16.28	17.63	18.94
89	7.38	8.38	9.38	10.36	11.33	12.28	14.16	15.98	17.76	19.48	21.16	22.79
108	9.02	10.26	11.49	12.70	13.90	15.09	17.44	19.73	21.97	24.17	26.31	28.41
114	9.54	10.85	12.15	13.44	14.72	15.98	18.47	20.91	23.31	25.65	27.94	30.19
133	11.18	12.73	14.26	15.78	17.29	18.79	21.75	24.66	27.52	30.33	33.10	35.81
140	11.78	13.42	15.04	16.65	18.24	19.83	22.96	26.04	29.08	32.06	34.99	37.88
159	13.42	15.29	17.15	18.99	20.82	22.64	26.24	29.79	33.29	36.75	40.15	43.50
219	—	—	—	31.52	36.60	41.63	46.61	51.54	56.43	61.26		
273	—	—	—	—	45.92	52.28	58.60	64.86	71.07	77.24		
325	—	—	—	—	—	62.54	70.14	77.68	85.18	92.63		

（2）专用无缝钢管

专用无缝钢管有锅炉用无缝钢管、高压化肥设备用无缝钢管、石油裂化用无缝钢管等。专用无缝钢管除了应满足普通无缝钢管的技术条件外，还应该满足相应的专门补充技术条件，以满足其特殊用途。

3. 不锈钢管

不锈钢管具有较强的耐腐蚀性能、材料强度高、性能稳定、抗冲击力强、管内壁光滑和外表美观等特点。建筑安装中主要用于给水、生活热水、饮水等系统中。不锈钢管按照制造方法分为不锈钢焊接钢管和不锈钢无缝钢管两类。目前建筑用不锈钢管主要是薄壁焊缝管，其工作压力≤1.6MPa，工作温度为-20～110℃。使用时应根据不同的使用条件选用不同材质的不锈钢管及管件。

（二）管子配件

管道系统中往往需要不同的管子配件来实现管子的连接、转弯、分支。大直径钢管多采用焊接连接或法兰连接，其管子配件种类较少；小直径焊接钢管一般采用螺纹连接，其管子的配件种类齐全。下面仅对钢管螺纹连接的管子配件进行介绍。

1. 管子配件的类型

管子配件的类型可按照管子在管道系统中的用途来划分，见表 1-6。管子配件示意图见图 1-2。

管子配件的类型　　表 1-6

序　号	用　途	名　称
1	延长	管箍、外丝
2	分支	三通(丁字管)、四通(十字管)
3	转弯、跨越	90°弯头、45°弯头、元宝弯
4	接点碰头	根母、活接头(由任)、带螺纹法兰盘
5	变径	补心(内外丝)、异径管箍(大小头)
6	堵口	丝堵、管堵头

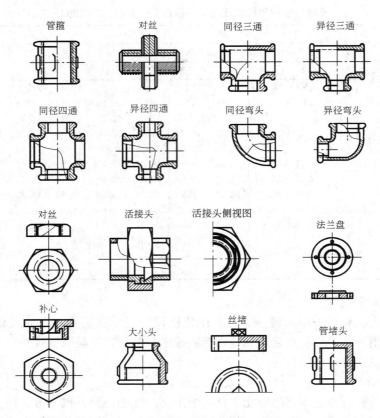

图 1-2　管子配件

2. 管子配件材质、压力、规格

（1）材质　管子配件的材质主要为可锻铸铁或软钢。根据管件是否镀锌，管件分为白铁（镀锌）管件和黑铁（非镀锌）管件。

（2）压力　可锻铸铁管子配件公称压力为 1.0MPa，软钢配件的公称压力为 1.6MPa。

（3）规格　钢管螺纹连接的管子配件以公称直径来表示其规格，管道连接中管子配件的公称直径应与钢管的公称直径一致。

三通的规格。同径三通的三个接口的公称直径相同，可用一个数值或三个数值表示，如三个接口为 DN20 的三通，可表示为⊥20 或⊥20×20×20。异径三通的直通部分管子接口直径与分支接口管径不同，如直通管直径为 25mm，支管直径为 20mm 的三通用⊥25×20 表示。

变径的规格。变径俗称大小头，其规格用大头直径×小头直径来表示，如▱25×20。

二、铜管及其附件

（一）铜管

管道工程中应用较多的是紫铜和黄铜。紫铜管常用于制氧、空调制冷、高纯水制备等管路系统，主要由 T2、T3、TU1、TU2、TP1、TP2 等牌号的铜制造。黄铜管用于制造工业过程中的导管、散热器、冷凝器管等，常用 H62、H68、H96、HSn70-1 等牌号的铜合金制造。

建筑设备安装工程中，给水管、热水管、饮用水管等采用无缝紫铜管。无缝紫铜管按硬度分为硬态（Y）、半硬态（Y₂）、软态（M）三种。铜管的壁厚越大，硬度越高，其承压能力越大。

铜管具有耐腐蚀、耐高温（205℃）、耐低温（−196℃）、耐压强度高、韧性好、延展性高、致密性强（为钢管的 1.15 倍）、电化学性能稳定（仅次于金、银）、使用卫生健康等特点。其线性膨胀系数为 0.0176mm/(m·K)，比钢管大。建筑给水铜管管长 3000mm或 5800mm。

（二）铜管配件

铜管配件的用途与钢管配件类似，主要用途有：延长、分支、接点碰头、转弯、变径、跨越、堵口等。铜管配件的类型与铜管的连接方式相适应，不同的连接方式有其相应的配件。铜管的连接方式有焊接连接、卡套连接、卡压连接、螺纹连接、沟槽连接和法兰连接等几种方式。螺纹连接的配件与钢管螺纹连接配件基本相同，参见图 1-2。其余连接方式的配件可参见管道连接的相应章节。

第三节　塑　料　管　材

新型塑料管材发展迅速，已成为建筑安装工程中的一种主要管材。塑料管与金属管相比有许多优势：材质轻，搬运方便；具有较强的抗化学腐蚀性能，使用寿命比钢管长；内壁光滑，不会积垢，输送流体摩擦阻力小；导热系数比钢管小，外壁不易结露；具有优异的电绝缘性能；耐磨，能输送含有固体的流体；加工容易、施工方便。但是塑料管机械强度较低，多数塑料在 60℃ 以下才能保证适当的强度，温度在 70℃ 以上时强度明显降低，高于 90℃ 则不能作管材使用。

一、塑料管材标准

（一）额定压力、标准尺寸比、管系列

1. 额定压力

管道在选定使用温度和寿命下所允许的压力，称为额定压力。用 P 表示，单位 MPa。

2. 标准尺寸比

管子的工程外径与管子的壁厚之比，称为标准尺寸比。用字母 SDR 来表示，如SDR11 表示管子外径是管子壁厚的 11 倍。

3. 管系列

管子的许用环应力与额定压力之比。用字母 S 来表示，一般有 S10、S8、S6.3、S5、S4、S3.2、S2.5、S2 等系列。

管系列与标准尺寸比 SDR 有如下关系

$$S=(SDR-1)/2 \tag{1-1}$$

（二）塑料管规格表示

在我国，塑料管材的新标准中采用 ISO 国际标准的表示方法，用"管系列 S 公称外径 d_n×公称壁厚 e_n"表示。如"S525×2.3mm"，表示管系列为 S5，公称外径 d_n 为25mm，壁厚 e_n 为 2.3mm 的塑料管。在施工图中，习惯用"De25×2.3"来表示上述管道。

二、塑料管材的种类

建筑设备安装工程常用塑料管材有下列几类：硬聚氯乙烯塑料（PVC-U）管材；聚乙烯（PE）管材、交联聚乙烯（PE-X）管材；耐热聚乙烯（PE-RT）管材；聚丙烯（PP）管材、无规共聚聚丙烯（PP-R）管材；聚丁烯（PB）管材；丙烯腈-丁二烯-苯乙烯（ABS）管材等。其中 PVC-U 管材习惯上称为 UPVC 管材。

（一）硬聚氯乙烯塑料（UPVC）管材

硬聚氯乙烯塑料（UPVC）管材是以聚氯乙烯树脂（PVC）为主要原料，添加稳定剂、润滑剂、填充剂、增色剂等，经塑料挤出机挤出成型或注塑机注塑成型的硬质管材。

UPVC 管材与金属管道相比具有重量轻、耐腐蚀、流体输送阻力小、有良好的自熄性能、价格低廉等优点。但是 UPVC 的机械强度只是钢管的 1/4，施工时易受锐物损伤，其膨胀系数为 $5.9 \times 10^{-5} m/(m \cdot K)$，是钢材的 5～6 倍，因此长距离管道安装时，必须注意受内、外温度影响所引起的伸缩性，每隔一定长度需设置温度补偿装置。

根据结构形式 UPVC 管分为单层实壁管、螺旋消声管、芯层发泡管、螺旋缠绕管、径向加筋管、双壁波纹管和单壁波纹管等。UPVC 管主要用于排水、给水、落水、排污、穿线、通风等方面。由于 UPVC 加工过程中需添加稳定剂，而铅化物是最有效的稳定剂，但所含的铅在使用过程中能够析出，所以，UPVC 管用于生活饮用水系统时，材料必须达到饮用水卫生标准，必须对每种新管子进行卫生检验。

UPVC 给水管的外表面标有公称压力（表示 20℃条件下，所允许输送介质的最大工作压力）。UPVC 管不得输送温度高于 45℃的介质，应根据管道的公称压力和使用温度来确定管道所允许承受的最大工作压力。UPVC 管材供货长度一般为 4、6、8、12m，也可由供需双方商定。UPVC 管的公称外径、公称压力及相应管系列可参见《给水用硬聚氯乙烯（PVC-U）管材》GB/T 10002.1。

（二）聚乙烯（PE）管材

1. 聚乙烯（PE）管的种类及特点

聚乙烯（PE）管材通常有高密度聚乙烯（HDPE）管、中密度聚乙烯（MDPE）管和低密度聚乙烯（LDPE）管三种。HDPE 管具有较高的强度、刚度和耐热性能；LDPE 管柔软性、伸长率、耐冲击性能较好，尤其是化学稳定性和高频绝缘性能优良；MDPE 管既具有 HDPE 管的强度和刚度，又具有 LDPE 管良好的柔软性和抗蠕变性能。

PE 管具有如下特点：（1）无毒无味，符合饮用水卫生指标；（2）不溶于石油、矿物油等非极性溶剂，能耐一般的酸、碱侵蚀；（3）管道口径范围大、流动阻力小；（4）熔点低、耐热性能差，工作温度不宜超过 40℃。

2. 聚乙烯（PE）管的用途与规格

PE 管用途广泛。HDPE 管和 MDPE 管广泛用于城市燃气及供水管道上，LDPE 管在农村主要用于给水、灌溉工程，也可用做饮用水管道以及电力、电缆、邮电通信线路的保护套管等。燃气用埋地 PE 管用于输送工作温度在 -20～40℃之间，最大工作压力不大于 0.4MPa 的各种燃气。给水用 PE 管用于输送工作温度不超过 40℃的给水及生活饮用水。目前国内聚乙烯（PE）给水管产品的公称外径在 16～2500mm 之间，颜色为蓝色或黑色。聚乙烯管材质软，低密度和中密度在管径小于 110mm 时，可盘绕成盘供应，盘卷内径不小于管外径的 24 倍，并不小于 400mm。给水聚乙烯（PE）管材规格尺寸见表 1-7。

PE100 级聚乙烯管材公称压力和规格尺寸（节选自 GB/T 13663.2—2018）　　表 1-7

公称外径 d_n(mm)	公称壁厚 e_n(mm)							
	标准尺寸比							
	SDR 9	SDR 11	SDR 13.6	SDR 17	SDR 21	SDR 26	SDR 33	SDR 41
	公称压力（MPa）							
	2.0	1.6	1.25	1.0	0.8	0.6	0.5	0.4
16	2.3	—	—	—	—	—	—	—
20	2.3	2.3	—	—	—	—	—	—
25	3.0	2.3	2.3	—	—	—	—	—
32	3.6	3.0	2.4	2.3	—	—	—	—
40	4.5	3.7	3.0	2.4	2.3	—	—	—
50	5.6	4.6	3.7	3.0	2.4	2.3	—	—
63	7.1	5.8	4.7	3.8	3.0	2.5	—	—
75	8.4	6.8	5.6	4.5	3.6	2.9	—	—
90	10.1	8.2	6.7	5.4	4.3	3.5	—	—
110	12.3	10.0	8.1	6.6	5.3	4.2	—	—
125	14.0	11.4	9.2	7.4	6.0	4.8	—	—
140	15.7	12.7	10.3	8.3	6.7	5.4	—	—
160	17.9	14.6	11.8	9.5	7.7	6.2	—	—
180	20.1	16.4	13.3	10.7	8.6	6.9	—	—

注：公称压力按照总体使用（设计）系数 $C=1.25$ 计算，本表略去了 d_n200～d_n2500 管道数据。

　　国内聚乙烯（PE）燃气管有黄色管和带黄色条的墨色管，燃气用埋地聚乙烯（PE）管材规格可参见《燃气用埋地聚乙烯（PE）管道系统　第 1 部分：管材》GB 15558.1—2015。

　　聚乙烯对多种溶剂有很好的化学稳定性，因此聚乙烯管材不能粘接而应采用熔接。

　　（三）交联聚乙烯（PE-X）管材

　　交联聚乙烯（PE-X）是在聚乙烯内添加交联剂，使聚乙烯分子交联而得到的。

　　1. 交联聚乙烯（PE-X）管的特点

　　PE-X 管具有以下突出的优点：

　　（1）优良的耐温性能。使用温度范围为 −70～110℃，额定工作压力可达 1.25MPa。

　　（2）良好的抗化学腐蚀性能。在高温下也能输送多种化学物质，而不被腐蚀。

　　（3）不结垢特性。PE-X 管具有较低的表面张力不易粘附其他物质，可防止管内水垢的形成。

　　（4）良好的记忆性能。PE-X 管被加热到适当温度（小于 180℃）时会变成透明状，再冷却时会恢复到原来的形状，安装和使用过程中的错误弯曲可用热风枪加热后予以矫正。

　　（5）良好的环保性能。PE-X 管无毒、无味，对输送的水质不产生污染，焚烧后只产生水和二氧化碳，PE-X 管是一种绿色环保管材。

PE-X 管也有如下缺点：（1）一般只有小口径管（管径 20～63mm），大口径管道因交联过程中消耗大量能源，致使价格昂贵；（2）PE-X 管的连接一般采用夹紧式铜制接头或卡环式铜制接头，配件成本较高；（3）线性膨胀系数比较大，约为 1.8×10^{-4} m/(m·K)。

2. 交联聚乙烯（PE-X）管的用途与规格

PE-X 管主要用于建筑物内冷热水系统，如室内给水系统、热水供应系统、纯净水输送系统、水暖供热系统、中央空调管道系统、地面辐射供暖系统、太阳能热水器系统等。也可用作食品工业中液体食品输送管道、电信、电气用配管以及用于电镀、石油、化工厂输送管道系统。PE-X 管（$d_n16 \sim d_n160$）的详细规格尺寸和管系列可参见 GB/T 18992.2。

（四）耐热聚乙烯（PE-RT）管材

PE-RT 是一种采用乙烯和辛烯共聚的方法合成的一种中密度聚乙烯。

1. 耐热聚乙烯（PE-RT）管的特点

（1）良好的导热性能。PE-RT 的传导热系数为 0.4W/(m·K)，与 PE-X 相当，远高于 PP-R 的 0.21W/(m·K) 和 PB 的 0.17W/(m·K)。

（2）优异的柔韧性。PE-RT 刚中带柔，具有较好的韧性，PE-RT 管的弯曲半径为 5 倍的管材直径，而且在管道弯曲处的应力能很快得到释放。

（3）使用寿命长。在工作温度 70℃、压力 0.4MPa 的条件下，可安全使用 50 年以上。

（4）优越的耐低温性能。PE-RT 管的脆化温度很低，可以在 −70℃ 以上的环境下使用，克服了塑料管在寒冷地区不能冬期施工的难题。

（5）良好的环保性能，可回收再利用。无毒、无味、卫生性能好。

（6）可采用热熔连接。

但 PE-RT 管的线性膨胀系数大，约为 1.95×10^{-4} m/(m·K)，而且其管径较小。

2. 耐热聚乙烯（PE-RT）管的用途与规格

PE-RT 管主要用于地板辐射供暖系统中的加热盘管，也用于饮用水管道系统及冷热水给水系统和散热器供暖系统。其规格尺寸见表 1-8。

管材管系列和规格尺寸（摘自 CJ/T175—2002）（单位：mm）　　　　表 1-8

公称外径 d_n	平均外径		圆度		管系列				
					S6.3	S5	S4	S3.2	S2.5
	$d_{em,min}$	$d_{em,max}$	直管	盘管	公称壁厚 e_n				
12	12.0	12.3	≤1.0	≤1.0					2.0
16	16.0	16.3	≤1.0	≤1.0			2.0	2.2	2.7
20	20.0	20.3	≤1.0	≤1.2		2.0	2.3	2.8	3.1
25	25.0	25.3	≤1.0	≤1.5	2.0	2.3	2.8	3.5	4.2
32	32.0	32.3	≤1.0	≤2.0	2.4	2.9	3.6	4.4	5.4
40	40.0	40.4	≤1.0	≤2.4	3.0	3.7	4.5	5.5	6.7

续表

公称外径 d_n	平均外径		圆度		管系列				
					S6.3	S5	S4	S3.2	S2.5
	$d_{em,min}$	$d_{em,max}$	直管	盘管	公称壁厚 e_n				
50	50.0	50.5	≤1.2	≤3.0	3.7	4.6	5.6	6.9	8.3
63	63.0	63.6	≤1.6	≤3.8	4.7	5.8	7.1	8.6	10.5
75	75.0	75.7	≤1.8		5.6	6.8	8.4	10.3	12.5
90	90.0	90.9	≤2.2		6.7	8.2	10.1	12.3	15.0
110	110.0	111.0	≤2.7		8.1	10.0	12.3	15.1	18.3
125	125.0	126.2	≤3.0		9.2	11.4	14.0	17.1	20.8
140	140.0	141.3	≤3.4		10.3	12.7	15.7	19.2	23.3
160	160.0	161.6	≤3.9		11.8	11.6	17.9	21.9	26.6

（五）无规共聚聚丙烯（PP-R）管材

聚丙烯（PP）是采用石油炼制厂的丙烯气体为原料聚合而成的一种热塑性塑料。可适用于加工冷、热水管道的聚丙烯分为三类，分别是Ⅰ型——均聚聚丙烯（PP-H）、Ⅱ型——嵌段聚丙烯（PP-B）、Ⅲ型——无规共聚聚丙烯（PP-R）。在60℃下PP-R管的长期承压能力最高，所以PP-R管是冷热水管道的理想材料。

1. 无规共聚聚丙烯（PP-R）管的特点

PP-R管除具有塑料管共同的优点外，还具有如下优点：

（1）无毒、卫生。PP-R管的原料分子只由碳、氢元素组成，原料达到食品卫生要求。

（2）较好的耐热性。PP-R管的维卡软化点131.5℃。最高工作温度可达95℃。

（3）使用寿命长。PP-R管在工作温度70℃，工作压力1.0MPa条件下，使用寿命一般可达50年以上，若在常温下（20℃）使用，寿命可达100年以上。

（4）保温节能。PP-R管导热系数为0.21W/(m·K)，仅为钢管的1/200。

（5）安装方便，连接可靠。可电熔和热熔连接，其连接部位强度大于管材本身。

（6）物料可回收利用。PP-R废料经清洗、破碎后可回收利用。回收料用量不超过总量10%时，不影响产品质量。

但是PP-R管材刚韧性较差，采用国外进口原材料的管材价格较高。

2. 无规共聚聚丙烯（PP-R）管的用途与规格

PP-R管用途广泛，可用于民用和工业建筑内的冷热饮用水给水系统、净水、纯水管道系统、饮料生产输送系统、热水供暖系统、空调系统、工业流体输送系统、压缩空气管道系统、花园和温室的灌溉系统等。PP-R管的管系列和规格尺寸与PE-RT管相近，详细数据可参见《冷热水用聚丙烯管道系统》GB/T 18742.2。

（六）聚丁烯（PB）管材

聚丁烯（PB）主要用来制作管道，尤其适合制作薄壁小口径受压管道。其柔性与MDPE相近。聚丁烯（PB）管有比聚乙烯（PE）管和聚丙烯（PP）管更优越的性能。

1. 聚丁烯（PB）管的特点

PB管具有如下主要优点：

（1）强度高，具有独特的抗蠕变性能，能长期承受高达其屈服极限90％的应力。

（2）使用温度范围较大。使用温度范围为－70～110℃，长期使用温度为95℃。

（3）稳定性好，使用寿命长。室温时PB管对醇类、醛类、酮类、醚类和脂类具有良好的稳定性，温度低于80℃时对皂类、洗涤剂及很多酸类、碱类也有良好的稳定性；PB管能抗细菌、藻类或霉菌，可用做地下埋设管道，其正常使用寿命可达50年。

（4）柔软性好，施工操作简便。最小弯曲率半径为管外径的6倍，采用热熔连接方式，操作简便。

（5）受热膨胀较小，比聚乙烯（PE）管和聚丙烯（PP）管的线性膨胀系数都小。

PB管也存在以下不足：

（1）由于PB树脂供应量小，使PB管产量小而价格高；

（2）聚丁烯易受某些芳香烃类和氯化溶剂侵蚀，并且温度愈高愈显著；

（3）管径较小。

2. 聚丁烯（PB）管的用途与规格

PB管主要用作自来水、热水和采暖供热管及燃气管道。也可用作化工、造纸厂、发电厂、食品加工厂、矿区等的工艺管道。PB管的规格尺寸见表1-9。

聚丁烯（PB）管的规格尺寸（摘自 GB/T 19473.2—2020）（单位：mm）   表 1-9

公称外径 d_n	平均外径 d_{em}		公称壁厚 e_n					
			管系列					
	$\geqslant$	$\leqslant$	S10	S8	S6.3	S5	S4	S3.2
8	8.0	8.3	1.0	1.0	1.0	1.0	1.0	1.1
10	10.0	10.3	1.0	1.0	1.0	1.0	1.2	1.4
12	12.0	12.3	1.3	1.3	1.3	1.3	1.4	1.7
16	16.0	16.3	1.3	1.3	1.3	1.5	1.8	2.2
20	20.0	20.3	1.3	1.3	1.5	1.9	2.3	2.8
25	25.0	25.3	1.3	1.5	1.9	2.3	2.8	3.5
32	32.0	32.3	1.6	1.9	2.4	2.9	3.6	4.4
40	40.0	40.4	1.9	2.4	3.0	3.7	4.5	5.5
50	50.0	50.5	2.4	3.0	3.7	4.6	5.6	6.9
63	63.0	63.6	3.0	3.8	4.7	5.8	7.1	8.6
75	75.0	75.7	3.6	4.5	5.6	6.8	8.4	10.3
90	90.0	90.9	4.3	5.4	6.7	8.2	10.1	12.3
110	110.0	111.0	5.3	6.6	8.1	10.0	12.3	15.1
125	125.0	126.2	6.0	7.4	9.2	11.4	14.0	17.1
140	140.0	141.3	6.7	8.3	10.3	12.7	15.7	19.2
160	160.0	161.5	7.7	9.5	11.8	14.6	17.9	21.9
180	180.0	181.7	8.6	10.7	13.3	16.4	20.1	24.6
200	200.0	201.8	9.6	11.9	14.7	18.2	22.4	27.1
225	225.0	227.1	10.8	13.4	16.6	20.5	25.2	30.8
250	250.0	252.3	11.9	14.8	18.4	22.7	27.9	34.2

（七）丙烯腈-丁二烯-苯乙烯（ABS）管

ABS树脂是一种热塑性工程塑料，它是丙烯腈、丁二烯、苯乙烯的共混物（三元共聚）。调整三种共聚物的比例可以制造出不同性能的 ABS 制品。

ABS 管有如下特性：耐热性能好，在－40～100℃范围内，仍能保持其韧性和刚度；比硬聚氯乙烯、聚乙烯等具有更高的冲击韧性；耐腐蚀性、抗蠕变性、耐磨性良好；管材本身无毒，卫生性能良好；管道传热性能差，应避免长期阳光照射。

ABS 管日益得到广泛的应用。在国外常用于排污、透气系统、灌溉系统，并且可作为饮用水管道、地下电气导管以及输送腐蚀性盐水溶液、含有流体腐蚀剂的有机物（如原油和食物）等的工业管道。在国内一般用做给水管道、室内热水管道、水处理加药管道以及输送腐蚀性介质的工业管道。

ABS 管可采用胶粘连接，承插胶粘接口强度大于管材强度。与其他管道连接时，可采用螺纹、法兰或活接头等过渡接口，螺纹连接时应采用注塑螺纹管件，不能进行螺纹切削。

第四节　复合管材

一、铝塑复合管材

铝塑复合管是以聚乙烯（中密度聚乙烯或高密度聚乙烯）或交联聚乙烯为内层或外层，以焊接铝管为中间层，经热熔胶粘合而复合成的一种管道。按制作工艺的不同，铝塑复合管分为铝管对接焊式铝塑管和铝管搭接焊式铝塑管，两种管道的结构见图1-3。

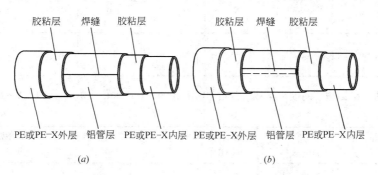

图 1-3　铝塑复合管结构图

（*a*）铝管对接焊式铝塑管；（*b*）铝管搭接焊式铝塑管

按复合组分材料的不同，《铝塑复合压力管　第 1 部分：铝管搭接焊式铝塑管》GB/T 18997.1—2020 把搭接焊铝塑管分为四类，分别是：

（1）PAP 外层和内层都为聚乙烯，中间层为搭接焊铝合金；

（2）XPAP 外层和内层都是交联聚乙烯，中间层为搭接焊铝合金；

（3）RPAP 外层和内层都是耐热聚乙烯，中间层为搭接焊铝合金；

（4）PPAP 外层和内层都是无规共聚聚丙烯，中间层为对接焊铝合金。

类似地，按复合组分材料不同，《铝塑复合压力管　第 2 部分：铝管对接焊式铝塑管》GB/T 18997.2—2020 将对接焊式铝塑管也分为四种类型：

（1）一型铝塑管 外层为聚乙烯，中间层为铝合金，内层为交联聚乙烯，代号为 XPAP1；

（2）二型铝塑管 外层和内层都是交联聚乙烯，中间层为铝合金，代号为 XPAP2；

（3）三型铝塑管 外层和内层都是聚乙烯，中间层为铝，代号为 PAP3；

（4）四型铝塑管 外层和内层都是聚乙烯，中间层为铝合金，代号为 PAP4。

PAP 和 PAP1 可用于冷水和燃气输送，XPAP 和 XPAP2 可用于冷热水、燃气及压缩空气等的输送，RPAP、PPAP、RPAP3 和 PPAP4 可用于冷热水输送，内外层是 PE、PE-RT、PPR 的铝塑管可热熔连接。

冷水用 PAP 搭接焊铝塑管（$d_n12\sim d_n75$）和 PAP1 对接焊铝塑管（$d_n12\sim d_n50$）设计压力为 1.0MPa。冷热水用 XPAP、RPAP 搭接焊铝塑管和 XPAP2、RPAP3 对接焊铝塑管的使用条件见表 1-10（a），对应的设计压力见表 1-10（b），其他类型铝塑管的使用条件可参加见 GB/T 18997.1—2020 和 GB/T 18997.2—2020。

使用条件（摘自 GB/T 18997.1—2020、GB/T 18997.2—2020） 表 1-10（a）

使用条件级别	设计温度 T_D（℃）	在 T_D 下的时间（年）	最高设计温度 T_{max}（℃）	在 T_{max} 下的时间（年）	故障温度 T_{mal}（℃）	在 T_{mal} 下的时间（h）	典型的应用范围
1	60	49	80	1	95	100	供应热水（60℃）
2	70	49	80	1	95	100	供应热水（70℃）
4	20 40 60	2.5 20 25	70	2.5	100	100	地板采暖和低温散热器采暖
5	20 60 80	14 25 10	90	1	100	100	高温散热器采暖

冷热水用铝塑管的使用条件（摘自 GB/T 18997.1—2020、GB/T 18997.2—2020）

表 1-10（b）

使用条件级别	对焊铝塑管代号	对焊铝塑管规格	设计压力（MPa）	使用条件级别	搭焊铝塑管代号	搭焊铝塑管规格	设计压力（MPa）
1	XPAP2	$d_n16\sim d_n50$	1.60	1	XPAP	$d_n12\sim d_n25$ $d_n32\sim d_n75$	1.60 1.25
	RPAP3	$d_n16\sim d_n50$	1.60		RPAP	$d_n12\sim d_n25$ $d_n32\sim d_n75$	1.60 1.25
2	XPAP2	$d_n16\sim d_n25$ $d_n32\sim d_n50$	1.60 1.25	2	XPAP	$d_n12\sim d_n25$ $d_n32\sim d_n75$	1.60 1.25
	RPAP3	$d_n16\sim d_n50$	1.60		RPAP	$d_n12\sim d_n25$ $d_n32\sim d_n75$	1.60 1.25
4	XPAP2	$d_n16\sim d_n50$	1.60	3	XPAP	$d_n12\sim d_n25$ $d_n32\sim d_n75$	1.60 1.25
	RPAP3	$d_n16\sim d_n50$	1.60		RPAP	$d_n12\sim d_n25$ $d_n32\sim d_n75$	1.60 1.25
5	XPAP2	$d_n16\sim d_n50$	1.25	5	XPAP	$d_n12\sim d_n25$ $d_n32\sim d_n75$	1.60 1.25
	RPAP3	$d_n16\sim d_n50$	1.25		RPAP	$d_n12\sim d_n25$ $d_n32\sim d_n75$	1.25 1.00

铝塑复合管同时兼有高分子材料和金属材料的优点，主要表现为：

（1）良好的耐腐蚀性。常温下能耐各种酸、碱、盐溶液的腐蚀。

（2）卫生性能优异。PE 层作为管内层，无毒无味，符合饮用水卫生标准，并且内壁不积水垢和滋生微生物。

（3）耐温性能好、耐压强度高。PE-X 复合铝塑管的长期使用温度范围为 $-40\sim$ 95℃，工作压力 1.25MPa；HDPE 铝塑管的长期使用温度范围为 $-40\sim60$℃，工作压力 1.0MPa。

（4）抗老化性能好、使用寿命长。铝塑管冷脆温度低，防紫外线及热老化能力强，在无强射线辐射的条件下，寿命可达 50 年。

（5）流动阻力小。铝塑管内壁的 PE 塑料层表面光滑，沿程阻力系数仅为 0.009，而且内管壁不发生锈蚀，阻力不会像钢管一样随使用时间的增长而增大。

（6）具有较强的塑性变形能力。由于铝层有很好的可塑性，铝塑管能在一定半径范围内任意弯曲伸直，并且保持不反弹。管材可以盘绕，连续长度可达 200m 以上。

（7）隔氧性能好。由于中间夹有铝层，克服了塑料管透氧的缺点，可使氧气的渗透率达到零。

（8）线性膨胀系数小。线性膨胀系数约为 0.025mm/（m・K），远小于一般塑料管的线性膨胀系数。

（9）具有抗静电性。铝合金良好的导电性能，解决了塑料的静电积聚问题。

（10）阻燃性能好。聚乙烯燃点高达 340℃，铝塑管中间的铝合金利于热量传导，使热能难以积聚，耐燃性能进一步提高。

铝塑管的不足主要是：（1）管材不能回收；（2）只有小口径管道；（3）XPAP 管不能采用热熔连接，一般采用价格较高的黄铜管件连接；（4）生产技术和设备较复杂，生产成本较高。

铝塑复合管以直管或盘卷供货，盘管的长度一般为 50m 或 100m，GB/T 18997.1—2020 中规定的铝管搭接式焊铝塑管外径系列为 12、16、20、25、32、40、50、63、75，GB/T 18997.2—2020 规定的铝管对接焊式铝塑管外径系列为 12、16、20、25、32、40、50。

二、钢塑复合管材

钢塑复合管是在钢管内壁衬（涂）一定厚度塑料层复合而成的管子。钢塑复合管分为衬塑钢管和涂塑钢管两种。衬塑钢管是采用紧衬复合工艺将塑料管衬于钢管内而制成的复合管。涂塑钢管是将塑料粉末均匀地涂敷于钢管表面并经过加工而制成的复合管。

钢塑复合管内衬（涂）的塑料为热塑性塑料，内衬塑料有聚氯乙烯（PVC）、聚乙烯（PE）、聚丙烯（PP）等；内涂塑料有聚乙烯（PE）、环氧树脂等。钢塑复合管既有钢管的机械性能又有塑料管的防腐性能，有如下特点：

（1）耐腐蚀性能好。不仅能承受水和空气的腐蚀，还能耐弱酸弱碱腐蚀，可以用来输送弱酸性或弱碱性的化工流体。

（2）卫生性能好。由于内衬聚乙烯、聚丙烯等，输送流体与钢管不接触，而聚乙烯、聚丙烯无毒无味，并且不受输送流体的腐蚀，能够达到《饮用水化学处理剂卫生安全性评价》GB/T 17218 的卫生指标。

（3）耐温性能好。内衬聚乙烯的管道长期使用温度可达 60℃，内衬耐热聚乙烯的管道长期使用温度可达 95℃。

（4）流动阻力小，不结垢。内层塑料光滑，不会结垢，流动阻力小。

（5）不会老化，使用寿命长。钢管保护内层塑料管不受光照，使内层塑料管不易老化；塑料隔绝了流体与钢管的接触，避免了流体引起的钢管氧化腐蚀。钢塑复合管使用寿命一般可达 50 年。

（6）线性膨胀系数小。虽然塑料管的线性膨胀系数大，但是由于塑料管与钢管之间热熔胶的粘结作用，阻碍了内衬塑料与钢管之间的位移。

（7）刚性好，支架间距大。钢管的支撑使钢塑复合管的支架间距比塑料管的间距大得多。

（8）有一定的保温性能。内层塑料的导热系数远小于钢的导热系数，使钢塑复合管具有了一定的保温性能。

钢塑复合管用于给水、生活热水、净水等的输送，也可用于石油化工、食品、纯水处理、生物工程及化学工业管道系统。钢塑复合管外层钢管采用焊接钢管或无缝钢管。前者一般用于工作压力不大于 1.0MPa 的管道系统，后者一般用于工作压力不大于 2.5MPa 的管道系统。钢塑复合管的长度一般与钢管的长度一致。

第五节　阀　门

在流体输送系统中，阀门通常具有截断、调节、稳压、泄压、溢流、防止倒流等功能。即使有同样的功能要求，也应根据管道和设备内介质（液体、气体、粉末）的种类、参数或管径来选择不同构造、规格、材质的阀门。若选择使用不当，会造成不必要的损失，甚至导致燃烧、爆炸、中毒、烫伤等事故，危害人身和财产安全。

一、阀门的分类

阀门的种类很多，分类方法也很多。常用的分类方法有兼顾原理、作用和结构的分类方法，以及分别按公称压力、工作温度、驱动方式、连接方法、阀体材料等进行分类的方法。

既按原理、作用又按结构划分的分类方法是最常用的一种分类方法，即通用分类法，按这种分类方法一般分为：闸阀、截止阀、蝶阀、球阀、旋塞阀、止回阀、节流阀、隔膜阀、调节阀、减压阀、安全阀、疏水阀等。

按公称压力分为真空阀（$PN<0MPa$），低压阀（$0.6MPa\leqslant PN\leqslant1.6MPa$），中压阀（$2.5MPa\leqslant PN\leqslant6.4MPa$），高压阀（$10MPa\leqslant PN\leqslant80MPa$）和超高压阀（$PN\geqslant100MPa$）。

按工作温度分为：超低温阀（$t<-100℃$），低温阀（$-100℃\leqslant t\leqslant-40℃$），常温阀（$-40℃<t\leqslant120℃$），中温阀（$120℃<t\leqslant450℃$）和高温阀（$t>450℃$）。

按驱动方式分为驱动阀门和自动阀门两类。驱动阀门是借助手轮、手柄、杠杆、链轮等由人力来驱动或依靠电力、气力、液力进行驱动的阀门，如闸阀、截止阀、蝶阀、球阀、旋塞阀等。自动阀门是指依靠介质自身的能量来使阀门动作的阀门，如止回阀、减压阀、安全阀、疏水阀、自动调节阀等。

　　按连接方法分为螺纹阀门、法兰阀门、焊接阀门、卡箍阀门、卡套阀门、对夹阀门等。

　　按阀体材料分为金属材料阀门（铸铁阀门、碳钢阀门、合金钢阀门、铜制阀门等）、非金属材料阀门（如塑料阀门、陶瓷阀门、玻璃钢阀门等）、衬里阀门（阀体为金属，内部与介质接触的主要表面均为衬里，如衬胶阀门、衬塑料阀门、衬陶瓷阀门等）。

　　下面介绍几种常用的阀门。

　　（一）闸阀

　　又称闸板阀，是由阀杆带动阀板升降来控制启闭的阀门。主要由阀体、阀座、闸板（阀瓣）、阀杆、阀盖、手轮等部件组成，如图 1-4。

　　闸阀按阀门阀杆结构分明杆（升降杆）闸阀（如图 1-4a）和暗杆（旋转杆）闸阀（如图 1-4b）。明杆闸板阀在开启时阀杆上行，带动闸板上升。明杆闸板阀阀杆不与输送介质接触，并且阀杆向上伸出的高度可以表明阀门的开启程度，但需占用空间，并且需经常向阀杆刷油防止伸出的阀杆生锈。暗杆闸阀的阀杆外螺纹与嵌在阀门内的内螺纹相配合，阀门启闭时，阀杆旋转带动阀体内的闸板升降，而阀杆不做升降运动。暗杆闸阀占用空间小，不能通过阀杆来判断阀门的开启程度并且输送介质与阀杆直接接触。明杆式

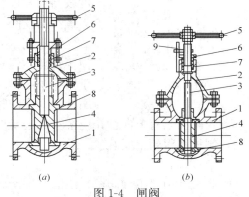

图 1-4　闸阀
（a）明杆平形式双闸板闸阀；（b）暗杆楔式闸板阀
1—阀体；2—阀盖；3—阀杆；4—闸板；5—手轮；
6—压盖；7—填料；8—密封圈；9—指示器

闸阀可用于腐蚀性介质，暗杆式闸阀仅适用于非腐蚀性介质。

　　闸阀的闸板按结构特征分平行式闸板（如图 1-4a）和楔式闸板（如图 1-4b）。平行式闸板阀门的两密封面互相平行，一般采用双闸板结构，它的闸板是由两块对称平行放置的圆盘组成，当阀板下抵阀体时，置于闸板下部的顶楔使两闸板向外扩张使双闸板紧紧地压在密封圈上，使阀门关严。这种阀门结构简单，密封面的加工、研磨简便，便于检修，但密封性较差。一般适用于压力不超过 1.0MPa，温度不超过 200℃ 的场合。楔式闸板阀门的密封面是倾斜的，楔形闸板的加工和研磨难度大，检修繁琐，但密封性较好。

　　闸阀按连接方式分为螺纹闸阀、法兰闸阀和焊接闸阀。

　　闸阀具有结构简单，阀体较短，流体流动阻力小，启闭所需力矩小，介质流向不受限制等优点，但是闸阀安装高度较大，结构较复杂，密封面磨损较大，高温时容易引起擦伤，而且难以修复，严密性较差。它广泛用于冷、热水及蒸汽管道系统中。闸阀调节能力差，多用于切断流动介质、全启或全闭的场合，不宜用在需要调节流量的场合。

　　闸阀宜水平安装，阀杆垂直向上，严禁阀杆朝下安装，由于流体进出无方向性要求，所以安装无方向性。

　　（二）截止阀

　　截止阀是利用阀瓣（又叫阀盘、阀芯）的升降来控制启闭的阀门。主要由阀体、阀座、阀瓣、阀杆、阀盖、手轮等部件组成（图 1-5）。工作原理为：转动手轮使阀杆升起或降落，从而带动阀瓣上下移动，改变阀瓣与阀座之间的距离，使流道面积改变，达到开

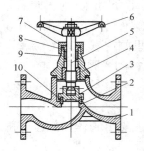

图 1-5　截止阀

1—阀体；2—阀座；3—阀瓣；

4—阀盖；5—阀杆；6—手轮；

7—压盖；8—填料压环；

9—填料；10—密封圈

启、关闭、调节流量的目的。阀门的严密性主要靠阀座、阀瓣、阀盖、填料（又叫盘根）、压盖来实现。关闭时靠阀杆的压力使阀瓣紧压在阀座上，使阀门严密不漏，由于阀盖和阀杆结合部分的填料被压盖压紧，保证阀杆在转动时介质不泄漏。

截止阀按阀杆螺纹的位置可分为明杆和暗杆两种。暗杆截止阀用于小直径的管路，明杆截止阀用于大直径、输送温度较高或腐蚀性介质的管路。截止阀按连接方式的不同可分为螺纹截止阀、法兰截止阀、卡套截止阀。

截止阀具有结构简单、严密性好、密封面的检修较为方便等优点，但是介质流动阻力大，阀件安装长度较大。常用于管径小于 $DN200$ 的蒸汽、水、空气、氨、氧气、油品以及腐蚀性介质的管路上。

截止阀安装有方向性，应按"低进高出"的原则进行安装。截止阀宜水平安装，阀杆向上，阀杆不得朝下安装。

（三）蝶阀

蝶阀是利用蝶板（阀瓣）绕固定轴旋转来启闭的阀门。工作原理为：旋转轴带动阀板转动使得阀板角度改变从而改变流道截面积，达到开关、调节的目的。如图 1-6 所示。

蝶阀按结构形式分为：中心密封蝶阀、单偏心密封蝶阀、双偏心密封蝶阀和三偏心密封蝶阀四类；按密封面材料分为：软密封蝶阀和金属硬密封蝶阀；按连接方式分为：对夹式蝶阀、法兰式蝶阀、支耳式蝶阀和焊接式蝶阀四种。

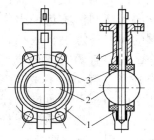

图 1-6　蝶阀

1—阀体；2—蝶板；

3—密封圈；4—阀杆

蝶阀具有结构简单、体积小、重量轻、操作灵活简便、迅速、耗材少、造价低等特点。目前蝶阀制造技术发展迅速，工程上已部分取代截止阀、闸阀和球阀，但其严密性有待进一步提高。蝶阀广泛应用于冷热水、油品、燃气等管路。

（四）止回阀

又名逆止阀、单流阀，是利用阀瓣的自动动作来阻止介质逆流的阀门。工作原理是当流体按照阀门允许的方向流动时，依靠流体的压力使阀门自动开启，当流体逆向流动时流体压力使阀门自动关闭。

根据结构止回阀一般分为旋启式止回阀、升降式止回阀两种。旋启式止回阀依靠阀瓣的旋转来开启和关闭（图 1-7a）。旋启式止回阀阻力较小，噪声较大，在低压时密封性能较差，多用于大直径或压力较高的管路。旋启式止回阀有单瓣式和多瓣式两种。单瓣式止回阀用于较小管径上，其规格为 $DN50\sim DN500$。多瓣式止回阀用于 $DN\geqslant600mm$ 的管道上，当流体倒流时阀瓣不同时关闭，能够减轻阀门关闭时的冲击力。升降式止回阀的阀瓣垂直于阀体通道做升降运动（见图 1-7b），其密封性较好，噪声较小，但制造较为困难，一般用于 $DN200$ 以下的管道上。

止回阀按连接方式可分为螺纹止回阀、法兰止回阀、焊接止回阀、卡箍止回阀、卡套

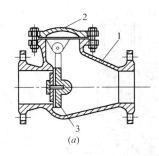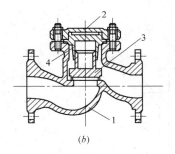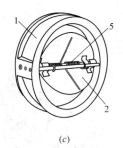

(a)　　　　　　　　　　(b)　　　　　　　　　(c)

图 1-7　止回阀

(a) 旋启式止回阀；(b) 升降式止回阀；(c) 蝶式止回阀

1—阀体；2—阀盖；3—阀瓣；4—导向套筒；5—弹簧

止回阀、对夹止回阀。

止回阀安装在不允许流体倒流的场合，最常见的安装位置是水泵出口。止回阀的安装具有严格的方向性，不同止回阀安装的朝向也不同。旋启式止回阀可安装在水平管道上也可安装在垂直管道上，而升降式止回阀只能安装在水平管道上。

除了传统的旋启式止回阀、升降式止回阀外，蝶式止回阀（见图 1-7c）、隔膜式止回阀等应用也较多。蝶式止回阀适用于低压大口径管道的场合，其占地小，既可安装在水平管道上，亦可安装在垂直管道或倾斜的管道上。隔膜式止回阀适用于易产生水击的管路上，多用于工作温度为 −20～120℃、工作压力 $PN \leqslant 1.6MPa$ 的低压常温管路上。

（五）安全阀

安全阀是安装在管道或设备上，防止管道或设备超压，起保护作用的阀门。工作原理为：当管道或设备内的介质压力超过规定数值时，阀瓣自动开启排放、泄压，当压力低于规定值时，阀门自动关闭，保证管道或设备不超过设定压力。

1. 安全阀的种类

安全阀的种类很多，通常以安全阀的结构特点来分，常见的安全阀有杠杆式安全阀、弹簧式安全阀、脉冲式安全阀等。

（1）杠杆式安全阀

杠杆式安全阀也称重锤式安全阀，其构造如图 1-8 所示。利用杠杆和重锤产生的作用力使阀瓣和阀座之间密封，阀门关闭。当流体压力超过额定数值时，杠杆失去平衡，阀瓣打开。杠杆式安全阀可以利用重锤在杠杆上的位置来调节设定的压力。这种安全阀的优点是在阀门开启和关闭过程中载荷的大小不变；其缺点是对振动较敏感，且回座性能差。所以这种结构的安全阀只能用在固定设备上，适用于压力温度较高的汽、水系统。

（2）弹簧式安全阀

弹簧式安全阀的构造如图 1-9 所示。利用弹簧的压力来平衡阀瓣下介质的压力，使阀瓣与阀座之间密封，流体超压时阀瓣打开。转动弹簧上的螺母可调节设定的压力。

根据阀瓣的开启高度，弹簧式安全阀又分为微启式和全启式。微启式安全阀的阀瓣开启高度为阀座通径的 1/40～1/20，微启式安全阀出口通径一般等于进口通径，其排量较小。在热力系统中，为减少汽水损失，一般采用微启式安全阀。全启式安全阀的阀瓣开启高度为阀座通径的 1/4～1/3。全启式安全阀出口通径一般比进口通径大一号，其排量大，

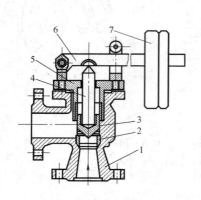

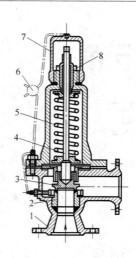

图 1-8 杠杆式安全阀
1—阀体；2—阀座；3—阀盘；4—阀杆；
5—阀盖；6—杠杆；7—重锤

图 1-9 弹簧式安全阀
1—阀体；2—阀座；3—阀瓣；4—阀杆；5—弹簧；
6—铅封；7—安全护罩；8—锁紧螺母

灵敏度亦较高，回座性能好，多用于气体介质系统（如燃气系统）。

弹簧式安全阀根据结构不同还可分为封闭式和不封闭式。燃气等易燃、易爆、有毒介质一般选用封闭式安全阀，汽水系统多选用不封闭式安全阀。有些弹簧式安全阀带有扳手，扳手的主要作用是检查阀瓣的灵活程度，有时也可做人工泄压用。弹簧式安全阀结构简单，占地小，灵敏度高，但弹簧在高温下易蠕变使弹性发生变化，所以一般宜用于温度、压力较低的系统。

（3）脉冲式安全阀

脉冲式安全阀把主阀和辅阀设计在一起，通过辅阀的脉冲作用带动主阀动作，通常用于大口径、大排量及高压系统。

2. 安全阀的安装要求

安全阀是系统的安全保障设施。安装时根据系统的最高允许压力，要对安全阀进行整定，保障系统安全正常地运行。安全阀整定涉及三个压力即开启压力、排放压力、回座压力。开启压力是安全阀阀瓣开始升起时的压力；排放压力是安全阀的阀瓣达到规定开启高度时的进口压力；回座压力是过压介质排放后阀瓣与阀座重新接触、密封，安全阀重新关闭时的压力。安全阀整定时应达到下列要求：当介质压力达到开启压力时安全阀能够灵敏地开启排放介质，若介质压力还继续升高达到排放压力时阀瓣完全开启并能达到排放流量，当介质压力降低到低于系统工作压力，而达到回座压力时，安全阀能及时关闭并保持严密。

有时承压设备上安装两个安全阀，此时这两个安全阀分别叫做工作用安全阀和控制用安全阀。工作安全阀的开启压力略低于控制安全阀的开启压力，以避免两个安全阀同时开启，排放介质过多。

安全阀安装时应满足下列要求：

（1）安全阀应并尽量靠近被保护的设备或管道，并且尽可能布置在平台附近，以便检查和维修。

（2）安全阀必须垂直安装，应使介质从下向上流出。

（3）安全阀前后不允许设置切断阀，以保证安全可靠。确因检修或其他方面的原因需加设切断阀时，切断阀必须处于全启状态，而且应有醒目的标志，并加铅封。

（4）安全阀排放介质为液体时，要引向最近的、合适的工艺废料系统，不允许直接排入大气，若排放介质为气体时，一般排至室外大气。排入大气时排放管口要高出以排放口为中心 7.5m 半径范围内的操作平台、设备等 2.5m 以上。

（5）安全阀排放油气等介质时一般可排入大气，但排放口要高出 15m 半径范围内的操作平台、设备及最高构筑物 3m 以上，并且在 15m 半径范围内不得有着火源。

（6）安全阀入口管道的管径，最小应等于安全阀入口管径；排放管直径不得小于安全阀的出口直径。

二、阀门型号规格的表示方法

在我国阀门型号的表示有统一标准。但是随着技术的进步，有些采用新技术、新材料、新工艺制作的新阀门不能采用统一标准编号，各制造厂可根据需要制定自己的编号。

1. 阀门型号的表示

阀门的型号通常是用拼音字母和数字组成的七个单元来表示，其排列形式如下：

| 一 | 二 | 三 | 四 | 五— | 六 | 七 |

（1）第一单元　表示"阀门类别"，用大写汉语拼音字母作为代号，见表 1-11（a）。

阀门类别代号　　　　　　　　　　　　　　　　　　　　表 1-11（a）

阀门类别	闸阀	截止阀	蝶阀	球阀	旋塞阀	节流阀	止回阀	隔膜阀	排污阀	安全阀	减压阀	疏水阀	调节阀
代号	Z	J	D	Q	X	L	H	G	P	A	Y	S	T

注：低温（温度低于−40℃）、保温（带加热套）、带波纹管以及抗硫的阀门，在类别代号前分别再加上汉语拼音字母 D、B、W 和 K。

（2）第二单元　表示阀门的"驱动方式"，用一位阿拉伯数字作为代号，见表 1-11（b）。

阀门驱动方式代号　　　　　　　　　　　　　　　　　　表 1-11（b）

驱动方式	电磁驱动	电磁-液驱动	电-液驱动	涡轮传动驱动	正齿轮传动驱动	伞形齿轮传动驱动	气动驱动	液压驱动	气-液驱动	电动机驱动
代号	0	1	2	3	4	5	6	7	8	9

注：手轮、手柄、扳手传动的阀门以及安全阀、减压阀、疏水阀等本单元代号可省略。

（3）第三单元　表示阀门的"连接形式"，用一位阿拉伯数字作为代号，见表 1-11（c）。

阀门连接形式代号　　　　　　　　　　　　　　　　　　表 1-11（c）

连接形式	内螺纹	外螺纹	法兰	法兰	法兰	焊接	对夹	卡箍	卡套
代号	1	2	3	4	5	6	7	8	9

注：法兰连接代号 3 仅用于双弹簧安全阀，5 仅用于杠杆式安全阀，4 用于单弹簧安全阀或其他类别的法兰连接阀门。

（4）第四单元　表示阀门的"结构形式"，用一位阿拉伯数字作为代号，见表 1-11（d）。

（5）第五单元　表示"阀座密封面或衬里材料"，用大写汉语拼音字母作为代号，见表 1-11（e）。

阀门结构形式代号　　　　表 1-11（d）

代号 阀门类别	0	1	2	3	4	5	6	7	8	9
闸阀	明杆楔式弹性闸板	明杆楔式单闸板	明杆楔式双闸板	明杆平行式单闸板	明杆平行式双闸板	暗杆楔式单闸板	暗杆楔式双闸板	暗杆平行式单闸板	暗杆平行式双闸板	
截止阀节流阀		直通式	Z形直通式	三通式	角式	直流式（Y型）	平衡直通式	平衡角式	针形截止阀	
蝶阀		密封型中线式	密封型单偏心	密封型双偏心	密封型连杆偏心	非密封型中线式	非密封型单偏心	非密封型双偏心	非密封型连杆偏心	
旋塞阀	静配T形三通		填料密封L形	填料密封直通形	填料密封T形三通	填料密封四通	油封密封L形	油封密封直通形	油封密封T形三通	静配直通形
球阀	固定球半球直通	浮动球直通式	浮动球Y形三通式	浮动球L形三通式	浮动球T形三通式		固定球四通	固定球直通式	固定球T形三通式	固定球L形三通式
止回阀		升降式直通式	升降式立式	升降式角式	旋启式单瓣式	旋启式多瓣式	旋启式双瓣式	回转蝶形止回式	截止止回式	
隔膜阀		屋脊式	截止式	直流板式	直通式	直通式	闸板式	角式 Y 形	角式 T 形	
排污阀		液面连接截止型直通式	液面连接截止型角式			液底间断截止型直流式	液底间断截止型直通式	液底间断截止型角式	液底间断浮动闸板型直通式	
安全阀	弹簧封闭带散热片全启式	弹簧封闭微启式	弹簧封闭全启式	弹簧不封闭带扳手双弹簧微启式	弹簧封闭带扳手全启式	杠杆式	弹簧不封闭带控制机构全启式	弹簧不封闭带扳手微启式	弹簧不封闭带扳手全启式	脉冲式
减压阀		直接作用波纹管式	直接作用薄膜式	先导活塞式	先导波纹管式	先导薄膜式				
疏水阀	浮球式	迷宫或孔板式	浮筒式	液体或固体膨胀式	钟形浮子式	蒸汽压力式	双金属片或弹簧式	脉冲式	圆盘式	

阀座密封面或衬里材料及代号　　　　表 1-11（e）

阀座密封面或衬里材料	巴氏合金	搪瓷	渗氮钢	18-8 系不锈钢	氟塑料	玻璃	Cr13 系不锈钢	衬胶	蒙耐尔合金
代号	B	C	D	E	F	G	H	J	M
阀座密封面或衬里材料	尼龙塑料	渗硼钢	衬铅	Mo_2Ti 系不锈钢	塑料	铜合金	由阀体直接加工	橡胶	硬质合金
代号	N	P	Q	R	S	T	W	X	Y

（6）第六单元　表示阀门的"公称压力"，用阿拉伯数字表示，其数值是以 MPa 为单位的公称压力值的 10 倍。该单元用短线与前五个单元隔开。

（7）第七单元　表示"阀体材料"，用大写汉语拼音字母作为代号，见表 1-11（f）。

阀体材料代号　　　　表 1-11（f）

阀体材料	钛及钛合金	碳钢	Cr13 系不锈钢	铬钼钢	可锻铸铁	铝合金	18-8 系不锈钢
代号	A	C	H	I	K	L	P
阀体材料	球墨铸铁	Mo_2Ti 系不锈钢	塑料	铜及铜合金	铬钼钒钢	灰铸铁	
代号	Q	R	S	T	V	Z	

注：对于 $PN \leqslant 1.6$ MPa 的灰铸铁阀门或 $PN \geqslant 2.5$ MPa 的碳钢阀门，省略本单元。

2.阀门的命名

阀门按照传动方式、连接形式、结构形式、衬里材料和类型来命名。但连接形式和结构形式中的下列内容均省略：（1）连接形式中的"法兰"；（2）结构形式中：闸阀的"明杆""刚性""弹性"和"单闸板"，截止阀和节流阀的"直通式"，蝶阀的"垂直板式"，旋塞阀的"填料"和"直通式"，球阀的"浮动"和"直通式"；止回阀的"直通式"和"单瓣式"，安全阀的"不封闭"。

根据上述阀门型号的表示方法和命名方法，下面进行举例说明。

（1）Z944T-10 表示公称压力为 1.0MPa，电动机驱动，法兰连接，明杆平行式刚性双闸板，铜合金密封，灰铸铁闸阀，称为：电动平行式双闸板闸阀。

（2）J11W-16 表示公称压力为 1.6MPa，手动，内螺纹连接，直通式，阀座密封面由阀体直接加工，灰铸铁截止阀，称为：内螺纹截止阀。

（3）D371X-16C 表示公称压力为 1.6MPa，蜗轮传动，对夹连接，中线式，衬里材料为衬胶，碳钢蝶阀，称为：蜗轮传动对夹中线衬胶蝶阀。

第六节　板材和型材

一、板材

板材是建筑设备安装工程中应用广泛的一种材料，用来制作风管、水箱、气柜、设备等。根据材料性质可分为两大类，金属薄板和非金属板材。常用的金属薄板有钢板、铝板、不锈钢板、塑料复合钢板，它们的优点是易于工业化加工制作、安装方便、能承受较高温度；常用的非金属板材主要为硬聚氯乙烯板。

（一）钢板

通风空调工程中常用金属薄板有：普通薄钢板、镀锌钢板。

普通薄钢板具有良好的加工性能和结构强度，价格便宜，通常用来制造风管、水箱、气柜等，但其表面易生锈，应刷油漆进行防腐。

镀锌钢板由普通钢板表面镀锌而成，耐锈蚀性能比钢板好，但在加工过程中镀锌皮容易脱落，油漆对它的附着力不强，镀锌钢板是否涂漆和如何涂漆，要根据镀锌面层的质量及风管所在的位置确定。镀锌钢板一般用来制作不受酸雾作用的潮湿环境中的风管或用于空调、超净等防尘要求较高的通风系统。

通风空调工程中通常采用薄钢板，常用薄钢板厚度为 0.5～4mm。薄钢板的规格通常用短边×长边×厚度来表示，例如 1000mm×2000mm×1.0mm。通风空调工程常用短边×长边为 1000mm×2000mm、900mm×1800mm 和 750mm×1800mm 的薄钢板。热轧钢板及冷轧钢板的尺寸可参见 GB/T 709—2006。

（二）铝板

铝板指用铝材或铝合金材料制成的板型材料。铝板延展性能好，适宜咬口连接，耐腐蚀、不起尘、在摩擦时不易产生火花，但价格贵，与钢铁直接接触时易发生腐蚀。铝板常用于通风工程的防爆系统，也是高洁净度（≤1000级）净化空调系统的可用材料之一。

（三）不锈钢板

不锈钢板不仅外表光亮美观，而且具有较强耐锈耐酸能力，常用于化工高温环境中的耐腐蚀通风系统。

（四）塑料复合钢板

塑料复合钢板是在普通薄钢板表面喷上一层 0.2～0.4mm 厚的塑料层制作而成。塑料复合钢板刚性好、耐腐蚀、不起尘，但是使用温度范围窄，加工过程中咬口、翻边、铆接等处的塑料面层易破裂或脱落，需要用环氧树脂等涂抹保护。塑料复合钢板常用于净化空调系统和－10～70℃温度下耐腐蚀通风系统。

（五）非金属板材

非金属板材一般指硬聚氯乙烯塑料板，它具有较高的强度和弹性、表面光滑、便于加工成型等优点。但不耐高温、不耐寒，在太阳辐射作用下，易脆裂，易带静电，价格较贵。它适用于－10～60℃有酸性腐蚀介质作用的通风系统。

通风空调系统还可采用无机玻璃钢风管，该风管在工厂中直接加工成型。具有耐腐蚀、质量轻、强度高、不燃烧、耐高温、抗冻融、价格低等优点。用于腐蚀性气体的输送。

二、型材

建筑设备安装工程中常用的型钢有扁钢、角钢、槽钢、圆钢等，通常用这些材料来制作设备框架、设备支座、管道支架、吊架等。

（一）扁钢

扁钢的断面呈矩形，在建筑设备安装工程中常用来制作风管法兰、加固圈及管道支架等。扁钢规格是"宽度×厚度"（以毫米为单位的数值）来表示，如 20×6。扁钢长度为 3～9m。

（二）角钢

角钢又名角铁，是横断面两边互相垂直的长条钢材。角钢分为等边角钢和不等边角钢两种。

等边角钢的两边相等，规格用"边宽×边宽×边厚"（以 mm 为单位的数值）来表示，如"∠50×50×6"表示边宽为 50mm，边厚为 6mm 的等边角钢；角钢型号可用边宽（以 cm 为单位的数值）表示。例如，"∠3 号"表示边宽为 30mm 的角钢，称为"3 号角钢"。等边角钢规格见表 1-12。

不等边角钢的两边不相等，规格用"长边宽×短边宽×边厚"表示，型号以长边宽与短边宽（以 cm 为单位的数值）之比来表示。例如，"∠4/2.5 号"表示一长边宽为 40mm，短边宽为 25mm 的不等边角钢。不等边角钢规格见《热轧型钢》GB/T 706—2016。

角钢用于制作管道支架、吊架、风管法兰以及用于风管加固。

（三）槽钢

槽钢是截面为凹槽形的长条钢材。规格用"高度×腿宽×腰厚"（以毫米为单位的数值）表示，如"槽钢 100×48×5.3"表示高度为 100mm，腿宽为 48mm，腰厚为 5.3mm 的槽钢。槽钢也可用 cm 为单位的槽钢高度来表示，上例中槽钢也可用"Ϲ10"来表示。如果槽钢高度相同而腿宽和厚度不同时，则在型号后面加"*a*""*b*""*c*"来区别，"Ϲ14*a*"和"Ϲ14*b*"分别表示高度为 140mm，腿宽为 58mm，腰厚为 6mm 的槽钢和高度为 140mm，腿宽为 60mm，腰厚为 8mm 的槽钢。槽钢规格见表 1-13。

等边角钢规格及理论重量（节选自 GB/T 706—2016） 表 1-12

型号	尺寸(mm) 边宽	尺寸(mm) 边厚	理论重量 (kg/m)	型号	尺寸(mm) 边宽	尺寸(mm) 边厚	理论重量 (kg/m)
2	20	3	0.89	5.6	56	3	2.62
		4	1.15			4	3.45
2.5	25	3	1.12			5	4.25
		4	1.46			6	5.04
3.0	30	3	1.37			7	5.81
		4	1.79			8	6.57
3.6	36	3	1.66	6	60	5	4.58
		4	2.16			6	5.43
		5	2.65			7	6.26
4	40	3	1.85			8	7.08
		4	2.42	6.3	63	4	3.91
		5	2.98			5	4.82
4.5	45	3	2.09			6	5.72
		4	2.74			7	6.60
		5	3.37			8	7.47
		6	3.99			10	9.15
5	50	3	2.33	7	70	4	4.37
		4	3.06			5	5.40
		5	3.77			6	6.41
		6	4.46			7	7.40
		—	—			8	8.37

槽钢规格见表（节选自 GB/T 706—2016） 表 1-13

型号		5	6.3	6.5	8	10	12	12.6	14a	14b	16a	16b	18a
尺寸 (mm)	高度 h	50	63	65	80	100	120	126	140	140	160	160	180
	腿宽 b	37	40	40	43	48	53	53	58	60	63	65	68
	腰厚 d	4.5	4.8	4.3	5.0	5.3	5.5	5.5	6.0	8.0	6.5	8.5	7.0
理论重量(kg/m)		5.44	6.63	6.51	8.04	10.0	12.1	12.3	14.5	16.7	17.2	19.8	20.2
型号		18b	20a	20b	22a	22b	24a	24b	24c	25a	25b	25c	—
尺寸 (mm)	高度 h	180	200	200	220	220	240	240	240	250	250	250	
	腿宽 b	70	73	75	77	79	78	80	82	78	80	82	
	腰厚 d	9.0	7.0	9.0	7.0	9.0	7.0	9.0	11.0	7.0	9.0	11.0	
理论重量(kg/m)		23.0	22.6	25.8	25.0	28.5	26.9	30.6	34.4	27.4	31.3	35.3	—

　　槽钢主要用于箱体、柜体的框架结构及风机、成套机组等设备的机座。

　　（四）圆钢

　　圆钢是指截面为圆形的实心长条钢材。规格用直径表示，如"$\phi 10$"表示直径为 10mm 的圆钢。建筑设备安装工程中，圆钢用于制作管箍、吊架的吊杆等。

　　圆钢分为热轧、锻制和冷拉三种。热轧圆钢的规格为 5.5～250mm。轧制的圆钢分盘条和直条两种，一般直径为 5.5～12mm 的小圆钢热轧后卷成盘状供应，称为盘条，直径小于等于 25mm 的直条大多成捆供应，常用作钢筋、螺栓及各种机械零件；直径大于 25mm 的圆钢，主要用于制造机械零件或作无缝钢管坯。

复习思考题

1. 公称压力、试验压力和工作压力的含义是什么？它们之间有何关系？
2. 建筑设备安装工程中常用钢管有哪几种？各适用于哪些场合？
3. PE-X 管、PP-R 管、PB 管各自有何特点和用途？
4. 简述铝塑复合管的特点及用途。
5. 闸阀、截止阀、止回阀各有什么特点？安装时应注意什么问题？
6. 常用的安全阀有哪几种？其特点及用途是什么？

第二章　管道的加工及连接

随着新型管材的不断出现，管道的加工、连接技术也在不断发展。不同材质管道的加工连接方法有相似之处，也有不同之处。一般管道加工主要包括：调直、切断、套丝、煨弯及制作异形管件等过程，管道连接方法主要有：螺纹连接、焊接、法兰连接、沟槽连接、承插连接、热熔连接、卡套连接、卡压连接等方法。

第一节　钢管的加工及连接

一、钢管的切断

在管道安装和维修中，要根据管路安装需要的尺寸、形状等现场条件对管道进行切断（也称下料）。常用的钢管切断方法有手工切断、机械切断、热力切断等方法。

（一）手工切断

手工切断方法常用工具有钢锯和滚刀切管器等，一般多用于小批量、小直径钢管的切断。以下主要介绍滚刀切管器。

滚刀切管器又称管子割刀，其构造如图 2-1 所示。滚刀切管器有 1 号、2 号、3 号、4 号四种规格，分别适用于 $DN15 \sim DN25$、$DN15 \sim DN50$、$DN25 \sim DN75$、$DN50 \sim DN100$ 的管子切割。滚刀切管器切管时，用其圆盘形滚刀与两个滚轮压紧管子，使滚刀刃沿管子表面旋转来切断管子。割管前在管子的切断线处和滚刀刃上涂上少许润滑油可以减少摩擦。切割时必须始终保持滚刀与管子轴线垂直，并使切口前后相接，以避免管子切偏。

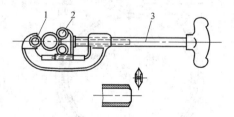

图 2-1　滚刀切管器
1—滚刀；2—滚轮；3—手柄

用滚刀切管器切断管子，切割速度较快，切口平正，但切断面会产生缩口变形。所以，需用铰刀或锉刀将管口缩小部分除去，避免因管口断面缩小增加介质的流动阻力。

（二）机械切断

1. 砂轮切割机切断

砂轮切割机利用高速旋转的砂轮片将管子切断，其构造见图 2-2。使用砂轮切割机前应先检查砂轮是否完整，无异常情况方可开机。开机后，先空转，待运转正常后，再进行切管。切管时，应保持管子被夹紧，手柄下压进刀时，不可用力过猛，否则可能会打碎砂轮，使碎片飞出伤人。当管子即将被切断时，应逐渐减少压力直至将管子切断。

砂轮切割机切割速度快、效率高，体积小、移动方便，但是噪声大，切口带有毛刺，需对切口进行处理。根据所选用砂轮品种的不同，砂轮切割机可用来切割金属管、合金管、陶瓷管，一般可以切割 $\phi57$ 以下的管子，砂轮切割机也可用来切割角钢、扁钢等型钢。

2．便携式割管机切断

便携式割管机是利用刀具与管子的相对运动来切断管子，如图 2-3 所示。便携式割管机体积小，便于施工现场使用，可用于切割碳钢管、合金钢管和奥氏体不锈钢管等，适用于管径为 $\phi 32 \sim \phi 108$ 的管子切割。

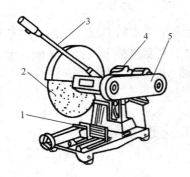

图 2-2　砂轮切割机

1—紧固装置；2—砂轮片；3—手柄；
4—电动机；5—传动皮带罩

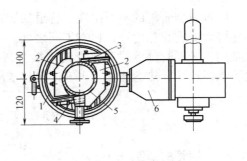

图 2-3　便携式割管机

1—平面卡盘；2—刀架；3—异型刀刃；
4—切割刀刃；5—钢管；6—传动机构

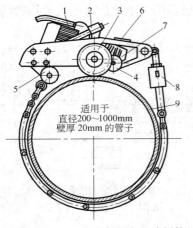

图 2-4　J3UP 系列自爬式电动割管机

1—电动机；2—进刀机构；3—切割刀具；
4—爬轮；5—导向轮；6—爬行进给离
合器；7—变速箱；8—爬行夹紧机构；
9—被切割管子

3．电动套丝机切断

电动套丝机是适合工地上使用的一种轻便机械，一般带有切管器和绞刀，既可切断管子又可以对管子进行套丝。TQ 型电动套丝机的最大适用管径为 150mm。

4．锯床切断

锯床切断原理与手工钢锯切断原理相同。锯床利用机械代替人力来对管子进行切断，适用于大批量的管道切断。常用的 G72 型锯床可以锯割的最大直径为 $DN250$。

5．自爬式电动割管机切断

J3UP 系列自爬式电动割管机构造如图 2-4 所示，夹紧机构将自爬式电动割管机夹紧在被切割的管子上，绕管转动的切割刀具实现对管子的切割。J3UP 系列自爬式电动割管机可用来切割 $DN200 \sim DN1000$ 的大直径金属管材，如铸铁管、钢管等。

（三）热力切断

1．氧气-乙炔焰切断

氧气-乙炔焰切断管道的原理是：利用氧气和乙炔混合气体燃烧火焰的大量热能加热切割处的金属，使其在割枪喷出的纯氧中燃烧，形成氧化熔渣，同时，割枪喷出的高速切割氧气流将割缝处的熔渣吹落，实现对管子的切割。该方法适用于 $DN100$ 以上的普通钢管和合金钢管的切割，不适用于不锈钢管、铜管、铝管的切割。

氧气-乙炔焰切割装置由氧气瓶、乙炔瓶、减压阀、高压胶管、割炬（割枪）等组成。

（1）氧气瓶

氧气瓶是由低合金钢或优质碳素钢制成的储存气态氧的一种高压容器。氧气瓶的公称容量为 38～40L，公称压力为 15MPa，瓶内氧气纯度 98% 以上，直径 $\phi219$，长度 1450mm，重量约为 60kg。氧气瓶的外表面涂天蓝色，瓶上用黑漆标注有"氧气"两字。

（2）乙炔瓶

乙炔瓶是用无缝钢管制成的用来储存和运输乙炔的压力容器。乙炔瓶的瓶阀可与减压阀连接。乙炔瓶体表面漆成灰色，并标有红色的"乙炔"两字。

（3）减压阀

减压阀又称为减压器，其作用是将钢瓶内或管路的气体压力调节成工作时的压力，并保持压力的稳定。减压阀一般用黄铜或青铜制成，密封材料采用不燃和无油材料。氧气减压阀与乙炔减压阀不得互换使用。

（4）高压胶管

橡皮胶管用来将氧气瓶或乙炔发生器（乙炔瓶）中的气体送至割炬。氧气管为红色，内径为 8mm，乙炔管为绿色，内径为 10mm。胶管应根据氧气和乙炔气各自的工作压力来选用，两种胶管不可互相代用。连接割炬的胶管长度不应短于 5m，长度一般为 10～15m。

（5）割炬

割炬又称割枪，是进行火焰切割的主要工具。按乙炔气与氧气混合方式的不同，割炬可分为射吸式割炬和等压式割炬两种。

射吸式割炬的结构见图 2-5。割炬依靠经喷嘴高速射入射吸管的氧气，将乙炔气吸入射吸管，使乙炔气与氧气以一定的比例在混合管内混合后喷出，点燃后成为预热火焰。射吸式割炬不论使用低压乙炔气还是中压乙炔气都能保证割炬的正常工作。射吸式割炬是应用最普遍的通用型手工割炬。

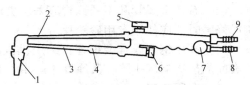

图 2-5　射吸式割炬结构图

1—割嘴；2—切割氧管；3—混合气管；4—射吸管；
5—切割氧阀门；6—预热氧阀门；7—燃气阀门；
8—燃气接口；9—氧气接口

等压式割炬所用乙炔气与氧气压力基本相等，乙炔气和氧气分别由单独的管路进入割嘴内混合，以保证火焰稳定。等压式割炬具有调节方便、火焰稳定、不易回火等优点，但是由于须使用中压或高压乙炔气体，在一定范围内限制了它的广泛应用。

氧气-乙炔焰切断快速、方便，但是由于乙炔气体具有爆炸性，使用时应正确操作，注意安全。使用时应注意以下几个方面：

1）氧气瓶不可在烈日下暴晒，氧气瓶和减压阀均忌沾油脂；

2）为防止眼睛受火焰的刺激和飞溅金属的损伤，切割时应戴有色的防护镜；

3）使用过程中若发生回火，应迅速关闭预热调节阀，当回火熄灭后，再打开切割氧调节阀，吹除残留在割炬内的余焰和烟灰；

4）切割完成停止使用时，应首先关闭切割氧调节阀，再分别关闭乙炔阀和预热氧调节阀，最后还应关闭氧气和乙炔瓶阀。

2. 等离子切割

等离子切割的原理是：离子枪中的钨针棒电极与被切物间形成高电位差，使得离子枪喷出的氮气被电离成电子和正离子，形成离子弧，产生温度高达 15000～33000℃ 的高能量密度的热气流，极短时间内将切割处的材料熔化。

等离子切割效率高，质量好，切口不氧化，热影响区小，变形小。等离子切割可用于氧气-乙炔焰不能切割或切割困难的不锈钢、铜、铝、铸铁等金属材料以及陶瓷、混凝土等非金属材料的切割。

（四）钢管切割的一般要求及切割方法的选用

1. 钢管切割的一般要求

（1）严格按照下料尺寸进行切割，并注意切口余量，保证管道尺寸正确。

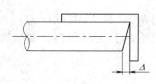

图 2-6　切口端面倾斜偏差

（2）切口应平正，断面与管子轴线要垂直。切口端面倾斜偏差 Δ（参见图 2-6）不应大于管子外径的 1%，且不得超过 3mm。

（3）切割后管子要无裂纹，切口内外无毛刺、凸凹、熔渣、铁屑等。

（4）切口不应产生断面收缩。

2. 切割方法的选用

（1）碳素钢管与合金钢管宜采用手工或机械方法切断，也可采用氧气-乙炔焰切割，但必须保证尺寸正确及表面平整。

（2）镀锌钢管宜用钢锯或机械方法切割。

（3）有色金属管和不锈钢管应采用机械或等离子方法切割。不锈钢管及钛管用砂轮切割或修磨时，应使用专用砂轮片。

（4）高压钢管或合金钢管宜采用机械法切割。当采用氧气-乙炔焰切割时，必须将切割表面的热影响区排除，其厚度一般小于 0.5mm。

二、弯管加工

弯管按照其加工制作方法分为煨制弯管、冲压弯管、焊接弯管等。其中煨制弯管又可分为光滑弯管和折皱弯管两种。这些弯管有其自身的特点，制作方法和要求也有区别。

（一）弯管受力分析及质量要求

钢管煨弯过程中，钢管受力发生变形，如图 2-7 所示。弯曲前直管上各条棱线都等于管中心线长度，有 $AB=CD=IJ$，管子弯曲时，外侧管壁受拉，内侧管壁受压，AB 伸长，CD 缩短，而管中心线 IJ 长度基本不变。所以外侧管壁变薄，而内侧管壁变厚。如果外侧管壁受到的拉力过大会产生裂纹，同时内侧管壁受到压力过大时，会产生鼓包。所以应严格控制弯管过程中管道的受力。弯

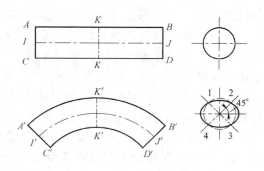

图 2-7　管子弯曲变形图

曲过程中棱线长度变化的同时管道的截面也发生变形，如图 2-7 中圆弧 23 和 41 向外移动，圆弧 12 和 34 向内移动，断面由圆形变为椭圆形，但其中 1、2、3、4 四个点不受力、没有移动。

基于对弯管受力情况及其影响因素的分析，弯管制作应达到如下质量要求：

（1）弯管外表不得有裂纹、鼓包，弯度要均匀。

（2）弯曲部分的壁厚减薄率不得超过 15%，并不得小于管子的设计壁厚。壁厚减薄率按下式计算：

$$K=[(S_1-S_2)/S_1]\times100\%\qquad(2-1)$$

式中　K——壁厚减薄率；

　　　S_1——管子弯制前的壁厚，mm；

　　　S_2——管子弯制后的壁厚，mm。

（3）断面的椭圆率（椭圆的长短轴之差与长轴之比）应满足：$DN\le50$mm 时，不大于 10%；50mm$<DN\le150$mm 时，不大于 8%；$DN>150$mm 时，不大于 6%。

（4）用有缝钢管制作弯管时，焊缝应放在受力变形小的位置，其纵向焊缝应放在距椭圆长轴或短轴 45°的地方。

（5）弯管的最小曲率半径一般应符合表 2-1 的要求。

弯管的最小曲率半径（R）　　　　　　　　表 2-1

管子类别	弯管的制作方式		最小曲率半径
中、低压钢管	热弯		3.5D
	冷弯		4.0D
	折皱弯		2.5D
	压制弯		1.0D
	热推弯		1.5D
	焊制	$DN>250$mm	0.75D
		$DN\le250$mm	1.0D
高压钢管	冷、热弯		5.0D
	压制		1.5D

（二）光滑弯管

光滑弯管由直管弯曲后制成，无焊口、流动阻力小、水力特性好、机械弹性好，曲率半径大的弯管还可起热补偿作用，在管道工程中得到了广泛应用。

弯管加工前应先划线下料。下料尺寸应包括煨弯长度 L 及为了弯曲加工和安装需要而在弯管两侧预留的直管段长度 a。当弯管公称直径 $DN\le150$mm 时，$a\ge400$mm；当弯管公称直径 $DN>150$mm 时，$a\ge600$mm。L 的计算公式如下：

$$L=\pi R\alpha/180\qquad(2-2)$$

式中　L——煨弯长度，mm；

　　　α——弯曲角，°；

　　　R——曲率半径，mm。

弯管两侧预留的直管段长度 a 应满足下列要求：

根据弯管加工时是否加热管道，光滑弯管的加工分为冷弯法和热弯法两种。

1. 冷弯法

钢管冷煨弯是指在常温下借助于专门的机具对管子进行弯曲。钢管冷煨弯制作方法简便，但是耗费动力大，弯管的尺寸也受到限制。

（1）手工冷弯法

1）用手动弯管器煨弯

固定式手动弯管器结构如图 2-8 所示。弯管时，把管子穿入定胎轮和动胎轮之间，用管子夹持器将管子固定，转动手柄，带动动胎轮绕定胎轮转动，管子逐步弯曲。由于钢管的弹性，当停止施力后，90°弯管会有 2°～4°的回弹角度。因此加工弯管时，应使弯曲角度增加这一回弹角度。使用手动弯管器煨弯，劳动强度高，每套滚轮只能弯一种管径的管子，需准备多套滚轮，所以只适用于小管径，可用来弯制 $DN \leqslant 25$mm 的管子。

2）用手动液压弯管机煨弯

手动液压弯管机构造如图 2-9 所示。用液压弯管机煨弯时，根据管径选择顶胎及管托位置，然后将管子放在顶胎与管托的弧形槽中，使顶胎对准管子弯曲部分的中心，然后摇动手柄加压，在顶胎和管托的共同作用下管子弯成所需的角度。液压弯管机轻便、灵活、操作简便，动力大，应用较为广泛，通常用来煨制 $DN \leqslant 50$mm 的管子。

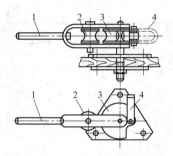

图 2-8　固定式手动弯管器
1—手柄；2—动胎轮；3—定胎轮；
4—管子夹持器

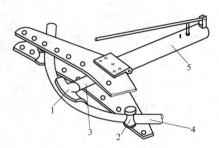

图 2-9　手动液压弯管机
1—顶胎；2—支撑轮；3—顶杆；
4—管道；5—液压缸

（2）机械冷弯法

手工冷弯法效率低，不容易保证质量，可弯曲管径小。对于 $DN > 25$mm 的钢管可采用机械冷弯的方法。机械冷弯原理与手动弯管器煨弯原理相同。根据冷弯机械设备弯管时是否使用芯棒分为无芯冷弯弯管机和有芯冷弯弯管机两类。对于管径较小的管子，弯曲后管子断面的椭圆率较小，可以采用无芯冷弯弯管机煨弯；当管子直径较大时，弯曲后管子断面的椭圆率较大，为控制椭圆率应采用有芯冷弯弯管机煨弯。

1）无芯冷弯弯管机

电动无芯冷弯弯管机的构造如图 2-10 所示。无芯冷弯弯管机可以煨制管径在 108mm以下 $R = 4D$ 的有缝、无缝、镀锌管和有色金属管。无芯冷弯弯管机弯管时既不灌砂子也不加入芯棒，为减小弯曲后断面的椭圆变形，可以采用反向预变形的方法，即采用模具使要弯曲的管子断面预先变为椭圆形，管子弯曲时将椭圆的长轴压短，使弯曲后管子断面接近于圆形。

2）有芯冷弯弯管机

有芯冷弯弯管机构造如图 2-11 所示，与无芯冷弯弯管机的不同之处在于弯管前在管子中加入了芯棒。有芯冷弯弯管机加工的最大管径为 325mm，最小曲率半径为 $R = 3.25D$，常用管径规格为 108～219mm，可用于有缝、无缝、镀锌钢管、不锈钢管及有色

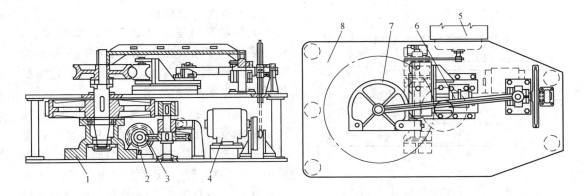

图 2-10 无芯冷弯弯管机

1—大齿轮座部件；2—蜗杆部件；3—蜗轮部件；4—紧管电动机；

5—弯管电动机；6—紧管部件；7—管模部件；8—机架

金属管的弯曲加工。

芯棒可分为单件芯棒和多件芯棒两大类。单件芯棒有圆头式、尖头式和勺式三种。多件芯棒有单向关节式、多向关节式和软轴式三种。芯棒的形式及其在管中的位置见图 2-12。单件芯棒主要是防止管子开始起弯处压扁或失去稳定性而起皱。多件芯棒伸入到弯管内部，灵活性大，弯管质量好。

2. 热弯法

钢管热煨弯是将管子加热到一定

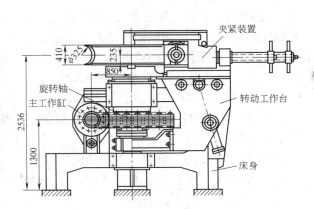

图 2-11 有芯冷弯弯管机构造

温度后再进行煨制的方法。钢管热煨弯采用的加热温度为 800~950℃，这个温度下钢管容易弯曲，但仍能保持其形状。最早采用钢管热煨弯方法是灌砂热煨弯，即利用砂子的支撑作用和蓄热能力来实现煨弯的方法。随着火焰弯管机和中频电热弯管机的先后出现，弯管的速度和效率大大提高，灌砂热煨弯在弯管的批量生产中已很少采用。

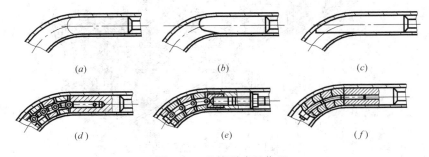

图 2-12 芯棒形式及位置

(a) 圆头式；(b) 尖头式；(c) 勺式；(d) 单向关节式；(e) 多向关节式；(f) 软轴式

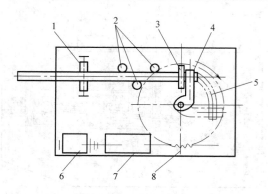

图 2-13　火焰弯管机结构示意图

1—托辊；2—调节轮；3—火焰圈；4—转臂；5—弯管；
6—电动机；7—调速机构；8—传动机构

（1）火焰弯管机热煨

火焰弯管机是一种煨弯效率高的设备，可用来煨制 $DN \leqslant 250mm$ 的碳钢管和合金钢管，而且管内不需加填充物。火焰弯管机结构可参见图 2-13。

火焰弯管机工作原理为：用氧气-乙炔火焰圈对管子以带状形式加热，加热宽度 $15 \sim 30mm$，俗称"红带"。当加热温度达到 850℃ 左右时，转臂以弯管的曲率半径 R 为半径转动，对红带进行微煨弯。煨弯后立即喷水冷却、定形，管子逐段连续地经过加热、煨弯、喷水冷却三道工序，直到整个弯管达到规定的弯曲角度。

火焰圈由氧气-乙炔混合气体燃烧喷嘴和冷却水喷嘴两个环状管组成。二者结合在一起能使水对火焰圈冷却保证火焰圈工作稳定。冷却水压力应为 $0.2 \sim 0.3MPa$。

火焰弯管机具有下列特点：

1）曲率均匀、椭圆度小。加热段窄，煨制过程中逐段依次进行，并且由固定长度的转臂来控制曲率半径，保证了曲率均匀。

2）加工效率高。加热、煨弯、喷水冷却三道工序连续进行，比手工灌砂热煨效率提高了十余倍。

3）机身体积小、重量轻，移动比较方便。

4）火焰圈喷气孔小，容易堵塞，须及时清理，以免造成管子受热不均匀。

5）弯制厚壁管子比较困难。

（2）中频感应电热弯管机煨弯

中频感应电热弯管机如图 2-14 所示，其工作原理为：通过电感应圈的电流交变使相

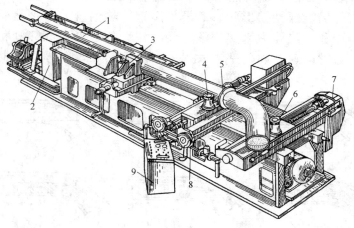

图 2-14　中频感应电热弯管机

1—钢管；2—纵向送管机构；3—管子夹持器；4—导轮；5—电感应圈；
6—推轮；7—横向送管机构；8—冷却系统；9—控制屏

应的管壁中产生感应涡流，涡流电流通过管壁时电能转化为热能，将管壁加热到 900～1200℃（根据钢种钢号确定），然后由自控系统控制管子经过前进、加热、拉弯、冷却等过程实现管道煨弯。

中频感应电热弯管机与火焰弯管机相比用电感应圈代替火焰圈进行加热，克服了火焰圈加热容易出现的加热不均匀现象，也避免了火焰加热不锈钢管时出现的晶间腐蚀问题，所以中频电热弯管机不仅可以用来煨制碳钢管和合金钢管，还可煨制不锈钢管。中频感应电热弯管机适用的弯管外径为 $\phi95～\phi299$，弯管最小曲率半径可达 1.5D。

（三）折皱弯管

折皱弯管是加热管子一侧，使其在弯曲变形过程中形成褶皱，而煨制成的弯管，如图 2-15 所示。折皱弯管的公称直径范围为 DN100～DN600。由于折皱弯管内侧形成褶皱，外侧管壁厚度和长度无变化，弹性好，能吸收弯曲变形，可作自然补偿器用，但是褶皱增大了流动阻力。所以折皱弯管适用于曲率半径较小或弯管背部壁厚不允许减薄的情况，可以用在输送工作压力 $P \leqslant 2.5\text{MPa}$ 的给水、热水、饱和蒸汽以及含硫量较低的天然气管道中。

折皱弯管划线前需要确定弯管展开长度 L、褶皱间距 a、圆周不加热宽度 f、加热区宽度 b、不加热区宽度 c，见图 2-16，图中阴影部分为加热区域。折皱弯管在弯曲前后弯管外侧圆弧长度不变，管子中心线缩短。所以弯管展开长度 L 为：

$$L = \frac{1}{2}\pi\left(R + \frac{D}{2}\right) \tag{2-3}$$

式中　L——弯管展开长度（弯曲段净长），mm；

　　　R——弯管的曲率半径，mm；

　　　D——管子外径，mm。

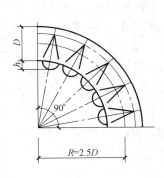

图 2-15　折皱弯管制作图

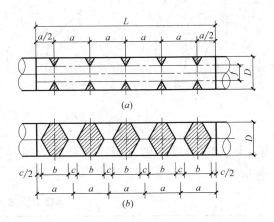

图 2-16　折皱弯管划线图

（a）折皱弯管弯背　（b）折皱弯管弯里

实际加工时，曲率半径为 2.5D 弯管的其他参数，可按照表 2-2 选取。

折皱弯管的制作过程如下：

（1）在直管段上按样板尺寸划线。

外径 D (mm)	折皱数 n	最小长度 L (mm)	折皱间距 a (mm)	加热区宽度 b (mm)	不加热区宽度 c (mm)	圆周不加热宽度 f (mm)
108	5	500	100	80	20	50
133	5	625	125	95	30	70
159	6	750	125	95	30	85
219	6	1020	170	135	35	115
273	6	1275	212	172	40	146
325	7	1525	218	174	44	170
377	8	1770	220	175	45	195
426	8	1990	249	199	50	225
529	9	2500	288	218	60	280
630	9	2970	330	260	70	330

90°折皱弯管（$R=2.5D$）参数　表2-2

（2）将管子两端堵塞，以减少热量损失，缩短加热时间。

（3）加热、煨制、冷却定型。为避免相邻皱褶加工时的相互影响，褶皱的加工应间隔进行。加热到 $850 \sim 950℃$ 时进行煨弯，达到弯曲角度时浇冷水冷却定型。

（4）对成形的折皱弯管加热到 $600℃$，进行退火处理，以消除加工应力。

（四）焊接弯管

焊接弯管由若干个带有斜截面的直管段焊接而成。焊接弯管可以根据实际需要控制弯曲角度、曲率半径，加工时钢管无塑性变形，管壁厚度、横断面形状不变，刚性好。适用于管径较大、曲率半径较小、煨制或其他加工方法较困难的场合。由于焊接弯管中间有多条环形焊缝，弹性差，不能用来起自然补偿作用。

1. 焊接弯管的分节数选择

焊接弯管由两个端节和若干个中节组成，中节两端带有斜截面，端节一端带有斜截面，端节为中节的一半，如图2-17所示。焊接弯管的分节数越多，曲率半径越大，焊接弯管越光滑，流动阻力越小，但是分节数越多，环形焊缝越多，弯管的弹性越差。所以，分节数既不能太多，也不能太少，一般可按照表2-3来确定。

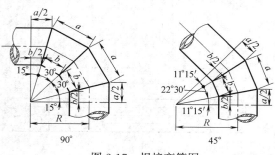

图 2-17　焊接弯管图

焊接弯管曲率半径及分节数　表2-3

管径 (mm)	曲率半径 R	节　数　n				
		90°	60°	45°	30°	22.5°
57~159	1~1.5D	4	3	3	3	3
219~318	1.5~2D	5	4	4	4	4
318 以上	2~2.5D	7	4	4	4	4

2. 焊接弯管的制作

焊接弯管是由端节和中节焊接而成的。端节和中节的制作方法有两种：一种是采用钢板卷制，另一种方法是直接在钢管上截取（一般用于公称直径小于 $DN400$ 的管道）。两种方法都需要按端节和中节的展开图制作下料样板，然后按照样板划线、下料、组对、焊接。

（1）下料样板的制作

根据背高、腹高和弯管的外径在样板纸上画展开图，裁剪后制成下料样板，样板展开图的划线法与通风管道弯管的展开划线方法相同，可参照相应章节的内容。背高、腹高的计算公式如下：

$$a = 2\left(R + \frac{D}{2}\right)\tan\frac{\alpha}{2n} \tag{2-4}$$

$$b = 2\left(R - \frac{D}{2}\right)\tan\frac{\alpha}{2n} \tag{2-5}$$

式中　a——弯管背高，mm；

　　　b——弯管腹高，mm；

　　　R——弯管的曲率半径，mm；

　　　α——弯管的弯曲角度，°；

　　　D——钢管外径，mm；

　　　n——弯管的折合中节数（两个端节折合一个中节）。

（2）下料

在管壁上平行于管子轴线划两条直线，将管子横断面圆周等分为两份，再将样板包缠在管子上并将样板的背高线与腹高线分别与两直线对齐，在管子上沿样板划线，然后用氧-乙炔焰或其他机具切割下料，切割时端节一般留在直管段上。

（3）开坡口

对各管节开坡口。弯管外侧的坡口角度要小一些，内侧的坡口角度要大一些。

（4）焊接

焊接时应将各管节的中心、腹高线、背高线对齐，然后点焊定位。90°弯管各管节定位时应使弯管角度为91°～92°，这样，焊接冷却后，角度才能恢复到90°。

（五）模压弯管

小口径冲压弯管（冲压弯头）曲率半径一般为 $1.0D$ 或 $1.5D$。冲压弯头制作效率高、成本低，但需要大量模具，一般由专业生产厂家大批量生产。见图 2-18（a）。

大口径管道的弯管一般不采用无缝钢管来压制。其制作方法是：将弯管展开为扇形，用钢板下料，见图 2-18（b）。将扇形钢板加热压制成瓦状，修整切除多余部分后，将上下两块瓦状钢板焊接，即制作成型。这种方法也适合于工厂化大批量生产，成本也较低。

三、三通管及变径管的加工

在管道系统中，采用焊接连接时，虽然有较多的工厂化生产的产品可选择，但是由于供货规格、时间等条件的限制，相当数量的管件仍然采用施工现场加工的方法。

图 2-18　模压弯管制作

（*a*）无缝冲压弯头及制作；（*b*）大口径有缝模压弯管制作

（一）三通管的加工

1. 直管焊三通

直管焊三通按照支管与直管管径是否相同分为等径三通和异径三通两种，见图 2-19。按照支管与直管的角度分为正三通和斜三通。其制作方法是先按三通直管和支管的展开图制作下料样板，然后在管道上截取或用钢板卷焊直管和支管，再对口焊接。等径三通的切口深度大，焊缝较长，且有锐角，直通管往往产生明显的弯曲变形。若三通垂直切口避免锐角而采用圆弧形，并在施焊时采取分段对称焊接，则可减小焊接变形。

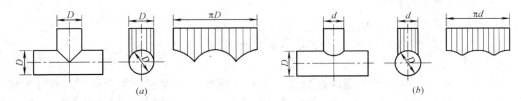

图 2-19　直管焊三通

（*a*）等径三通；（*b*）异径三通

2. 弯管焊三通

弯管焊三通分为等径弯管焊三通和异径弯管焊三通两种。弯管焊三通由直径相同、曲率半径相等的两个 90°弯管，切掉弯管外侧圆弧，然后加工坡口、对应焊接而成。见图 2-20。弯管焊三通一般用于高压蒸汽管路中，能够减轻蒸汽冲击现象。

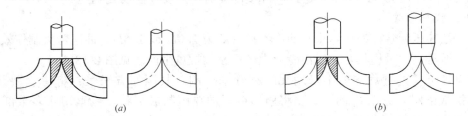

图 2-20　弯管焊三通

（*a*）等径弯管焊三通；（*b*）异径弯管焊三通

3. 平焊口三通

平焊口三通适用于支管管径小于直管管径的情况。其制作过程是：在直通管上割一个椭圆孔，使椭圆的短轴等于支管外径的三分之二，长轴等于支管外径，然后再将椭圆孔的两侧管壁加热至 900℃左右，向外扳边做成圆口。管外径 50～159mm 的管子用这种方法制作的三通焊缝短、变形较小，制作也方便。

（二）变径管的加工

变径管分为同心变径管和偏心变径管两种，一般有抽条法、卷焊法、捶管法三种加工方法。

1. 抽条法加工变径管

抽条法是将管端间隔切掉一定的长度和宽度的抽条，然后加热收口，最后焊接成变径管的方法，如图 2-21 所示。当管径变化大时采用抽条法加工变径管。

同心变径管的下料尺寸计算公式如下：

$$A = \frac{\pi D}{n}; \quad B = \frac{\pi d}{n}; \quad C = 3 \sim 4(D-d) \tag{2-6}$$

式中　D——大直径管道外径，mm；

　　　d——小直径管道外径，mm；

　　　n——分瓣数，对 $DN50 \sim DN80$ 管道，$n = 4 \sim 6$，对 $DN100 \sim DN400$ 管道，$n = 6 \sim 8$。

偏心变径管的下料尺寸计算公式如下：

$$A = \frac{\pi d}{8}; \quad B_1 = \frac{3}{12}\delta; \quad B_2 = \frac{2}{12}\delta; \quad B_3 = \frac{3}{12}\delta;$$

$$E = 2 \sim 3(D-d); \quad H = 0.866E; \quad \delta = \pi(D-d) \tag{2-7}$$

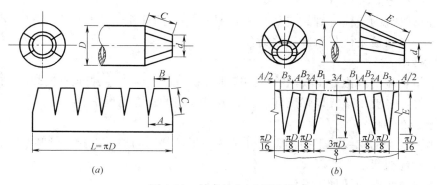

图 2-21　抽条法加工变径管

(*a*) 同心变径管；(*b*) 偏心变径管

2. 卷焊法加工变径管

卷焊法是根据变径管两头的管径及变径管高度，将变径管展开成扇形，在钢板上划线切割，加热后卷制焊接而成，见图 2-22。当钢管管径较大时，可采用卷焊法来加工变径管。

3. 捶管法（敲制法）加工变径管

捶管法是将管端加热到 800～900℃后用手锤锻打缩口的方法。捶管法适用于大头端

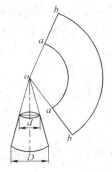

图 2-22　卷焊法加工变径管

在 $DN100$ 以下，管径变化不大的变径管加工。

四、钢管的连接

钢管的连接方法中最基本的是螺纹连接、焊接连接、法兰连接，随着安装技术的发展，钢管的卡套连接和沟槽连接方式应用增多，以满足不同的安装要求。

（一）螺纹连接

螺纹连接，也称丝扣连接，指将内螺纹管件、阀门等与加工有外螺纹管道依靠螺纹连接起来的方式。

1. 螺纹连接的特点及适用范围

螺纹连接具有加工方便、连接灵活、拆卸简单、不破坏管道内表面等优点，但是大口径管道的螺纹加工和连接难度大，最大接口直径为 $DN150$。螺纹连接适用范围如下：

（1）$DN \leqslant 32mm$ 的室内供暖系统焊接钢管的连接。

（2）$DN \leqslant 100mm$ 的室内燃气管道的连接。

（3）为保证工艺要求，而不允许损坏镀锌层的低压流体输送用镀锌焊接钢管的连接。

（4）钢管与带螺纹的设备、附件等的连接。

（5）需经常拆卸，又不允许动火的生产场合。

2. 管螺纹连接方式

（1）锥接柱方式

锥接柱指管端的圆锥外螺纹与管件的圆柱内螺纹的连接。因为圆柱内螺纹加工方便，且这种连接方式的连接强度及严密性都比较好，是管道螺纹连接的主要接口方式。

（2）柱接柱方式

柱接柱指管端的圆柱外螺纹与管件的圆柱内螺纹的连接。这种管螺纹接口严密性较差，仅用于长丝活接来代替活接头的场合。

（3）锥接锥方式

锥接锥指管端的圆锥外螺纹与管件的圆锥内螺纹的连接。这种连接方式的连接强度及严密性都很好，主要用于接口强度和严密性要求较高的管道工程中。

3. 管螺纹的加工

一般施工现场的螺纹加工指钢管的外螺纹加工，常用的加工工具有管螺纹圆板牙、套丝板、电动套丝机等。

（1）用管螺纹圆板牙加工螺纹

管螺纹圆板牙分为圆柱管螺纹圆板牙及圆锥管螺纹圆板牙。加工管道螺纹时，应选用相应规格的圆板牙装在圆板牙扳手内。管螺纹圆板牙体积小、使用方便。圆板牙及圆板牙扳手见图 2-23。圆柱管螺纹圆板牙适用于 $DN \leqslant 40mm$ 管道的螺纹加工，圆锥管螺纹圆板牙适用于 $DN \leqslant 50mm$ 管道的螺纹加工。

（2）用套丝板加工螺纹

套丝板又称管子绞板，是手工加工金属管道管端螺纹必不可少的工具。常见的有普通式和轻便式两种。

普通式套丝板的构造如图 2-24 所示。在套丝板的板牙架上设有四个板牙孔，用来安

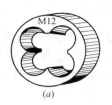 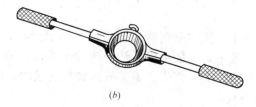

图 2-23 圆板牙及扳手

（a）圆板牙；（b）圆板牙扳手

装板牙。板牙是用来套丝的车刀，每组四块能套两种管径的螺纹。使用时应按管子直径选用相应的板牙，同时板牙必须按板牙上的编号 1、2、3、4 的顺序装入板牙孔内，否则，会套出不合格的螺纹。普通式套丝板按其被加工的管子规格分为小型和大型。小型适用于 $DN15\sim DN50$ 管道的套丝加工，大型适用于 $DN40\sim DN100$ 管道的套丝加工。

轻便式套丝板只适用于套制小于 $DN40$ 直径的管子，由于只有一个手柄，可以在操作空间狭小的地方使用。

（3）用电动套丝机加工螺纹

电动套丝机可以用于管子切断、内口倒角、管子和圆钢套丝，其套丝原理与套丝板相同。不同厂家生产的电动套丝机不尽相同，TQ 型电动套丝机的最大适用管径为 150mm。

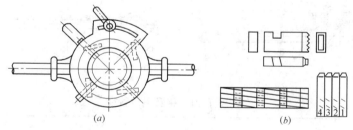

图 2-24 普通式套丝板的构造

（a）套丝板；（b）板牙

（4）螺纹加工的质量要求及加工缺陷的避免

螺纹加工应满足下列质量要求：螺纹应端正、光滑，无毛刺，无裂纹；断丝缺扣部分累计不超过 1/3 圈；螺纹尺寸正确，松紧度适宜。实际加工中，应避免以下缺陷：

1）偏扣螺纹。由于管壁厚薄不均匀或进刀不正所造成。

2）细丝螺纹。由于板牙顺序弄错或板牙活动间隙太大所造成；也可能是第二次进刀未与第一次的螺纹对准所造成。

3）断丝缺扣。可能是多种原因造成，如套丝时板牙进刀量太大、用力过猛或不均匀，或板牙被磨损等。

4）出现裂缝。由于焊接钢管的焊缝不牢所致，或管壁薄等原因造成。

4. 填料的选用

为保证螺纹连接的严密性，便于维护和检修时拆卸，外螺纹与内螺纹连接件之间应加上适当的填料。螺纹连接常用的填料有两种，一种是白铅油、麻丝，另一种是聚四氟乙烯生料带。白铅油、麻丝是传统的填料，而聚四氟乙烯生料带热稳定性好、耐温较高，且高温下与浓酸、浓碱及强氧化剂不发生化学反应，可用于工作温度为－180～250℃的各种管路中。

输送冷热水、压缩空气管道，可以采用麻丝沾白铅油或采用聚四氟乙烯生料带作填料。室内燃气管道，不能用麻丝沾白铅油作填料，而应采用聚四氟乙烯生料带或白铅油作填料。制冷管道、氧气管道、输油管道螺纹连接时，应采用聚四氟乙烯生料带作填料。

5. 管螺纹连接

（1）管螺纹连接工具

管螺纹连接的常用工具是管钳。管钳有张开式、链条式两种，见图2-25。

张开式管钳利用钳颚夹紧管子，其规格见表2-4。使用时应符合下列要求：

1）使用管钳时，应两手协调，松紧适度，不可用力过猛。

2）根据管径适用范围来选用管钳，不可将大号管钳用于小管径管道的连接，以免因用力过大，拧得过紧而胀破管件；也不可在管钳手柄上加套管，以免把钳颈拉断。

3）严禁使用管钳来拧带棱角的管件。

链条式管钳利用链子缠绕在管子上将管子夹紧。其规格见表2-5。链条式管钳用于安装直径较大的管子，也可以用来临时固定管子。当因场地限制张开式管钳手柄旋转不开时，可用链条式管钳来代替。长期不用时应在链子上涂油保护，使用时将油擦干净，防止打滑。

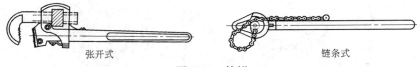

张开式　　　　　　　　　　　　　　　　链条式

图 2-25　管钳

张开式管钳规格及适用管径 表 2-4

管钳规格	（mm）	150	200	250	300	350	450	600	900	1200
	（in）	6″	8″	10″	12″	14″	18″	24″	36″	48″
适用管径范围(mm)		4～8	8～10	8～15	10～20	15～25	32～50	50～80	65～100	80～125

链条式管钳规格及适用管径 表 2-5

管钳规格	（mm）	350	450	600	900	1200
	（in）	14″	18″	24″	36″	48″
适用管径范围(mm)		25～40	32～50	50～80	80～125	100～200

（2）螺纹连接操作

将麻丝整理成薄而均匀的细丝后，将白铅油均匀地涂在管端的外螺纹上，然后将麻丝从管端的第二扣开始顺时针（面对管端）缠绕。缠好麻丝后，用手将螺纹拧入2～3扣，再用管钳拧紧。拧紧后管端应留有2～3扣螺纹，最后对外露螺纹作防腐处理。采用聚四氟乙烯生料带作填料时，同样也是顺时针方向缠绕，其余操作与采用麻丝铅油相同。

（二）焊接连接

金属的焊接方法可分为四类：熔焊、钎焊、压焊和特种焊，其中熔焊（包括电弧焊、气焊、气体保护焊、等离子弧焊等）是金属管道焊接中常用的方法。钢管焊接最常用的方法是电弧焊和气焊，采用这两种方法焊接时接口处的金属及焊条（或焊丝）受热熔化，使焊件连接起来。

1. 焊接连接的特点

（1）接口强度高，牢固耐久，焊缝强度一般能达到管子强度的 85％以上，甚至超过母材强度。

（2）接口严密性好，不易渗漏。

（3）不需要接口配件，连接方便，省工省料，造价较低。

（4）管道工作安全可靠，不需要经常维护检修。

（5）焊接操作工艺要求较高，需受过专门培训的焊工配合施工。

2. 焊接机具及焊条

（1）电焊机具及焊条

电弧焊接是金属焊接中的常用方法，根据电弧焊接的燃烧条件分为明弧焊接和埋弧焊接。明弧焊接也称手工电弧焊接，是较早发展起来的一种焊接方法，广泛用于金属焊接中。图 2-26 为手工电弧焊接的工艺原理图。焊接时电焊机、导线、电焊钳、焊条、母材、地线等构成通路，电焊机作为焊接电源为电弧提供能量，将焊条和焊缝处的母材熔化，实现焊接。

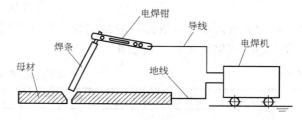

图 2-26 手工电弧焊接的工艺原理图

1）电焊机具 手工电弧焊的焊接机具由电焊机、导线、电焊钳、防护面罩等组成。

电焊机。手工电弧焊的电焊机有交流电焊机、直流电焊机、焊接整流器三种。交流电焊机是一个特殊的降压变压器，可以将 220V 或 380V 的电压降为 60～70V 的安全电压，同时能够调节输出的电流。交流电焊机具有构造简单，效率高，使用可靠，维修方便等特点。直流电焊机也称焊接发电机。它为电弧焊接提供直流电源，具有陡降的外特性，焊接电流在较大的范围内可均匀调节，焊接时的电弧稳定性比交流电焊机好。焊接整流器是将交流电经变压、整流后转换成直流电作为电弧焊接的电源。它与直流电焊机相比具有噪声小，空载损耗小，效率高，成本低，结构简单，维修方便等特点。

电焊钳。电焊钳用来夹持电焊条，其导电部分采用紫铜，绝缘罩用胶布粉压制而成。

防护面罩。防护面罩用来防止电弧光中强烈的紫外线对人的眼睛和头部皮肤的损害，防护面罩上的护目玻璃有几种可选的颜色，一般为墨绿色，为保护视力，焊接电流大时应选择颜色深的护目玻璃。

2）焊条 焊条由金属芯和外包药皮（涂料）组成。焊条的金属芯既是电极，熔化后又可作为填充焊缝的金属。焊条药皮的作用如下：药皮中加入合金元素，可提高焊缝的质量；焊接时药皮在高温下熔化，产生的熔渣和气体能够使焊缝处熔化了的金属与空气隔绝，防止金属氧化或氮化；熔渣层可以减缓焊缝处金属的冷却速度，减小焊缝应力。

根据焊条的金属芯及用途可将焊条分为九类，碳钢管及合金钢管电焊时采用以结构钢为焊芯，外涂钛钙型药皮的结构钢焊条。焊条直径一般应根据焊件厚度选择，焊条直径与焊件厚度的关系见表 2-6。

					焊条直径与焊件厚度的关系 表 2-6
焊件厚度（mm）	2	3	4～5	6～12	≥13
焊条直径（mm）	2	3.2	3.2～4	4～5	4～6

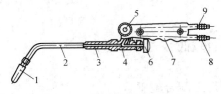

图 2-27　射吸式焊炬示意图
1—焊嘴；2—混合气管；3—射吸管；
4—喷嘴；5—燃气阀；6—氧气阀；
7—手柄；8—氧气接口；9—燃气接口

（2）气焊机具及焊丝

1）气焊机具　气焊与气割的气源设备（提供可燃气体和氧气）相同，只是燃烧设备不同，气焊时使用焊炬（焊枪），而气割时使用割炬。焊炬的作用是使氧和可燃气体在焊炬的混合气管中混合，以保证从焊嘴喷的混合气体燃烧时，形成具有一定能量和形状的稳定焊接火焰。焊炬按气体混合方式分为射吸式焊炬和等压式焊炬两种。图 2-27 是射吸式焊炬示意图。

焊炬的焊嘴可以拆卸，应根据焊件厚薄不同，选用不同规格的焊嘴，对于低碳钢焊件，焊嘴规格可按表 2-7 选用。

				焊嘴规格选用表	表 2-7
焊嘴规格	焊接钢材厚度（mm）	可换焊嘴个数	焊嘴规格	焊接钢材厚度（mm）	可换焊嘴个数
特小号	0.5～2	5	中号	5～12	5
小号	1～6	5	大号	10～20	5

2）焊丝　常用的焊丝由碳钢制成，长度有 0.6m、1m 几种，低碳钢焊接时焊丝直径与焊件厚度关系见表 2-8。

			焊丝直径与焊件厚度的关系 表 2-8
焊件厚度（mm）	1～2	2～3	3～5
焊条直径（mm）	不用或 1～2	2	3～4

3. 焊接连接方法

（1）管端坡口加工

坡口加工是焊接工作的必要准备，其目的是为了保证焊接的熔深，减少焊接材料的消耗和焊接变形，保证焊缝的抗拉强度，从而保证焊接质量。

1）常用的坡口形式

常用的坡口形式有 I 形、V 形、X 形、U 形等四种，见图 2-28。I 形坡口实际上是直接对焊，不开坡口，当壁厚 $\delta \leqslant 6$mm 时可采用这种坡口形式，但是 $\delta \leqslant 3$mm 时采用单面焊，3mm$<\delta \leqslant 6$mm 时应采用双面焊，对重要结构 $\delta > 3$mm 时就应开坡口。V 形坡口适用于壁厚在 3～26mm 的情况。X 形坡口适用壁厚为 12～60mm，但是当壁厚在 12～26mm 时开 X 形坡口比 V 形坡口可减少填充金属量近一半，焊后变形也较小。U 形坡口适用壁厚为 12～60mm，填充金属量少，焊后变形更小，但加工困难，一般用于重要构件的焊接。

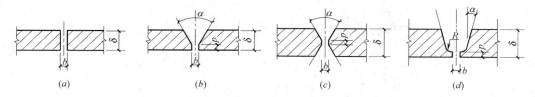

图 2-28　常用的坡口形式

(*a*) I 形坡口；(*b*) V 形坡口；(*c*) X 形坡口；(*d*) U 形坡口

2）坡口的加工方法。

管子坡口的加工方法有手工铲、氧气-乙炔焰切割、管道坡口机加工等方法。手工铲的方法一般采用手锤和扁铲凿坡口，加工费力，适用于小管径，壁厚 $\delta \leqslant 4mm$，工作量小的场合。用氧气-乙炔焰切割速度快、现场加工方便，但是由于氧化作用，必须将坡口的氧化层清除干净。管道坡口机加工速度快、坡口整齐，适用于大口径管道及壁厚 4～10mm 的管道坡口。

（2）钢管对口

钢管对口是将已经坡口的钢管，按照焊接要求对正、对齐，以保证管道连接后的平直度。

对口前应将管子的坡口面内外 20mm 范围内的铁锈、泥土、油脂等物清除干净。在距接口中心 200mm 处测量平直度，如图 2-29 所示。当 $DN < 100mm$ 时，错口的偏差 a 不大于 1mm；当 $DN \geqslant 100mm$ 时，不大于 2mm，但全长偏差不超过 10mm。

大直径管道的对口可采用图 2-30 所示的方法，小直径管道可采用对口工具进行对口，如图 2-31 所示。管子对口后应立即点焊固定，然后进行平直度检查。如不符合要求，须及时调整。点焊固定时，应在圆周上点焊 3～5 处，每处点焊长度为管道壁厚的 2～3 倍。

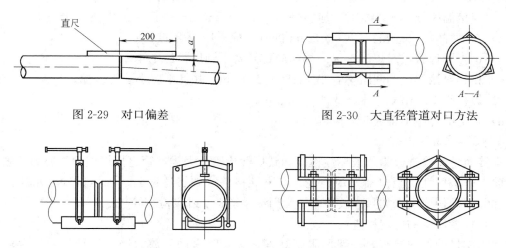

图 2-29　对口偏差　　　　　　　　图 2-30　大直径管道对口方法

图 2-31　小直径管道对口方法

（3）接口的焊接

将管子支撑牢固，并在没有受外力的情况下施焊。无论是气焊还是电焊，按照焊条与管道的相对位置，有平焊、立焊、横焊和仰焊四种情况，见图 2-32。立焊、仰焊宜由下

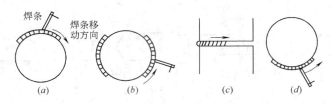

图 2-32　焊接方式

(a) 平焊；(b) 立焊；(c) 横焊；(d) 仰焊

向上焊，较难操作，一般应采用细焊条、小电流焊接，仰焊焊条最细，直径不超过 4mm，平焊较其他三种形式容易操作，焊接质量易得到保证，应尽量采用。

电焊时焊件薄，选用小电流和细焊条，否则应选用大电流和粗焊条，一般按照焊条直径来选择焊接电流，参见表 2-9。平焊时，焊接电流可偏大些，立焊、横焊、仰焊电流宜小一些，仰焊电流比平焊电流宜小 10%～20%。气焊所需能量由火焰来提供。一般焊件厚、熔点高的金属应选择较大的火焰能率（单位时间内可燃气体的消耗量），以保证焊透。

不同直径焊条使用电流参考值　　　　　　　　　　　　　　表 2-9

焊条直径(mm)	1.6	2.0	2.5	3.2	4.0	5.0	6.0
焊接电流(A)	25～40	40～65	50～80	100～130	160～210	260～270	260～300

（4）钢管焊接的技术要求

1）焊接时，凡可以转动的管子应转动后采用平焊、立焊等方式，尽量减少仰焊操作。

2）焊接操作时应尽量减少收缩应力。可在焊前将每一个管口预热 150～200mm 长的管段，然后再焊接，或采用分段焊接法，将管周分成几段，间隔焊接。焊接完成让焊口自然缓慢冷却。

3）焊接温度低于 -20℃ 时，应将焊口处 200～250mm 的钢管预热到 100～200℃。

4）在气焊时，管壁的厚度 $\delta > 3mm$ 的管子应采用 V 形坡口。

5）钢板卷焊管道对焊时，纵向焊缝应错开管子圆周长的 1/4～1/2。

6）相邻对接焊缝的间距不宜小于 180～200mm，并且不应小于管外径。

7）焊缝距支、吊架净距不应小于 50mm。

8）管道的焊缝不得置于套管内。

4. 焊接质量的检查

焊接质量的检查分为非破坏性检验和破坏性检验两大类，管道焊接检验主要为非破坏性检验。非破坏性检验包括外观检验、严密性检验（如渗透试验、气压试验、水压试验等）和无损探伤检验（如超声波检验、X 射线检验、γ 射线检验等）。

（1）焊缝质量的外观检查

焊缝质量的外观检查，一般用眼睛观察，必要时借助于放大镜、量具及样板等来检查，检查内容为表面缺陷、焊缝尺寸等。焊缝应均匀焊透，且不得有裂纹、咬边、气孔、夹渣、未焊透、焊瘤等缺陷，常见的焊缝缺陷见图 2-33。

（2）焊缝质量的严密性检验

渗透试验。试验时在焊缝的一侧涂上石灰水或白垩糊，干燥后在焊缝的另一面涂上煤

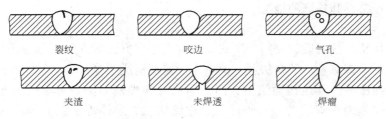

图 2-33 焊缝缺陷

油或酒精等渗透性强的液体，当焊缝不致密时，煤油或酒精便透过焊缝渗到另一面，在涂有石灰水或白垩糊的焊缝上留下印迹。如果在规定的时间内（一般为 0～30min）不出现印迹，即认为焊缝合格。

气压试验。气压试验是检验低压管道焊缝严密性的一种方法，但一般不得用作强度试验方法。气压试验常用充气检查的方法，即在管道系统内充以压缩空气，并在检验的焊缝处涂上肥皂水，如果有气泡出现，说明该处焊缝的严密性不好，应做好标记，准备返修。由于快速升压有爆炸的可能，所以必须遵守安全技术规程，注意安全。

水压试验。水压试验既是严密性检验的方法又是强度检验的方法。一般对管道系统分段检验时，强度试验压力为工作压力的 1.5 倍，整个系统检验时，强度试验压力为工作压力 1.25 倍。当水压升高到试验压力时，持续一定的时间，然后将压力降至工作压力，在焊缝周围 1.5～20mm 的地方圆头小锤轻轻敲击，当发现焊缝有水珠、水痕或潮湿时，就表示该焊缝不致密，应做好用标记，泄水后返修。

（3）焊缝质量的无损检验

超声波检验。超声波检验是利用超声波遇到两种介质的界面时会发生反射和折射的原理来检验焊缝中缺陷。超声波检验灵活方便，灵敏度高，可以检验焊缝内部缺陷，但对缺陷性质的辨别能力差，且没有直观性。

X 射线探伤。X 射线能穿透金属，当焊缝有缺陷时射线衰减较弱，底片感光量大，会在底片上产生黑色的影迹，根据影迹的形状、大小及黑度可判定缺陷的性质。

γ 射线探伤。γ 射线与 X 射线检验原理相同，但其穿透力更强，通常用来检验厚壁管道的焊缝质量。

5. 电焊、气焊方法的选用

气焊与电焊相比火焰温度低，热量分散，所以气焊效率低、变形大，焊缝强度没有电焊的强度高，同时也没有电焊经济，但是气焊不需要电源，操作需要的空间小，并且可方便地使用气源来加热以消除焊缝应力。一般按照以下原则来选用焊接方法：

（1）电焊、气焊都能使用的场合，优先选用电焊方法。

（2）对于公称直径 $DN \leqslant 50mm$、壁厚 $\delta \leqslant 3.5mm$ 的低压管道，一般采用气焊。$DN > 50mm$、$\delta > 3.5mm$ 的管道或高压管道应采用电焊。

（3）施工空间狭小，不能采用电焊施焊的场合，采用气焊。

（三）法兰连接

法兰连接是将管道、设备、阀门等接口的法兰盘之间垫上垫片，并用螺栓、螺母紧固而将管路连接起来的一种连接方式。法兰连接的接口强度高、严密性好、安装拆卸方便，但是法兰连接耗费钢材多、人工多、造价高，不宜作为管路连接的主要方法，一般主要用在管路上需要经常拆卸检修的地方。

1. 法兰的类型

法兰可以从法兰的材质、密封面形式、与管端连接方式等方面来分类。按法兰的材质可分为铸铁法兰、钢法兰、塑料法兰、铜法兰、玻璃钢法兰等；按法兰的密封面形式分为平面法兰、突面法兰、环连接面法兰、凹凸面法兰和榫槽面法兰等，见图 2-34；按法兰与管端连接方式分为平焊法兰、对焊法兰、螺纹法兰、承插焊法兰和松套法兰等，见图 2-35。

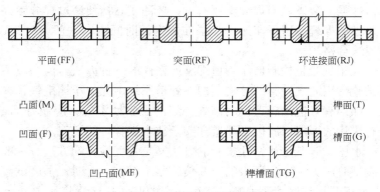

平面(FF)   突面(RF)   环连接面(RJ)

凸面(M)   榫面(T)
凹面(F)   槽面(G)
凹凸面(MF)   榫槽面(TG)

图 2-34　不同密封面形式的法兰

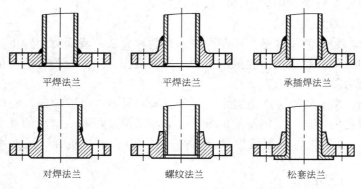

平焊法兰   平焊法兰   承插焊法兰

对焊法兰   螺纹法兰   松套法兰

图 2-35　法兰与管端的不同连接方式

2. 法兰与管道的连接

法兰与管道的连接方式有焊接连接、螺纹连接、管子翻边松套连接等几种。

（1）焊接连接

平焊法兰、承插焊法兰、对焊法兰与管子连接都采用焊接法，见图 2-35。平焊法兰一般采用钢板加工，制作容易，但法兰刚度低，多用于 $PN \leq 1.6 MPa$，温度 $T \leq 250℃$ 的场合。对焊法兰多采用铸钢制造，法兰刚度大，多用于 $PN \leq 16 MPa$，温度 $T = 350 \sim 450℃$ 的场合。

法兰与管道连接时要保持法兰与管道垂直，偏差 a（见图 2-36）不应大于管外径的 1%，且不得超过 3mm，对应不同管径的允许偏差见表 2-10。管口不得与法兰密封面平齐，应缩回 1.3～1.5 倍管壁厚度（见图 2-35）。焊接时焊肉不得突出，法兰密封面上不得有焊渣。

（2）螺纹连接

法兰与管子的螺纹连接适用于镀锌钢管与钢法兰盘的连接以及钢管与铸铁法兰盘的连接，见图 2-35。管子的螺纹长度应稍短于法兰盘的内螺纹长度。法兰与管子的螺纹连接时应注意一对法兰的螺栓孔应对正，未对正时只能采用拧紧法兰的方法，而不得采用将法兰回松的方法。否则应将法兰卸下重装来对正。

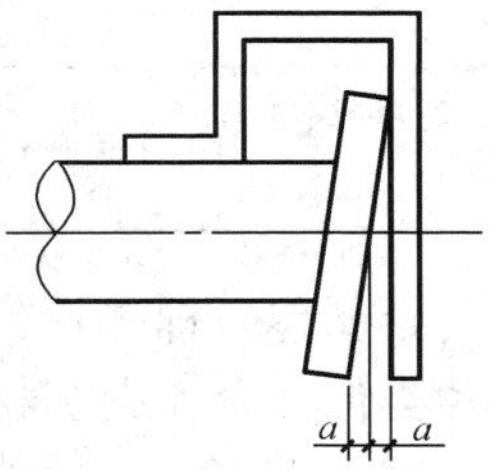

（3）管子翻边松套连接

管子翻边松套连接就是将法兰盘套在管子外然后将管子端头翻边的连接方法，见图 2-35。采用这种连接方法时法兰与管内介质不接触。翻边松套法兰主要用于钢制法兰盘与有色金属管（铅管、铝管、铜管）、不锈钢管道、塑料管的连接以及铸铁法兰盘与钢管的连接。管端翻边时要保持翻边平正、无裂口、无损伤，并不得遮挡螺栓孔。

图 2-36 法兰倾斜偏差示意图

法兰允许的倾斜偏差 表 2-10

公称直径(mm)	≤80	100～125	300～350	400～500
允许偏差(mm)	±1.5	±2	±2.5	±3

3. 法兰与法兰的连接

（1）法兰连接用垫片的特点及用途

法兰连接用垫片的作用是将法兰密封面间隙进行密封，防止流体渗漏。所以，垫片要有弹性、韧性和耐腐蚀性，同时也不能腐蚀法兰。按制作材料不同垫片可分为：非金属垫片、半金属垫片、金属垫片等。

1）非金属垫片 常用的非金属垫片有橡胶垫片、石棉橡胶垫片、耐油石棉橡胶垫片、聚四氟乙烯类垫片等。

橡胶垫片。橡胶垫片一般用合成橡胶制成，适用于水、空气、惰性气体等介质，使用温度范围为－30～120℃。使用橡胶垫片的法兰密封面上应有"水线"（沟槽）。

石棉橡胶垫片。石棉橡胶垫片含石棉纤维 60% 以上，含橡胶 10% 以上，用于水、空气、蒸汽和煤气等介质，使用温度 $T \leqslant 300℃$，工作压力 $P \leqslant 5MPa$。

耐油石棉橡胶垫片。主要材料与石棉橡胶相同，使用时应根据输送介质进行浸渍处理，适用于有机溶剂、碳氢化合物、浓无机酸等介质，多用于中低压管道系统。

聚四氟乙烯类垫片。聚四氟乙烯具有良好的耐热性、绝缘性及化学稳定性，低温时韧性和柔软性好。一般适用于使用温度为－180～250℃的场合。

2）半金属垫片 常用的半金属垫片有缠绕式垫片和金属包石棉垫片两种。

缠绕式垫片。缠绕式垫片由 V 形或 M 形金属带夹石棉带逐层缠绕而成。金属带有软钢和不锈钢金属带两种。软钢价格便宜，但易生锈，一般采用不锈钢金属带。缠绕式垫片使用时承受压力要比平垫片小，压得太紧会使垫片变形太大，失去弹性，密封性能变差；压得太松，又会产生泄漏。常用的缠绕式垫片受压后的推荐厚度见表 2-11。不锈钢金属带缠绕式垫片弹性好、耐温高，一般用于高温、高压或温度、压力波动大的场合。

缠绕式垫片受压后的推荐厚度			表 2-11	
公称厚度(mm)	3.2	4.5	6.4	7.3
受压后厚度(mm)	2.2~2.4	3.2~3.4	4.6~4.8	4.7~4.9

金属包石棉垫片。该垫片是用金属夹套内包裹石棉制成，其特性及使用场合与缠绕式垫片类似。金属夹套材料可以是软钢、铜、不锈钢、铅、特殊合金钢等。不同夹套适用温度不同，铜夹套、软钢夹套、不锈钢夹套分别适用于 350、550、850℃的情况。

3）金属垫片   金属材料比非金属材料具有更好的耐高温、高压的能力。当介质压力≥6.4MPa 时，应采用金属垫片。金属垫片用于高温、高压等工作条件比较恶劣的管路系统。常用的金属垫片有齿形金属垫片、透镜形金属垫片、八角形金属垫片、平行金属垫片、椭圆形金属垫片、"O"形金属密封垫环等形式，如图 2-37 所示。

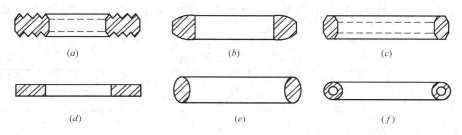

图 2-37   金属垫片形式
(a) 齿形金属垫片；(b) 透镜形金属垫片；(c) 八角形金属垫片；(d) 平行金属垫片；
(e) 椭圆形金属垫片；(f) "O"形金属密封垫环

(2) 不同密封面法兰的特点及用途

1）平面法兰   平面法兰之间一般采用石棉橡胶等非金属软垫片，这种连接方式的密封性较差，主要用于低压管道系统中。

2）突面法兰   突面法兰之间的垫片可由螺栓使其定位，不易跑偏，密封性较平面法兰连接好，法兰加工连接方便，是用途最广泛的法兰，但在高温、高压等情况下使用效果不是很好。

3）环连接面法兰   环连接面法兰密封面有着较好的密封性能，但安装和拆卸不太方便，适用于输送高温、高压介质的管路。

4）凹凸面法兰   凹凸面法兰之间的垫片嵌在凹面的凹槽中，便于对正，而且垫片也不易被介质冲出，密封性能优于平面、突面法兰，但是拆卸维修不便，破碎的垫片易进入流动介质中。凹凸面法兰常用于工作压力和介质温度较高、密封要求严格的场所。

5）榫槽面法兰   榫槽面法兰与凹凸面密封性能相近，垫片在凹槽内受到限制，不会被挤入管中，垫片不与管内介质直接接触，不易受到介质的侵蚀。但是法兰密封面加工比较困难、拆卸不方便、更换垫片时易损伤密封面。榫槽面法兰可用于输送高压、易燃易爆、有毒有害介质等密封要求较严的管路系统中。

(3) 管道法兰连接的操作

1）选择法兰   根据介质的种类和参数选定法兰的类型、材质（参见表 2-12），然后根据公称直径、压力确定法兰的结构尺寸和螺栓数目。

2）将法兰与管道进行连接 对焊接法兰按照坡口、对口、焊接的顺序来与管道连接，操作要求和方法与管道焊接连接类似。对螺纹法兰应先将连接的管端套成短螺纹、并将管端螺纹缠上填料，再用手把螺纹法兰拧上，然后用管钳、钢管、螺纹扳手来上紧法兰。

图 2-38 法兰垫圈

3）制作垫片、上垫片 法兰垫片可以采用成品垫片也可以现场制作。法兰垫片的选用参见表 2-12。垫片裁减时应留下一个手柄，见图 2-38。上垫片时应放正，不得使垫片挡螺栓孔和管道通路。一对法兰之间只能上一个垫片，不得多上，多层垫片会导致渗漏。

法兰及垫片选用参考表 表 2-12

输送介质	法兰公称压力（MPa）	介质温度（℃）	法兰形式	垫片类型
水、盐水、碱液、乳化液、酸类	≤1.0	<60	光滑面平焊	工业橡胶板
	≤1.0	<90		低压橡胶石棉板
热水、化学软水、水蒸气、冷凝液	≤1.6	≤200	光滑面平焊	低、中压橡胶石棉板
	2.5	≤300		中压橡胶石棉板
	2.5	301～450	光滑面对焊	缠绕式垫片
	4.0	≤450	凹凸面对焊	缠绕式垫片
	6.4～20.0	<660		金属齿形垫片
天然气、半水煤气、氮气、氢气	≤1.6	≤300	光滑面平焊	低、中压橡胶石棉板
	2.5	≤300		中压橡胶石棉板
	4.0	≤500	凹凸面对焊	缠绕式垫片
	6.4	<500		金属齿形垫片

4）法兰紧固 法兰紧固前应保证法兰与管道同心、螺栓能自由穿入螺栓孔，并且法兰间应保持平行，法兰平行度允许偏差见表 2-13。

法兰密封面平行度允许偏差 表 2-13

	公称直径（mm）	允许偏差（d_1-d_2）(mm)	
		$PN<1.6MPa$	$PN=1.6～4.0MPa$
	≤100	0.20	0.10
	>100	0.30	0.15

法兰连接时应采用同一规格的螺栓，按照同一方向穿入螺栓孔中。若螺栓需加垫圈时，每个螺栓最多加一个。用手带上螺母后，用扳手分三到四次对称交叉拧紧螺栓，以保证垫片各处受力均匀。螺栓拧紧后露出的螺纹长度不应大于螺栓直径的一半。

（四）卡套连接

常用的卡套式连接主要有两类：一类是噬合式，另一类是挤压式。噬合式主要适用于钢管、钢塑复合管的连接，挤压式适用于塑料管、铝塑复合管的连接。

1. 钢管卡套连接的原理及特点

钢管卡套式连接由卡套式管接头来完成。卡套式管接头由接头体、卡套及螺母三部分组成，见图 2-39。接头体的外螺纹与螺母的内螺纹相互结合，随着螺母的螺旋推进，卡套受到挤压，刃口切入钢管外壁实现钢管与接头体的连接，同时卡套刃口端 26°的外锥面与接头体的 24°锥孔紧密挤压，将管道内的流体密封。不仅如此，由于卡套受到螺母和接头体的挤压中部向上拱起，具有了较好的弹性，可以避免由于振动而使螺母松脱。卡套连接原理见图 2-40。

卡套连接操作简单、迅速，便于检修，同时能够抗振动、防止松脱。适用于小直径管道的连接。

2. 钢管卡套连接的操作过程

（1）管子外表面检查。管子表面不得有划痕、凹陷、裂纹、锈蚀等缺陷。

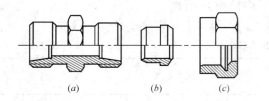

图 2-39　卡套式管接头的组成
（a）接头体；（b）卡套；（c）压紧螺母

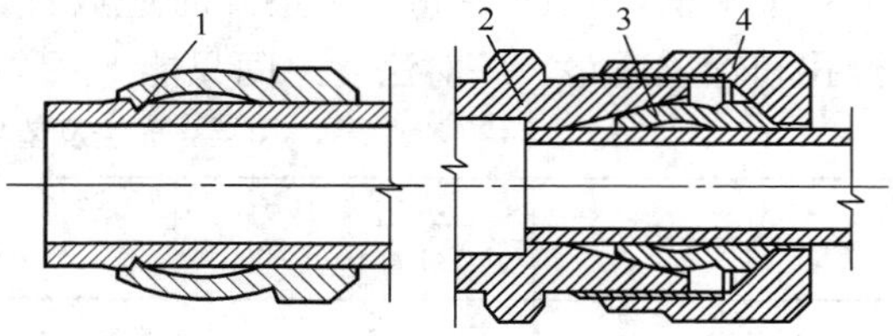

图 2-40　卡套连接原理
1—环形凹槽；2—接头体；3—双刃卡套；4—压紧螺母

（2）管端清理。将钢管管端的毛刺、铁锈、油污清理干净。

（3）卡套式管接头清洗、上油。对卡套、接头体和螺母进行清洗，然后在螺纹表面涂一层润滑油（禁油管道系统不得涂油）。

（4）卡套连接。将螺母、卡套套在钢管上，再将钢管插入接头体中，对正后用手旋紧螺母，然后用扳手缓慢拧紧螺母直到管子不能转动为止。做好记号，最后再将螺母拧 1～1.25 圈，装配完成。

3. 卡套连接的要求

（1）螺母拧紧后卡套刃口切入管壁，中部稍稍隆起。

（2）卡套的密封面与接头体内锥面紧密挤压。

（3）卡套尾部内侧紧紧抱住钢管外壁。

（4）卡套不得有轴向滑动。

（五）沟槽连接

1. 沟槽连接的原理及特点

沟槽连接又称卡箍连接。即在管段端部利用专用工具的压轮压出凹槽（沟槽），专用卡箍扣紧管子上沟槽的同时，压紧卡箍内的密封材料，实现密封和管道连接，见图 2-41。卡箍的材料有橡胶、不锈钢、复合材料等。

沟槽连接具有接合强度高、严密性好、有一定柔性、拆卸安装方便等优点。适用于公称直径 $DN \geqslant 65$mm 的镀锌钢管、内衬塑料复合钢管道的连接。

2. 沟槽连接的操作方法

（1）管道切断

沟槽连接管道的下料长度应满足每个连接口之间有 3～4mm 的间隙。管道应采用机械切断。管道截面应垂直管道轴

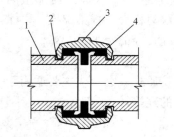

图 2-41　沟槽连接示意图
1—钢管；2—管道凹槽；
3—卡箍；4—橡胶密封圈

线，端面垂直度允许偏差值应符合表 2-14 的规定。管道切断后在管端从管外壁向里加工 1/2 壁厚的圆角。

（2）沟槽加工

使压槽管段保持水平，采用专用滚槽机垂直于钢管压槽。压槽时应持续渐进，槽深应符合表 2-14 的要求。压槽完毕用标准量规测量槽的全周深度，如果沟槽过浅，应调整压槽机后再进行加工，如果沟槽过深，则应作废品处理。

（3）沟槽连接

1）选用与管道沟槽匹配的橡胶密封圈，涂上润滑剂，先将其套在一根管道的末端，然后将对接的另一根管道套上，再将胶圈移至连接段中央。

2）将卡箍套在胶圈外，并将边缘卡入沟槽中。

3）将带变形块的螺栓插入螺栓孔，对称交替拧紧螺母。

沟槽式管道连接的沟槽深度及支、吊架间距 表 2-14

公称直径 DN（mm）	沟槽深度（mm）	允许偏差（mm）	支吊架的间距（m）	端面垂直度允许偏差（mm）
65～100	2.20	0～+0.3	3.5	1.0
125～150	2.20	0～+0.3	4.2	
200	2.50	0～+0.3	4.2	1.5
225～250	2.50	0～+0.3	5.0	
300	3.0	0～+0.5	5.0	

3. 沟槽连接的要求

（1）沟槽连接的管道端面应平整、光滑、无毛刺，与橡胶密封圈接触之处不得有伤害橡胶圈或影响密封的毛刺、凸瘤等。

（2）支、吊架不得设在卡箍接头上，并且支吊架与接头的净距应在 150～450mm 之间；支、吊架间距应符合表 2-14 的规定，水平管的任意两个接头之间必须设支、吊架。

（3）用螺栓锁紧卡箍时，应贴交替对称旋紧螺母，防止胶圈起皱。

第二节　铜管的加工及连接

一、铜管的加工

（一）铜管的调直

铜管调直应采用木槌或橡皮槌轻轻敲击，逐段调直。调直用的平台不宜用金属平板做垫板，应垫以木板，防止在调直过程中产生凹坑或者磨损、划伤管道表面。

（二）铜管的切割及坡口

铜管安装前应根据图纸及现场实测的配管长度结合连接方式下料切割。切割时可采用切管器或用每厘米不少于 13 个齿的钢锯、电锯、砂轮切割机等设备，但不得用氧气-乙炔焰切割。切割时应垫以橡胶垫或木板来夹持管子，防止管子表面损伤。切割后的管子断面应垂直平整，并且应在去除管口内外毛刺后整圆。

对于大口径铜管采用熔焊方法时，应在管端加工坡口，铜管坡口的形式与钢管类似。管子坡口采用锉刀、车床、坡口机等机械方法，不得采用氧气-乙炔焰加工坡口。

（三）铜管的弯曲

铜管管径 $DN \leqslant 100mm$ 时采用冷弯方法。冷弯在弯管机上进行，其基本方法与钢管的弯曲方法相同。当管径 $DN > 100mm$ 时，采用压制弯头或焊制弯头，焊制弯头的最小曲率半径为 1 倍管外径。

铜管一般不进行热弯加工，这是因为热弯后管内填充物（如河砂、松香等）不易清除。如果进行热弯加工时，应采用木柴、木炭或电炉加热，不宜使用焦炭或氧气-乙炔焰加热，加热温度一般为 $500 \sim 600 ℃$，最小曲率半径为 3.5 倍管外径。

二、铜管的连接

铜管的连接方式有焊接连接、卡套连接、卡压连接、螺纹连接、沟槽连接和法兰连接等几种方式。

（一）焊接连接

铜及铜合金管的焊接方式有承插钎焊和熔焊两种，小口径管道采用承插钎焊方法，大口径管道可采用氧气-乙炔焰焊接、手工电弧焊和钨极氩弧焊等熔焊方法。

1. 承插钎焊连接

承插钎焊连接是将熔点低于母材的钎料与母材一起加热，在母材不熔化的情况下利用承插结合部缝隙的毛细作用，使熔化后的液态钎料渗入、润湿并填充母材承插结合部的缝隙，两者相互熔解和扩散将接口钎焊成整体的焊接方式。承插钎焊连接接口见图 2-42。

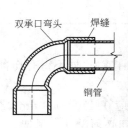

图 2-42　铜管承插钎焊连接

承插钎焊连接属于不可拆卸连接、严密性好，管道可以明敷也可暗敷，适用于可使用明火的场合。但是由于钎焊时钎料熔化而母材不熔化，钎焊接头耐热能力较差，焊接强度低，一般只能用于承受较低冲击和振动的场合。

铜管常采用氧气-乙炔焰钎焊，其操作方法如下：

1）钎焊前，如果焊接表面有油污，应采用汽油或其他有机溶剂清洗后，用 $60 \sim 80℃$ 的热水冲洗。对于氧化膜，用细砂纸或砂布等仔细打磨清除，使表面既不太毛也不太光。

2）将钎焊零件进行装配固定。

3）用轻微碳化焰的外焰加热焊件，焰芯距焊件表面 $15 \sim 20mm$。

4）当焊件钎焊处被加热到接近焊料的熔化温度时，可在钎缝处涂上钎焊熔剂，然后用外焰加热使其熔化。

5）焊剂熔化后，立即将焊料与高温焊件接触，使焊料熔化并渗入到钎缝的间隙中。焊料渗入间隙后，将火焰焰芯移至离焊件 $35 \sim 40mm$ 处，防止焊料过热。应根据焊件尺寸控制加热持续时间。

6）钎焊后应立即清洗残留的钎焊熔剂和熔渣，防止腐蚀钎焊接头。对钎焊后易出现裂纹的焊件，钎焊后应进行保温缓冷或低温回火处理。

2. 熔焊连接

铜及铜合金管采用熔焊方法的焊接前应进行坡口，坡口的类型与碳钢管类似，焊接方法也相似，但由于材料性质的差异，铜及铜合金管道焊接有其独特的特点：

（1）铜及铜合金管的导热系数比碳钢管大得多，焊接时热散失量大，容易产生未焊透、未熔合等现象，所以焊件厚度大于 4mm 时，一般应采用预热措施。预热范围为焊口两侧 50～150mm 范围，预热温度一般为 350～550℃，厚壁管采用较高的预热温度，并用较大的电流焊接。

（2）铜的线性膨胀系数大，导热快，焊接后收缩率大，焊件容易产生变形，当焊件刚性大时可能产生焊接裂纹，所以装配间隙要大一些。

（3）焊接过程中会产生锰、锌及氧化亚铜等对人体有害的蒸汽。为了减少锌在高温下蒸发和氧化，焊接黄铜时焊接电流要比紫铜小，同时为防止锌蒸发使人中毒，应选择空气流通好的地方施焊。

（4）黄铜管焊接后，应对焊缝进行热处理，加热范围以焊缝为中心，两侧均不小于 3 倍焊缝宽度。无设计要求时可采用下列加热温度：消除焊接应力的退火加热温度为 400～450℃；软化退火加热温度为 550～600℃。

（二）卡套连接

卡套连接是拧紧螺母使配件内鼓形铜环受压紧固而封堵管道连接处缝隙的连接方式。见图 2-43。对管径不大于 DN50 需拆卸的铜管可采用卡套连接。

卡套连接的操作方法如下：

（1）将铜管件的铜螺母套在铜管管壁外，然后将鼓形铜箍套入。

（2）将铜管插入铜管接头内，插到止管缘后回抽 1～2mm，并使铜管垂直于管件底平面。

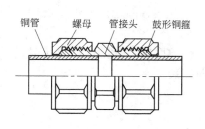

图 2-43　铜管卡套连接

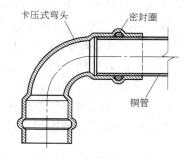

图 2-44　铜管卡压连接

（3）用扳手固定管接头，同时用手拧紧螺母直到铜箍夹紧管子，当用手无法拧动螺母时，再用扳手将螺母拧紧 1/3～2/3 圈，使管箍咬入管子并使管子产生微小变形。

卡套连接使用的铜箍是一次性使用件，卡套连接件不宜暗埋。

（三）卡压连接

卡压连接是将带有橡胶密封圈的承口管件套入管端，用卡钳挤压管件后使管端与管道紧固并密封的连接方式，见图 2-44。管径不大于 DN50 的铜管可采用卡压连接，卡压连接时应采用硬态铜管。

卡压连接的操作方法如下：

（1）将切割后的铜管去除内外毛刺并整圆，承口端部不得使用任何润滑剂。

（2）将铜管插入管件，插到底后应轻轻转动管子使管材与管件的结合段保持同轴，并不得使管件内密封圈扭曲变形。

（3）采用专用的卡压机具（卡钳），使卡钳端面应与管件轴线垂直后压接，达到规定的卡压力并保持 1～2s 后松开卡钳。使管件和管材外形微变形成六角形。

卡压连接处牢固、可靠，密封效果好，但是拆卸后管件、管端不得重复使用。

（四）螺纹连接

铜管的螺纹连接采用 55°管螺纹，螺纹连接的要求与钢管螺纹连接基本相同，但管螺纹一般采用车床加工，尤其是高压铜管的管螺纹必须在车床上加工，螺纹必须清楚，不得有断丝、乱丝和毛刺等缺陷。管端的螺纹须涂以石墨甘油。铜管螺纹连接应采用厚壁铜管。螺纹连接配件材料为铜或铜合金，黄铜配件螺纹连接时宜采用聚四氟乙烯生料带，活接头的密封垫片采用聚四氟乙烯（SFG-2）平垫。螺纹连接的常用配件一般在 $DN50$ 以下。

（五）沟槽连接

铜管的沟槽连接方法与钢管基本一样，其适用于管径不小于 $DN50$ 的铜管连接。当沟槽连接件为非铜材质时接触面应采取必要的防腐措施。

（六）法兰连接

铜管的法兰连接主要有焊接法兰和活套法兰两种。焊接法兰的法兰盘一般采用与铜管材质相同或相近的材料压铸成型。活套法兰又分翻边活套法兰和焊环活套法兰两种，其中焊环的材质应与管材相同。对于薄壁铜管，一般用与铜管材质相同的翻边活套法兰，在翻边处与法兰焊接。法兰垫片一般采用橡胶石棉板或铜质垫片。

三、铜管安装注意事项

（1）在施工现场铜管应按牌号和规格分类存放。

（2）承插钎焊连接、卡套连接、卡压连接适用于薄壁铜管的连接，螺纹连接、沟槽连接和法兰连接适用于厚壁铜管的连接。

（3）管道安装时应防止管道表面被硬物划伤，不得与腐蚀性介质或污物接触。

（4）铜管采用承插连接时，承口应迎着介质流向安装。

（5）翻边法兰连接时，管子应保持同轴。

（6）管道穿越楼板、墙壁时应设套管。

第三节 塑料管的加工及连接

塑料管道按照其材质的软硬程度可分为硬塑料管和软塑料管两类。硬塑料管包括硬聚氯乙烯塑料（UPVC）管材、氯化聚氯乙烯塑料（CPVC）管材等。软塑料管包括聚乙烯（PE）管材、耐热聚乙烯（PE-RT）管材、聚丙烯（PP）管材、无规共聚聚丙烯（PP-R）管材、聚丁烯（PB）管材等。一般硬塑料管的口径较大，不同材料的硬塑料管加工连接方法类似；软塑料管的口径一般较小，材质相近的软塑料管加工连接方法也类似。

一、硬塑料管的加工及连接

硬聚氯乙烯塑料（UPVC）管材是目前生产量最多，应用最广泛的塑料管材。UPVC管的管件种类较多，多数情况下能满足施工要求，特殊情况下可以现场加工。UPVC 管的连接方法中，承插连接是 UPVC 管的主要连接方式，法兰连接和螺纹连接是较常用的方法，缺少管件时也可采用焊接方法。下面以 UPVC 管为例介绍硬塑料管的加工及连接。

（一）硬聚氯乙烯塑料（UPVC）管的加工特性

硬聚氯乙烯是一种热塑性塑料，常温下具有一定的机械强度，在加热状态下容易成型。当硬聚氯乙烯被加热到 80℃时开始变软，当温度达到 130～140℃时处于柔软状态，使用较小的力和一定的模具便可加工成为各种形状的管件。当它被加热到 200～220℃时，就变为熔融状态，冷却后又变硬，仍能保持一定的机械强度，因此可以将焊条和接口加热到熔融状态将管道和管件焊接起来。当温度超过 40℃时焊缝的强度急剧降低，所以硬聚氯乙烯塑料管的最高使用温度不应超过 40℃。当温度达到 228℃时，硬聚氯乙烯开始分解，所以焊接加工时应注意控制温度。

（二）硬聚氯乙烯塑料管的调直与切断

1. 调直

将弯曲的硬聚氯乙烯塑料（UPVC）管放在调直台上，向管内通入蒸汽加热使管子变软，然后利用塑料管自身重力的作用使管道调直。

2. 切断

硬聚氯乙烯管可采用割刀、普通的钢锯或木工锯等来切断。锯割时不允许锯口附近发热，以免使硬聚氯乙烯软化，应采用冷压缩空气对锯割处予以冷却。

（三）硬聚氯乙烯塑料管的弯曲

硬聚氯乙烯塑料管不能在常温下进行弯曲加工，应加热后进行。其加工方法如下：

1. 划线下料

硬聚氯乙烯塑料管的弯曲半径一般控制在 3.5～4D，弯管下料长度的计算与钢管相同。

2. 充砂

将砂子预热到 40～50℃后，填入外径比塑料管内径小 0.5～1mm 的橡皮软管内，然后将橡皮软管插入塑料管内。充砂时，应将管道的一头用木塞塞紧，另一头用木槌捣实。充满后将另一端用木塞塞紧。

3. 加热

塑料管的加热可采用蒸汽加热箱、煤气加热箱、电加热箱或甘油加热箱进行，加热温度为 130～140℃，加热长度为弯管长度的 1.1 倍。加热时，管子与加热箱的金属套管接触之处应垫石棉布，以防止外表面烧焦、碳化而内表面尚未软化的现象。加热应缓慢，并经常转动管子。当用手指触压管子表面能产生皱纹或所按之处有指纹出现时，即可停止加热。

4. 煨弯

将加热至要求温度的塑料管迅速从加热箱中取出，采用木料制作的胎模进行煨弯。煨弯时最好采用如图 2-45 所示的专用机具，以保证弯曲效果。煨弯时应让管子紧贴内模，平稳地进行操作。当弯管达到规定的角度后，用水冷却，然后取下管子，倒出管内的砂子，抽出软管，并继续用水进行冷却定型。由于弯管在冷却后有回缩现象，弯曲角度会有一定反弹，因此，弯曲时应使弯曲角度比要求的角度大 2°左右。

5. 弯曲质量的检查

制作完成的塑料弯管应符合下列质量要求：

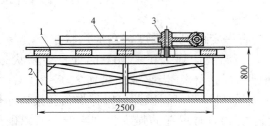 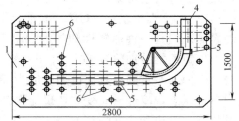

图 2-45   硬聚氯乙烯管弯管台

1—台板；2—台架；3—可更换扇形胎模；4—被煨弯的塑料管；5—挡板；6—挡孔

(1) 外表应比较光滑，没有皱褶、裂纹、起泡、小孔等缺陷。

(2) 弯管的椭圆率不得超过 4%。

（四）硬聚氯乙烯塑料管连接

1. 硬聚氯乙烯塑料管的承插粘接

硬聚氯乙烯塑料管承插粘接具有接口强度高（约为材料本体强度的 70%）、耐压高、气密性可靠、施工速度快、施工成本低等优点。但也具有连接后不能拆卸、渗漏不易修理等缺点。管道承插粘接接口适用于公称外径 $d_n = 20 \sim 200mm$ 的管道连接。硬聚氯乙烯塑料管承插粘接操作如下：

（1）管道坡口

管道坡口加工采用倒角器、中号板锉或中号砂布（纸）等工具。坡口坡度宜取 $15° \sim 20°$，坡口厚度宜为管壁厚度的 $1/3 \sim 1/2$，边坡长度宜取 $2.5 \sim 4.0mm$，管径大的边坡长一些，反之，短一些。坡口加工完后，应将残屑清除干净。

（2）试承插

在管道和管件涂刷胶粘剂前应试插一次，以检查插入深度及配合情况。在管道表面划出插入深度的标线，管端插入承口的深度不应小于表 2-15 规定的数值。

粘接连接管端最小插入深度   表 2-15

公称外径(mm)	20	25	32	40	50	63	75	90	110	125	140	160
插入深度(mm)	16.0	18.5	22.0	26.0	31.0	37.5	43.5	51.0	61.0	68.5	76.0	86.0

（3）接口表面清理

为保证接口粘接的牢固性，涂刷胶粘剂前应采用洁净的干布或棉纱将承口内表面及插口外表面的尘砂、水迹等擦拭干净。若粘接表面有油污时，须用棉纱蘸丙酮等清洁剂进行擦拭，去除油污。但不得将管道、管件头部浸入清洁剂中清洗油污。

（4）涂刷胶粘剂

根据管径选用清洁无污鬃毛刷作为涂刷工具，一般毛刷的宽度为管径的 $1/3 \sim 1/2$ 为宜。当接口表面的清洁剂全部挥发后，用毛刷将胶粘剂迅速涂刷在插口的外表面、承口的内表面。小口径管道应先涂管端承口，后涂管件插口，大口径管道承插面应同时涂刷。一般采用沿管道轴向由里向外涂刷的方法，均匀涂刷两遍以上，并使涂胶层有足够的厚度。涂抹胶粘剂时不可只涂承口或插口。冬期施工时，如发现胶粘剂有结冻现象，应使用热水温热后使用；当环境温度高于43℃时，应使用湿布使粘接处表面降温。

（5）连接

当接口表面的胶粘剂符合粘接要求时，立即找正方向将管端插口对准承口迅速插入，用力挤压，当插入深度达到1/2时，稍加转动（不应超过1/4圈），然后一次插到底部，直到达到管道的划线位置。插接时应保证承插接口的平直度，承口插到底后不得再旋转，并保持足够的时间。低温时要保持1～3min以上，以防止接口滑脱。插口插入承口的全部过程应在20s内完成。

粘接工序完成后，应将挤出的胶粘剂直接用棉纱或蘸清洁剂擦揩干净。为保证接口的牢固，粘接完成后1h内粘接部位不应受外力作用，24h内不得通水试压。

2. 硬聚氯乙烯塑料管的橡胶圈连接

橡胶圈连接是承插连接的一种，管道的密封和连接是通过对承口沟槽内橡胶圈的挤压来实现的。橡胶圈连接适用管外径 d_n 为63～315mm的管道连接。

管道连接由管道坡口、试承插、接口表面清理、橡胶圈安装、连接等步骤完成。管道坡口、试承插、接口表面清理操作及要求与管道承插粘接基本相同，但是橡胶圈接口管子最小插入深度比粘接接口要大，见表2-16。

粘接连接管端最小插入深度   表 2-16

公称外径(mm)	63	75	90	110	125	140	160	180	200	225	280	315
插入深度(mm)	64	67	70	75	78	81	86	90	94	100	112	113

橡胶圈安装时，应擦干净后放入沟槽中，不得装反或扭曲。为了安装方便、减小管子插入的摩擦力，可先用水浸湿橡胶圈。橡胶圈安装好后，将管道插口对准管件的承口，用手动葫芦或其他拉力机械将管道一次插入到标线处。然后用塞尺沿管道与承口的间隙插入承口中，沿着圆周检查橡胶圈安装是否正确。

3. 硬聚氯乙烯塑料管的焊接连接

（1）塑料焊接原理及工艺设备

塑料焊接是把焊接部位加热到熔融状态，并用焊条压在焊口上直到熔化，使被焊接材料结合为一体的方法。塑料焊接方法有热风焊、超声波焊、摩擦焊、挤塑焊、高频电焊等。最常用的方法为热风焊，该方法主要应用于硬聚氯乙烯塑料及软聚氯乙烯塑料的焊接。

塑料焊接的主要流程见图2-46。空气压缩机送出的压缩空气经油水分离器和过滤器后，压力调节为0.08～0.1MPa，从热风焊枪手柄端部进入，经螺旋形的电热丝加热后，由喷嘴送出。电热丝使用的是由调压变压器提供的36～45V低压交流电，其功率为400～500W。焊枪的耗气量为2～3m³/h，由调压变压器调节供给的热量，控制空气温度。

（2）焊缝形式

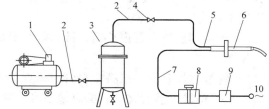

图 2-46 塑料焊接设备流程图

1—空气压缩机；2—压缩空气管；3—空气过滤器；4—控制阀；5—供气胶管；6—热风焊枪；7—调压后的安全电源线；8—调压变压器；9—漏电自动断路器；10—220V电源

硬聚氯乙烯塑料的焊缝形式与金属材料的焊缝形式基本相同，通常采用对接焊缝和搭接焊缝。焊缝及坡口形式见图 2-47。

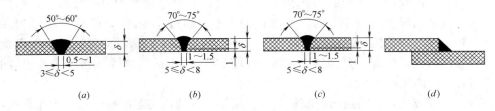

图 2-47　硬聚氯乙烯管的焊缝形式

(a)、(b)、(c) 对接焊缝；(d) 搭接焊缝

（3）塑料焊条

热风焊所用塑料焊条的原料与焊件一致，但增塑剂含量较多。塑料焊条分单焊条和双焊条两种。单焊条规格有 2、2.5、3、4mm 等几种，长度不短于 500～700mm；双焊条规格有 2×1.6、2×2.0、2×2.5（mm）等几种。双焊条受热面大，受热均匀，伸长率低，焊接强度较高，同时焊接速度比单焊条（圆焊条）提高 60%～70%。

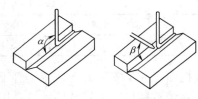

图 2-48　焊条位置与焊嘴角度

（4）塑料焊接方法

1）焊条位置　焊接时焊条的伸长率一般应控制在 15% 以内。施焊时，焊条与焊缝角度 α 应为 90°，最大不应大于 100°，见图 2-48。

2）焊接温度　将水银温度计的水银球放到距焊枪喷嘴 5mm 处，经 15s 后测得的焊接温度一般控制在 200～250℃。

3）焊嘴角度与焊接速度　焊枪喷嘴与焊件之间的夹角与焊件厚度有关，当焊件厚度 $\delta \leqslant 5mm$ 时，夹角 β 为 15°～20°；当焊件厚度在 5～10mm 之间时，β 为 25°～30°；当焊件厚度 >5mm 时，β 一般在 30°～45°之间，见图 2-48。

焊接过程中焊枪焊嘴应沿焊缝方向均匀摆动，使焊条和焊件受热均匀，防止塑料局部过热而烧焦。焊接速度一般控制在 0.15～0.25m/min。

（5）塑料焊接在塑料管道焊接中的应用

塑料管道的焊接连接不是塑料管道连接的主要方法。一般与其他方法配合使用。主要用于以下场合：

1）承插焊接补强管道承插粘接后，在承插口处用塑料焊条施以角焊，以增强连接强度，见图 2-49。

2）管道对焊套管连接将塑料管对口焊接并将焊缝铲平，再用胶粘剂使包在接口外的套管与接口粘接，然后将套管的纵缝及套管两端与管道焊接起来。这种连接安全可靠，但不便拆卸。

3）法兰焊接。参见图 2-50 平焊法兰连接和图 2-51（a）的焊环松套连接。

4. 硬聚氯乙烯塑料管的法兰连接

法兰连接主要用于大口径 UPVC 管与钢、铜等金属管道以及管道附件的连接。法兰连接时，在法兰之间垫上垫片，然后用碳钢制作的紧固螺栓交叉对称拧紧。

硬聚氯乙烯塑料管的法兰材质有两种：一种是塑料，一种是碳钢。

塑料法兰与管道的连接方式有承插粘接和平焊等。法兰与塑料管的承插粘接方法是UPVC管插入与法兰的承口内，二者用胶粘接起来。平焊法兰与管道的连接方式采用焊接方法，类似于碳钢法兰与碳钢管道的焊接，见图2-50。

碳钢法兰与塑料管常见的连接方式是焊环活套和翻边松套连接，如图2-51所示。焊环活套连接是将塑料板制成的焊环焊在管子上，外面套上钢制法兰。这种连接受压较高、施工方便、法兰孔易对正，但是对焊缝质量要求高，否则焊环缝容易拉断，适用于规格较大的塑料管连接。翻边松套连接是将钢法兰套在塑料管上，然后按规定尺寸对塑料管进行翻边。这种连接结构简单、施工安装方便，适用于小口径管的法兰连接。

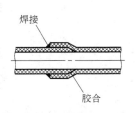 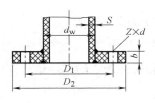 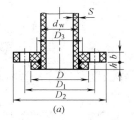 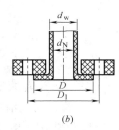

图2-49　承插胶合焊接　　图2-50　平焊法兰连接　　图2-51　碳钢法兰与塑料管的连接

（a）焊环活套法兰连接；（b）翻边松套法兰连接

5. 硬聚氯乙烯塑料管的螺纹连接

螺纹连接用于公称直径$DN \leqslant 50mm$的硬聚氯乙烯塑料管与金属配件的连接。由于塑料管壁上直接加工螺纹会降低管道强度，一般在塑料管端、塑料管件上采用注塑螺纹。宜采用聚四氟乙烯生料带作为密封填充物，并且螺纹紧固后应留有2～3扣螺纹。

二、软塑料管的加工及连接

软塑料管一般管径较小，管件齐全，不需要现场加工。管道加工的主要内容为调直、切断、管口整圆等。管道连接最常用的方法有热熔连接、电熔连接、卡套连接、卡箍连接、螺纹连接，法兰连接也较为常用。热熔连接、电熔连接是PE管、PP管和PB管等连接的主要方法，而PE-X管是热固性塑料，主要采用卡套连接和卡箍连接。

（一）热熔连接

热熔连接是烯烃类塑料管的主要连接方式，主要包括三种方式：承插热熔连接、对接热熔连接和鞍形热熔连接。承插热熔连接适用于小直径管道的连接，当管径大于100mm时采用对接热熔连接，鞍形热熔连接适用于大口径管道的分支管连接。承插热熔连接接口强度高，严密性好，成本低，应用更普遍。下面以PP-R管为例介绍承插热熔连接。

1. 热熔焊接设备的选用

承插热熔连接采用的专用热熔器如图2-52所示。一般手持式热熔设备的适用管径为$d_n20 \sim d_n63$，半自动热熔设备适用管径为$d_n40 \sim d_n110$。

预热套与被加热管道、管件直接接触，对热熔连接质量有重要影响，应满足以下要求：

（1）预热套的表面涂层要光滑，无毛刺，无爆裂，无脱落；

（2）预热套在热态条件下不粘塑；

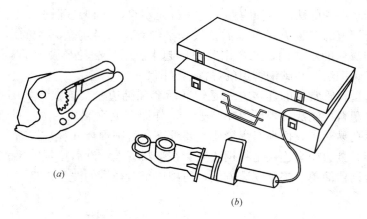

图 2-52 热熔器及管剪

(a) 管剪；(b) 热熔器

（3）预热套的工作长度必须符合管材和管件规定的熔融结合深度。

2. 管道切割清理

管道切割一般使用管剪、管道切割机或钢锯。切割时，必须使刀具垂直于管道轴线（参见图 2-53a）。管道切割后应去除管端的毛边和毛刺，并清除热熔连接面的尘土、油污，保持连接面干燥。

3. 热熔深度划线

根据表 2-17 规定的热熔深度要求，用直尺测量并在管端划出热熔深度线，如图 2-53(b) 所示。

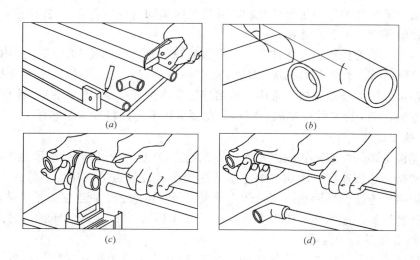

图 2-53 热熔连接过程

(a) 管道切断；(b) 热熔深度划线；(c) 接口加热；(d) 管道连接

4. 通电预热

将热熔器与 220V、50Hz 的交流电源接通。升温约 6min，将焊接温度控制在约 260℃。直到工作温度指示灯亮起。

5. 接口加热

将管端无旋转地插入加热套内达到所标志的深度，同时将管件无旋转地推到加热头上，达到规定的标志处，开始加热，如图 2-53（c）所示，加热时间参见表 2-18。

6. 连接

达到加热时间后，立即将管子和管件从加热套和加热头上同时取下，将管端迅速无旋转地沿轴线均匀插入到管件内达到所标志深度处，使接头处形成均匀凸缘，如图 2-53（d）所示。如果管道不正，在表 2-18 规定的调节时间内还可以校正，但严禁旋转管子或管件。

热熔连接承插深度表　　　　　　　　　　　　　　　表 2-17

公称外径(mm)	16	20	25	32	40	50	63	75	90	110
最小承口深度(mm)	13.3	14.5	16.0	18.1	20.5	23.5	27.4	31.0	35.5	41.5
最小承插深度(mm)	9.8	11.1	12.5	14.6	17.0	20.0	23.9	27.5	32.0	38.0

热熔连接技术参数　　　　　　　　　　　　　　　表 2-18

公称外径(mm)	加热时间(s)	调节时间(s)	冷却时间(min)
20	5	4	3
25	7	4	3
32	8	4	4
40	12	6	4
50	18	6	5
63	24	6	6
75	30	10	8
90	40	10	8
110	50	15	10

（二）电熔连接

电熔连接件的承口内表面预埋有电加热线圈，通电时电热线圈将管件承口内表面和管道外表面加热，使二者熔融、结合成一体，冷却后完成电熔连接。电熔连接采用控制设备自动控制进行熔接，具有操作简便、迅速，连接质量可靠等优点。适宜于大型工程施工，也可用于操作空间狭小、无法进行热熔连接的场合。电熔连接广泛用于 PE 管、PP 管、PB 管等管道施工中。

1. 电熔连接设备

电熔控制箱。电熔控制箱由小型发电机、电器操纵箱等组成。小型发电机输出电压 $40V \pm 0.5V$，电流 5A，功率 2kW。电熔控制箱包括自动控制系统和手动调节系统，能实现自动显示、自动检查、对比、调整等功能。

电熔夹具。电熔夹具的作用是保证待熔接管道的同轴，使电熔管件在熔接和冷却时不受外力，保证连接质量。电熔夹具一般通过螺栓来调节、紧固。

2. 电熔连接步骤

（1）清洁管子、管件连接面上的污物，保持熔接表面干燥；

（2）标出管子插入深度，刮除其表皮；

（3）用夹具将连接管固定，校直两对应的连接件；

（4）将电熔连接设备与电熔管件的导线正确连接，通电熔接，加热时间应符合电熔管件生产厂家及电熔连接设备的有关规定；

（5）焊接完毕后，拆除接口夹具和接线。

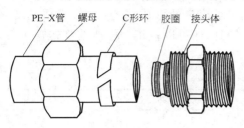

图 2-54　PE-X 管卡套连接示意图

（三）卡套连接

当 PE-X 管的外径 $d_n \geqslant 32$mm 时宜采用卡套式连接，如图 2-54 所示。卡套式连接的原理是：将接头体的内插管伸入到 PE-X 管内，套在管外的 C 形紧箍环在螺母拧紧时挤压管壁，使内插管外壁和 PE-X 管内壁之间的橡胶圈被压紧，实现密封，螺母螺纹与接头体连为一体。卡套式连接步骤如下：

（1）管道切断。按设计长度用专用剪刀或细齿锯将管道切断。管端面应垂直于管轴线，管口应平整。

（2）管道坡口。采用专用铰刀对管端内口进行坡口，然后用清洁布将残屑揩擦干净。坡口的目的是为了便于管件的插管插入塑料管内，坡口坡度为 $20° \sim 30°$，深度为 $1 \sim 1.5$mm。

（3）管口整圆。在管道的切断坡口过程中若造成管口不圆，则用专门的整圆铰刀将管子整圆扩孔。

（4）管件装配。先将螺母和 C 形紧箍环依次套入管端，然后将管口套在管件插管上用力一次推入到管件插管根部，若管件插管上的橡胶圈未被顶歪，则将 C 形紧箍环推到距管口 $0.5 \sim 1.5$mm 处，用扳手把螺母旋紧在接头体外螺纹上，使管件和管道连接在一起。

（四）卡箍连接

当 PE-X 管的外径 $d_n \leqslant 25$mm 时宜采用卡箍式连接。卡箍式连接的原理是：用塑料管外的铜制卡紧环将塑料管与插入塑料管内的带凹槽的插管挤压紧密，实现管道与管件密封连接。卡箍连接的操作过程如下：

（1）按设计长度用专用剪刀或细齿锯将管道切断。管端面应垂直于管轴线，管口应平整；

（2）将与管道直径相匹配的紫铜卡紧环套入塑料管管端后，将管道与管件插口对正，用力将管端推压直至管件插管根部；

（3）将卡紧环推向管件直到其端口距管件插管根部 $2.5 \sim 3$mm 为止，用相应管径的专用夹紧钳夹紧铜环直到钳的头部二翼合拢为止；

（4）用专用定径卡板检查卡紧环周边，以不受阻为合格。

第四节　复合材料管道的加工及连接

一、铝塑复合管的加工及连接

铝塑复合管管径较小，管道加工的主要任务是调直、切断和弯曲；铝塑复合管的连接需使用专用管件，连接方法一般有卡套连接和卡压（钳压）连接两种。

（一）管道的加工

1. 调直

铝塑复合管一般多以盘卷形式供货，管道安装之前应进行调直。对于 $d_n \leqslant 20mm$ 的铝塑复合管，盘卷展开后，可直接用手调直；对 $d_n \geqslant 25mm$ 的铝塑复合管，应在平整的地面上用脚踩住管子，并滚动管子盘卷展开管道，在地面上压直管子，然后用手进一步调直。

2. 切断

采用专用的管剪或管子割刀将管子切断。

3. 弯曲

铝塑复合管弯曲时一般不用加热，可以在常温下进行。但是一般弯曲半径 $R \geqslant 5D$（D 为管子外径），弯曲半径过小，容易使弯曲管段圆弧外侧的 PE 或 PE-X 外层和铝管出现过度的拉延，而造成塑性拉伸裂纹，影响管子的强度；同时容易使弯曲管段的椭圆率过大，会减小管道截面积，造成较大的局部阻力。

管道弯曲时必须使用合适的弯管弹簧或弯管器。公称外径 $d_n \leqslant 25mm$ 的铝塑复合管，可采用在管内放置专用弯管弹簧用手加力弯曲，见图 2-55；公称外径 $d_n = 32mm$ 的管道宜采用专用弯管器弯曲。管道弯曲时应尽可能做到一次成型，如果对管子的同一部位多次进行弯曲与回直操作，很容易使管子被弯曲部位出现永久性变形和疲劳破坏。

（二）管道的连接

1. 卡套连接

卡套连接又称紧固连接，是铝塑管连接中使用较早的、常用的方法。《铝塑复合管用卡套式铜制管接头》CJ/T 111—2018 标准于 2018 年发布。这种方法与 PE-X 管连接基本相同，如图 2-56 所示。不同之处在于由于铝塑复合管中间铝层的存在，加工坡口时采用专用刮刀削内层 PE（或 PE-X）层来进行坡口。

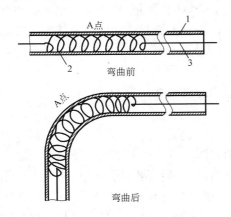

图 2-55　铝塑复合管的弯曲

1—铝塑复合管；2—弯曲弹簧；3—抽拉钢丝

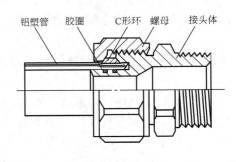

图 2-56　铝塑管卡套连接示意图

2. 卡压连接

卡压连接又称钳压连接，《铝塑复合管用卡压式管件》CJ/T 190—2015 标准于 2015

年发布。卡压连接的原理是：接头芯体外圆表面有锯齿形环槽和两只 O 形橡胶密封圈，连接时将接头芯体插入铝塑管内，当用专用钳压工具钳压套于铝塑管外层的不锈钢套时，不锈钢套收缩发生塑性变形使铝塑管内壁塑料层与接头芯体紧密咬合，实现管道的密封和连接，见图 2-57。

卡压式铜管件是各类型铝塑复合管管件中密封性最好、连接可靠性最高的一种管件。卡压式连接适用于管外径 d_n 为 16～75mm 的铝塑复合管连接。卡压连接过程如下：

（1）将管子按所需长度截断并调直。

（2）用专门的整圆扩孔器将管子整圆扩孔、倒角，以便使铝塑复合管能顺利插入管件的接头芯体上，且不使芯体上的密封圈错位。

（3）将铝塑复合管已经整圆的一端插入管件的接头芯体和不锈钢套之间，使管道插入到芯体根部。

（4）用专用压制钳子夹住外层的套筒，并上下摇动钳子手柄，直到钳口完全闭合，这时表明套管、铝塑管、接头芯体已经紧固，管件与管道的连接完成。

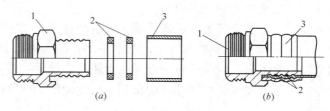

图 2-57 铝塑管的卡压式连接

（a）连接前；（b）连接后

1—接头体；2—橡胶密封圈；3—不锈钢套

二、钢塑复合管的加工及连接

钢塑复合管有衬塑复合钢管和涂塑复合钢管两种。钢塑复合管加工的一项主要内容是衬塑或涂塑，这个工作一般由专业工厂完成。钢塑复合管内层的塑料能起到很好的防腐作用，管道加工连接时必须注意保护塑料层不被破坏，符合上面要求的管道连接方式有螺纹连接、法兰连接、沟槽连接等三种。

（一）螺纹连接

螺纹连接一般适用于小管径管道的连接，可适用的最大直径为 DN100。

1. 管道切断

管道切断时应保持管口断面与管道轴线的垂直。钢塑复合管的切断宜采用锯床，也可采用盘锯、手工锯，不得采用热力切割、砂轮切割方法。热力切割方法会使内衬（涂）塑料层碳化、甚至燃烧；砂轮切割容易产生高温而将内衬（涂）塑料层熔化。当使用盘锯切割时，其转速不得大于 800r/min，以防内衬（涂）塑料层受热熔化；当采用手工锯切管时，应使锯面垂直于管轴心，注意保证切口的平正。切割过程中，应采用冷却液冷却管道以防止内衬（涂）塑料层受热破坏。

2. 螺纹加工

钢塑复合管螺纹加工的要求及方法与钢管螺纹加工基本相同，但是加工工具应采用自动套丝机，并应采用冷却液冷却以防止内衬（涂）塑料层受热破坏。由于手工螺纹绞板加工螺纹容易产生偏心，当管道与衬塑可锻铸铁管件连接时，可能造成衬塑接口的损坏，所以钢塑复合管螺纹的加工不应采用手工管螺纹绞板。

3. 管端处理

（1）管端清理

管端切割套丝完成后，应采用细锉将金属管端的毛边修光，并用棉回丝和毛刷清除管端及螺纹内的油、水和金属切屑等。

（2）倒角

为了使钢塑复合管能顺利旋入衬塑可锻铸铁接口，并避免挤压坏接口，应对钢塑复合的衬（涂）塑层进行倒角处理。对衬塑管应采用专用绞刀，将衬塑层厚度 1/2 倒角，控制倒角坡度在 10°～15°之间；对涂塑管应采用削刀削成轻内倒角。

（3）防腐密封处理

管端清理、倒角后，应进行防腐、密封处理，宜采用防锈密封胶与聚四氟乙烯生料带缠绕螺纹，并在管壁上标记拧入深度。

4. 连接

先检查衬塑可锻铸铁管件内橡胶密封圈或厌氧密封胶是否正常，若正常则将配件与管端对正，用手拧上管端丝扣，直到管件接口插入衬（涂）塑钢管，然后用管钳将管子与配件进行连接。旋入长度及牙数可参照 CECS125：2001 的相关要求。

5. 养护

管子与配件连接后，将外露的螺纹及所有钳痕和表面损伤部位涂上防锈密封胶。若管件采用的是厌氧密封胶密封，则当厌氧密封胶达到固化强度的 50%（养护期大于 24h）后，才可进行试压。

6. 注意事项

（1）由于阀门与管道连接部分无衬塑防腐接口，所以钢塑复合管与阀门连接时应采用黄铜质内衬塑的内外螺纹专用过渡管接头，不得直接连接。

（2）钢塑复合管与铜管、塑料管连接时也应采用专用过渡接头。

（3）内衬塑的内外螺纹专用过渡接头与其他材质的管道配件、附件连接时，应对外螺纹的端部进行防腐处理。

（二）法兰连接

法兰连接可用于大管径钢塑复合管的连接。连接方法可采取一次安装法或二次安装法。一次安装法是现场测量、绘制管道单线加工图，然后送到专业工厂进行管段、配件衬（涂）塑加工后，再运抵现场安装的方法。二次安装法是在现场加工非衬（涂）钢管、焊接法兰，并与管件、阀门等连接起来组成管道系统，然后拆下运至专业加工厂进行衬（涂）加工，再运回现场进行安装的方法。当采用二次安装法时，现场预安装的管道、管件、阀件和法兰盘应打上钢印编号，以记录安装位置。

当采用现场直接安装方法时，应采用内衬塑凸面带颈螺纹钢制管法兰。法兰与管道采用螺纹连接方式。管道切断、螺纹加工、管端处理与钢塑复合管螺纹连接要求一致。钢塑复合管上的管螺纹牙型应符合国家标准《用螺纹密封的管螺纹》GB/T 7306 的要求。

法兰连接的其他要求可参见钢管法兰连接的相关内容。

（三）沟槽连接

沟槽连接方式适用于公称直径不小于 65mm 的衬（涂）塑钢管的连接。对涂塑复合钢管一般宜采用现场测量、工厂涂塑加工、现场安装的方法。对衬塑复合钢管可采用现场加工沟槽并进行连接的方法。衬塑复合钢管加工连接过程及要求可参见本章第一节钢管沟槽连接的相关内容。

复习思考题

1. 常用的钢管切断方法有哪几种？各种方法的特点是什么？

2. 钢管弯曲过程中受力与变形情况如何？冷弯过程中如何减小断面变形？

3. 有缝钢管煨弯时，应注意哪些问题？试画图说明。

4. 试画出 D325×8—D219×6，$H=200$ 的同心变径管的展开图。

5. 试画出 D219×6—D133×5，$H=200$ 偏心变径管抽条法的展开图。

6. 钢管连接的方法有哪几种？各自有何特点？各适用于哪些管道的连接？

7. 钢管螺纹加工中可能出现的缺陷有哪些？如何避免？

8. 钢管焊接的技术要求有哪些？焊接质量的检查方法有哪些？

9. 钢管电弧焊接时选择焊条及焊接电流的要求有哪些？

10. 硬塑料管的连接方法有哪几种？各自适用范围是什么？

11. 热熔连接和电熔连接的特点和适用场合是什么？

12. 卡套连接原理及适用场合是什么？

13. 钢塑复合管、镀锌钢管应采用哪些连接方式？各自的特点及适用场合是什么？

第三章　室内供暖系统安装

室内供暖系统包括供暖管路、散热设备及附属器具等。不同供暖方式的施工方法及所用的材料也有所不同，施工时应执行《建筑给水排水及采暖工程施工质量验收规范》GB 50242 的规定及相关的技术文件。

第一节　室内供暖管道安装

一、室内供暖管道施工方法

室内供暖系统按设计图纸施工。施工前应熟悉图纸、做好图纸会审，编制施工预算和施工用机具及易损耗品的供应计划，提出正式工程用的材料和设备计划。大型工程一定要编制严密的施工组织设计，小型工程所需材料、设备、零部件一次供应到现场。施工现场水源、电源等临时设施应满足施工要求。

室内供暖系统的施工方法有现场测线和预制化施工两种。

现场测线是在已建建筑物中实测管道、设备安装尺寸，按顺序进行施工的方法，是在土建工程进行到一定程度后进行，这种方法比较落后，施工进度也比较慢。由于土建结构施工尺寸要求不严格，安装时宜在现场根据不同部位实际尺寸测量下料，对建筑物主体工程用砌筑法施工时常采用这一方法。

预制化施工是在现场安装之前，按室内供暖系统的施工图和土建有关尺寸预先下料、加工、部件组合的施工方法。这种方法要求土建结构施工尺寸准确，预留孔洞及预埋铁件的尺寸、位置无误，因此，最好采用现场机械钻孔，而不必预留孔。这种方法要求供暖安装人员下料、加工技术水准高，准备工作充分，可提高施工的机械化程度和加快现场安装速度，缩短工期，是一种比较先进的方法。建筑物主体工程采用预制化、装配化施工，为供暖系统逐步实行预制化创造了有利的条件。

上述两种施工方法都需进行测线，只不过前者是现场测线，后者是按图测线。供暖设计图一般仅给出管道和散热器的大致平面位置，因此测线时必须有一定的施工经验，除了熟悉图纸外，还必须了解供暖施工的施工及验收规范中的有关操作规程等，才能使下料尺寸准确，安装后符合质量标准要求。

室内供暖系统施工程序有两种：一种是先安装散热器，再安装干管、配立管、支管。另一种是先安装干管、配立管，再安装散热器、支管。不管采用哪种方案，首先要选择基准，基准选择正确，配管才能准确。室内管道安装时所用的基准是水平线、水平面和垂直线等。水平面的高度除可借助于土建结构，如地面标高、窗台标高外，还要用钢卷尺和水平尺，要求较高时用水平仪测定。测量角度时可用直角尺，要求较高时用经纬仪，定垂直线时一般用细线绳及重锤吊线，放水平线时用细白线绳拉直。安装时应搞清管道、散热器与建筑物墙、地面的距离以及竣工后的地面标高等，保证竣工时这些尺寸符合质量要求。

二、室内供暖管道安装的技术要求

1. 供暖管道采用输送低压流体的钢管。管道安装应有坡度，如设计无要求，其坡度应符合下列规定：

(1) 热水供暖和热水供水管道及汽水同向流动的蒸汽和凝结水管道，坡度一般为 0.003，但不得小于 0.002；汽水逆向流动的蒸汽和凝结水管道，坡度不小于 0.005。

(2) 连接散热器的支管应有坡度：当支管全长小于或等于 500mm 时，坡值为 5mm；当支管全长大于 500mm 时，其坡值为 10mm；当一根立管连接两根支管，其任一根超过 500mm 时，其坡值均为 10mm。设置坡度的目的是为防止散热器支管倒坡影响通水、通气，造成散热器不热。

2. 管道从门窗或从其他洞口、梁、柱、墙垛等处绕过，其转角处如高于或低于管道水平走向，在其最高点或最低点应分别安装排气和泄水装置，其目的是排除管道中的空气和最低处的脏物。

3. 管道穿过墙壁和楼板时，应设置铁皮或钢制套管。套管应符合下列规定：

(1) 安装在楼板内的套管，顶部应高出地面 20mm，底部应与楼板底面平齐。在卫生间和厨房内应高出地面 30mm。套管内径比管子外径要大 10mm 左右，其间隙内应均匀填塞石棉绳或油麻，套管外壁一定要卡牢塞紧，不允许随管道窜动。

(2) 安装在墙壁内的套管，其两端应与墙饰面平齐，其目的是为保证管道在胀缩时不受影响，地面积水不致流至下层，另外套管与饰面相平又不影响美观。

4. 管道穿越基础、墙和楼板时应预留孔洞。预留孔洞尺寸如设计无明确规定时，可参照表 3-1 规定预留。安装时，管道外壁与墙面的净距也在表中给出。

预留孔洞尺寸（mm）　　　　　　　　　　　　　　　表 3-1

管道名称及规格		明管留孔尺寸（长×宽）	暗管墙槽尺寸（宽×深）	管外壁与墙面最小净距
供热立管	$DN \leqslant 25$	100×100	130×130	25～30
	$DN = 32～50$	150×150	150×130	35～50
	$DN = 70～100$	200×200	200×200	55
	$DN = 125～150$	300×300	—	60
二根立管	$DN \leqslant 32$	150×100	200×130	
散热器支管	$DN \leqslant 25$	100×100	60×60	15～25
	$DN = 32～40$	150×130	150×100	30～40
供热主干管	$DN \leqslant 80$	300×250	—	
	$DN = 100～150$	350×300	—	

5. 供暖管道的安装，当 $DN \leqslant 32$mm 时，应采用螺纹连接；$DN > 32$mm 时，宜采用焊接或法兰连接。其原因是小管径在焊接时容易缩小管道的有效截面积，故采用螺纹连接。

6. $DN \leqslant 32$mm 不保温的供暖双立管应做到：

(1) 两管中心距应为 80mm，允许偏差 5mm；

(2) 供热或蒸汽管应置于面向的右侧，其目的是两管中心距不影响美观和便于安装及维修，同时，面向右侧是为调试检查和维修方便。

7. 安装过程中，多种管道交叉时的避让原则见表 3-2。

8. 散热器支、立管的安装：

（1）散热器立管和支管相交，立管应弯绕过支管；

（2）散热支管长度大于 1.5m 时，应在中间安装管卡或托钩，其目的是绕弯美观和便于安装及维修。支管过长超出管材自身允许刚度，容易弯曲，故安装钩、卡。

多种管道交叉时避让原则

表 3-2

避让管	不让管	理　由
小管	大管	小管绕弯容易，且造价低
压力流管	重力流管	重力流管改变坡度和流向对流动影响较大
冷水管	热水管	热水管绕弯要考虑排气、放水等
给水管	排水管	排水管径大，且水中杂质多，受坡度限制严格
低压管	高压管	高压管造价高，且强度要求也高
气体管	水管	水流动的动力消耗大
阀件少的管	阀件多的管	考虑安装操作与维护等多种因素
金属管	非金属管	金属管易弯曲、切割和连接
一般管道	通风管	通风管体积大、绕弯困难

三、室内供暖管道的安装

（一）总管安装

室内供暖管道以入口阀门或建筑物外墙皮 1.5m 为界。室内供暖总管由供水（汽）总管和回水（凝结水）总管组成，一般是并行穿越基础预留孔洞进入室内。按其供水方向看：右侧是供水总管，左侧是回水总管。两条管道上均应设置总控制阀或入口装置（如：减压、调压、疏水、过滤、测温、测压等装置），其目的是用于启闭和调节。

1. 总管在地沟内的安装

热水供暖总管在地沟内的安装示意见图 3-1。在总管入口处，供、回总管底部用三通接出室外，安装时可用比量法下料进行预制，连成整体。必要时经水压试验合格后，做好防腐保温，然后整体穿入预留基础孔洞，以免因场地狭窄操作不便影响保温质量。

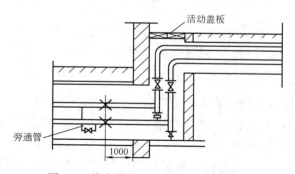

图 3-1　热水供暖入口总管安装示意图

2. 供暖入口装置安装

进入建筑物的供暖系统管路上必须设有阀门，阀门前应设旁通管及旁通阀，连通供回水干管，并考虑泄水和排气，阀后应设置压力表、温度计、过滤器、热量表，以利于热量计量和运行调节。入口装置的温度计、压力表，其规格应符合设计要求。过滤器安装之前先清洗干净。阀门需进行水压试验，合格后再组合安装。入口装置的连接主要是丝接和焊接，组合时应设可拆卸的连接件。热水供暖入口安装热量表的做法见图 3-2；不安装热量表的做法见图 3-3。

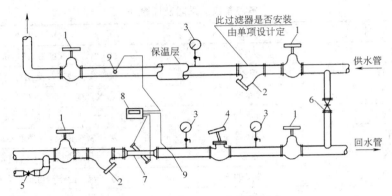

图 3-2　热水供暖入口安装热量表

1—阀门；2—过滤器；3—压力表；4—平衡阀；5—闸阀；6—阀门；
7—超声波流量计；8—热量表；9—温度传感器

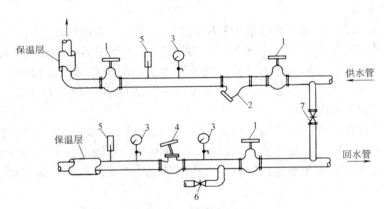

图 3-3　热水供暖入口不安装热量表

1—阀门；2—过滤器；3—压力表；4—平衡阀；5—温度计；6—闸阀；7—阀门

（二）总立管的安装

（1）安装前，应检查楼板预留孔洞的位置和尺寸是否符合要求。其方法是由上至下穿过孔洞挂铅垂线，弹画出总管安装的垂直中心线，作为总立管定位与安装的基准线。

（2）总立管自下而上逐层安装，应尽可能使用长管，减少接口数量。为便于焊接，接口应置于楼板上 0.4～1.0m 处为宜。对于高层建筑总立管底部应设刚性支座支承，如图 3-4 所示。

（3）每安装一层总立管，应用角钢、U 形管卡或立管卡固定，以保证管道的稳定及各层立管量尺的准确，使其保持垂直度。

（4）主立管顶部如分为两个水平分支干管时应用羊角弯连接，并用固定支架固定，如

图 3-5 所示。

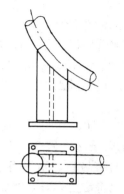

图 3-4 总立管底部刚性支座

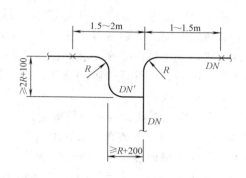

图 3-5 总立管与分支干管连接

（三）干管的安装

在室内供暖系统中，供热干管是指供热管与回水管同数根供暖立管相连接的水平管道部分。它分为供热干管（或蒸汽干管）及回水干管（或凝结水干管）两种。按保温情况分为保温干管和不保温干管两种。当供热干管安装在地沟、管廊、设备层、屋顶内时应做保温；当明装于顶层屋面下和明装地面上时可不做保温。应注意：地沟、屋顶、吊顶内的干管，应在水压试验合格并验收后方可进行保温及隐蔽。

（1）无论采用焊接、管螺纹连接还是法兰连接，接头不得装于墙体楼板等结构处，不得设于套管内。

（2）干管常分成几个环路，如环路不太长，分支处处理得当，不仅美观而且还可利用其自然补偿免去补偿器，见图 3-6。应注意：1）干管与分支干管连接时，应避免采用 T 形连接，否则，当干管伸缩时有可能将直径较小的分支干管连接焊口拉断，或引起分支干管的弯曲变形；2）焊接时，不允许开大孔将分支干管插入主管中焊接，同时，在主干管弯管的弯曲半径范围内，不得开孔焊接支管，应在弯曲半径外 100mm 以上位置开孔焊接。

（3）民用建筑干管上的方形补偿器尽量设在间隔墙上或走廊、楼梯间等辅助房间内；工业建筑尽量绕柱设置。方形补偿器宜水平安装并与管道坡度相同。如须垂直安装时，应有排气措施。

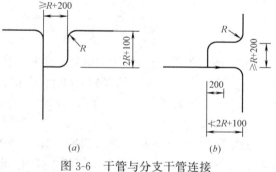

图 3-6 干管与分支干管连接
(a) 水平连接；(b) 垂直连接

（4）并排安装的干管直线部分应相互平行，水平方向并排管转弯时，各管的曲率半径不等但应同心，垂直方向并排管各管的曲率半径应相等。

（5）干管不得穿过烟囱、厕所等，必须穿过时要在全长上设套管。室内管道引入口不要设在厕所等上下水管道较多处，以免地下管道多，布管麻烦，以及地面水、上下水管可能漏的水渗积于引入口小室内，加速钢管锈蚀及开关阀门困难。

（6）干管的安装程序一般是：确定干管位置、画线、安装支架、管道就位、管道连接、立管短管开孔焊接、水压试验、防腐保温等。

（7）确定干管位置、画线、安装支架。根据施工图所要求的干管走向、位置、标高和坡度，检查预留孔洞，挂通线弹出管子安装的坡度线；应取管底标高作为管道坡度线的基准，以便于管道支架的制作和安装。在挂通线时，如干管过长，挂线不能保证平直度时，中间应加铁钎支承，以保证弹画的坡度线符合要求。在坡度线上画出支架安装打洞的位置方块线，即可安装支架。

（8）管道就位及连接。管道就位前应进行检查、调直、除锈、刷底漆。对大管径的管子必须进行拉扫（钢丝缠破布通入管腔清扫）；对管径小的管子必须敲打"望天"，保证管道内清洁；对于管壁厚度大于 5mm 的管子，应在地面上打好坡口；对带有弯头的管段，应在地面将弯头焊好；对法兰阀门连接的管段，应在地面上将法兰焊好，然后集中涂刷防锈漆（对保温管刷两道底漆，非保温的明装管道刷一道底漆）。当支架安装完毕，且栽埋支架混凝土的强度达到 75% 后，即可安装管道。

（9）干管的变径。干管的管径沿流程是逐渐变化的，按照热媒种类的不同，可分为以下几种情况：1）对热水管、蒸汽管应加工成偏心大小头，安装时分别向上或向下偏斜；2）对凝结水管应加工成同心大小头，安装时，大小管的中心线应处于同一轴线上。变径应在三通后 200～300mm 处，见图 3-7。

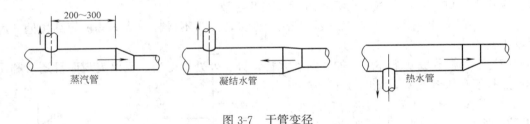

图 3-7　干管变径

（10）回水干管过门的安装方法。回水干管过门安装时，应按图 3-8 所示的方法安装。其中，过门沟的尺寸按设计确定，也可采用 400mm×400mm 尺寸，长度略大于门的宽度。过地沟处钢管要保温，要设泄水阀。泄水阀上面应设置一局部地沟活动盖板。

（四）立管的安装

室内供暖立管有单管、双管两种形式；立管的安装有明装、暗装两种安装形式；立管与散热器支管的连接又分为单侧连接和双侧连接两种形式。因此，安装前均应对照图纸予以明确。

供暖立管安装的关键是垂直度和量尺下料的准确性，否则，难以保证散热器支管的坡度。供暖立管安装宜在各楼层地坪施工完毕或散热器挂装后进行，这样便于立管的预制和量尺下料。

（1）确定立管的安装位置

立管的位置由设计确定的，一般置于墙角处。为便于安装与维修，在确定立管的安装位置时，应保证与后墙有一定净距，同时，应与侧墙保持易于维修操作的距离。一般情况下，立管距窗口应不少于 150mm，距侧墙应不少于 300mm。对穿侧墙双侧连接散热器的立管距墙应不少于 150mm。见图 3-9。

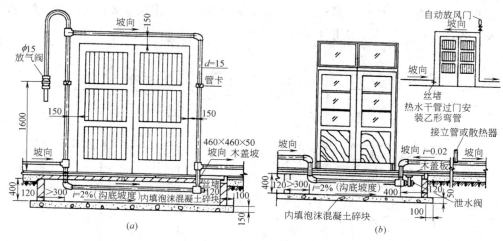

图 3-8 干管过门的安装

(a) 蒸汽干管；(b) 热水干管

立管位置确定后，应打通各楼层立管预留孔洞，自顶层向底层吊通线，用线坠控制垂直度，把立管的中心线弹画在后墙上，作为立管安装的基准线。根据立管与后墙面的净距，确定立管卡子的位置，栽埋好管卡。立管管卡的安装，当层高不超出 4m 时，每层安装一个，距地面 1.5～1.8m；层高大于 4m 时每层不得少于两个，应均匀安装。

（2）立管的预制与安装

供暖立管的预制与安装，应在散热器就

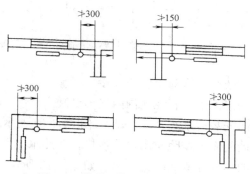

图 3-9 供暖立管安装位置的确定

位并经调整稳固后进行。这样可以用散热器接管中心的实际位置作为实测各楼层管段的可靠基础。预制前，自各层散热器下部接管中心引水平线至立管洞口处，以便于实测楼层间的管段长度。

1）单管立管的预制：采用单管垂直顺流式（如图 3-10 下半部图形）时，管段长度 $l=L-l_0$，即实际的预制管段长度 l 等于实际量得的楼层管段长度 L 减去 l_0。预制管段 L 制作时，若是单侧连接，则为两个弯头加填料拧紧后的中心距；若是双侧连接，则为两个三通 T 形连接后的长度。

采用单管跨越式（如图 3-10 上半部图形）时，实际楼层管段长度 $L=l+l_0$，预制管段长度就等于实际楼层管段长度 L。预制时，若是单侧连接，则用三个三通比量下料，组装拧紧后，顶部与中部三通中心距为 L；对双侧连接，则用三个四通比量下料，组装拧紧后，顶部与中部四通中心距为 L（其中 l_0 为散热器接口的中心距加坡度高）。

2）双管立管的预制：双管立管的预制（图 3-11），楼层管段 $L=l+l_0$，其中，l_0 由四通（或三通）及半圆弯组成。预制时应把 l 和 l_0 加工成一根管段，使上部为四通（三通），下部为裸露的管螺纹。l_0 值为散热器接口中心距加坡度高，对单侧连接的立管应加 10mm，对双侧连接的应加 20mm。

立管预制完毕后，应由底层到顶层（或由顶层到底层）逐层安装，每安装一层管段均应穿入套管，并在安装后逐层用管卡固定立管。

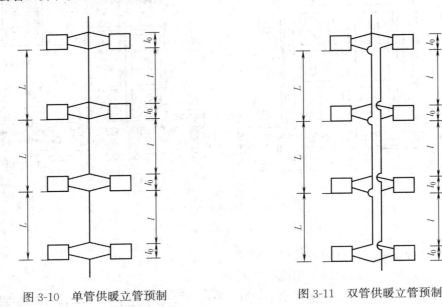

图 3-10 单管供暖立管预制   图 3-11 双管供暖立管预制

（3）立管与干管的连接

当回水干管在地沟内接出供暖立管时，一般应用 2～3 个弯头连接，并在立管的垂直底部安装泄水阀（或丝堵），如图 3-12 所示。供热干管在顶棚下接立管时，为保证立管与后墙的安装净距应用弯管连接。对热水立管可以从干管底部引出；对于蒸汽立管，应从干管的侧部（或顶部）引出，如图 3-13 所示。施工时，供暖立管与干管连接所用的来回弯管，以及立管跨越供暖支管所用的半圆弯管均应在安装前集中加工预制，其加工制作见图 3-14。

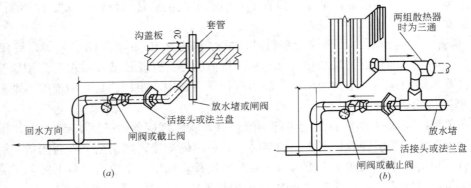

图 3-12 供暖立管与下端干管的连接
（a）地沟内立、干管的连接；（b）明装（拖地）干管与立管的连接

（4）立管安装完毕后，应将各层套管内填塞石棉绳或沥青油麻，并调整其位置使套管固定。

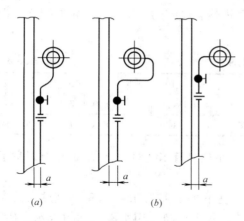

图3-13　供暖立管与顶部干管的连接
（a）采暖供水管；（b）蒸汽管

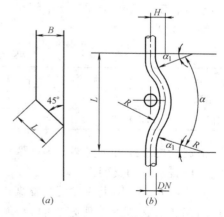

图3-14　弯管尺寸
（a）来回弯管；（b）抱弯

（五）散热器支管的安装

（1）散热器支管安装的技术要求

① 散热器支管，宜在立管和散热器安装完毕后进行连接，支管与散热器之间，不应强制进行连接，以免因受力造成渗漏或配件损坏；也不应用调整散热器位置的办法，来满足与支管的连接，以免散热器的安装偏差过大。

② 散热器支管的安装应有坡度，单侧连接时，供回水支管的坡降值为5mm；双侧连接时为10mm；对蒸汽供暖，可按1‰安装坡度施工。

③ 当散热器支管长度超过1.5m时，中部应加托钩（或管卡）固定。

④ 所有散热器支管上，都应安装可拆卸的管件，如活节、长丝配锁紧螺母。当支管上设阀门时，应装在可拆卸管件与立管之间。

⑤ 支管与散热器连接时，对半暗装散热器应用直管段连接。对明装和全暗装散热器，应用乙字弯进行连接，尽量避免用弯头连接。

（2）支管与散热器的一般连接形式如图3-15所示，供暖支管从散热器上部单侧或双侧接入，回水支管从散热器下部接出，同时在底层散热器的支管上装设阀门，以调节该立管上的热量。

四、支吊架的安装

供暖管道承托于支架上，支架应稳固可靠。预埋支架时要考虑管道按设计要求的坡度敷设。为此可先确定干管两端的标高，中间支架的标高可由该两点拉直线确定。支架的最大间距见表3-3。间距过大会使管道产生过大的弯曲变形而使管道流体不能正常运转。

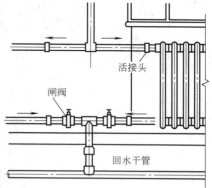

活接头

闸阀

回水干管

图3-15　支管与散热器一般连接形式

根据管道支架的作用、特点，将支架分为活动支架和固定支架。固定支架本身必须能承受较大的力，并能限制管道位移，使钢管的直线部分分段膨胀。固定支架必须按设计规定的位置安装，紧固后室内供暖系统才能投入运行。活动支架不应妨碍管道由于热胀冷缩而引起的移动。每两个固定支架间有一个解决管道热胀冷缩的补偿器，固定支架之间设若干个活动支架。

钢管管道支架的最大间距   表 3-3

公称直径(mm)	15	20	25	32	40	50	65	80	100	125	150	200	250	300
保温管(m)	1.5	2.0	2.0	2.5	3.0	3.0	4.0	4.0	4.5	5.0	6.0	7.0	8.0	8.5
非保温管(m)	2.5	3.0	3.5	4.0	4.5	5.0	6.0	6.0	6.5	7.0	8.0	9.5	11.0	12.0

根据结构形式可将支架分为托架（或托钩）、吊架、管卡三种。在图 3-16 中列举了几种室内供暖常用的支架。

支架可固定在墙上或柱上，支架埋在墙内深度不小于 120mm，洞口不宜过大。支架采用角钢和槽钢制作。埋支架时应将墙洞内碎砖，灰土扫净并用水浸湿后填入水泥砂浆，再将支架插入，并加入碎石卡紧支架再填实水泥砂浆，但注意洞口应略低于墙面，以便修补饰面时找平。工业建筑中常用抱柱子支架，应除去支架与柱子接触处粉刷层。若用螺栓紧固时，螺栓要拧紧。当支架焊在柱子预埋铁件上时，要把焊接处污物除去，焊接牢固。不能随意在承重梁及屋架的钢筋上焊接支架来支吊较大的钢管，如遇特殊需要必须经结构设计人员同意。埋设支架的水泥砂浆具有一定强度后方可搁置管道。冬期施工时，埋设支架要采取冬期施工措施（如用热盐水拌和水泥砂浆）。埋设支架应注意保证管子离墙距离符合要求，一般干管离墙或柱子表面净距离不小于 60mm，立支管净距离为 30mm。所有预留孔洞及支架埋设处的墙面应在管道安装后，装修工程前填堵。

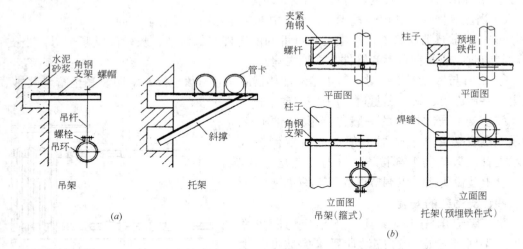

图 3-16 室内供暖系统几种支架
(a) 墙上支架；(b) 柱上支架

第二节 散热器及附属设备安装

散热器的类型很多，常用散热器有灰铸铁制、钢制、铝制等类型。按其形状不同，又分为翼形散热器、柱形散热器、柱翼形散热器、板式和扁管式散热器、排管散热器等。不同类型的散热器安装的方法也不相同，如铸铁长翼形、柱形（二柱、四柱、五柱等）散热器、柱翼形散热器为单片供应产品，需按设计要求的片数组对成散热器组，经过单组水压试验工序后，进行现场挂装；再如钢制柱形、钢制板式、钢制扁管型、铝合金对流型等散热器，均为标准设计产品，只需按图纸要求的型号、规格订货，现场直接安装即可。

一、散热器的安装

一般情况下散热器多安装于外墙的窗下，并使散热器组的中心与外窗的中心重合。散热器的安装有明装和暗装两种。明装为裸露于室内，暗装又分两种情况：一种是散热器的一半宽度置于墙槽内；一种是散热器的宽度全部置于墙槽内，加罩后与墙面平齐。

经检查合格后的单片散热器应进行认真的清理、除锈并刷（或喷涂）防锈底漆，然后进行组对。散热器的组对是指按设计要求的片数组对各单片散热片，使之成为散热器组的操作。

下面将散热器安装中的组对、试压、支架预制及安装、挂装几方面的安装技术进行介绍。

1. 散热器的组对

铸铁片式散热器在安装时需要现场组对，散热器组对的材料和操作如下：

① 散热片：应按设计图纸中的要求准备片数（n）。对于柱型散热器挂装时，均为中片组对；如果立地安装，每组至少用 2 个足片；超过 14 片的应用 3 个足片，且第三个足片应置于散热器组中间。

② 对丝：散热片的组对连接件叫对丝，其数量为 $2(n-1)$ 个（n 为设计片数），对丝的规格为 $DN40$。

③ 垫片：为保证接口的严密性，对丝的中部（正反螺纹的分界处）应套上 2mm 厚的石棉橡胶垫片（或耐热橡胶垫片），其数量为 $2(n+1)$ 个。

④ 散热器补心：散热器组与接管的连接件叫散热器补心，其规格有 40×32、40×25、40×20、40×15 四种，并有正丝补心和反丝补心两种。每组散热器用 2 个补心，其正、反应按图纸标明。当支管与散热器组同侧连接时，均用正扣补心 2 个，异侧连接时，用正、反扣补心各 1 个。

⑤ 散热器堵头：散热器组不接管的接口处所用的零件叫散热器堵头（或称汽包堵）。其规格为 $DN40$，也分正、反螺纹。堵头上钻孔攻内螺纹，安装手动放气阀的，称为放风堵头。每组散热器应用 2 个堵头，对同侧接管的散热器用反堵头 2 个，异侧接管的散热器用正、反堵头各 1 个。

2. 散热器试压

散热器组对完毕后，所有散热器挂装之前应逐组进行水压试验，每组散热器留出两个接头，下部接头与手压泵或其他加压机械连接，上部接头装排气阀，其余的接头用丝堵堵住。试压时散热器立放或斜置，先打开进水阀充入自来水，打开排气阀排气，待充满水排气后关闭排气阀，将补充水加压注入散热器内。试验压力按设计要求，试压时应分两次升至试验压力，稳压 2~3min。逐个接口进行外观检查，不渗不漏即为合格，然后刷面漆待安装。铸铁散热器更换不合格片后应重新进行水压试验，直至合格。单组试压装置如图 3-17 所示。

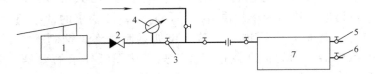

图 3-17　散热器单组试压装置

1—手压泵；2—止回阀；3—截止阀；4—压力表；5—放气管；6—泄水管；7—散热器

3. 铸铁散热器安装

（1）散热器安装应着重强调其稳固性。从安装的支承方式分为直立安装、托架安装。而直立安装又有两种情况：

① 对柱型散热器靠其足片直立于地面上安装，但在距散热器底部 2/3 处，应设一卡件，控制其不会倾倒，如图 3-18 所示。

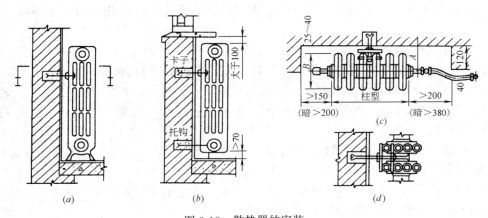

图 3-18　散热器的安装

（a）直立安装；（b）托架安装；（c）半暗装；（d）卡件安装

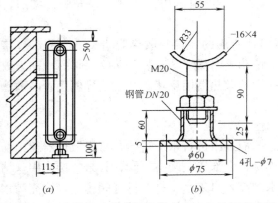

图 3-19　轻型结构建筑的散热器支座、卡件固定方法

（a）安装示意图；（b）支架结构图

② 当散热器安装所依托的建筑物为轻型结构，不足以支承散热器组自身重量时，可采用底部设支承座、中上部用卡件的安装方式，如图 3-19 所示。

（2）散热器的支承件应有足够的数量和强度，支承件安装位置应保证散热器安装位置的准确。常见的柱形、长翼形散热器所需托钩的数量和安装位置，如图 3-20 所示。托钩和卡件的加工尺寸，如图 3-21 所示。图中 C 值为：对于 M-132 型取 250mm；对于四柱 813 型取 262mm；对于长翼形取 240mm。

（3）柱型散热器半暗装时墙槽尺寸见表 3-4。

柱形散热器半暗装时墙槽尺寸　　　　　　　　　　表 3-4

槽宽(mm) 型　号	1000	1200	1400	1600	1800	2000
四柱 813 型	11 片以下	12～14 片	15～18 片	19～20 片	21～24 片	
M-132 型	8 片以下	9～11 片	12～13 片	14～15 片	16～17 片	18～24 片

注：1. 柱型散热器半暗装墙槽深度为 120mm。

2. 长翼型散热器半暗装墙槽深度为 80mm，宽度可按散热器组成长度，参照表中数字近似取用。

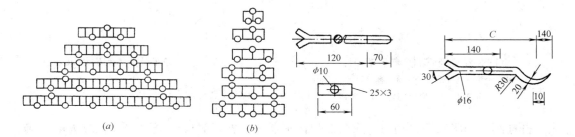

图 3-20　柱形、长翼形散热器所需托　　　　图 3-21　托钩和卡件的加工尺寸
　　　　　钩的数量和安装位置
　　　　　(a) 柱形；(b) 长翼形

散热器垂直中心线应与窗口垂直中心线重合。托钩位置标定后，打洞并清除洞内砖渣，用水湿润洞壁后，即可挂线栽托钩。操作时先用 150 号细石混凝土填塞满洞孔，再将托钩尾端垂直墙面插入洞内捣实，抹平。待混凝土强度达到有效强度的 70% 以上后，即可挂装散热器。

4. 轻质散热器安装

钢串片型、板式散热器、扁管型、铝合金、铜铝复合等类型散热器均称为轻质散热器，该类产品为标准设计产品，只需按图纸要求的型号、规格订货，现场可直接安装。轻质散热器的安装方法有采用活动挂件与固定托架两种。

(1) 采用活动挂件安装轻型散热器的方法

首先根据散热器安装位置确定墙体钻孔的位置，并根据散热器及安装挂件尺寸确定钻孔深度，并做好标记。然后在散热器的安装位置钻孔，钻孔直径按胀管螺钉的胀管外径，钻孔深度按胀管长度。而后在墙体安装孔装入胀管螺钉的胀管，将胀管胀紧在墙体上，见图 3-22。

按图 3-22 所示用螺钉 3 将套筒 2 固定在墙上，再将轴 4 推入套筒 2 内，轴上孔对准套筒上的长圆孔，用锁紧螺钉 1 固定住，然后安放散热器，用螺钉 6、固定件 5 将散热器固定，安装完毕后盖上盖帽 7。

(2) 采用固定托架安装轻型散热器的方法

采用固定托架安装轻型散热器时依然要按上述方法用螺钉将固定托架紧固在墙上，然后将散热器安放在托架上。托架形式如图 3-23 所示。

二、附属器具的安装

为了使室内供暖系统运行正常，调节修理方便，还必须设置一些附属器具。如集气

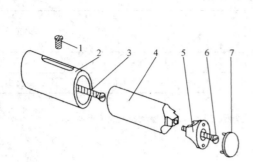

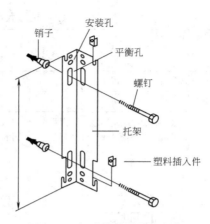

图 3-22　轻质散热器活动挂件

1—锁紧螺钉；2—套筒件；3—螺钉；4—芯轴；

5—固定件；6—紧固螺钉；7—盖帽

图 3-23　轻质散热器固定托架

罐、排气阀、膨胀水箱、阀门、除污器和疏水器等。施工时应注意那些体积较大的箱罐、设备，并预留安装孔洞，如其尺寸大于外门的尺寸，要在建筑结构封闭之前运置于室内。

1. 集气罐

集气罐设置于管道系统的最高处，用于排除空气。上供式系统放在供水干管末端或连

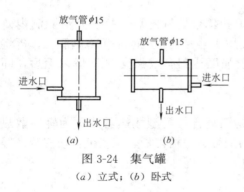

图 3-24　集气罐

（a）立式；（b）卧式

在倒数第一、二根立管接干管处；下供式系统往往与空气管相接。集气罐分为立式和卧式两种，一般用厚 4.5mm 的钢板卷成或用 $DN100 \sim DN250$ 的钢管焊成（图 3-24）。集气罐的直径应比连接处干管直径大一倍以上，便于气体逸出并聚集于罐顶。为了增大储气量，进、出水管宜接近罐底，罐上部设 $DN15$ 的放气管。放气管末端装有放气阀，并通到有排水设施处。放气阀门的位置还要考虑使用方便，一般离地面 1.8m 处。

集气罐有两种：一种靠人工开启阀门放气。

另一种自动排气罐则免去了放气的麻烦，能及时自动放气，有利于系统正常运行。自动排气罐分为立式与卧式两种。自动排气罐因失灵而漏水，需要维修更换，因此安装时应在自动排气罐与管路接点之间装一个阀门。

2. 膨胀水箱

在热水供暖系统中膨胀水箱有调节水量、稳定压力及排除空气（机械循环系统一般情况下不靠膨胀水箱排气）三个作用。其形状分方形和圆形，一般多为方形，用厚 3mm 的钢板制作（图 3-25）。圆形比方形节省材料，容易制作，材料受力分布均匀。水箱顶部的人孔盖应用螺栓紧固，水箱下方垫枕木或角钢架。水箱内外刷防锈漆，并要进行满水试漏，箱底至少比室内供暖系统最高点高出 0.5m。有时与给水箱一同安装在屋顶的水箱间内，如安装在非供暖房间里要保温。

膨胀水箱上有 5 根管，膨胀管、循环管、溢流管、信号管及排水管。膨胀管一般应连

接到循环水泵的回水总管上,不宜连接到某一支管上。循环管使水箱内的水不冻结,当水箱所处环境温度在0℃以上时可不设循环管,如果膨胀水箱进行保温也可以不设置循环管。有循环管时其安装方法如图3-26所示。溢流管供系统内的水充满后溢流之用,溢流管应装在距膨胀水箱顶部100mm的侧面,其末端接到楼房或锅炉房排水设备上。为了便于观察,不允许直接与下水道相接。为了保证系统安全运行,膨胀管、循环管、溢流管上都不允许设阀门。信号管又称检查管,供管理人员检查系统内水是否充满用。信号管应装在膨胀水箱侧面1/3的高度,信号管末端接到锅炉房内排水设备上方,末端安装阀门。系统运行试压时,应及时将信号管上的阀门打开,观察膨胀水箱的满水情况。

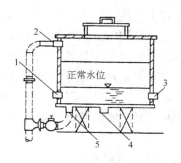

图 3-25 膨胀水箱
1—信号管；2—溢流管；3—循环管；
4—膨胀管；5—排污管

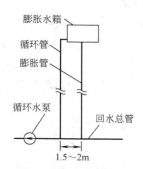

图 3-26 膨胀水箱膨胀管
与循环管的安装

3. 热量表

热量表由一个热水流量计、一对温度传感器及一个积算仪组成。因此热量表的安装分流量计的安装和温度传感器的安装及积算仪的安装。

(1) 流量计的安装

根据流量计选型及设计要求在正确位置安装流量计;保证安装位置前后的直管段要求;根据生产厂家提供的安装要求而采取保护措施,诸如改善水质、安装过滤器、设置托架等。

(2) 温度传感器的安装

根据管径的不同,将温度传感器的护套安装为垂直或逆流倾斜位置,以保证护套末端处在管道的中央。注意在水管上安装温度传感器后,要保证运行时不会有水泄漏。

(3) 积算仪的安装

根据信号形式与厂家要求,正确接线;根据流量计的安装位置(进水管还是回水管)应使参数匹配。

4. 温控阀

散热器的温控阀是由恒温控制器流量调节阀以及一对连接件组成。温控阀安装在每台散热器的进水管上或分户供暖系统的总入口进水管上,见图3-27。温控阀的安装问题很重要:内置式传感器不主张垂直安装,因为阀体和表面管道的热效应也许会导致恒温控制器的错误动作,应确保恒温阀的传感器能够感应到室内环流空气的温度,不得被窗帘盒、暖气罩等覆盖。

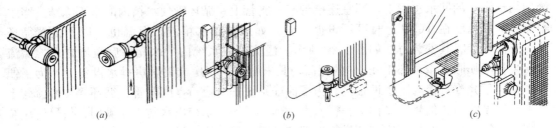

图 3-27　温控阀的安装

5. 自动排气阀

自动排气阀一般安装在系统末端的最高处，而管道里的水流方向与管道坡度总是相反的，因此能使空气的气泡随水流方向而浮升，使气泡容易排除。自动排气阀在外形尺寸上，比集气罐小许多，造型也美观，还较明显地节约水的耗量和能源。自动排气阀大多依靠水对浮体的浮力，通过杠杆机构的传动使排气孔自动开启和关闭，自动阻水排气。一般情况下在自动排气口可以不接管。如果避免排气直接吹向建筑表面而损坏装修，可以接管引向就近的污水池。

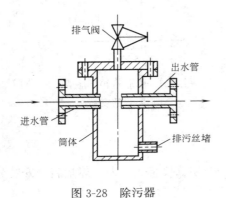

图 3-28　除污器

6. 除污器和过滤器

（1）为了除去供暖管道在安装和运行过程中的污物，防止管路和设备堵塞，应在用户引入口或循环水泵进口处设除污器，安装时注意方向。上部设排气阀，下部设排污丝堵。使用时到非供暖期要定期清理内部污物，除污器一般用法兰与管路连接（图 3-28）。

（2）热量表前应安装过滤器，在安装时，要注意找准进出口方向，不得弄反，安装应符合设计要求。

第三节　低温热水地面辐射供暖系统安装

低温热水地面辐射供暖系统的安装应执行行业标准《辐射供暖供冷技术规程》JGJ 142—2012 的规定。

一、低温热水地面辐射供暖的构造

低温热水辐射供暖，是指加热的管子埋设在地面构件内的热水辐射供暖系统，也称为地热供暖。其系统供水温度不超过 60℃，供回水温差一般控制在 10℃，系统的最大压力为 0.8MPa，一般控制在 0.6MPa 或以下。

低温热水地面辐射供暖的结构一般由楼板结构层（或其他结构层）、保温层、细石混凝土层、砂浆找平层和地面层等组成，如图 3-29 所示。从图中所示看出，埋管均设在建筑施工的细石混凝土层中，或设在水泥砂浆层中，在埋管与楼板结构层的砂浆找平层之间，都设置了隔热层（又称保温层）。隔热层多采用密度大于或等于 20kg/m³ 的自熄型聚苯乙烯泡沫板，厚度不小于 25mm，若地面载荷大于 500kg/cm² 时，隔热材质的选择则

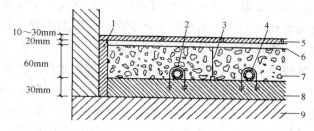

图 3-29　地面供暖结构剖面图

1—边角保温材料；2—塑料卡钉；3—膨胀缝；4—加热管材；5—地面层；
6—找平层；7—豆石混凝土层；8—复合保温层；9—结构层

应与承压能力相适应。埋管的填充层厚度一般不少于 50mm。在填充层均设伸缩缝，加热管（即埋管）穿过伸缩缝时设有不小于 100mm 的柔性套管。

除上述低温热水地面辐射供暖结构外，还有预制沟槽保温板和预制轻薄供暖板结构。

地热埋管的管材采用的有：耐热聚乙烯管（PE-RT）、交联聚乙烯管（PE-X）、聚丙烯共聚体管（PP-C）、交联铝塑复合管（XPAP）、无规共聚聚乙烯（PP-R）等化学管材。

二、安装应具备的条件

（1）进行低温地面辐射供暖系统安装的施工队伍，必须持有专业施工资质证书，施工人员必须经过专业培训，否则不得施工。

（2）建筑工程主体已基本完成，屋面已封顶，各层楼板地面的水泥砂浆的找平层已经完成。室内有吊顶的均施工完毕，抹灰等室内初装修工程也施工结束。

（3）地热管道工程施工计划应尽量在入冬之前完成。其施工环境温度不宜低于 5℃。

（4）安装施工前，已由设计、建设单位、安装施工人员进行了图纸会审。施工技术负责人已编制了施工设计方案并对现场施工人员进行技术、质量、安全交底。

（5）所需用的管材、连接件、专用工具和其他材料、机具设备均已进入现场。电源、水源也已接通，均能保证连续施工。进场的管材、管件、阀件等，经检查均符合设计要求。

（6）具备试压、冲洗管道排放下水的安全地点。

（7）管道穿越墙壁、楼板及嵌墙暗敷设处，已由建筑施工专业配合预留，经检查预留孔洞槽的位置正确，符合安装要求。

三、安装施工操作工艺

1. 地面绝热层铺设

（1）铺设绝热层的地面应平整、干燥、无杂物。边角交接面根部应平直，且无积灰现象。绝热层的铺设应平整、无空鼓、无翘起，绝热层相互间接合应严密。直接与土壤接触或有潮湿气体侵入的地面，在铺放绝热层之前应先铺一层防潮层。

（2）在铺设辐射面绝热层的同时或在填充层施工前，应在与辐射面垂直构件交接处设置不间断的侧面绝热层。可按下列要求设置侧面绝热层；侧面绝热层应从辐射面绝热层的上边缘做到填充层的上边缘，与交接部位应有可靠的固定措施，与辐射面绝热层连接应严密。泡沫塑料类绝热层、预制沟槽保温板、预制轻薄供暖板的铺设应平整，板间的相互结合应严密，接头应用塑料胶带粘接平顺。

（3）预制沟槽保温板铺设时，可直接将相同规格的标准板块拼接铺设在楼板基层或发泡水泥绝热层上。当标准板块的尺寸不能满足要求时，可用工具刀裁下所需尺寸的保温板对齐铺设。相邻板块上的沟槽应互相对应，紧密依靠。

（4）预制轻薄供暖板及填充板应按如下要求铺设：带木龙骨的供暖板可用水泥钉钉在地面上进行局部固定，也可平铺在基层地面上。填充板应在现场加龙骨，龙骨间距应≤300mm，填充板的铺设方法与供暖板相同；不带龙骨的供暖板和填充板可采用工程胶点粘在地面上，最后与面层施工时一起固定；填充板内的输配管安装后，填充板上应采用带胶铝箔覆盖输配管。

（5）将锡箔纸或其他隔潮纸（布）铺设在隔热的苯板上面，铺设时要贴紧，不要凸起，应平整。如果采用锡箔做隔热层铺时，注意把锡箔层面朝上，不可放反。

2. 分水器和集水器安装

（1）检查与核实进场的分水器与集水器的规格、型号、尺寸、连接方式、分路数目是否符合设计要求。

（2）低温热水地面辐射供暖系统中的热管采用的分水器和集水器应与其他的连接件一样，也是分成夹紧式接口和卡环式接口。分路的多少，必须与设计图中一致。

（3）分水器和集水器安装前，先在其安装位置的墙上吊线、划线，然后按照定位线安装固定卡具的紧固件，用线坠吊直校正后，将固定件先固定在墙上，然后再按照安装位置把分水器和集水器分别就位安装，校正无误后，先临时固定，待地热管道安装全部完成后再固定。

（4）如果热管采用 PP-C 管，按设计选型和要求进行接口连接。

3. 加热管的固定方式

（1）加热管的固定方式

① 用固定卡子将加热管直接固定在敷有复合面层的绝热板上。

② 用扎带将加热管绑扎在铺设于绝热层表面的钢丝网上。

③ 卡在铺设于绝热层表面的专用管架或管卡上。

（2）加热管固定点的设置与安装

① 就目前来说，加热管的卡具分成两大类型，一种为成品卡具整体长度形式，一种类似为 U 形卡环形状。加热管采用聚丙烯共聚物 PP-C 管时，固定卡具的形式为整体安装。安装之前先根据热管的回路布置方式，按照管道支承的间距规定：直管段 500mm，弯管段 250mm，计算及备料不可大于规定值，在锡箔层上划上记号，但不得破坏防潮层的表面。然后把整根的固定卡具设置在锡箔纸（或其他隔潮层）上面标记上，位置应正确，设置应平整无翘起部位，管卡设置后必须与管道紧密接触。

② 加热管采用交联聚乙烯管（PE-X），若采用整体安装形式的卡具，则施工工艺同上，同样须先行设置固定卡具。如果采用（PE-X）管配套固定卡具，则须待地热管的水平管安装时，边排管、边定位、边安设固定卡具。其管子支承间距可参见表 3-5 进行计算、排尺、定位，不可大于表中规定值。固定卡具的安装可采用专用工具，随着管子安装过程进行。

PE-X 管的管道安装支承间距　　表 3-5

外径(mm)	$\phi16$	$\phi20$	$\phi25$	$\phi32$	$\phi40$	$\phi50$	$\phi63$	$\phi75$	$\phi90$	$\phi110$
水平管(mm)	600	600	800	800	1000	1000	1500	1500	2000	2000
立管(mm)	800	1000	1200	1200	1500	1500	1500	2000	2500	2500

③ 如果采用扎带固定地热管道，其安装间距与卡具安装相同。

4. 管道安装

（1）地热管材在进场开箱后、正式排放管子进行安装之前，必须对各类塑料管的外观及接头之间的配合公差，进行认真仔细地量尺检查。同时检验和清除管材、管件内的污垢和杂物。

（2）按照设计图纸的技术要求，进行放线、定位，同一通路的地热管应保持相互平行与水平。

（3）布置加热管，加热管铺设按照从远到近逐环排放，管子应敷设在贴有锡箔的自熄聚苯乙烯隔热板上，管道所在不同的位置由不同的专用卡具固定。

（4）为了防止在供暖后地板产生各方向的膨胀，从而造成地面的龟裂或隆起，应事先把地面分割成几块，用膨胀条把各块区域间隔离开，管子在铺设时穿过膨胀缝处加设伸缩节，如图 3-30 中膨胀带和伸缩节所设置的位置。

辐射供暖地面面积超过 $30m^2$ 或边长超过 6m 时，填充层应设置间距≤6mm、宽度≥5mm 的伸缩缝，缝中填充弹性膨胀材料。与墙、柱的交接处，应填充厚度≥10mm 的软质闭孔泡沫塑料。加热管穿越伸缩缝处，应设长度不小于 100mm 的柔性套管。

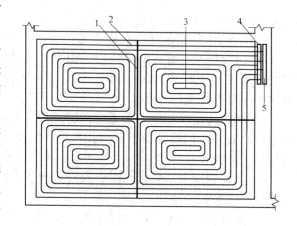

图 3-30　加热管路平面布置图
1—膨胀带；2—伸缩节（300mm）；3—交联管
（$\phi20$，$\phi15$）；4—分水器；5—集水器

（5）管道安装过程中，在民用建筑地面内的地热管中，每一条通路循环管均不得有接头。并在填充层内一律不得设接头，隐蔽之前必须对管路检查。

（6）管子需切割截断时，须采用 PE-X 管子或 PP-R 管子不同的专用切割工具进行。剪切时要求管子断面与管子轴向垂直，以保证切口平整。

（7）管子需要做定型弯曲时，PE-X 管与 XLPE 管子可以采用专用弯管卡或用电热风机加热弯曲定型，但严禁用明火直接加热或电加热。也可采用直角弯头。PP-R 管则根据需要直接采用弯头连接件。加热盘管弯曲部分不得出现硬折弯现象。曲率半径符合规范规定。

（8）管子铺设完，管网经冲洗后，即通过与分水器和集水器连接，则可与管网进行碰头连接。见系统示意图 3-31。

（9）地热管的弯曲半径，一般情况下，PB 管和 PE-X 管不宜小于 5 倍的管外径，其他

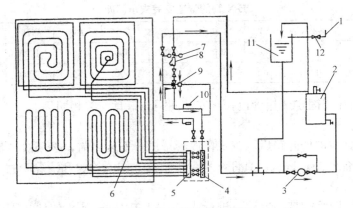

图 3-31　集水器连接示意图

1—补水管；2—供暖锅炉；3—循环水泵；4—分水器；5—集水器；

6—PP-C 地热盘管；7—压力表；8—过滤器；9—三通；

10—温度计；11—膨胀水箱；12—截止阀

管材不宜小于 8 倍管外径。

（10）热媒集配装置的安装固定

① 热媒集配装置应加以固定。当水平安装时，一般宜将分水器安装在上，集水器安装在下，中心距离为 200mm，集水器中心距地面应不小于 300mm。当垂直安装时，分、集水器下端距地面应不小于 150mm。

② 加热管始末端出地面至连接配件的管段，应设置在硬质套管内。套管外皮不宜超出集配装置外皮的投影面。地热管与集配装置分路阀门的连接，应采用专用卡套式连接件或插接式连接件。

③ 加热管始末端的适当距离内或其他管道密度较大处，当管间距≤100mm 时，应设置柔软套管等保温措施。

④ 加热管与热媒集配装置牢固连接后，或在填充层养护期后，应对加热管每一通路逐一进行冲洗，至出水清洁为止。

5. 管道的接口与碰头连接操作

PE-X 管子的连接有两种方式：夹紧式和卡环式；PP-R 管的连接方式为热熔连接。

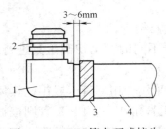

图 3-32　PE-X 管卡环式接头

（K 系列）安装

1—直角弯头（两端 PE-X 管）；

2—管件内芯；3—铜制

卡环；4—PEX 管

（1）PE-X 管子的连接

将铜制的卡环 3 套至 PE-X 管子 4 的管端，再将管件内芯 2 插进 PE-X 管子 4 内，将管芯插到底，然后把卡环 3 拨到距管件 3～6mm 处，如图 3-32 所示。操作时应使卡环垂直于 PE-X 管子的轴线。最后用专用卡紧钳对准卡环，进行一次性完全闭合钳口。注意不允许钳两次。

（2）PP-R 管的热熔连接操作

① 将需进行热熔连接的 PP-R 管材及管件（管件是 PP-R 专用管件，也可以是金属管件）表面的灰尘、脏物清除干净。

② 待启动后的熔接器达到 260℃时，把洁净的 PP-R 管端和管件插进熔接器的胎具里。

③ 待 PP-R 管子的一端和管件被充分加热后，将管子和管件拔出迅速垂直地插入连接，保持一段时间后，进行静态冷却。管子与管件的加热、连接、冷却时间见表 3-6。

④ PP-R 管子和管件热熔连接时，必须注意 PP-R 管子不能在管件内有碰触部位，如图 3-33 所示。

PPR 管材规格及熔接时间   表 3-6

管材(mm)	加热时间(s)	连接时间(s)	冷却时间(min)
15～25	5～7	4	2
30～50	8～18	6	4
65	24	8	6

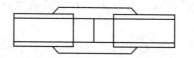

图 3-33 熔接时管材不能在管件内有碰触

第四节 供暖系统试压及验收

室内供暖系统的试压是在管道和散热设备及附属设备全部安装完毕后进行。室内供暖系统的试压包括两部分，即一切需要隐蔽的管道及其附件，在隐蔽前必须进行水压试验；系统的所有的组成部分（包括：管道及其附件、散热设备、水箱、水泵、除污器、集气装置等附属设备）必须进行系统水压试验。前者叫隐蔽性试验，而后者叫最终试验。无论哪种试验都必须做好水压试验及隐蔽性试验记录。

一、室内供暖系统试压与清洗

1. 室内散热器供暖系统的试压

（1）压力的确定见表 3-7。室内供暖管道用试验压力做强度试验。试验压力是由设计确定的，以不超过散热器能承受的压力为原则。当高层建筑试验时，底部散热器所受静水压力超过其承受能力时，水压试验应分区进行，即按楼层分区，进行两次以上的试验。系统的工作压力要进行严密性试验，工作压力是由循环水泵的扬程来确定的。

（2）水压试验时，先升压至试验压力 P_s，保持 10min，如压力降不超过 0.02MPa，则强度试验合格，降压至工作压力 P，保持此压力进行系统的全面检查，以不渗不漏为严密性试验合格。

室内供暖系统水压试验的试验压力   表 3-7

管 道 类 别	试验压力 P_s(MPa)	
	P_s	要 求
蒸汽、热水管道	顶点工作压力+0.1	顶部压力不小于 0.3
高温水管道	顶点工作压力+0.4	
塑料管、塑料复合管	顶点工作压力+0.2	顶部压力不小于 0.4

（3）水压试验时，应将加压泵置于系统底部，做到底部加压顶部排气。升压过程中应严格检查系统组成部分，防止出现漏水、破裂等。试验结束后，应将试验用水排净，关闭各泄水阀门。

注意：系统试验时，应拆去压力表，打开疏水器旁通阀，关闭进口阀，不使压力表、减压器、疏水器参与试验，以防污物堵塞。

2. 低温热水地板辐射供暖系统的试压

（1）中间验收

地板辐射供暖系统，应根据工程施工特点进行中间验收。中间验收过程，从地热管道敷设和热媒集配装置安装完毕进行试压起，至混凝土填充层养护期满再次进行试压止，由施工单位会同监理单位进行。

（2）水压试验

1）浇筑混凝土填充层之前和混凝土填充层养护期满之后，应分别进行系统水压试验。水压试验符合下列要求：

① 水压试验之前，应对试压管道和构件采取安全有效的固定和保护措施。

② 试验压力为工作压力的 1.5 倍，且不应小于 0.6MPa。

③ 冬季进行水压试验时，应采取可靠的防冻措施。

2）水压试验步骤

水压试验应按下列步骤进行：

① 经分水器缓慢注水，同时将管道内空气排出。

② 充满水后，进行水密性检查。

③ 采用手摇泵缓慢升压，升压时间不得少于 15min。

④ 升压至规定试验压力后，稳压 1h，观察有无漏水现象。

⑤ 稳压 1h 后，补压至规定试验压力值，5min 内的压力降不超过 0.05MPa，无渗漏为合格。

3）加热管道试压验收合格后，管道保持在 0.4MPa 的压力状况下，方可按设计构造的要求进行混凝土（或水泥砂浆）的浇筑和捣实；混凝土填充层的浇捣和养护过程中，系统应保持 0.4MPa 的压力。

3. 室内供暖系统清洗

水压试验合格后，即可对系统进行清洗。清洗的目的是清除系统中的污泥、铁锈、砂石等杂物，以确保系统运行后介质流动畅通。

热水系统可采用水清洗，即将系统充满水，然后打开系统最低处的泄水阀门，让系统中的水连同杂物由此排出，这样反复多次，直到排出的水清澈透明为止。

蒸汽供暖系统可采用蒸汽清洗，清洗时，应打开疏水装置的旁通阀。送汽时，送汽阀门应缓缓开启，送汽至排汽口排出干净的蒸汽为止。

按照设计图中管道系统分布情况，制定出管道分区、分系统、分段冲洗的技术组织措施，对于暂时可不冲洗或已冲洗的管段通过阀门关闭进行控制。凡是不允许冲洗的附件，应先拆下来用短管临时接通代替，如除污器或过滤器、流量调节阀和调压孔板、流量孔板和分户热计量表、温度计和压力表等。减压阀和疏水器一般带有旁通管，可以关闭其进口阀，打开旁通管上的阀门，便可使其不参与冲洗。

二、室内供暖系统的调试与验收

1. 供暖系统调试

（1）热水供暖系统调试

① 室内供暖系统的调节一般是从远环路开始。通过在各房间（先在远环路房间）所设置的温度计测定与控制，调节远环路立管上的阀门，调节到设计所要求的室温状况，然后逐个系统、逐个环路、从远至近地调整每一根立管上阀门的开启度。

② 在对每一个环路进行调节的过程中，还可以利用立管上各个支管上的散热器控制阀进行调节。能够调节各房间之供热使其达到设计温度或者平衡。

③ 依上面顺序，必须经过几个反复的调节，是可以使系统内各个环路、各个房间之间的供热达到平衡或者设计温度。

④ 最后达到热力平衡时，各立管上阀门的开启度，是从近环路至远环路逐渐开大。

⑤ 对于同程式系统上每一个环路调节时，要注意其中间位置上的立管流量一般都偏小一点，调节时应将此立管上的阀门适当加大开启度，又适当关闭最近与最远立管上的阀门。开启度的具体大小与位置，只有通过反复调试，达到平衡为止。

⑥ 供暖系统为双立管（老式系统）供暖时，一般要把上层的支管阀门关小一点，对于处于不利的下层散热器，应把支管上阀门开到最大，尽量避免上层热底层冷的不均衡状态。

（2）地板辐射供暖系统调试

① 地板辐射供暖系统未经调试，严禁运行使用。

② 具备供热条件时，调试应在竣工验收阶段进行；不具备供热条件时，经与工程使用单位协商，可延期进行调试。

③ 调试工作由施工单位在工程使用单位配合下进行。

④ 调试时初次通暖应缓慢升温，先将水温控制在 25～30℃ 范围内运行 24h，以后再隔 24h 升温不超过 5℃，直至达到设计水温。

⑤ 调试过程应持续在设计水温条件下连续通暖 24h，并调节每一通路水温达到正常范围。

2. 供暖系统验收

室内供暖系统应按分项、分部或单位工程验收。单位工程验收时应有施工、监理、设计、建设单位参加并做好验收记录。单位工程的竣工验收应在分项、分部工程验收的基础上进行。各分项、分部工程的施工安装均应符合设计要求以及供暖施工及验收规范中的规定。设计变更要有凭据，各项试验应有记录，质量是否合格要有检查。验收时应填写相应的验收记录表；交工验收时，由施工单位提供下列技术文件：

（1）全套施工图、竣工图及设计变更文件；

（2）设备、制品和主要材料的合格证或试验记录；

（3）隐蔽工程验收记录和中间试验记录；

（4）设备试运转记录；

（5）水压试验记录；

（6）通水冲洗记录；

（7）质量检查评定记录；

（8）工程质量事故处理记录。

质量合格，文件齐备，试运转正常的系统，才能办理竣工验收手续。上述资料应一并存档，为今后的设计提供参考，为运行管理和维修提供依据。

复习思考题

1. 如何进行散热器的试压？
2. 热量表分哪几个部分？
3. 低温热水辐射供暖系统施工应注意哪些问题？
4. 室内供暖系统如何进行试压及调试？
5. 室内供暖系统的施工方法有哪几种？
6. 如何考虑管道交叉时的避让原则？

第四章　室外热力管道安装

　　热电厂和区域锅炉房已是北方供热的主要热源，由热源输送到用户的热媒往往要经过几千米甚至几十千米的长距离输送，管道的管径大，热媒的压力、温度高。因此，对于室外热力管道的施工质量要求严格。室外热力管道施工应按《城镇供热管网工程施工及验收规范》CJJ 28—2014、《建筑给水排水及采暖工程施工质量验收规范》GB 50242—2002 的规定执行。

　　室外热力管道的敷设一般采用地下敷设和地上架空敷设两种。地下敷设的管道一般分为地沟敷设和直埋敷设两类。地沟敷设又分为可通行地沟、半通行地沟和不可通行地沟敷设；地上架空敷设按支撑结构高度的不同分为低支架、中支架和高支架敷设。

　　对于地下敷设的热力管道，除管道本身的安装工作外，还有开挖沟槽的土方工程，而土方工程的工程量占整个管道施工工程量的比重很大，因此，应做好施工组织工作。

第一节　室外地下敷设管道安装

一、室外管道地沟敷设

地沟按其构造可分为普通地沟和预制钢筋混凝土地沟。

　　普通地沟为钢筋混凝土或混凝土沟底基础、砖或毛石砌筑的沟壁，钢筋混凝土盖板，如图 4-1 所示。结构上要求尽量做到严密不漏水，通常在地沟内表面抹防水砂浆。地沟盖板应有 0.01～0.02 的横向坡度，盖板上覆土深度不小于 0.3m，盖板之间及盖板与沟壁之间应用水泥砂浆或热沥青封缝。沟底坡度与管道坡度相同，且不得小于 0.002，并坡向排水点。

　　预制钢筋混凝土地沟断面上部形状为椭圆形，如图 4-2 所示。在素土夯实的沟槽基础

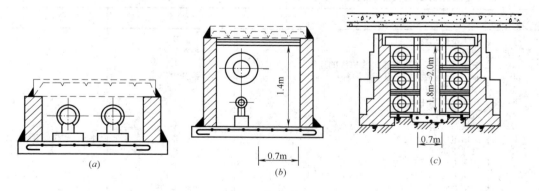

图 4-1　地沟断面形式

（a）不通行地沟；（b）半通行地沟；（c）通行地沟图

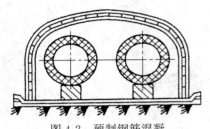

图 4-2　预制钢筋混凝
土椭圆拱形地沟形式

上，现场浇筑钢筋混凝土地沟基础，厚度为 200mm，打好基础后，便可进行管道安装和保温，然后吊装预制的拱形管壳。椭圆形钢筋混凝土拱壳厚 250mm，其椭圆长轴以下是直线段。拱壳之间的接缝用膨胀水泥填塞。

无论哪种形式的地沟，其高度和宽度都应满足安装和使用要求。地沟有关尺寸的要求见表 4-1。管道安装时，应按表 4-1 的规定布置管道，要保证管道之间和管道与沟顶、沟底及沟壁的净尺寸，应特别注意人行通道的宽度，以便于安装及维修。管道的中心距离，应根据管道上阀门或附件的法兰盘外缘之间的最小操作净距的要求确定，这个最小操作净距可参照表中"管道保温结构表面间净距"一栏中的有关数据来确定。

地沟敷设有关尺寸（m）　　　　表 4-1

地沟类型＼名称	地沟净高	人行通道宽	管道保温表面与沟壁净距	管道保温表面与沟顶净距	管道保温表面与沟底净距	管道保温结构表面间净距
通行地沟	≥1.8	≥0.7	0.1～0.15	0.2～0.3	0.1～0.2	≥0.15
半通行地沟	≥1.2	≥0.6	0.1～0.15	0.2～0.3	0.1～0.2	≥0.15
不通行地沟	—	—	0.15	0.05～0.1	0.1～0.3	0.2～0.3

地沟的基础结构根据地下水及土质情况确定，一般应建在地下水位以上。如地下水位较高，则应设有排水沟及排水设备，以专门排除地下水。因热力管道运行特点，一般可把管道敷设在冰冻线以上。地沟越浅，则其造价就越低。

通行地沟应设有自然或机械通风设施，以保证检修时沟内温度不超过 40℃。另外，运行时，沟内温度也不宜超过 50℃，为此管道应有良好的保温措施。地沟内应装有照明设施，照明电压不得高于 36V。

热力管沟的外壁（包括无沟热力管道的外表面）与建筑物、构筑物及其他地下管线的最小净距要参见表 4-2。

热力管沟外壁或无沟热力管道外表面与建、构筑物及其他各种地下管线的最小净距　　表 4-2

序号	名　　称	水平净距（m）	垂直净距（m）
1	建筑基础边缘	2.0	—
2	铁路	距轨外侧 3.0	距轨底 0.1
3	铁路、公路路基边坡底脚或边沟的边缘	1.0	—
4	通信、照明或 10kV 以下电线杆柱	距杆中心 1.0	—
5	架空管架基础边缘	1.5	—
6	乔木或灌木中心	1.5	—
7	道路路面	—	0.7
8	排水盲沟沟面	1.5	0.5
9	通信电缆、电力电缆	2.0	0.5
10	燃气管道		
	压力≤300kPa	2.0	
	压力≤800kPa	3.0	0.15
	压力≤1200kPa	4.0	
11	给水或排水管道	1.5	0.15
12	乙炔、氧气管	1.5	0.25
13	压缩空气管	1.0	0.15

二、室外管道直埋敷设

室外管道直埋敷设又称无沟敷设，直埋敷设的管道是热力管道的外层保温层直接与土壤相接触。直埋敷设不需要砌筑地沟和支承结构，既可缩短施工周期，又可节省投资。直埋敷设管道的投资要比不可通行地沟管道造价低，尤其对于供热管道，随着保温材料和外层防水保护层在材质、性能、施工方法、使用寿命等方面的不断发展，供热管道直埋敷设的应用也愈来愈广泛。但是在地下水位较高的条件下不宜采用，且对保温材料的要求也较高。

管道直埋敷设虽然不需要砌筑地沟和支承结构，但是其他的安装与地沟敷设有着一致的操作要求。管道直埋敷设的安装程序如下：

1. 管道放线定位

在管道敷设的施工现场，依据管线总平面图上标定的管道位置坐标或管道中心线距固定性建筑物的设计距离，使用花杆、钢卷尺、经纬仪等仪器测定出管道的中心线，在管道的分支点、变坡点、转弯和检查井等的中心处打上中心桩，并在桩面上钉上中心钉。

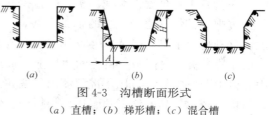

图 4-3 沟槽断面形式
(a) 直槽；(b) 梯形槽；(c) 混合槽

2. 确定沟槽断面形式和尺寸

根据管径的大小及现场土质种类情况确定沟槽的断面形式。管道直埋敷设的沟槽断面形式有三种，分别为直槽、梯形槽和混合槽，如图 4-3 所示。

直槽：当管沟在地下水位以上、挖沟后敞露时间不长多采用直槽断面。直槽施工时，土质和沟深规定如下：堆积砂土和砾石土，沟深不超过 0.75m；亚黏土，沟深不超过 1.25m；黏土，沟深不超过 1.5m；坚实土，沟深不超过 2.0m。

梯形槽：沟深在直槽所要求的深度以上，但不超过 5m 时可采用。梯形槽边坡的大小与土质有关，施工时可参照表 4-3 和图 4-4。

梯形槽边坡尺寸 表 4-3

土质类别	边坡 $i(H : A)$	
	槽深<3m	槽深 3～5m
砂土	1：0.75	1：1.00
亚黏土	1：0.50	1：0.67
亚砂土	1：0.33	1：0.50
黏土	1：0.25	1：0.33
干黄土	1：0.20	1：0.25

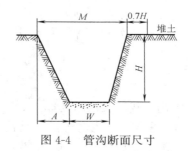

图 4-4 管沟断面尺寸

混合槽：当沟槽较深时采用，但土质应较好。直埋的热力管道多采用梯形沟槽，地沟内敷设时，沟槽开挖形式为梯形槽或混合槽。

沟槽形式确定后，可根据不同管道，计算出沟底宽度 W。

直埋热管道，如图 4-5 所示，W 为：

$$W = 2D_b + B + 2C \tag{4-1}$$

式中 D_b——管道保温结构外表面直径；

B——管道间净距，不得小于 200mm；

C——管道与沟壁间净距，不得小于 150mm。

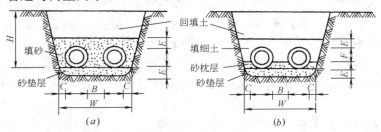

图 4-5　直埋管道断面形式

$B \geqslant 200mm$　$C \geqslant 150mm$　$E = 100mm$　$F = 75mm$

（a）砂子埋管；（b）细土埋管

3. 沟槽放线

在所有中心桩处设置龙门板，并依据开挖宽度 M 画出开挖沟槽的边线，具体方法如下：过中心桩作管道中心线的垂直交线，沿此线在中心桩两侧各量出 $M/2$ 加 0.7m 的长度，分别打上木桩，打入深度为 0.7m，地面上留 0.2m 高。将一块高 150mm、厚 25～30mm 的木板（龙门板）钉在两边桩上，板顶应水平，如图 4-6 所示。然后把中心桩上的中心钉引到龙门板上，用水准仪测出每块龙门板上中心钉的绝对标高，并用红油漆标写在龙门板上表示标高的红三角旁边。根据中心钉标高计算出该点距沟底的下返距离，也写在龙门板上，以便挖沟人员掌握。

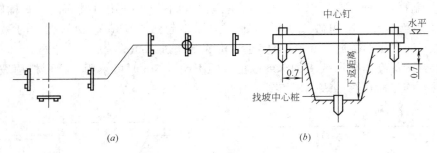

图 4-6　沟槽龙门板

（a）管道定线；（b）沟槽龙门板

4. 挖沟、找坡及沟基处理

挖沟方法与地下土的种类和结构形式有很大关系，土方工程施工中，按土的坚硬程度，把土分为 8 类 16 级，表 4-4 为前四类土的名称和开挖方法。

土的工程分类　　　　　　　　　　　　　　　　　表 4-4

土的分类	土的级别	土 的 名 称	开 挖 方 法
一类土 （松软土）	I	砂，轻亚黏土，冲积砂土层，种植土，淤泥	能用锹挖
二类土 （普通土）	II	亚黏土，潮湿黄土，夹有碎石的砂，种植土，填筑土	用锹挖掘，少许用镐翻松

续表

土的分类	土的级别	土 的 名 称	开 挖 方 法
三类土 （坚土）	Ⅲ	软及中等密实土，重亚黏土，粗砾石，干黄土及含碎石的黄土，亚黏土，压实的填筑土	主要用镐，少许用锹挖，部分用撬棍
四类土 （砂砾坚土）	Ⅳ	重黏土及含碎石的黏土，砂土，密实的黄土	整个用镐及撬棍然后用锹，部分用楔子及大锤

注：以下 4 类 12 级土均为石类，需用大锤、风镐及爆破等方法开挖。

挖沟时，不论是人工挖沟还是机械挖沟，均不得一次挖到底，一般按设计标高留出 150～200mm 厚的土层，作为人工找坡和沟基处理的操作余量。如开挖超过设计深度时，应回填砂石找平。如就地回填土，必须严格分层回填，分层夯实。

由于直埋管道直接坐落在土壤上，沟底管基的处理极为重要。原土层沟底，如果土质坚实，可直接座管；如土质较松软，应进行夯实，密实度要求达到 15.7N/m²。砾石沟底，应挖出 200mm，用好土回填并夯实。因雨或地下水位与沟底较近使沟底原土受到水浸时，一般铺 100～200mm 厚碎石，石上再铺 100～150mm 厚砂子。

直埋热力管道底部要求设置 100mm 厚的砂垫层。挖沟时，应在下返距离的基础上再往下挖 100mm，沟槽的实际挖深为 $H+100$mm，见图 4-5。然后挂线找坡，处理好沟底基础，铺上 100mm 厚的砂子，就可铺设管道进行安装了。

5. 管道安装

管道安装包括下管、连接、接口检验、防腐保温等工序。

6. 管沟回填

地下敷设的管道，安装完毕，经水压试验合格后方可回填。

回填土时，为防止管道中心线位移和损坏管道，应先用人工先将管子周围填土夯实，并应在管子两侧同时进行，边回填边夯实，至管顶后，再从管顶回填至管顶以上 0.5m 处，进行夯实。对于热力管道，应先用砂子填至管顶以上 100mm 处，再用原土回填到管顶以上 0.5m 处，在不损坏管道的情况下，可采用蛙式打夯机夯实，以后每回填 0.2～0.3m 夯实一次，直至与地面平齐。回填后沟槽上的土面应略呈拱形，地面上隆起的高度为开槽宽度的 1/20，通常取 150mm。如图 4-7 所示。

管沟回填土的重量一部分由管子承受。如果提高管子两侧和管顶回填土的密实度，可减少管顶垂直压力。沟内各部分回填土密实度参见图 4-7。

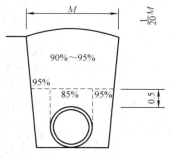

图 4-7 管沟内回填土密实要求

室外直埋管道的安装，要合理安排施工进度，因地制宜分段施工，铺设一段，试压一段，回填一段。避免管沟长期敞露造成塌方，或因雨水浸泡造成管基下沉及发生漂管事故。

三、室外管道安装的要求

1. 管网的管材及连接

室外热力管道的管材主要有焊接钢管、螺旋焊接钢管和无缝钢管。设计无要求时应执行下列规定：管径小于或等于 40mm 时，应使用焊接钢管；管径为 50～200mm 时，应使用焊接钢管或无缝钢管；管径大于 200mm 时，应使用螺旋焊接钢管。

除安装阀门等设备处采用法兰连接外，其他接口均应焊接。

2. 管道的安装要求

(1) 室外供热管道的热水管、蒸汽管，如设计无要求时，应敷设在载热介质前进方向的右侧。

(2) 热水和加压凝结水管道，应在管段的最低点装设排水管，最高点装设放气管。如设计无规定时，管径规格可按表 4-5 选用。

排水管、放气管直径选择

表 4-5

热水、凝结水管公称直径(mm)	<80	100～125	150～200	250～300	350～400	450～550	>600
排水管公称直径(mm)	25	40	50	80	100	125	150
放气管公称直径(mm)	15	20		25		32	40

(3) 热膨胀量较大的管道上的活动支架的支座应偏心安装，偏移方向为管道热膨胀的反方向，偏心距为该点到固定点间管道热膨胀量的一半，且最大偏心距离 $\Delta_{max}=1/2$ 支座全长－50mm，如图 4-8 所示。如果热膨胀量超过允许值，则应改用长型支座，必要时应调整管段固定支架间距，以减小热膨胀量。

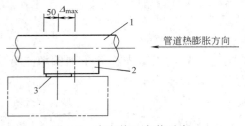

图 4-8　支座偏心安装示意
1—管道；2—支座；3—预埋钢板

(4) 主干管与分支干管的连接，不能采用 T 形三通焊接连接，应采用任意角度的弯管或羊角弯。蒸汽管道分支时，支管应从主管上方或两侧接出，以免凝结水流入支管。

(5) 室外供热管道与室内供热管道连接处，均应设检查井，管路上必须设有阀门，以利于控制启闭与调节流量和压力，且便于运行维修。阀门前应设旁通管及旁通阀，连通供回水干管，并考虑泄水和排气，阀后应设置压力表、温度计、过滤器、热量表，以利于热量计量和运行调节。

(6) 管道的法兰连接应对接平行、紧密，与管子中心线垂直，螺杆露出螺母的长度一致，且不大于螺杆直径的 1/2。衬垫材料符合设计要求。

(7) 焊接连接的焊口平直度、焊缝加强面应符合施工规范规定，焊口面无烧穿、裂纹、结瘤、夹渣及气孔等缺陷，焊纹均匀一致。接口焊缝距支架净距不小于 150mm。两接口焊缝间距：当 $DN<150mm$ 时，不应小于管子外径，且不小于 100mm；$DN\geq150mm$ 时，不应小于 150mm。接口焊缝距弯曲起点不得小于管外径，且不小于 100mm。焊口间隙过大时，不得用铁丝或钢筋填缝，也不得用加热管子的办法来减小焊缝间距，以免增大焊接应力。

(8) 室外供热管道安装的允许偏差和检验方法见表 4-6。

室外供热管道安装的允许偏差和检验方法 表 4-6

项 目		允许偏差	检验方法
坐标(mm)	敷设在沟槽内及架空	20	用水准仪(水平尺)、直尺、拉线和尺量检查
	埋地	50	
标高(mm)	敷设在沟槽内及架空	±10	
	埋地	±15	
水平管道纵、横方向弯曲(mm)	每1m 管径小于或等于100mm	±0.5	
	每1m 管径大于100mm	1	
	全长(25m以上) 管径小于或等于100mm	不大于13	
	全长(25m以上) 管径大于100mm	不大于25	
弯管	椭圆率 $D_{max}-D_{min}$ 管径小于或等于100mm	8/100	用外卡钳和尺量检查
	D_{max} 管径大于100mm	5/100	
	折皱不平度(mm) 管径小于或等于100mm	4	
	折皱不平度(mm) 管径125~200mm	5	
	折皱不平度(mm) 管径250~400mm	7	
减压器、疏水器、除污器、蒸汽喷射器	几何尺寸	5	尺量检查

四、室外管道的安装

地沟内管道的安装，应在管沟砌筑后，盖沟盖板前，安装好支架再进行。直埋管道安装，必须在沟底找平夯实，沿管线铺设位置无杂物，沟宽及沟底标高尺寸复核无误后进行。当地沟经检查合格后，就可进行下管安装。在安装管道前要先用经纬仪测定管道的安装中心线及标高，根据管道的标高先安装好管道的支架垫块，然后安装管道。

对于用砖或钢筋混凝土块砌筑的地沟，一般都是在管道安装完毕后再盖地沟盖板和回填土。所以对于这种地沟可以采用整体下管，即把整段的管子用几台吊车同时起吊，然后慢慢把管段放入地沟支座上。各台吊车在起吊和下管时要力求同步，要有统一指挥，以确保安全和施工质量。也可以用移动式龙门钢架，跨架于地沟两侧的轨道上。钢架的横梁上设有可左右及上下活动的轨道吊车。几台吊车同时把管道吊起，抽掉架设在地沟上的枕木，就可慢慢同时下管。对所选用的吊车的承重量，应按其所吊管段重量的2～3倍选用，并严格检查吊车各零件及钢索有无损坏，以确保安全操作。

1. 地沟管道安装

地沟内管道安装的关键工序是支架的安装。在不通行地沟内，管道的高支座通常安装在混凝土支墩上面的预埋钢板上，其安装应在混凝土沟底施工后（同时浇筑出支墩）、沟墙砌筑前进行。通行和半通行地沟内，管道的高支架安装在型钢支架的横梁上，型钢支架的安装是利用在混凝土沟基土建施工和砌筑沟墙时，预留的预留孔洞或预埋钢板来固定的。地沟内支架间距要求见表4-7。多根管道共同的支架，应按最小管径确定其最大间距，坡度和坡向相同的管道可以共架，对个别坡向和坡度值不同的管子，可考虑用悬吊的方法安装。当给水管道与供热管道同沟时，给水管可用支墩敷设于地沟底部。

支架最大间距   表 4-7

管径(mm)		15	20	25	32	40	50	70	80	100	125	150	200
间距	不保温(m)	2.5	2.5	3.0	3.0	3.5	3.5	4.5	4.5	5.0	5.5	5.5	6.0
	保温(m)	2.0	2.0	2.5	2.5	3.0	3.5	4.0	4.0	4.5	5.0	5.5	5.5

地沟内支架安装要平直牢固，同一地沟内若有多层管道时，安装顺序应从最下面一层开始，最好能将下面的管子安装、试压、保温完成后，再安装上面的管子。为了便于焊接，焊口应选在便于操作的位置。所有管子端部的切口、平正检查及坡口切割均应在管子下沟前在地面上完成。

在支架横梁（或支墩上钢板）安装后、管道安装前，应按管道的设计位置及安装坡度，在横梁（或钢板）上挂线弹出管道的安装中心线，以作为管子上架就位的安装基准线。然后将已预制好的高支座按其膨胀伸长量，反方向偏移摆在横梁上，参见图 4-8，同时，将其与横梁点焊，随后即可进行管子的上架及连接。

管子上架后，经吹扫清除管内污物，即可进行焊接连接。每根管道的对口、点焊、校正、焊接等工作应尽量采用转动的活口焊接，以提高焊接速度及保证焊接质量。管道焊接后，调整高支座位置，将高支座与管子焊牢（滑动支座要在补偿器预拉伸并找正位置后才能焊接），打掉高支座的点焊缝，再按水压试验、防腐保温等工序即可完成管道安装。

2. 直埋管道安装

直埋管道的敷设，最重要的是保温层的制作质量。一般情况下，保温层可在加工厂预先做好，然后再运到现场安装，只留管子接口，待焊接并试压合格后再进行接头保温；接头保温补做的方法与管保温结构相同。

由于预制保温管的保温结构不允许受任何外界机械作用，向管沟内下管必须采用吊装。下管前应根据吊装设备的能力，预先把 2～4 根管子在地面上连接在一起，开好坡口，在保温管外面包一层塑料薄膜，同时在沟内管道的接口处，挖出操作坑，坑深为管底以下200mm，坑内沟壁距保温管外壁不小于 500mm。吊管时，不得以绳索直接接触保温管外壳，应用宽度大约 150mm 的编织带兜托管子，吊起时要慢，放管时要轻。管子就位后，即可进行焊接，然后按设计要求进行焊口检验及水压试验，合格后可做接口保温。

接口保温前，首先将接口需要保温的地方用钢刷和砂布打净，把接口硬塑套管套在接口上。然后用塑料焊把套管与管道的硬塑保护管焊在一起。再在套管端各钻一个圆锥形孔，以备试压和发泡时使用。接口套管焊接完后，须做严密性试验，将压力表和充气管接头分别装在两个圆孔上，通入压缩空气，充气压力为 0.02MPa。同时用肥皂水检查套管接口是否严密。检查合格后，可进行发泡。

为了使埋地管道很好地坐落在沟槽内的地基上，减小管道的弯曲应力，管子下面应有100mm 厚的砂垫层。在管子铺设完毕后，再铺 75mm 厚的粗砂枕层，然后用粉状回填土（即细土）填至管顶以上 100mm 处，以改善管子周边的受力情况，再往上可用沟土回填。如有条件，最好用砂子回填至管顶以上 100mm 处，对改善管受力效果极佳。

3. 管道的焊接

当管道运入现场后，就可沿地沟边铺放，把管子架在预先找平的枕木上。如为不可通行的矩形地沟，则可直接把枕木横架在地沟墙上，把管子架在枕木上进行锉口、除锈、对口和焊接。管道在对口时，要求两管的中心线在一轴线上，两端接头齐整，间隙一致，两管的口径应相吻合。如两管对接口有不吻合的地方，其差值应小于3mm。对于有缝钢管的焊接，要求把其水平焊缝错开，并应使水平焊缝在同一面，以便试水压时检查，如图4-9所示。为便于焊接时转动管子，可把管子放在带有两小滚轮的托架上，如图4-10所示。

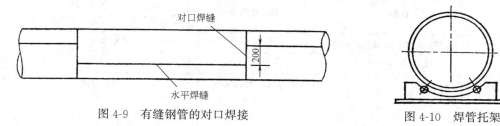

图4-9　有缝钢管的对口焊接　　　　　　图4-10　焊管托架

在沟顶焊接管子，其长度根据施工条件而定，一般在小于$DN300$时，其管段长度为$60\sim100$m；$DN350\sim DN500$时，其长度为$40\sim60$m，然后整体下管，把管段安装在地沟支架上，在沟里进行对口焊接。这时由于管段不能转动，管口下部须仰焊，因此在焊口周围应有足够空间，以便于焊工操作。

在冬期施工时，由于气温较低，冷空气对焊缝的收缩应力有较大影响，因此应采取必要的措施，如采用熔剂层下的自动熔焊法，这种焊接产生大量的熔渣覆盖了焊缝处，以减小其冷却速度；或搭设可移动保温棚，把焊口处罩上，焊工在棚内作业。也可采用石棉板做的卡箍夹住焊缝，以免焊接处的高温迅速冷却。

第二节　室外架空管道安装

一、室外架空管道的敷设要求

室外架空管道常用于地下水位高、土质差、过河、过铁路等情况；在工厂区，当地下管道繁多，如有给水、排水、燃气、电缆及其他工业管道时，为避免管道交叉绕道，也较常采用架空敷设管道。

架空敷设管道，其优点在于它可以省去大量土方工程量，降低了工程造价，不受地下水的影响，施工中管道交叉问题较易解决。其缺点是，对热力管道的热损失较大。管道的保温层因经常受风沙雨雪的侵蚀，需要经常维护或更换，使用年限较短；对于施工来说，管道的起重吊装和高空作业，也带来不少麻烦；在某些情况下，也影响交通及建筑的美观。对保温层特别是保护层的强度要求较高。在寒冷地区，需要经过技术经济比较后，才能确定是否采用架空敷设。

管子的架空高度，如设计无具体要求时，人行地区不应低于2.5m；通行车辆地区不应低于4.5m；跨越铁路时，距轨顶不应小于6m。架空供热管道与建筑物、构筑物和电线之间的水平及交叉垂直最小净距应符合表4-8的规定。

当架空的供热管道两管或多管并行，共用一个支架时，管道中心距尺寸的确定，除考虑管径、保温层厚度等因素外，还应增加不少于120mm的操作净距，即：

$$管道中心距=(D_1/2+保温层厚)+(D_2/2+保温层厚)+操作净距$$

式中，D_1、D_2为计算管道的外径。

架空热力管道与建筑、构筑物和电线之间的水平及交叉垂直最小净距   表 4-8

序号	名　　　称			水平净距(m)	垂直净距(m)
1	一、二级耐火等级建筑物			允许沿外墙	
2	铁路			距轨外侧 3.0	电气机车为 6.5(距轨顶) 蒸汽及内燃机车为 6.0(距轨顶)
3	公路边缘、边沟边缘或路堤坡脚			0.5～1.0	距路面 4.5
4	人行道路边缘			0.5	距路面 2.5
5	架空输电线路	1 1～20 35～110 220 330 500	千伏以下 (电线在上)	导线最大偏风时 1.5 3.0 4.0 5.0 6.0 6.5	导线最重处 1.0 3.0 4.0 5.0 6.0 6.5

如设计给出管道的中心距，可利用上式反算出操作净距，以便核算一下设计给定的操作净距能否满足施工要求，如果净距偏小，应向设计部门提出增大要求，未经同意不得擅自改动。

架空管道按支撑结构高度的不同分为低支架敷设、中支架敷设和高支架敷设。

二、架空管道支架安装

架空敷设的管道，可采用单柱式支架、带拉索支架、栈架或沿桥梁等结构敷设，也可沿建筑物的墙壁或屋顶敷设。单支柱式支架可以是钢结构、钢筋混凝土的。其高度通常为 5～8m，但如不影响交通，也可采用离地 0.5m 的低支架来铺设管道。

在安装架空管道之前应先安装好支架，支架的加工制作及吊装就位工作，一般由土建部门来完成。其支架的加工及安装质量直接影响管道施工质量和进度，因此在安装管道以前必须先对支架的稳固性、中心线和标高进行严格的检查，应用经纬仪测定各支架的位置及标高，检验是否符合设计图纸的要求。各支架的中心线应为一直线，不许出现"之"字形曲线，一般管道是有坡度的，故应检查各支架的标高，不允许由于支架标高的错误而造成管道的反向坡度。

在安装架空管道时，为工作的方便和安全，必须在支架的两侧架设脚手架。脚手架的高度以操作方便为准，一般脚手架平台的高度比管道中心标高低 1m 为宜，其宽度约 1m 左右，以便工人通行操作和堆放一定数量的保温材料。根据管径及管数，设置单侧或双侧脚手架，如图 4-11 所示。

架空管道的吊装，一般都是采用起重机械，如汽车式起重机、履带式起重机，或用桅杆及卷扬机等。在吊装管道时，应严格遵守操作规程，注意安全施工。

在吊装前，管道应在地面上进行校直、打坡口、除锈。同时，如阀门、三通、补偿器等部件，应尽量在加工厂预先加工好，并经试压合格。在法兰盘两侧应预先焊好短管，吊装架设时仅把短管与管子焊接即成。

（一）低支架敷设

管道保温结构底部距地面的净高不小于 0.3m，一般以 0.5～1.0m 为宜，以防雨雪的侵蚀。低支架的结构一般采用毛石砌筑或混凝土浇筑，如图 4-12 所示。在不妨碍交通，不影响厂区、街区扩建的地段可采用低支架敷设。低支架敷设大多沿工厂围墙或平行公路、铁路布置。

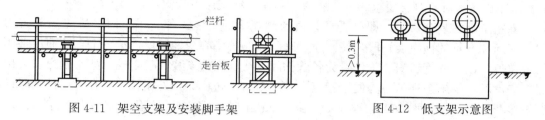

图 4-11 架空支架及安装脚手架   图 4-12 低支架示意图

（二）中支架敷设

管道保温结构底部距地面的净高为 2.5～4.0m，设在人行频繁、需要通行车辆的地方。中支架的结构通常为钢筋混凝土浇筑或钢结构，如图 4-13 所示。

（三）高支架敷设

管道保温结构的底部距地面净高为 4.5～6.0m，在管道跨越铁路和公路时采用。高支架敷设一般采用钢结构或钢筋混凝土结构，如图 4-14 所示。应注意，在装有管道附件，如阀门、补偿器等处，必须设置操作平台。

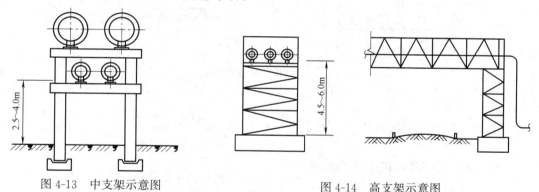

图 4-13 中支架示意图   图 4-14 高支架示意图

三、架空管道安装

架空管道安装的准备工作与支架施工应同时进行，以加快施工进度。在土建进行支架浇筑、养护这段时间内，应进行材料准备、管子检验、清污、防腐、下料、坡口，以及备件加工制作和管段组装等项工作。地面上的预组装是架空管道施工的关键技术环节，必须经施工设计做出全面细致的规划，以尽量减少管子上架后的空中作业量。预组装包括管道端部接口平整度的检查，管子坡口的加工，三通、弯管、变径管的预制，法兰的焊接，法兰阀门的组装等。同时，各预制管件应与适当长度的直管段组合成若干管段，以备吊装。预组装管段的长度应按管的上架方式、吊装条件等综合考虑确定。

管道安装前，首先检查支架的标高和平面坐标位置是否符合设计要求，支架顶面预埋钢板的牢固性，钢板的尺寸和位置是否满足安装要求。支架结构的强度及表面质量，支架钢板的位置、标高应作为检查验收的重点。在验收后的管道支架预埋钢板的顶面上挂通线，按管道设计中心线及坡度要求，弹画出管道安装中心线，同时以坡度线为基准，测量并记录各支架处与坡度线的差值，以明确调整管道安装标高的高支座的高度。

在挂线两端的支架顶面钢板上，按已弹出的管道安装中心线，临时焊接挂线圆钢，使其垂直于中心线，在圆钢上挂坡度线逐一安装高支座，并使支座顶部与挂线相吻合，对符合坡度要求的高支座，先点焊就位使高支座对准下部中心线，并向热伸长的反方向偏斜1/2热伸长量。对不符合要求的高支座应重新制作或支座下加斜垫铁等方法调整。

支座全部安装合格后，即可进行管道预制管段的吊装工作。吊装时，应先吊装有阀门、三通和弯管的预组装管段，使三通、阀门、弯管中心线处于设计位置上，从而使整体管道定位，以下的管道安装工作变为各管件间直线管道的安装，这是确保架空管道安装位置准确性的关键施工环节。为便于管道在空中对口，防止接口处塌腰，可在接口处临时设置搭接板，用以辅助对口。管子 $DN \geqslant 300mm$ 时，宜在一根管端点焊角钢搭接板；$DN < 300mm$ 时，可用弧形托板，如图 4-15 所示。

管子对好口后，先将接口点焊三处，焊点按圆周等分布置，使接口具有一定的抗弯能力。然后拆除搭接板，再进行焊接。接口焊好后，随即检查滑动支座的位置与所确定的安装位置是否吻合，如偏差较大，应进行修正，然后把支座焊在管道上，并铲去临时点焊缝。

管道安装经检查合格后，按规定进行水压试验，试压合格后进行防腐绝热处理。

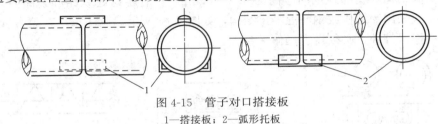

图 4-15 管子对口搭接板
1—搭接板；2—弧形托板

第三节 热力管道支架及补偿器安装

一、活动支座及固定支座的安装

（一）活动支座

活动支座可直接承受管道的重量，并使管道在温度的作用下能自由伸缩移动。活动支座有滑动支座、滚动支座及悬吊支座，用得最多的是滑动支座。

（1）滑动支座

滑动支座有低位的和高位的两种。低位的滑动支座如图 4-16 所示。支座焊在管道下面，可在混凝土底座上前后滑动。在支座周围的管道不能保温，以使支座能自由滑动。高位滑动支座的结构与低位滑动支座类似，只不过其支座较高，保温层把支座包起来，其支座下部可在底座上滑动。

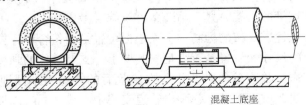

混凝土底座

图 4-16 低位滑动支座

低位滑动支座用在可通行地沟，高位滑动支座常用在不可通行地沟及半通行地沟。

（2）滚动支座

滚动支座如图 4-17 所示，管道支座架在底座的圆轴上，因其滚动可以减少承重底座的轴向推力。这种支座常用在架空敷设的塔架上。

（3）悬吊支座

在架空敷设管道中或悬臂托架上常用悬吊支座。在靠近补偿器的几个吊架上要采用弹簧支座。

安装管道支座时，应正确找正管道中心线及标高，使管子的重量均匀地分配在各个支座上，避免集中在某几个支座上，以免焊缝受力不均而产生裂纹。同时，根据均匀载荷多跨梁的弯曲应力图知，管道的焊缝不应在应力最集中的支座上，如图 4-18 所示，而应在 1/5 跨距的 a、b、c 各点上。

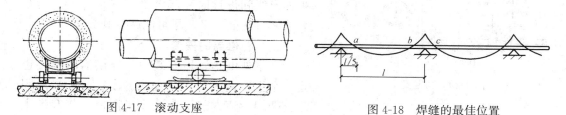

图 4-17　滚动支座　　　　　　　　　图 4-18　焊缝的最佳位置

（二）固定支座

为了分配补偿器之间管道的伸缩量，并保证补偿器的均匀工作，在补偿器的两端管道上，安装有固定支座，把管道固定在地沟承重结构上。

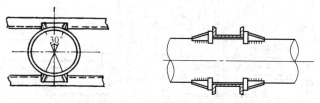

图 4-19　固定支座

在可通行地沟中，常用型钢支架把管道固定住，如图 4-19 所示。

不可通行地沟及无沟敷设管道常用混凝土结构或钢结构的固定支座，如图 4-20 所示。

固定支座承受着很大的轴向作用力、活动支座摩擦反力、补偿器反力及管道内部压力的反力。因此，固定支座结构应经设计计算确定。

对于方形补偿器，是把补偿器预拉伸后再把管道焊在固定支座上。

二、检查井

地下敷设管道在安装有套筒补偿器、阀门、放水、排气和除污装置等管道附件处，应设检查室（井），见图 4-21。

检查室的净空尺寸要尽可能紧凑，但必须考虑便于维护检修。检查室的净空高度不得小于 1.8m，人行通道道宽不小于 0.6m，干管保温结构表面与检查室地面距离不小于 0.6m。检查室顶部应设入口及入口扶梯，入口人孔直径不小于 0.7m。为了检修时安全和通风换气，人孔数量不得小于两个，并应对角布置。当热水管网检查室只有放气门或其净

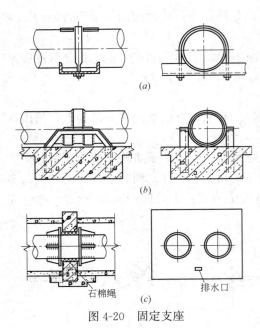

图 4-20　固定支座

空面积小于 $4m^2$ 时，可只设一个人孔。

检查室还用来汇集和排除渗入地沟或由管道放出的水。为此，检查室地面应底于地沟底，其值不小于 0.3m；同时，检查室内至少设一个集水坑，并应位于人孔下方，以便将积水抽出。

中、高支架敷设的管道，在安全阀门、放水、放气、除污装置的地方应设操作平台。操作平台的尺寸应保证维修人员操作方便，平台周围应设防护栏杆。

检查室或操作平台的位置及数量应与管道平面定线和设计时一起考虑。在保证安全运行和检修方便前提下，尽可能减少其数目。

三、补偿器的安装

在室外供热管道安装中，补偿器的安装也是一个主要的环节。在直线管段上，如果两固定支架间管道的热膨胀受到了限制，将会产生极大的热应力，使管子受到损坏。因此，必须设置管道补偿器，用以补偿热膨胀量，减小

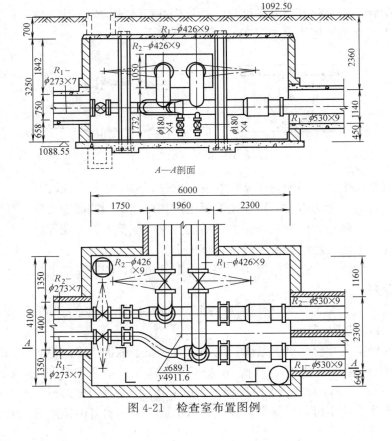

图 4-21　检查室布置图例

热应力，确保管子伸缩自由。

　　管道补偿分为自然补偿和专用补偿。自然补偿是利用管路自然转弯的几何形状所具有的弹性来补偿热膨胀，使管子热应力得以减小。专用补偿是利用专门设置在管路上的补偿器的变形来补偿热膨胀，专用补偿器有方形补偿器、套管补偿器、波纹管补偿器及球形补偿器等类型。供热管道上的补偿器，一般由设计部门选定。这里仅对常用的方形补偿器、套管补偿器和波纹管补偿器的安装给予介绍。

　　1. 方形补偿器

　　（1）方形补偿器类型

　　方形补偿器俗称方胀力，用管子煨制或用弯头焊制而成，有图 4-22 所示的四种类型，常用的规格尺寸及其补偿能力见表 4-9。方形补偿器是通过其结构的形变来吸收管路的热膨胀，而补偿器的形变将引起补偿器两侧管路上的直管段产生一定的弯曲（直观表现是沿管道轴线出现横向位移）。为避免产生弯曲的管段过长，又不影响补偿器的补偿能力，一般在距补偿器 40 倍公称直径处设置一个导向支架，这个支架的作用是能使管道沿轴向运动，并限制管道出现横向位移。

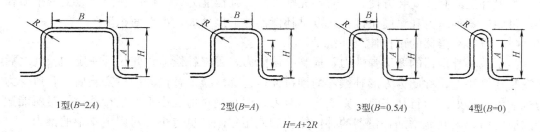

1型(B=2A)　　　　2型(B=A)　　　　3型(B=0.5A)　　　　4型(B=0)

$H=A+2R$

图 4-22　方形补偿器的类型

方形补偿器的补偿能力　　　　　　　　　　　　　　　　表 4-9

补偿能力 ΔL(mm)	型号	公　称　通　径(mm)											
		20	25	32	40	50	65	80	100	135	150	200	250
		臂　长　　H(mm)											
30	1	450	520	570	—	—	—	—	—	—	—	—	—
	2	530	580	630	670	—	—	—	—	—	—	—	—
	3	600	760	820	850	—	—	—	—	—	—	—	—
	4	—	760	820	850	—	—	—	—	—	—	—	—
50	1	570	650	720	760	790	860	930	1000	—	—	—	—
	2	690	750	830	870	880	910	930	1000	—	—	—	—
	3	790	850	930	970	970	980	980	—	—	—	—	—
	4	—	1660	1120	1140	1050	1240	1240	—	—	—	—	—
75	1	680	790	860	920	950	1050	1100	1220	1380	1530	1800	—
	2	830	930	1020	1070	1080	1150	1200	1300	1380	1530	1800	—
	3	980	1060	1150	1220	1180	1220	1250	1350	1450	1600	—	—
	4	—	1350	1410	1430	1450	1450	1350	1450	1530	1650	—	—
100	1	780	910	980	1050	1100	1200	1270	1400	1590	1730	2050	—
	2	970	1070	1070	1240	1250	1330	1400	1530	1670	1830	2100	2300
	3	1140	1250	1360	1430	1450	1470	1500	1600	1750	1830	2100	—
	4	—	1600	1700	1780	1700	1710	1720	1730	1840	1980	2190	—

续表

补偿能力 ΔL(mm)	型号	公　称　通　径(mm)											
		20	25	32	40	50	65	80	100	135	150	200	250
		臂　长　H(mm)											
150	1	—	1100	1260	1270	1310	1400	1570	1730	1920	2120	2500	—
	2		1330	1450	1540	1550	1660	1760	1920	2100	2280	2630	2800
	3		1560	1700	1800	1830	1870	1900	2050	2230	2400	2700	2900
	4		—	—	2070	2170	2200	2200	2260	2400	2570	2800	3100
200	1		1240	1370	1450	1510	1700	1830	2000	2240	2470	2840	—
	2		1540	1700	1800	1810	2000	2070	2250	2500	2700	3080	3200
	3		—	2000	2100	2100	2220	2300	2450	2670	2850	3200	3400
	4		—	—	—	2720	2750	2770	2780	2950	3130	3400	3700
250	1			1630	1620	1700	1950	2050	2230	2520	2780	3160	—
	2			1900	2010	2040	2260	2340	2560	2800	3050	3500	3800
	3			—	2370	2500	2600	2800	3050	3300	3700	3800	
	4					3000	3100	3230	3450	3640	4000	4200	

注：表中的补偿能力是按安装时冷拉 1/2ΔL 计算的。

方形补偿器制造安装方便，不需要经常维修，补偿能力大，作用在固定点上的推力较小。可用于各种压力和温度条件；缺点是补偿器外形尺寸大，占地面积多。

（2）方形补偿器的预拉伸及补偿量

为了减小补偿器的变形弹性力，提高补偿能力，可将补偿器预先拉开一定的长度之后再安装在管路上，称此为方形补偿器的预拉伸，也称冷拉。补偿器冷拉安装后，管道受力为拉应力，待处于运行状态时，则变为压应力，但其绝对值远小于不进行预拉伸时所能达到的应力值，因此能增加补偿器的补偿能力和使用年限，也减小了对固定支架的推力。

补偿器的冷拉值的大小与管道的工作温度、安装温度和热伸长量有关。

（3）方形补偿器的制作

方形补偿器是用钢管煨弯制成的，应经过退火，才能具有足够的塑性。若补偿器较大，需有焊接缝时，根据弯曲力矩图，其焊接点应在受力最小的长臂中间，如图 4-23 所示的 a、b 点为焊接点，而不能在受力最大的弯头处焊接。

方形补偿器制作安装的工作内容包括：做样板、筛砂、炒砂、灌砂、打砂、制堵、加热、煨制、清管腔、组成、焊接、张拉试验。制作时最好用一根管子煨制而成，如果制作大规格的补偿器，也可用两根或三根管子焊接而成，但焊口不能设在空出的平行臂上，必须设在垂直臂的中点处，因该处弯矩最小。当管径小于 200mm 时，焊缝可与垂直臂轴线垂直；管径大于或等于 200mm 时，焊缝与垂直臂轴线成 45°角，如图 4-24 所示，以适应

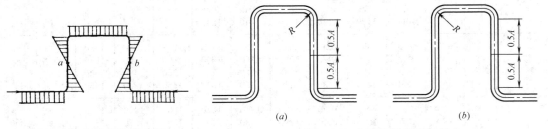

图 4-23　方形补偿器力矩

图 4-24　方形补偿器的焊缝
(a) DN＜200mm；(b) DN≥200mm

受力状况，增大焊接强度。

制作的方形补偿器四个弯头的角度都必须是90°，并应处于同一平面内，其扭曲偏差不应大于3mm/m，且总偏差不大于10mm。两条垂直臂的长度应相等，允许偏差为±10mm，平行臂长度允许偏差±20mm。

（4）方形补偿器的安装

方形补偿器的安装应在固定支架及固定支架间的管道安装完毕后进行，且阀件和法兰上螺栓要全部拧紧，滑动支架要全部装好。补偿器的两侧应安装导向支架，第一个导向支架应放在距弯曲起点40倍公称直径处。在靠近弯管设置的阀门、法兰等连接件处的两侧，也应设导向支架，以防管道过大的弯曲变形而导致法兰等连接件泄漏。补偿器两边的第一个支架，宜设在距弯曲起点1m处。

为减少固定支座和方形补偿器所受的应力，在安装方形补偿器时，应把补偿器预先拉开其补偿能力的一半。当管道升高到一定温度，补偿器被压缩到补偿能力的一半时，补偿器的应力将等于零。在压缩到全部补偿能力时，补偿器及固定支座所受到的是与预拉伸时符号相反的应力，即仅一半的压应力。

方形补偿器可水平安装，也可垂直安装。水平安装时，外伸的垂直臂应水平，突出的平行臂的坡度和坡向与管道相同；垂直安装时，最高点应设放气装置，最低点应设放水装置。安装补偿器应做好预拉伸，按位置固定好，然后再与管道相连。补偿器的冷拉接口位置通常在施工图中给出，如果设计未作明确规定，为避免补偿器出现歪斜，冷拉接口应选在距补偿器弯曲起点2～3m处的直线管段上，或在与其邻近的管道接口处预留出冷拉接口间隙，不得过于靠近补偿器，如图4-25所示。在安装管道时就应考虑冷拉接口的位置，冷拉前检查两管口间的距离是否符合冷拉值，然后进行冷拉与焊接。

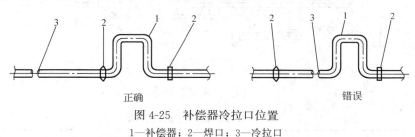

图4-25 补偿器冷拉口位置
1—补偿器；2—焊口；3—冷拉口

补偿器的冷拉方法有两种，一种是用带螺栓的冷拉器进行冷拉；另一种是用带螺丝杆的撑拉工具或千斤顶将补偿器的两垂直臂撑开以实现冷拉。

采用冷拉器进行冷拉时，将一块厚度等于预拉伸量的木块或木垫圈夹在冷拉接口间隙中，再在接口两侧的管壁上分别焊上挡环，然后把冷拉器的法兰管卡卡在挡环上，在法兰管卡孔内穿入加长双头螺栓，用螺母上紧，并将木垫块夹紧，如图4-26所示。待管道上其他部件全部安装好后，把冷拉口中的木垫拿掉，均匀地调紧螺母，使接口间隙达到焊接时的对口要求。焊口焊好后才可松开螺栓，取下冷拉器。

2. 套管补偿器

（1）套管补偿器的构造

套管补偿器又称填料式补偿器，有铸铁和钢制两种。铸铁式套管补偿器用法兰与管道连接，只用于公称压力小于1.3MPa、公称直径小于300mm的管道。钢制套管补偿器与

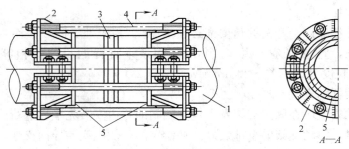

图 4-26 双头螺栓冷拉器

1—管子；2—对开卡箍；3—木垫环；

4—双头螺栓；5—挡环（环形堆焊凸肩）

管道焊接连接，可用于公称压力小于 1.6MPa 的管道，有单向和双向两种，规格较全。图 4-27 所示为单向套管补偿器，其规格尺寸和性能见表 4-10。补偿器的芯管（又称导管）直径与连接的管道直径相同，芯管可以在补偿器的套管内自由移动，从而起到吸收管道热伸长量的作用。在芯管与套管之间的环形缝隙内装填料，使填料靠实端环，用压盖将填料压紧，以保证芯管移动时不出现介质渗漏。常用的填料有涂石墨粉的浸油石棉盘根和耐热橡胶。

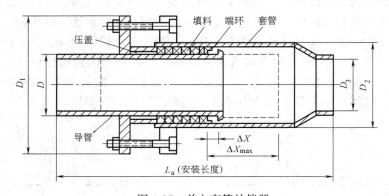

图 4-27 单向套管补偿器

单向套管补偿器尺寸及性能表　　　　　　　　　　　表 4-10

公称直径 DN (mm)	尺　　寸 (mm)					最大膨胀量 ΔX_{max} (mm)	重量 (kg)	伸缩器的摩擦力 P_t (kN)		国标图号
	D	D_1	D_2	D_3	L_{max}			由拉紧螺钉产生的	当介质工作压力 $P=100$kPa 产生的	
100	108	190	133	100	830	250	18.66	9.85	0.59	R 408—1
125	133	215	159	125	840	250	23.82	9.9	0.80	R 408—2
150	159	250	194	150	905	250	34.78	13.2	1.22	R 408—3
200	219	345	273	205	1170	300	79.87	13	2.84	R 408—4
250	273	395	325	295	1170	300	101.24	19.9	3.36	R 408—5
300	325	450	377	311	1275	350	142.26	20.3	3.6	R 408—6
350	377	500	426	363	1285	350	163.00	20.6	3.67	R 408—7
400	426	560	478	412	1360	400	206.35	27.6	4.5	R 408—8
450	478	610	529	464	1360	400	231.68	27.8	4.65	R 408—9
500	529	675	594	515	1370	400	309.08	36.8	7.3	R 405—10
600	630	780	704	614	1375	400	380.00	44	8.8	R 408—11
700	720	875	794	704	1380	400	454.33	50	10.0	R 408—12

套管补偿器的补偿能力大，结构尺寸小，占地少，安装方便，但轴向推力大，易发生介质渗漏，需经常维修，更换填料。套管补偿器必须安装在直线管段上，不得安装偏斜，以免补偿器工作时管芯被卡住而损坏补偿器。为使补偿器工作可靠，应在靠近补偿器管芯处的活动支座上安装导向支座，如图 4-28 所示。套管补偿器较常用在可通行地沟里，因它占地面积小，但它须经常检修。在不可通行地沟内也可使用，但必须设检查井，以便定期检查。若直线管路较长，需设置多个补偿器时，最好采用双向补偿器，如图 4-29 所示。这样不但工作可靠，而且可减少检查井数目，降低造价。

图 4-28 导向支座

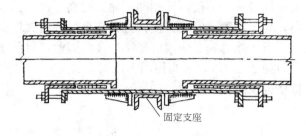

固定支座

图 4-29 双向套管补偿器

（2）套管补偿器的补偿量

套管补偿器的芯管在套管内的最大行程，称为补偿器的最大补偿值，用 ΔX_{max} 表示。对应于 ΔX_{max} 的补偿器外形长度，称为最大长度，用 L_{max} 表示。如果管道的实际安装温度 t_a 高于计算安装温度 t_1 时，安装套管补偿器，应在导管与外壳端环之间留有一定的间隙，以备管道温度下降并低于安装温度时，补偿器仍有收缩的能力，我们把这个间隙称为套管补偿器的收缩余量，用 ΔX 表示，所以，在安装温度 t_a 时，补偿器的安装长度为：

$$L_a = L_{max} - \Delta X \tag{4-2}$$

式中　L_a——补偿器的安装长度，mm；

　　　L_{max}——补偿器的最大长度，mm；

　　　ΔX——补偿器的收缩余量，mm。

套管补偿器的收缩余量 ΔX 可用下式计算

$$\Delta X = \frac{t_a - t_1}{t_2 - t_1} \Delta X_{max} \tag{4-3}$$

式中符号的意义同前。

套管补偿器安装时，应先将补偿器拉开到最大长度 L_{max}，然后推进去收缩余量 ΔX 值，即使补偿器的外形长度为安装长度 L_a。套管补偿器的安装位置应设在靠近固定支架处，补偿器的轴心与管道的轴线应在同一直线上，将套管和固定支架旁的管端焊接，导管和另一端管道焊接。靠近补偿器的直管段必须设置导向支架，防止管子热伸缩时发生偏移，压盖的螺栓松紧度应适当，既要保证不泄漏，又要使摩擦力不致太大。在确定套管补偿器的摩擦力 P_t 时，应分别按拉紧螺栓产生的摩擦力 P_{tm} 和内压产生的摩擦力 P_{tn} 两种情况计算，取用其中较大者。表 4-10 中给出了各种规格套管补偿器的摩擦力 P_{tm} 和 P_{tn}。一般情况下，可直接查用，进行比较，确定出套管补偿器的摩擦力 P_t。

若已知补偿器及其补偿能力，来确定供热管道的直线管路两固定点间管路长度时，可用下式计算：

$$L = \frac{\Delta X_{\max}}{a(t_2 - t_1)} \cdot \frac{t_2 - t_a}{t_2 - t_1} \tag{4-4}$$

　　3. 波纹管补偿器

　　波纹管补偿器是利用波纹形管壁的弹性变形来吸收管道的热膨胀，故又称方波形补偿器。波纹管补偿器的形式很多，有轴向型、万向型等以及单式和复式等等。图 4-30 是供热管道上最常用的轴向型波纹管补偿器。在波纹管内装有导流管，减小了流体的流动阻力，同时也避免了介质对波纹管壁面的冲刷，使波纹管的使用寿命得以延长。在采用不锈钢波纹管后，补偿器性能和寿命又提高了许多。波纹管补偿器体积小，重量轻，占地面积小，易于布置，安装方便，且具有良好的密封性能，与套管补偿器相比，它不需要进行维修，承压能力和工作温度都比较高。因此，目前在供热管道中已经广泛采用，其最大公称压力为 2.5MPa，最高使用温度可达 450℃。但波纹管补偿器也存在补偿能力小的缺点，价格也较高。

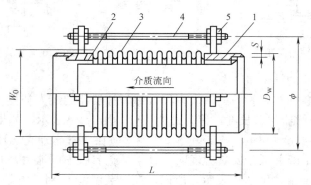

图 4-30　轴向型波纹管补偿器
1—端管；2—导流管；3—波纹管；4—限位拉杆；5—限位螺母

　　波纹管补偿器端管直径与管道直径相同，端管与管道采用焊接连接，有特殊要求时，也可与管道采用法兰连接。为了提高补偿器的补偿能力，波纹管补偿器也应经预拉伸之后再装在管路上，预拉伸量（冷拉值）的计算方法与方形补偿器相同。当需要用波纹管补偿器的补偿能力来确定直线管路固定支架间管路长度时，可按式（4-3）计算确定。

　　波纹管补偿器安装时，补偿器与管道必须同轴，不得用补偿器变形的方法调整管道的安装偏差，不允许补偿器受到扭转力矩。为保证管道在补偿器处的同轴度偏差最小，可先将管道敷设好，然后在需要安装补偿器的位置割下一小段管子，割下的管段长度应等于补偿器本身的长度加冷拉长度，将补偿器预拉伸后再焊接到管路上。一般情况下，两个固定支架之间宜只设置一个补偿器，补偿器一端要靠近固定支架，另一端应安装导向支架，如图 4-31 所示。导向支架的位置按以下要求布置：第一导向支架与补偿器端部的距离不超过 4 倍的管道直径；第二导向支架与第一导向支架的距离不超过 14 倍的管道直径；第二导向支架以外的最大导向支架间距按下式计算：

$$L_{\max} = 0.00157 \sqrt{\frac{EI}{PA + K + \Delta X}} \tag{4-5}$$

式中　$L_{\max}$——最大导向支架间距，m；

　　　　E——管子的弹性模数，N/mm^2；

I——管子的惯性矩，mm^4；

P——管内介质的工作压力，MPa；

A——波纹管的环形面积，mm^2，可用补偿器的波形管外径横截面积减去端流通面积求得，

即 $A=\dfrac{\pi}{4}[W_0^2-(D_w-2S)^2]$，式中符号意义见图 4-31；

K——补偿器的轴向变形刚度，N/mm；

ΔX——补偿器的轴向变形量，mm。

上式中的 A、K、ΔX 等参数均可直接查阅有关波纹管补偿器的选用资料得到。装有波纹管补偿器的管路，在固定支架未安装完毕之前，不得进行水压试验。

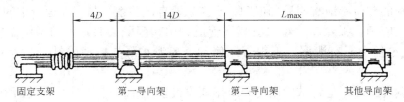

图 4-31　波纹管补偿器导向支架的设置

（D 为管道公称直径）

第四节　热力管道的试压与验收

室外管道同室内管道一样，当管道系统安装完毕后，根据施工程序及规范的要求，应进行管道系统的试验、清洗等工作，以备工程验收。

一、管道的试压

管道的试压就是对管道系统进行压力试验，压力试验按其试验目的，可分为检查管道及其附件的机械性能的强度试验和检查其连接状况的严密性试验，以检查系统选用管材和附件的承压能力以及系统连接部位的严密性。

1. 准备工作

管道系统强度试验与严密性试验，一般采用水压进行。如因设计结构或气温较低等原因进行水压强度试验确实有困难时，或工艺要求必须用气体试验时，也可采用气压试验代替，但必须采取有效的安全措施，并报请主管部门批准方可进行。

（1）管道系统试验前应具备下列条件：

① 试压系统管道已安装完毕，并符合设计要求和有关规范的规定；

② 支、吊架安装完毕；

③ 焊接和热处理工作结束，并经检验合格。焊缝及其他应检查的部位，未涂漆和保温；

④ 埋地管道的坐标、标高、坡度及管基、垫层等经复查合格。试验用的临时加固措施经检查确认安全可靠；

⑤ 试验用压力表已经过检验合格，精度不低于 1.5 级，表盘刻度值为最大试验压力的 1.5～2 倍，压力表数不少于 2 块；

⑥ 试验方案已经上报，并经主管部门批准。

（2）对于高压管道系统试验前应对下列资料进行审查：

① 制造厂的管子、管道附件的合格证明书；

② 管子校验性检查或试验记录；

③ 管道加工记录；

④ 阀门试验记录；

⑤ 焊接检验及热处理记录；

⑥ 设计修改及材料代用文件。

（3）压力试验可按系统或分段进行，隐蔽工程应在隐蔽前进行。管道系统压力试验前，应与不参与试验的系统、设备、仪表及管道附件等相隔开，并应将安全阀、爆破板卸掉。凡有盲板的部位都应有明显标记和记录。如遇有试验系统与正在运行中的系统需隔离时，在试验前应用盲板隔离。对水或蒸汽管道如用阀门隔离时，阀门两侧温差不应超过100℃。试验过程中遇有泄漏，不得带压修理，待泄水降压，消除缺陷后，再重新进行试验。

系统试验合格后，应将试验用的介质排在室外安全地点，并及时拆除所有临时盲板，核对记录，及时填写"管道系统试验记录"，见表4-11。

管道系统试验记录　　　　　　　　　　　　　表 4-11

单位工程名称：＿＿＿＿＿＿＿＿＿＿　　　　　　　　　　　NO：＿＿＿＿＿＿＿＿＿

分部分项工程名称：＿＿＿＿＿＿＿＿＿　　　　　　　＿＿＿＿年＿＿＿月＿＿＿日

管线号	材质	设计参数			强度试验			严密性试验			其 他 试 验	
		介质	压力	温度	介质	压力	鉴定	介质	压力	鉴定	名　称	鉴　定

施工单位：＿＿＿＿＿　　部门负责人：＿＿＿＿　　技术负责人：＿＿＿＿　　质量检查员：＿＿＿＿

试验人员或班组长：＿＿＿＿　　建设单位：＿＿＿＿　　部门负责人：＿＿＿＿　　质量检查员：＿＿＿＿

2. 水压试验

水压试验是用不含油质及酸碱等杂质的洁净水作为介质。其试验程序主要有充水、升压、强度检查、降压及严密性检查等步骤。

水压试验的充水点和加压装置，应选在系统或管段的较低处，以利于低处进水高点排气。充水前将试压范围内系统的阀门全部打开，同时打开各高点的放气阀，关闭最低点的排水阀，连接好进水管、压力表和加压泵等，即可向管道系统内充水，待系统中空气全部排净、放气阀不断出水时，关闭放气阀和进水阀，全面检查系统有无漏水现象，如有漏水，应及时进行修理。

（1）热力管道的强度试验

强度试验是在管路附件及设备安装前对管道进行的试验，管道系统的试验压力，应以设计要求为准，如设计无明确要求时，试验压力为工作压力的 1.5 倍，但不得小于 0.6MPa。对位差较大的管道系统，应考虑试压介质的静压影响，液体管道以最高点的压力为准，如对于架空敷设热力管道的试压，其加压泵及压力表如在地面上，则其试验压力应加上管道标高至压力表的水静压力。但最低点的压力不得超过管道附件及阀门的承压能力。

管道系统充满水并无漏水现象后，用加压泵缓慢加压，当压力表指针开始动作时，应停下来对管道进行检查，发现泄漏及时处理；当升压到一定数值时，再次停压检查，无问题时再继续加压。一般分 2~3 次升至试验压力，停止升压并迅速关闭进水阀，观察压力表，如压力表指针跳动，说明排气不良，应打开放气阀再次排气并加压至试验压力，然后记录时间进行检查，在规定时间内管道系统无破坏，压力降不超过规定值时，则强度试验为合格。

系统的试压是在试验压力下停压时间一般为 10min，压力降不超过 0.05MPa，且经检查无渗漏为合格。如压降大于允许值，说明试压管段有破裂及严重漏水处，应找到泄漏处，修复后重新试压。

（2）热力管道的严密性试验

严密性试验压力一般均为工作压力，严密性试验一般伴随强度试验进行，强度试验合格后将水压降至工作压力，稳压下进行严密性检查，用重量不大于 1.5kg 的手锤敲打距焊缝 150mm 处，检查各节点或检查各接口焊缝是否严密，如不漏水则认为合格。

（3）由于热力管道的直径较大，距离较长，一般试验时都是分段进行的。如两节点或两检查井之间的管段为一试压段，这样便于使整个管网实行流水作业。即一段水压试验合格后就可进行刷油、保温、盖盖板、回填土、场地平整等工作，仅把节点、检查井的管子接口留出即可。分段试压的另一优点是可及时发现问题及时解决，不致影响工程进度。因一般室外地下工程都是夏季施工，雨天较多，分段试压，可及时完成有关工序，不因雨天而延误整个工期。

当室外温度在 0℃ 以下进行试压时，应先把水加热到 40~50℃，然后灌入管道内试压，且其管段最长不宜超过 200m。试压后应立刻将水排出，并检查有无存水地方，以免把管子冻裂。

管网上用的预制三通、弯头等零件，在加工厂用 2 倍的工作压力试验，闸阀在安装前用 1.5 倍工作压力试验。

3. 气压试验

当管道系统采用液压试验有困难时，经上级主管部门批准后，可采用空气或惰性气体进行试验，其强度试验压力应按设计要求和有关规范执行，如无明确规定时，一般管道的气压强度试验压力为工作压力的 1.15 倍，严密性试验压力为工作压力。

气压强度试验时，压力应逐级上升，首先升至试验压力的 50% 进行检查，如无泄漏及异常现象时，再按试验压力的 10% 继续升压并检查；如此逐级升压并检查，直至强度试验压力，每级稳压 3min，达到试验压力后稳压 5min，以无泄漏、目测无变形等为合格。如发现有泄漏处应作标记，泄压后进行修理，待消除缺陷后再继续试验，直至试验合格。

严密性试验是在强度试验合格后进行，降压至工作压力，在焊口和连接件处涂肥皂水，如无泄漏，稳压 30min，压力不下降，即认为严密性试验合格。对于有漏气率要求的管道，如剧毒和火灾危险性介质管道，在严密性试验时还应测定漏气率，其测定方法可按《工业金属管道工程施工质量验收规范》GB 50184—2011 执行。

二、吹扫与清洗

管道系统安装后，为保证管道系统内部洁净，可在强度试验合格后，或气压严密性试验前分段进行吹扫与清洗（简称吹洗），以便将管道内部的灰、砂及焊渣等杂物吹洗干净。吹洗前，应根据管道的使用要求、输送介质的性质和管道内表面的脏污程度等因素，拟定详细的吹洗方案。对各种仪表采取保护措施，必要时也可卸掉，并将孔板、滤网、节流阀及止回阀的阀芯拆掉妥善保管，待吹洗后重新装上。对于不吹洗的管道和设备应与吹洗管道系统隔离，以免脏物进入。对未能吹洗或吹洗后可能留存脏污、杂物的管道，应用其他方法补充清理。吹洗的管道系统和末端排放口处，支架应牢固可靠，必要时应采取加固措施。排放管应能保证安全，顺利放水。吹洗的顺序一般可按主管、干管、支管依次进行。对分支管较多且较长的主管，可将中间某些分支管拆掉，由中间分支管口处排放分段进行吹洗的脏物，待全部主管吹洗完成后分别冲洗各支管。对于管径较小的支管，可几根支管同时进行吹洗。具体操作时，应保证所有管道都能吹洗到，且不得留有死角。

吹洗过程中，应沿管线进行检查，并用小锤敲击管子以增加吹洗效果，对焊缝、转角和容易积存脏物的死角应着重敲打，敲打时，应注意不要损伤管子。吹洗合格后，应及时填写记录，封闭排放口，将所拆掉的仪表及阀芯复位。

1. 水冲洗

工作介质为液体的管道，一般应进行水冲洗，当不能用水冲洗或不能满足清洁要求时，可用空气进行吹扫，但应采取相应的安全措施。

冲洗用水可选择清洁的饮用水或工业用水，在淡水缺乏的地区也可用海水冲洗，如用海水冲洗完毕后需再用淡水冲净。

冲洗时，应以管内可能达到的最大流量或不小于 1.5m/s 流速进行。排放管的截面不应小于被冲洗管截面的 60％，并接入临近的排水井或沟中，以保证排泄通畅和安全。冲洗应连续进行，如设计无要求，则以出口的水色和透明度与入口处目测一致，且无粒状物为合格。

管道冲洗过后应将水排净，必要时可用压缩空气吹干或采取其他保护措施。

2. 气（汽）吹扫

气（汽）吹扫有空气吹扫和蒸汽吹扫两种。

输送介质为气体的管道，一般应用空气吹扫，如果用其他气体吹扫，应采用安全措施。吹扫忌油的管道时，吹扫气体不得含油，空气吹扫的压力不应超过管道的最大工作压力，吹扫时在排气口用白布（白纸）或涂有白漆的靶板检查，如 5min 内检查其上无铁锈、尘土、水分及其他脏物即为合格。某些工业上的气体管道，如氧气、乙炔及燃气等管道的吹扫，还应按《工业金属管道工程施工规范》GB 50235—2010 的有关规定执行。

蒸汽管道应用蒸汽吹扫，非蒸汽管道如用空气吹扫不能满足清洁度要求时，也可用蒸汽吹扫，但应考虑管道系统及支架结构能否承受高温和热膨胀因素的影响。蒸汽管道吹扫前，应关闭减压阀和疏水器前的阀门，打开旁通管阀门，以便蒸汽通过；用阀门控制蒸汽流量进行暖管，吹扫总管用总汽阀控制流量，吹扫支管用分支管处的阀门控制流量。蒸汽流量为设计流量的 40％～60％，吹扫压力应尽量维持在管道设计工作压力的 75％左右。在开启阀门前，其前面管道中的凝结水由启动疏水管放掉。蒸汽阀的开启和关闭都应缓慢，不应过急，以免引起水锤，而使阀件破裂。

蒸汽吹扫是按升温、暖管、恒温、吹扫的顺序反复进行的，反复吹扫不少于三次。注意每次恒温时间为 1h 后再进行吹扫，每次吹扫时间 15～20min。

蒸汽吹扫的排气管应引至安全地方，管口应朝上倾斜，并加以明显标志。排汽管应具有牢固的支承，以承受其排空的反作用力。排气管直径不应小于被吹扫管的管径，长度应尽量短捷。绝热管道的吹扫工作，一般宜在绝热施工前进行，必要时可采取局部的人体防烫措施。蒸汽吹扫的检查，对于一般蒸汽或其他无特殊要求的管道，可用刨光的木板置于排汽口处检查，板上无铁锈、脏物为合格。

三、热力管道的验收

1. 验收内容

热力管道施工完毕后应检查其工程是否符合设计及施工规范的质量要求，按《城镇供热管网工程施工及验收规范》CJJ 28—2014、《建筑给水排水及采暖工程施工质量验收规范》GB 50242—2002 的规定验收。检查支吊架配置的坚固性和正确性，以及坡度、补偿器、排水装置等各部件安装的正确性。管道直径于变径位置是否正确，管道的材质、阀门、管件应有合格证。

2. 应提交的记录

验收时，和采暖工程一样，施工单位应提交各项记录、图纸等文件，主要包括：施工图、竣工图及设计变更；材料及阀门合格证和试验记录；隐蔽工程记录和中间试验记录；水压记录；热力系统通水冲洗记录；工程质量事故处理记录；质量评定记录。

施工验收是工程质量的关键工作，因此应认真进行，并最后由建筑工程质量检验监督机构进行合格验收。

复习思考题

1. 室外管道直埋敷设应按什么程序安装？
2. 活动支座有哪几种类型？
3. 方形补偿器有哪几种类型？如何减小其变形弹性力？
4. 如何进行热力管道的试压及验收？

第五章　通风空调系统安装

通风空调安装工程是建筑工程中一个重要的分部工程，其质量不仅取决于设计水平和设备的性能，而且取决于安装质量，它关系到工程项目生产效益和经济效益的发挥。通风空调安装过程应严格按照设计、规范和质量检验评定标准的要求进行施工，采用必要的技术手段和安装工艺，对各分项、各系统进行安装和调试，再经过试运行考核是否能满足预期的功能需要。

通风空调工程安装分为施工准备阶段、施工阶段、竣工验收阶段和服务阶段。其中施工技术准备包括了熟悉图纸内容、对到货设备和加工的成品进行检查、对现场安装条件（如场地是否清理干净、预留孔洞、支架、设备基础的位置、方向及尺寸是否正确）的检查及对施工现场测绘和安装简图的绘制。各阶段包括的主要施工内容如图 5-1 所示。

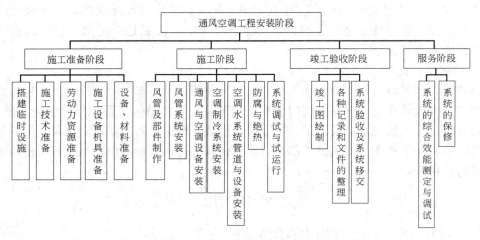

图 5-1　通风空调工程安装阶段的主要施工内容

第 一 节　风 管 及 部 件

在制作风管之前，首先应确认制作风管的材料、规格、性能及成品外观质量等项内容是否符合设计要求和现行国家、行业产品的规定，检查材料出厂的合格证明书或质量鉴定文件。如设计未作规定时，应执行《通风与空调工程施工质量验收规范》GB 50243 的规定。材料进场应按国家现行有关标准进行验收。风管的制作与安装应按照设计图纸、合同和相关技术标准的规定执行，变更必须有设计的变更通知书或技术核定签证。目前，我国通风管道加工有手工制作和机械化生产两种工艺并存，与落后的手工制作工艺相比，机械化生产的风管具有速度快、效率高、质量好、外表美观等优点，在施工现场技术条件许可的情况下，风管及部件的制作应优先选用节能、高效、机械化加工的制作工艺。制作风管的材料分金属和非金属两大类。

一、金属风管及配件

目前，工程中常用的金属风管材料有钢板（包括钢板、镀锌钢板和涂塑钢板）、不锈钢板和铝板。风管截面有圆形、扁圆形和矩形。同样断面积下，圆形风管周长最短，阻力最小，最为经济，但制作复杂；同样风量下，矩形风管的压力损失比圆形风管大。因此，一般情况下（特别是除尘风管）都采用圆形风管，但为了便于和建筑配合，工程应用中多以矩形断面为主。风管的规格以其外径或外边长为标注尺寸，非金属风管以内边长为标注尺寸，扁圆形风管参照矩形风管，并以长径平面边长及短径尺寸为标注尺寸。矩形风管边长规格参照表 5-1；圆形风管有基本系列和辅助系列，规格参照表 5-2，一般送、排风及空调系统应采用基本系列。除尘与气力输送系统的风管，管内流速高、阻力损失对系统的影响较大，在优先采用基本系列的前提下，可以采用辅助系列。钢板或镀锌钢板的厚度应按设计执行，当设计无规定时，钢板厚度不得小于表 5-3 的规定。

普通薄钢板要求表面平整光滑，厚度均匀，允许有紧密的氧化铁薄膜，不得有裂纹、结疤等缺陷；镀锌薄钢板要求表面洁净，有镀锌层结晶花纹。

矩形风管规格（mm） 表 5-1

风管边长					
120	250	500	1000	2000	3500
160	320	630	1250	2500	4000
200	400	800	1600	3000	

圆形风管规格（mm） 表 5-2

风管直径 D		风管直径 D		风管直径 D		风管直径 D	
基本系列	辅助系列	基本系列	辅助系列	基本系列	辅助系列	基本系列	辅助系列
100	80	220	210	500	480	1120	1060
	90	250	240	560	530	1250	1180
120	110	280	260	630	600	1400	1320
140	130	320	300	700	670	1600	1500
160	150	360	340	800	750	1800	1700
180	170	400	380	900	850	2000	1900
200	190	450	420	1000	950		

钢板风管板材厚度表（mm） 表 5-3

类别 风管直径或 长边尺寸 b (mm)	板材厚度（mm）				
	微压、低压 系统风管	中压系统风管		高压系统风管	除尘系统风管
		圆形	矩形		
b≤320	0.5	0.5	0.5	0.75	2.0
320<b≤450	0.5	0.6	0.6	0.75	2.0
450<b≤630	0.6	0.75	0.75	1.0	3.0

类别 风管直径或 长边尺寸 b(mm)	板材厚度(mm)				
	微压、低压 系统风管	中压系统风管		高压系统风管	除尘系统风管
		圆形	矩形		
630＜b≤1000	0.75	0.75	0.75	1.0	4.0
1000＜b≤1500	1.0	1.0	1.0	1.2	5.0
1500＜b≤2000	1.0	1.2	1.2	1.5	按设计要求
2000＜b≤4000	1.2	按设计要求	1.2	按设计要求	按设计要求

注: 1. 螺旋风管的钢板厚度可按圆形风管减少10%～15%。
    2. 排烟系统风管钢板厚度可按高压系统。
    3. 不适用于地下人防与防火隔墙的预埋管。

（一）风管系统的分类和技术要求

风管系统的类型可分以下几种:

（1）按照风管系统的工作压力，风管划分为高压系统、中压系统和低压系统和微压系统四个类别，不同类型风管制作和安装时的密封要求见表5-4。

风管系统类别的划分表　　　　　　　　　　　　　　　　表 5-4

类别	风管系统工作压力 P(Pa)		密 封 要 求
	管内正压	管内负压	
微压	P≤125	P≥−125	接缝及接管连接处应严密
低压	125＜P≤500	−500≤P＜−125	接缝及接管连接处应严密,密封面宜设在风管的正压侧
中压	500＜P≤1500	−1000≤P＜−500	接缝及接管连接处应加设密封措施
高压	1500＜P≤2500	−2000≤P＜−1000	所有的拼接缝及接管连接处均应采取密封措施

（2）按照风管系统的连接形式，风管分为法兰连接风管和无法兰连接风管。

（3）按照风管系统的性能，风管分为通风与空调系统风管、除尘系统风管和净化空调系统风管三类。不同类别的风管，风管加工质量有其特殊要求。如除尘系统风管管内流速高，磨损大，要求风管的管壁厚、系统的严密性能高。为降低系统的阻力损失，要求其弯管的弯曲半径应大于或等于 $3D$，不得采用大于 60°角度等。

（二）风管板材的连接方式

金属风管板材的连接按其连接的目的可分为拼接、闭合接和延长接三种情况。拼接是将两金属板与板平面连接以增大其面积，闭合接是把板材卷制成风管或配件时对口缝的连接，延长接是指两段风管之间的连接。

采用金属板材制作风管、风管配件和部件，根据不同板材和设计要求，可采用咬口连接、焊接和铆钉连接。镀锌钢板及各类含有复合保护层的钢板，应采用咬口连接或铆接，不得采用影响其保护层防腐性能的焊接连接方法，风管板材拼接的咬口缝应错开，不得有十字形拼接缝。施工时，应根据板材的厚度、材质及保证连接的强度、稳定性、技术要求，以及加工工艺、施工技术力量、加工设备等条件确定。连接方法的选择见表5-5。风管的密封，应以板材连接的密封为主，可采用密封胶嵌缝和其他方法密封。密封胶性能应符合使用环境的要求，密封面宜设在风管的正压侧。

如施工具备机械咬口条件时，连接形式可不受表中限制，风管和配件的加工中应尽量采用咬口连接的加工工艺。

风管连接工艺与方法　　　　　　　　　　表 5-5

板厚　　　　材质	钢　板	不锈钢板	铝　板
$\delta \leqslant 1.0$	咬接	咬接	咬接
$1.0 < \delta \leqslant 1.2$			
$1.2 < \delta \leqslant 1.5$	焊接（电焊）	焊接（氩弧焊或电焊）	焊接（氩弧焊或气焊）
$\delta \geqslant 1.5$			

1. 咬口连接

将要咬合的两个板边折成能互相咬合的各种钩形，钩接后压紧折边。其特点是咬口可增加风管的强度，变形小，外形美观，风管和配件的加工中应尽量采用。咬口连接应根据其适用范围选择咬口形式，常用的形式有平咬口、立咬口、转角咬口、联合角咬口和按扣式咬口等五种，咬口连接应预留一定的咬口宽度，咬口宽度与板材厚度及咬口形式有关，并应符合表 5-6 的要求。

金属风管板咬口结构形式、咬口宽度及适用范围　　　　表 5-6

咬口名称	咬口结构形式	板材厚度和咬口宽度 B（mm）			适用范围
		0.5～0.7	0.7～0.9	1.0～1.2	
平咬口		6～8	8～10	10～12	主要用于板材拼接
立咬口		5～6	6～7	7～8	圆、矩形风管横向连接或纵向接缝
转角咬口		6～7	7～8	8～9	矩形风管或配件四角部位的连接、风管管端封口、孔口接管处风管接管连接
联合角咬口		8～9	9～10	10～11	也叫包角咬口。矩形风管或配件四角部位的连接
按扣式咬口		12	12	12	矩形风管或配件四角部位的连接、风管管端封口、孔口接管处风管接管连接

空气洁净度等级为 1～5 级的洁净风管不得使用按扣式咬口，并应在风管纵向咬口处及风管接合部进行密封。

咬口加工主要是折边（打咬口）、折边套合和咬口压实。折边应宽度一致、平直均匀，以保证咬口缝的严密及牢固；咬口压实时不能出现含半咬口和张裂等现象。咬口加工可用手工或机械加工。机械加工一般适用于厚度为 1.2mm 以内的折边咬口。常用的咬口机械有：直管和弯管平咬口成型机、手动或电动折边机、圆形弯管立咬口成型机、圆形弯头合缝机、咬口压实机等。机械咬口成型平整光滑、生产效率高、操作简便、无噪声、劳动强度小。目前国内生产的各种咬口机系列比较齐全，体积小、搬动方便，既适用于集中预制加工，也适合于施工现场使用。

2. 焊接

通风空调工程中，当风管密封要求较高或板材较厚不能用咬口连接时，常采用焊接。焊接使接口严密性好，但风管焊后往往容易变形，焊缝处易于锈蚀或氧化。根据风管的构造和焊接方法的不同，可采用不同的焊缝的形式，见表 5-7。

焊缝的形式及适用范围   表 5-7

名　称	焊缝形式	适用范围
对接缝		用于板材的拼接缝、横向缝或纵向闭合缝
角缝		用于矩形风管、管件的纵向闭合缝或矩形弯管、三通、四通管的转角缝
搭接缝		用法同对接缝。一般在板材较薄时使用
搭接角缝		用法同角缝。一般在板材较薄时使用
板边缝		用法同搭接缝。一般在板材较薄时采用气焊
板边角缝		用法同搭接角缝。一般在板材较薄时采用气焊

常用的焊接方法有：电焊、气焊、锡焊及氩弧焊。

（1）电焊（电弧焊）　适用于厚度 $\delta > 1.2mm$ 钢板间连接和厚度 $\delta > 1mm$ 不锈钢板间连接。板材对接焊接时，应留有 $0.5 \sim 1mm$ 的对接缝；搭接焊时，应有 10mm 左右搭接量。

（2）气焊　适用于厚度 $\delta = 0.8 \sim 3mm$ 薄钢板间连接和厚度 $\delta > 1.5mm$ 铝板间连接。对于 $\delta = 0.8 \sim 3mm$ 钢板气焊，应先分点焊，然后再沿焊缝全长连续焊接。$\delta < 0.8mm$ 钢板用气焊变形过大，不宜采用气焊。铝板焊接时，焊条材质应与母材相同，且应清除焊口处和焊丝上的氧化皮及污物，焊后应用热水去除焊缝表面的焊渣、焊药等。不锈钢板不得气焊，因为气焊时在金属内发生增碳和氧化作用，使焊缝处的耐腐蚀性能降低。而且不锈钢导热系数小，热膨胀系数较大，气焊时加热范围大，易使主材发生挠曲。

（3）锡焊　一般仅用于厚度 $\delta < 1.2mm$ 薄钢板连接。因焊接强度低，耐温低，一般用锡焊作镀锌钢板咬口连接的密封用。

（4）氩弧焊　常用于厚度 $\delta > 1mm$ 不锈钢板间连接和厚度 $\delta > 1.5mm$ 铝板间连接。该种焊接方法热集中，热影响区域小，且有氩气保护焊缝金属，故焊缝有很高的强度和耐腐性能。

3. 铆钉连接

铆钉连接简称铆接。它是将两块要连接的板材，使其板部分的边缘相重叠，并用铆钉铆合固定在一起的连接方法。

铆接时，必须使铆钉中心垂直于板面（图5-2），铆钉帽应把板材压紧，使板缝密合并且铆钉的排列应整齐、均匀。除设计有要求外，板材之间铆接，一般中间不加垫料。通风空调工程中，板材较厚无法进行咬接或板材虽不厚但材质较脆不能咬接时才采用铆接。铆接大量用于风管与法兰的连接。

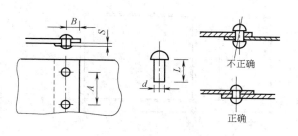

图 5-2 铆钉连接

随着焊接技术的发展，板材间的铆接，已逐渐被焊接所取代。但在设计要求采用铆接或镀锌钢板厚度超过咬口机械的加工性能时，仍需使用铆接。

（三）风管及配件的制作

风管及配件的制作，即按照施工图的要求，将板材和其他辅助材料加工制成风管及配件，它包括划线、剪切、成型（折方或折圆）、板材连接、法兰制作、风管加固等。

1. 划线

划线是指按照1∶1的比例将风管或配件的展开图画在板材表面的过程，是制作风管及配件时的首要操作工序。展开划线作为下料的剪切线，施工现场中也称为放样。划线的正确与否直接关系到风管或配件的尺寸大小和制作质量。风管外径或外边长的允许偏差：当小于或等于300mm时，为2mm；当大于300mm时，为3mm。展开放样的常用工具有：不锈钢钢板直尺、直角尺、量角器、曲线板、划规、划针及用于做记号定圆心的样冲。

（1）直风管的展开放样

直风管有圆形和矩形两种。

圆形直风管的展开是一个矩形，其一边长为πD，另一边长为L，其中D是圆形风管外径，L是风管的长度，如图5-3所示。当风管采用咬口卷合时，还应在图样的外轮廓线外再按板厚画出咬口留量，如图中虚线所示的M值。当风管间采用法兰连接时，还应画出风管的翻边量，如图中虚线所示的10mm值（法兰连接的风管端部翻边量一般为10mm）。当风管直径较大，用单张钢板料不够时，可按图5-3所示的方法先将钢板拼接起来，再按展开尺寸下料。

矩形直风管的展开图也是一个矩形，其一边长度为$2(A+B)$，另一边为风管长度L，如图5-4所示。放样划线时，对咬口折合的风管同样按板材厚度画出咬口留量，如图中虚线所示的M及法兰连接时的翻边量（10mm）。对画出的展开图必须经规方检验，使矩形图样的四个角垂直，以避免风管折合时出现扭曲现象。

（2）常用风管配件的展开放样

通风空调设备安装工程中常见的风管配件一般有弯头、三通、四通、各类变径及异径管、天圆地方、静压箱、法兰等。根据其截面的形状又分为圆形、矩形等。常用划线的方法有平行线展开法、放射线展开法和三角形展开法。

平行线展开法适用于表面是柱面（圆柱、棱柱等）的管件。放射线展开法适用于表面呈锥形或锥形一部分（如正圆锥、斜圆锥、棱锥等）的管件。三角线展开法适用于表面不

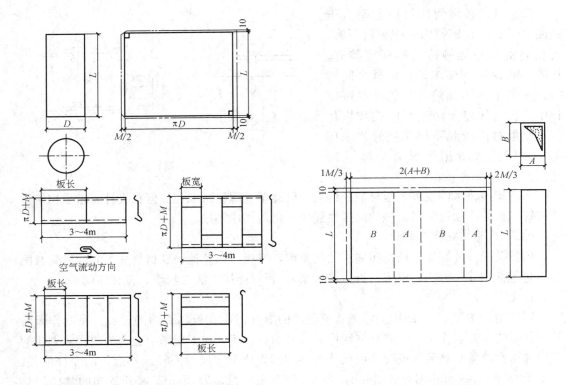

图 5-3   圆形直风管的展开   图 5-4   矩形直风管的展开

呈柱面（圆柱、棱柱等），也不呈锥形或锥形一部分（如正圆锥、斜圆锥、棱锥等）的管件。

圆形弯头俗称虾米腰，它由两个端节和若干个中间节组成，端节则为中间节的一半（图 5-5）。弯头的曲率半径应满足工程需要，曲率半径大，中间节数多，流体流动阻力小，但弯头占据的空间位置大，且制作弯头时所耗费的工时也多。一般应按照施工设计图纸进行加工制作。施工设计未作规定时，应按照有关技术规范的规定制作。圆形弯头的弯曲半径和弯头节数应符合表 5-8 的规定。

圆形弯头的曲率半径和最少节数   表 5-8

弯管直径 (mm)	曲率半径 R	弯管角度和最少节数			
		90°	60°	45°	30°
80～220	R=D 或 R=1.5D	2 中间节 2 端节	1 中间节 2 端节		
240～450		3 中间节 2 端节	2 中间节 2 端节	1 中间节 2 端节	2 端节
480～1400	R=D 或 R=1.5D	5 中间节 2 端节	3 中间节 2 端节	2 中间节 2 端节	1 中间节 2 端节
1500～2000		8 中间节 2 端节	5 中间节 2 端节	3 中间节 2 端节	2 中间节 2 端节

先由表 5-8 确定弯管弯曲半径及节数，画出弯管立面图，如图 5-5 所示。如弯管直径 $D=320$mm，弯曲半径为 $R=1.5D=480$mm，由 3 个中间节、两个端节组成。放样展开时，先将垂直线夹角四等分，过等分线与 R、D 圆弧线的交点分别做切线，内外弧上各切线交点的连线，即为各节间的连接线（如 DC），图中的粗线即弯管的立面图。画展开

图时，只要用平行线法将端节展开，取 2 倍的端节展开图，就可得到中间节的展开图。弯头各节咬口连接应严密一致，而实际操作时，外侧咬口（背部）容易打紧，内侧咬口（腹部）不易打紧，常出现如图 5-5 节点 C 大样图的情况，弯管组合时，造成不够 90°角的现象。所以画线时应将腹部尺寸减去 2mm（即图中的 h 值）。

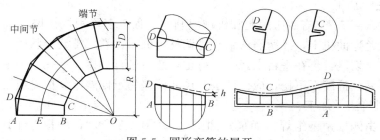

图 5-5　圆形弯管的展开

画好的端节、中间节展开图，均应加上咬口留量（对端节直线一侧的展开应加法兰翻边留量）后，剪下即可作为下料的样板。下料画线时，应合理用料，减少剪切工作量，常用的方法是套剪，如图 5-6 所示。套剪画线时，如样板已留出一个咬口宽度，则在端节（或中间节）的另一侧还应再留一个咬口宽度。

在实际加工过程中，不用画各种规格弯管的展开图，可根据《全国通用通风管道配件图表》的弯管构造图和展开图进行查表制作样板。

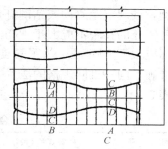

图 5-6　圆弯头的下料

2. 剪切

剪切就是按照划线的形状进行裁剪下料。剪切前必须对所画出的剪切线进行仔细复核，避免下料错误造成材料浪费。剪切时应对准划线，做到剪切位置准确，切口整齐，直线平直，曲线圆滑。

剪切有手工剪切和机械剪切。手工剪切的板料厚度小于 0.8mm，其他的一般采用机械剪切。常用手工剪切工具有直剪刀、弯剪刀、侧剪刀和手动滚轮剪刀等。机械剪切常用的剪切机械有龙门剪板机、振动式曲线剪板机、双轮直线剪板机。

3. 成型（折方和卷圆）

折方用于矩形风管和配件的直角成型。有手工折方和机械折方。手工折方时，先将厚度小于 1.0mm 的钢板放在方垫铁上（或用槽钢、角钢）打成直角，然后用硬木方尺进行修整，打出棱角，使表面平整。机械折方使用手动扳边机等设备压制折方方法。

卷圆用于圆形风管和配件的成型。制作圆形风管和配件时需将平板卷圆，然后再作闭合连接。手工卷圆一般只能卷厚度在 1.0mm 以内的钢板。将打好咬口边的板材在圆垫铁或圆钢管上压弯曲，卷接成圆形，使咬口互相扣合，并把接缝打紧合实。最后再用硬木尺均匀敲打找正，使圆弧均匀成正圆。机械卷圆是利用卷圆机进行。卷圆机适用于 2.0mm 以内的板材卷圆。为了加大风管的预制程度及保证风管制作质量，风管的剪切、咬吸成型应尽量采用机械加工。

（四）风管法兰制作

风管的法兰主要用于风管与风管之间、风管与配件及风管与设备之间的连接，并增加风管的强度。根据风管法兰的形状，一般分为圆形法兰和矩形法兰。法兰可使用扁钢和角钢制作。法兰的制作步骤为：下料、打孔、焊接、钻螺孔、上漆防腐。

1. 圆形法兰加工

圆形法兰（图 5-7）有手工煨制和机械煨制。工程上多采用机械煨制。先将整根角钢或扁钢放在法兰弯曲机上，按所需法兰直径调整机械零件卷成螺旋形状后，再将卷好的角钢或扁钢画线、切割，再在平台上找平、找正，然后进行焊接、冲孔。为使法兰与风管组合时严密而不紧，适度而不松，应保证法兰尺寸偏差为正偏差，其偏差值为 +2mm。

2. 矩形风管法兰加工

矩形法兰由四根角钢组焊接而成。如图 5-7、图 5-8 所示，两根等于风管的长边 A，另外的两根等于风管的短边 B 加两个角钢的宽度 C，所以总下料长度为 $L = 2(A + B + 2C)$。法兰的角钢划线下料时应注意焊成后的法兰内径不得小于风管的外径。下料一般采用电动切割机、手动冲剪机或联合冲剪机等。角钢切断后应进行找正、调直，磨掉两端的毛刺，按规定距离冲或钻铆钉孔及螺栓孔，再组合、焊接成法兰。通风空调系统的螺栓孔和铆钉孔的孔距不应大于 150mm；空气洁净系统的螺栓孔距不应大于 120mm，铆钉的孔距不应大于 100mm。为了安装方便，螺孔孔径应比螺栓直径大 1.5mm 左右，螺孔的孔距应准确。同一批同规格的法兰，其螺孔排列应具有互换性。金属矩形风管法兰及螺栓规格见表 5-9。

金属矩形风管法兰及螺栓规格（mm）　　　　　　　　　　　　　　表 5-9

风管长边	法兰材料规格（角钢）	螺栓规格	风管长边	法兰材料规格（角钢）	螺栓规格
≤630	∟25×3	M6	1600～2500	∟40×4	M8
800～1250	∟30×3	M8	3000～4000	∟50×5	M10

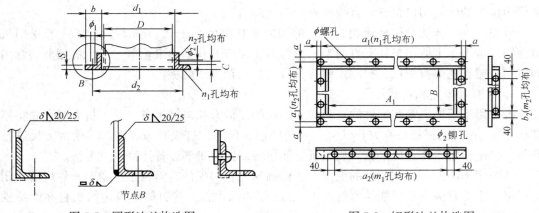

图 5-7　圆形法兰构造图　　　　　　　　　图 5-8　矩形法兰构造图

（五）风管加固

对于管径或边长较大的风管，为提高风管本体的强度，控制风管截面的变形和降低管壁在系统运转中振动产生的噪声，需要对风管进行加固。

1. 圆形风管的加固

圆形风管本身刚度比矩形强，风管两端法兰也有加固作用，一般可不做加固，但当直径大于或等于800mm时，且其管段长度大于1250mm以上或总表面积大于4m²时，均应采取加固措施。常用的加固方法是每隔1250mm加设一个加固圈，并用铆钉固定在风管上，如图5-9（d）所示。当风管直径大于1300mm时，加固圈间距应缩短。

2. 矩形风管的加固

风管的加固可采用楞筋、立筋、角钢（内、外加固）、扁钢、加固筋和管内支撑等形式，参见图5-9。

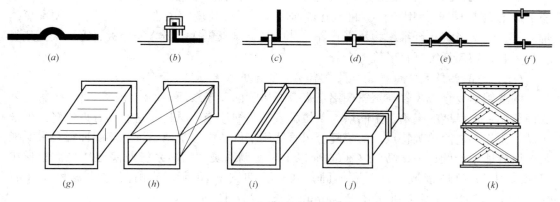

图 5-9　风管的加固形式

矩形风管和圆形风管相比，容易变形，一般对于边长大于或等于630mm和保温风管边长大于或等于800mm，其管段长度在1250mm以上或低压风管单边平面积大于1.2m²、中高压风管大于1.0m²，应采取加固措施。加固措施一般应采取以下几种方式：

（1）风管壁板上滚槽加固，如图5-9（a）、（g）、（h）所示，也叫楞筋加固或凸棱加固。风管展开下料后，先将壁板放到滚槽机械上进行十字线或直线型滚槽，然后咬合，合缝。有专用机械，工艺简单，节省人工和钢板。此方法省工又省料，最适用于边长800mm以下的风管加固。

（2）采用立咬口方式加固，如图5-9（b）、（i）所示，即接头起高的加固方法。起高高度应按风管的边长取25～50mm，且四角要加补角，中间用铆钉铆接固定，间距不宜大于220mm，且与补角相铆固。这种方法节省钢材，但加工复杂，接头处易漏风，目前采用不多。

（3）采用角钢框加固，如图5-9（c）、（j）、（k）所示，加固的强度好，应用广泛，耗用钢材较多，角钢规格可以略小于法兰规格。当大边尺寸为630～800mm时，可采用25×4的扁钢加固框；当大边尺寸为800～1250mm时，可采用∟25×25×4的角钢做加固框；当大边尺寸为1250～2000mm时，可采用∟30×30×4的角钢做加固框。加固框必须与风管铆接，铆钉的间距应均匀，不应小于220mm。

（4）风管大边用角钢加固，适用于风管大边尺寸在加固规定范围，而小边尺寸未在规定范围。施工简单，可节省人工和材料，由于外观欠佳，明装风管较少采用。使用的角钢规格可与法兰相同。

（5）采用风管内壁设置加固筋，如图 5-9（e）所示，加固筋由 1.0～1.5mm 的镀锌薄钢板条压成三角形铆在风管内，一般常用于外形要求美观的明装风管。

（6）风管内支撑加固，如图 5-9（f）所示，选用 M10 通丝螺杆在风管内做支撑加固，也可以用扁钢或其他材料，其最大间距不应大于 950mm。

空气洁净系统所用的风管，其内壁表面应平整，避免风管内积尘。因此，风管加固部件不得安装在风管内，不应采用起凸棱对风管加固。可采用风管外用角钢加固方法。

非规则椭圆风管的加固，应参照矩形风管执行。

二、非金属风管

非金属风管的防火性能应符合《建筑材料及制品燃烧性能分级》GB 8624 中不燃或难燃 B1 级。国内目前使用较普遍的非金属风管有：无机玻璃钢风管、复合风管、硬聚氯乙烯风管、索斯风管（纤维织物风管）等。其中复合风管包括了酚醛复合板风管、聚氨酯复合板风管、玻璃纤维复合风管。

（一）酚醛铝箔复合板风管与聚氨酯铝箔复合板风管

酚醛铝箔复合板风管与聚氨酯铝箔复合板风管同属于双面铝箔泡沫类风管，风管内外表面覆贴一定厚度的铝箔，中间层为聚氨酯或酚醛泡沫绝热材料。它们具有重量轻、外形美观、制作工艺简单等特点。酚醛复合风管适用于低、中压空调系统及潮湿环境；聚氨酯复合风管适用于低、中、高压（2000Pa 以下）空调系统、洁净系统及潮湿环境。板材拼接应采用 45°角粘接或"H"形加固条拼接，如图 5-10 所示。酚醛泡沫板材尺寸有 4000mm×1200mm 及 2000mm×1200mm（长×宽）两种。

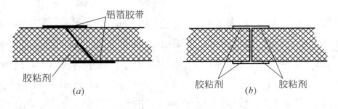

图 5-10   板材拼接方式

（a）45°角粘接；（b）中间加"H"加固条拼接

（二）玻璃纤维复合板风管

玻璃纤维复合风管（图 5-11），以离心玻纤板为基材，内复玻璃丝布，外复防潮铝箔布（进口板材为内涂热敏黑色丙烯酸聚合物，外层为稀纹布/铝箔/牛皮纸），用防火胶粘剂复合干燥后，再经切割、开槽、粘接加固等工艺而制成。玻璃纤维复合板风管具有美观、重量轻、保温效果和吸声性能好，但风管摩阻系数较大、防积尘性能较差，采用该风管时应注意在空调系统中配置性能较好的过滤器。

玻璃纤维复合风管的复合板厚度应大于或等于 25mm，保温层的玻璃纤维密度应大于或等于 $70kg/m^3$。可用于商用和居住建筑的中压（1000Pa 以下）通风系统。

（三）无机玻璃钢风管

无机玻璃钢风管按其胶凝材料性能分为：以硫酸盐类为胶凝材料与玻璃纤维网格布制成的水硬性无机玻璃钢风管和以改性氯氧镁水泥为胶凝材料与玻璃纤维网格布制成的气硬性改性氯氧镁水泥风管两种类型。无机玻璃钢风管分为整体普通型（非保温）、整体保温型（内、外表面为无机玻璃钢，中间为绝热材料）、组合型（由复合板、专用胶、法兰、加固角件等连接成风管）和组合保温型四类。如图 5-12 所示。

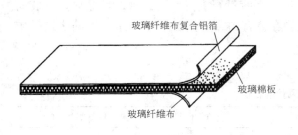

图 5-11 玻璃纤维复合板

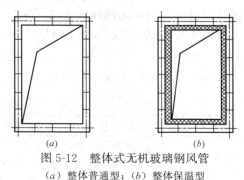

图 5-12 整体式无机玻璃钢风管

（a）整体普通型；（b）整体保温型

（四）硬聚氯乙烯风管

硬聚氯乙烯板可根据需要制作成矩形、圆形风管。加工过程：划线→剪切→打坡口→加热→成形（折方或卷圆）→焊接→装配法兰。硬塑料风管的划线，展开放样方法同金属薄钢板风管及配件。由于该板材在加热后再冷却时，会出现收缩现象，故划线下料时要适当地放出余量。板材的加热可用电加热、蒸汽加热和热风加热等方法。一般工地常用电热箱来加热大面积塑料板材。硬塑料板的焊接用热空气焊接设备，如图 5-13 所示。

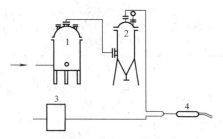

图 5-13 热空气焊接设备及其配置图

1—空气压缩机；2—滤清器；
3—调压变压器；4—焊枪

中、低压系统的硬聚氯乙烯风管板材的厚度，不得小于表 5-10 的规定。高压系统按设计规定。

圆形风管是在展开下料后，将板材加热至 100～150℃ 达到柔软状态后，在胎模上卷制成形，最后将纵向结合缝焊接制成的。板材在加热卷制前，其纵向结合缝处必须将焊接坡口加工完好。

硬聚氯乙烯风管板材厚度 表 5-10

圆 形 风 管			矩 形 风 管		
风管直径 D（mm）	板材厚度（mm）		风管长边尺寸 b（mm）	板材厚度（mm）	
	微压、低压	中压		微压、低压	中压
D≤320	3.0	4.0	b≤320	3.0	4.0
320＜D≤800	4.0	6.0	320＜b≤500	4.0	5.0
800＜D≤1200	5.0	8.0	500＜b≤800	5.0	6.0
1200＜D≤2000	6.0	10.0	800＜b≤1250	6.0	8.0
D＞2000	按设计要求		1250＜b≤2000	8.0	10.0

（五）索斯风管

索斯风管系统，又常被称做布袋风管、布风管、纤维织物风管系统，是目前最新的风管类型，是一种由特殊纤维织成的柔性空气分布系统（Air Dispersion），是替代传统送风管、风阀、散流器、绝热材料等的一种送出风末端系统。它是主要靠纤维渗透和喷孔射流的独特出风模式能均匀送风的送出风末端系统。系统运行安静，可改善环境品质；安装简单，缩短工程周期；安装灵活，纤维织物风管在体育馆、工业工厂、食品工厂等建筑领域得到广泛应用。

常见风管的性能比较见表 5-11。

常见的风管的性能　　　　　　　　　　　　表 5-11

名称性能	镀锌薄钢板风管	无机玻璃钢风管	复合玻纤板风管	纤维织物风管
消声性能	无消声性能，自身振动会产生声音，必须加装消声器	无消声性能，隔声性能优于镀锌薄钢板管，必须加消声器	其管壁是一种多孔性吸声材料，可省去专用消声器	一定程度上可吸收噪声，可省去专用消声器
保温性能	导热系数大，本身无保温性能，必须另外加包保温层及保护层	导热系数较大，本身无保温性能	导热系数小，本身有一定保温性能，不用加装保温层	纤维织物本身的渗透性使管壁内外无温差，因而风管表面不会凝露一般不加装保温层
防火性能	不燃，但其保温层是否燃烧要依材质而定	不燃	本身有一定的防火性，但成品是否阻燃要看风管使用的胶粘剂	防火特性取于纤维材质。防火要求高时，使用特制的玻璃纤维布制作的风管，可达 A 级防火标准
防潮性能	易受潮腐蚀生锈，在输送含湿量大的空气时更为严重	受原料配比的制约，其防潮性能的稳定性较差	本身不易受潮腐蚀但要防止管道内部、管端和切口处被水长期浸泡	材料均为强疏水性材料，不易受潮
施工安装	管道较重，制作安装周期长，管道尺寸及走向变更时费工费时。保温层在风管安装好后现场安装，工序繁琐	管道重，不易搬运，强度较高，较脆，易破损。制作安装周期长，管道尺寸及走向变更时费工费时	材料搬运较容易，但仍需要辅助性支架等，对房屋结构有一定要求	重量轻，安装简单，可实现单人独立安装，因采用钢绳悬挂，对建筑物结构要求低

第二节　风管安装

风管系统的主要安装程序如图 5-14 所示。风管系统施工前应与建设或总承包、监理、设计等单位就风管安装预留孔洞及与消防系统、电系统、水系统等管路之间的位置进行核对，施工中应与土建及其他专业工种相互配合。将预制加工的风管、部件按照安装的顺序和不同系统运至施工现场，确定风管走向、标高；检查风管分段尺寸等，将风管和部件按编号组对，复核无误后方可连接和安装。安装时，要注意管道上所需安装的阀门、管件、仪器仪表等附件及支吊架、管卡，有些管道还要注意坡度、坡向等。

风管系统安装作业条件：

（1）一般送排风系统和空调系统的安装，要在建筑物维护结构施工完毕、安装部位的障碍物已清理、地面无杂物的条件下进行。一般除尘系统的风管安装，应在厂房内与风管有关的工艺设备安装完毕，设备的连接管或吸尘罩位置已知的条件下进行。空气洁净系统的安装，需在建筑物内部有关部位的地面干净、墙面已抹灰、室内无大面积扬尘的条件下进行。

（2）图纸会审已进行，工艺设备安装基本完成。

（3）结构预埋件和预留孔洞位置、尺寸符合设计要求。

（4）施工机具齐备；作业地点有必要的辅助设施，如梯子、移动平台、电源、消防器材等。

（5）风管系统预制件检验合格，安装用料保证作业连续进行。

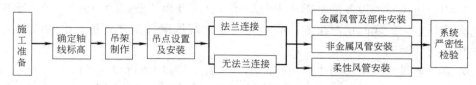

图 5-14　风管系统安装程序图

风管安装过程如下所述。

一、通风空调施工图的现场复核、现场实测及草图绘制

现场复核和现场实测，应根据施工现场具体情况并参照施工图纸进行，如有模棱两可的尺寸，应及时与相关单位进行协商，并与项目组专业负责人进行沟通、落实，准确绘制出草图及加工图纸，施工现场技术负责人进行审核无误后，方可加工或送加工厂进行定做。

1. 现场复核

工程建设应按设计图纸施工。但是，对于通风空调工程的施工，由于风管及其构件的尺寸较大，在施工图中往往只标注了一些主要尺寸，而其他一些细部尺寸往往不标注，因而常发生诸如按施工图制作的风管及管件却无法就位安装。发生这种事情的原因往往有以下几方面：

（1）施工图中对通风、空调系统中风管、管件的具体尺寸标注不可能齐全，有的尺寸对施工不可缺少，但施工图中却没有标注，于是有的使用比例尺量取，按此尺寸制作往往发生较大的误差。

（2）目前在一些施工图中，风管系统只绘出其平面图，因此，风管系统中的部件，如三通、90°弯头、变径管在平面图中只是示意（风管部件并不标注尺寸，只表示风管部件的形状）。此时如按图制作往往会发生风管与风管部件无法对接。

（3）施工图中的图例不可能按比例绘制，当图幅较小时，平、剖面图中的风管一般画得都比较大，加之制图和设计的差错，从而造成图纸本身的误差。如果在没有尺寸标注的部位按比例尺寸制作，就不可避免地造成安装的困难。

（4）土建在施工中产生的诸如柱距、柱断面尺寸、门窗位置尺寸的误差、预留墙面、楼板上孔洞的位置及其尺寸、设备基础的位置和尺寸、层高、梁高等与设计偏差相对较大。因此，风管及管件的制作不是按现场实测进行，而是按图加工制作，必然给后续的通风、空调中风管及管件的安装带来较大的困难。

（5）工艺设备、空调设备的位置、型号的改变，建筑结构尺寸的中途修改、变更。

（6）设计时各专业之间在交叉部位没有及时协调或协调未果，造成各种管线的交叉、碰撞时有发生。因而，施工安装之前应对通风、空调系统的安装现场进行有关尺寸的实测，以减少材料的浪费和安装困难。

2. 现场实测

现场实测就是在建筑中测量与通风空调系统有关的建筑结构尺寸、风管预留孔洞的尺寸和位置、通风设备进出口的位置及高度和尺寸。现场实测应向土建施工人员了解室内标高控制点线和间壁位置。实测内容如下：

(1) 测量通风空调系统的风管、部件及设备自身的几何尺寸及进出口离地面高度。

(2) 测量通风空调设备的基础或支架尺寸、高度及离墙壁面的距离等。测量的内容应根据通风管路走向的实际情况决定，同时还应注意其他诸如工艺管道、电气线路的交叉、跨越及相互间的距离。

(3) 测量通风空调系统与生产设备的相对位置，接口方向及高度等。

(4) 测量与通风空调系统有关的土建尺寸：外墙壁、隔墙的厚度，门窗的高、宽，柱子的断面尺寸，梁的底面与屋顶的距离，平台高度等相关尺寸，以及梁底高度、顶棚底高度、安装的位置、柱距、隔墙与隔墙之间，预留孔洞之间，隔墙与外墙之间的距离，楼层的高度、地面到屋顶高度等。

3. 草图绘制

绘制通风空调系统加工安装草图，其目的是将通风空调工程的预算和安装两个过程有条不紊地组织进行施工。通过对施工现场的实地勘察、测量，结合施工图纸，经分析计算，绘制出通风空调系统加工安装草图，见图 5-15 和图 5-16，平面草图中括号内尺寸为实测尺寸。草图的绘制可按下述方法进行：

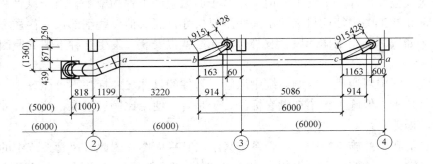

图 5-15　风管加工安装平面草图

(1) 根据施工设计图纸和实测结果确定风管各部的标高。

(2) 确定主风管及风管中心线离墙壁或柱子的距离。考虑到风管法兰螺栓的方便安装操作及保温的进行，风管边离墙应有不小于 150mm 的距离。

(3) 按照有关规定和安装位置确定三通、四通长度及夹角，确定弯头的角度及其弯曲半径。

(4) 按照支管的间距和风管配件的尺寸，测出直风管的长度。

(5) 按图纸确定风口距地面的高度和风管的标高，在扣除三通、弯头的位置和尺寸后，标出支管的长度。

(6) 按照风机的标高、风帽的标高，在扣除柔性连接短管、风机启、闭式插板阀（或

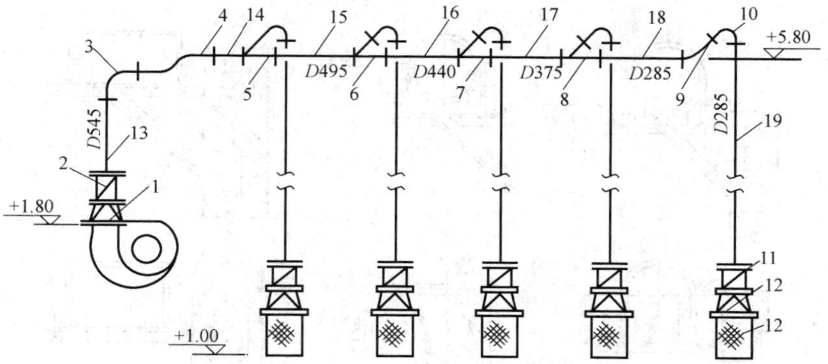

图 5-16 通风管道加工安装系统图

1、12—软接头（变径管）；2、11—风阀；3、9、10—弯头；4—乙字弯；5～8—三通管；13、14～19—直风管

对开多叶风量调节阀）的长度后，标出排气竖管的长度。

（7）按照《通风与空调工程施工质量验收规范》GB 50243 的有关规定和通风空调支吊架标准图集（T616）及现场情况，确定支、吊架的种类、数量、位置、结构形式及安装所需的加工件。

在绘制的通风或空调系统加工安装平面草图、系统图（或立面图）中，除应进行各组成风管、配件的编号、注明详细的加工安装尺寸、标高外，还应编制系统风管及配件的加工明细表，便于在加工厂内成批地集中加工预制；便于在加工厂内成批地组装成组合件；也便于现场将扩大组合件装配成系统。

二、风管支吊架的安装

支（吊）架安装是风管系统安装的第一道工序，其安装质量直接影响风管安装的进程及安装质量。支（吊）架的形式应根据风管安装的部位，风管截面的大小及工程的具体情况选择，应符合设计图或国家标准图的要求。

1. 支、吊架的形式和安装

风管标高确定后，按照风管所在的空间位置，确定风管支、吊架的形式。管道支、吊架的形式有吊架、托架和立管卡等。当设计无规定时，支、吊架安装宜符合下列规定：

（1）靠墙或柱安装的水平风管宜用悬臂支架或斜撑支架，不靠墙或柱安装的水平风管宜用托底支架，其形式如图 5-17、图 5-18 所示。风管托架横梁一般用角钢制作，当风管直径大于 1000mm 时，托架横梁应用槽钢。支架上固定风管的抱箍用扁钢制成，钻孔后用螺栓和风管托架结为一体。

托架安装时，按设计标高定出托架横梁面到地面的安装距离。找到正确的安装位置，打出 80mm×80mm 的方洞。洞的内外大小应一致，深度比支架埋进墙的深度大 20～30mm。用水把墙洞浇湿并冲出洞内的砖屑。然后在墙洞内先填塞一部分 1:2 水泥砂浆，把支架埋入，埋入深度一般为 150～200mm。用水平尺校正支架，调整埋入深度，继续填塞沙。

风管支架在柱上安装时，风管托架横梁可用预埋钢板或预埋螺栓的方法固定，或用圆钢、角钢等型钢作抱柱式安装，均可使风管安装牢固。

（2）当风管的安装位置距墙、柱较远，不能采用托架安装时，常用吊架安装。圆形风

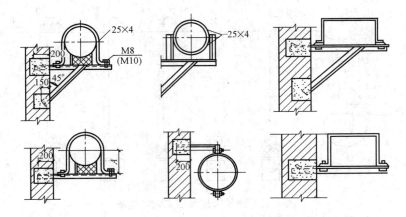

图 5-17　风管在墙上安装的托架

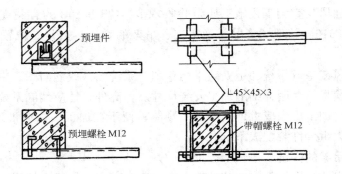

图 5-18　风管沿柱安装的托架

管的吊架由吊杆和抱箍组成，矩形风管吊架由吊杆和托梁组成，如图 5-19 所示。

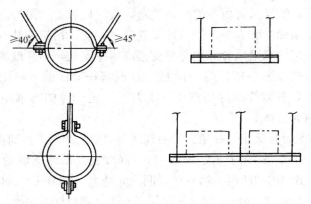

图 5-19　风管吊架

吊杆由圆钢制成，端部应加工有 50～60mm 长的螺纹，以便于调整吊架标高。抱箍由扁钢制成，加工成两个半圆形，用螺栓卡接风管。托梁用角钢制成，两端钻孔位置应在矩形风管边缘外 40～50mm，穿入吊杆后以螺栓固定。圆形风管在用单吊杆的同时，为防止风管晃动，应每隔两个单吊杆设一个双吊杆，双吊杆的吊装角度宜采用 45°。矩形风管采用双吊杆安装，两矩形风管并行时，采用多吊杆安装。

（3）垂直风管的固定。垂直风管不受荷载，可利用风管法兰连接吊杆固定，或用扁钢制作的两半圆立管卡栽埋于墙上固定，如图 5-20 所示。

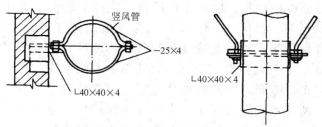

图 5-20　垂直风管的固定

2. 支、吊架的间距

金属风管安装的吊托支、吊架的安装间距：对水平安装的风管，直径或大边长小于或等于 400mm 时，支架间距不小于 4m，大于 400mm 时，支架间距不超过 3m；对垂直安装的风管，支架间距不应超过 4m，且每根立管的固定件不应少于两个。保温风管的支架间距由设计确定，一般为 2.5～3m。

塑料风管较重，加之塑料风管受温度和老化的影响，所以支架间距一般为 2～3m，并且一般以吊架为主。

支、吊架安装应注意的问题：

（1）风管的安装标高，对于矩形风管是从管底算起；而圆形风管是从风管中心计算。输送空气湿度较大的风管，为排除管内凝结水，风管安装时应保持设计要求的 0.01～0.015 的坡度；托架标高也应按风管的要求坡度安装。

（2）支架的预埋件或膨胀螺栓的埋入部分应除油且不得涂刷油漆。

（3）支架不得安装在风口、阀门、检查孔等处，离风口或插接管的距离不宜小于 200mm。以避免妨碍检查、维修操作。吊架不得直接吊在风管的法兰上。

（4）圆形风管与支架托板接触的部位应配置弧形木垫，防止风管的变形。

（5）对于保温的矩形风管，不得直接与金属支架接触，应在支架上垫以坚固的隔热材料，其厚度应与风管的保温材料厚度相同，以防止"冷桥"的产生。

（6）对于铝板风管的支架，抱箍应镀锌或按设计要求作防腐处理。不锈钢风管的碳钢支架不得直接与风管接触，可按设计直接在支架上喷涂料或在支架与风管之间衬垫非金属块以防止电化学腐蚀和晶间腐蚀。

（7）水平悬吊的主干风管长度超过 20m 时，应设防止摆动的固定支架，每个系统不应少于 1 个。吊架不得直接吊在法兰上。安装在托架上的圆形风管，宜设托座。

（8）柔性风管外保温层应有防潮措施。吊卡箍可安装在保温层上。

三、风管的连接

将预制加工的风管、部件，按照安装的顺序和不同系统运至施工现场，再将风管和部件按照编号组对，复核无误后即可连接和安装。风管的连接分为风管法兰连接和风管无法兰连接两种。

1. 风管法兰连接

传统风管法兰通常由扁钢或角钢制成，构造如图 5-8 所示。风管与风管、风管与配件及部件之间的组合连接采用法兰连接，安装及拆卸都比较方便，有利于加快安装速度及维护修理。风管或配件（部件）与法兰的装配可用翻边法、翻边铆接法和焊接法。

法兰对接的接口处应加垫料，以使连接严密。输送一般空气的风管，橡胶板作衬垫。输送含尘空气的风管，可用 3～4mm 厚的橡胶板做衬垫。输送高温空气的风管，可用石棉绳或石棉板做衬垫。输送腐蚀性蒸汽和气体的风管，可用耐酸橡胶或软聚氯乙烯板做衬垫。衬垫不得突入管内，以免增大气流阻力或造成积尘阻塞。风管组合连接时，先把两法兰对正，能穿入螺栓的螺孔先穿入螺栓并戴上螺母，用别棍插入穿不上螺栓的螺孔中，把两法兰的螺孔对正。当螺孔各螺栓均已穿入后，再对角线均匀用力将各螺栓拧紧。螺栓的穿入方向应一致，拧紧后法兰的垫料厚度应均匀一致且不超过 2mm。

组合法兰（图 5-21 和图 5-22）是一种新颖的风管连接件，它适用于通风空调系统中矩形风管的组合连接。

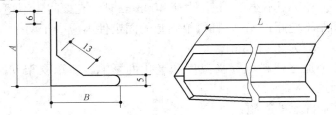

图 5-21   法兰组件

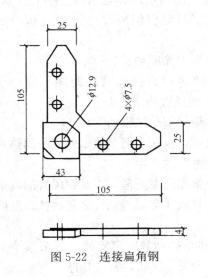

图 5-22   连接扁角钢

组合法兰由法兰组件和连接扁角钢（法兰镶角）两部分组成。法兰组件用厚度≥0.75～1.2mm 的镀锌钢板，通过模具压制而成，其长度可根据风管的边长而定，见图 5-21。连接扁角钢用厚度 $\delta=2.8～4.0$mm 的钢板冲压制成，如图 5-22 所示。

风管组合连接时，将四个扁角钢分别插入法兰组件的两端，组成一个方形法兰，再将风管从法兰组件的开口处插入，并用铆钉铆住，即可将两风管组装在一起，如图 5-23 所示。安装时两风管之间的法兰对接，四角用 4 个 M12 螺栓紧固，法兰间垫一层闭孔海绵橡胶作垫料，厚度为 3～5mm，宽度为 20mm，如图 5-24 所示。

组合法兰式样新颖，轻巧美观，节省型钢，安装简便，施工速度快。对沿墙或靠顶敷设的风管可不必多留安装空隙。

2. 风管无法兰连接

风管无法兰连接和法兰连接相比有下列优点：便于集中预制成批生产，加工工艺较简单，易于掌握，加快了施工进度；减少安装工作量，减轻劳动强度，提高工作效率，连接

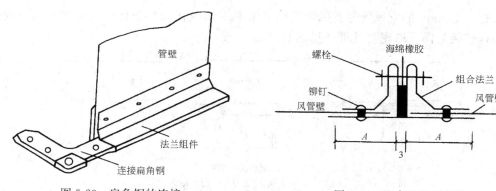

图 5-23　扁角钢的连接　　　　　　　图 5-24　组合法兰的安装

质量好；减少了钢材用量，节省法兰螺栓、铆钉等材料，造价低；由于风管壁较薄，又采用无法兰连接，所以重量轻，可适当减少支架，加大支架间距。无法兰连接有十几种。

（1）矩形金属风管的无法兰连接

矩形金属风管的无法兰连接形式及适用范围，应符合表 5-12 的规定。

矩形风管无法兰连接形式及适用范围　　　　　　　表 5-12

无法兰连接形式			附件规格（mm）	使　用　范　围
薄钢板法兰	弹簧夹		夹板厚≥1.2 H≥33	中、低压风管
	插条式		夹板厚≥1.0 H≥25	中、低压风管长边≤2000mm
	顶丝卡式		夹板厚≥1.2 H≥25	
	组合式		夹板厚≥1.2	
S形插条	平插条		等于风管板厚且≥0.7	低压风管长边≤630mm
	立插条			
C形插条	平插条		等于风管板厚且≥0.7	低压风管长边≤630mm 中压风管长边≤630mm
	立插条			
	直角插条			低压风管长边≤630mm 用于主干管与支管连接
立联合角形插条			等于风管板厚且≥0.8	低压风管长边≤1000mm
立咬口			等于风管板厚且≥0.7	低压风管长边≤800mm 直径≤φ630mm 中压风管长边≤630mm

　　长边≤630mm 的支风管与主风管连接可采取 S 形咬接法、联合式咬接法、法兰连接或铆接，连接处需采取密封处理。见图 5-25。

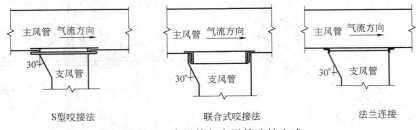

图 5-25　支风管与主风管连接方式

　　插条式连接适用于风管内风速为 10m/s、风压为 500Pa 以内的低速系统，使用在不常拆卸的风管系统中。接缝处凡不严密的地方应采取密封措施，如涂密封胶。

　　风管无法兰连接，接口应采用机械加工，连接应严密、牢固。具有制作速度快、质量好、安装方便、施工文明、外表美观等优点，并且可以通过自动生产线机械化生产，为越来越多的工程所采用。

　　共板法兰连接（图 5-26），是一种目前工程中常用的无法兰连接技术。美国和欧洲等发达国家从 20 世纪 90 年代开始采用，其制作风管的加工速度快、方便、漏风率小；节省材料，减少工程投资；漏风量小；降低能耗，节省运行费用，目前广泛应用于我国通风空调工程中的低、中压系统，且风管长边小于等于 2000mm 的风管。

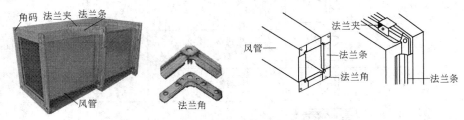

图 5-26　共板法兰连接及连接附件示意图

　　共板法兰连接主要由法兰角（也叫角码）、法兰夹以及与风管一体相连的法兰条组成。目前国内有共板法兰风管自动生产线，可实现风管的工厂化施工。生产设备有剪板机、咬边机、压筋机、共板法兰成型机、共板法兰配套折方机、角码与勾码冲床等。标准直管由流水线上直接压制成连体法兰。非标直管、弯头、三通、四通、配件等下料后，在单机设备上完成 TDF 法兰成型。法兰角由模具直接冲压成型，安装时卡在四个角即可。生产加工工序有加工半成品交货和成品加工及安装。

　　1）加工半成品交货

　　依据客户分解图和系统编号图——下料剪裁——对应系统风管编号——压筋（加强）——联合咬边——共板法兰成型——折方——合缝与角码拼装——硅胶密封缝隙处理——品质检查——出货

　　2）成品加工及安装

　　依据客户确认施工图——现场测量尺寸和标高——系统编号——图纸分解——工厂加

工——吊筋吊架制作——品质检查——出货——依据系统编号图及对应系统风管编号进行吊装——漏光测试——保温。共板法兰风管安装步骤如图 5-27 所示。

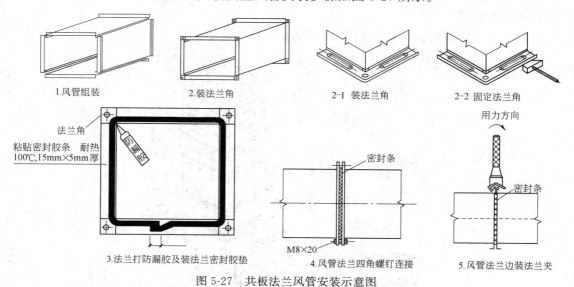

图 5-27 共板法兰风管安装示意图

图 5-28 所示为共板法兰风管的安装图。

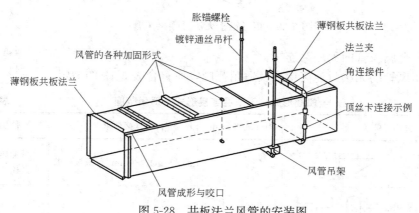

图 5-28 共板法兰风管的安装图

风管连接时，一般通风空调系统为了使法兰接口处严密不漏风，接口处应加垫料，其法兰垫料厚度为 3～5mm，用于净化空调系统中的法兰垫料厚度应不小于 5～8mm。在加垫料时，垫片不要凸入管内，否则将会增大空气流动的阻力，减小风管的有效面积，并形成涡流，增加风管内的积尘。共板法兰风管应在法兰角处、支管与主管连接处的内外都进行密封。法兰密封条宜安装在靠近法兰外侧或法兰的中间。4 个法兰角连接须用玻璃胶密封防漏，联合咬口离法兰角向下 80mm 的地方须用玻璃胶密封防漏，密封胶应设在风管的正压侧。

目前国内经常采用的法兰垫料（如橡胶板、闭孔海绵橡胶板、石棉绳、石棉橡胶板、耐酸橡胶板、软聚氯乙烯板等），一般在施工现场临时裁剪，而且表面无黏性，易造成法兰连接后漏风。胶泥垫条是目前工程上应用较广泛的新型风管法兰垫料，经试验风管内的风压在 1000Pa 以上时，不会产生漏风现象，法兰的螺栓间距可由原来的 120mm 增加到 215～350mm，而且施工工艺简单，减轻工人劳动强度，提高工作效率，降低施工成本。

图 5-29 为矩形钢板无法兰连接风管示意图。

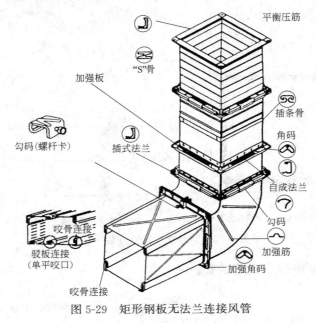

图 5-29　矩形钢板无法兰连接风管

（2）圆形金属风管的无法兰连接

圆形金属风管的无法兰连接形式及适用范围，应符合表 5-13 的规定。

金属圆形风管无法兰连接形式及适用范围　　　　　　表 5-13

无法兰连接形式			附件规格(mm)	连接要求	使用范围
承插连接	普通		—	插入深度≥30mm,有密封要求	低压风管 直径<700mm
	压加强筋		—		中、低压风管
	角钢加固		—	插入深度≥20mm,有密封要求	
芯管连接			≥管板厚		
立筋抱箍连接			≥管板厚	翻边与抱箍匹配一致,紧固严密	
抱箍连接			≥管板厚	管端应对正,抱箍应居中	中、低压风管 抱箍宽度≥100mm

注：薄钢板法兰风管也可采用铆接法兰条连接的方法。

承插连接，将尺寸较小端插入另一节的大端中，用自攻螺钉或抽芯铆钉固定，铆钉间距不大于 150mm。带加强筋时，在小端距管端部 40mm 处压一圈 $\phi8$mm 凸筋，承插后进行固定。

图 5-30 是抱箍式连接，主要用于钢板圆风管和螺旋风管连接，先把每一段风管的两端轧制出凸筋，并使其一端缩为小口。安装时按气流方向把小口插入大口，外面用钢制抱箍将两个管端的凸筋抱紧连接，最后用螺栓穿在耳环中固定拧紧。

图 5-31 是芯管连接，先制作连接管，其直径或边长比风管直径或边长小 2～3mm，长度 80～100mm，然后将连接管插入两侧风管，再用自攻螺钉或抽芯铆钉紧密固定，铆钉间距 100～120mm。带加强筋时，在连接管 1/2 长度处压一圈 $\phi8$mm 凸筋，然后将连接管与风管连接固定。

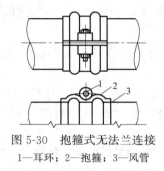

图 5-30　抱箍式无法兰连接
1—耳环；2—抱箍；3—风管

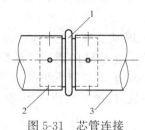

图 5-31　芯管连接
1—连接短管；2—自攻螺栓或抽芯铆钉；3—风管

图 5-32 是内胀芯管连接，此方法为一种新型连接方法，主要用于螺旋风管连接。内胀芯管是采用与螺旋风管同材质的宽度为 137mm 的镀锌钢带、不锈钢带或铝合金带制作的。

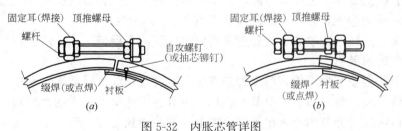

图 5-32　内胀芯管详图
（a）内胀芯管安装后的胀紧状态　（b）内胀芯管安装前的开口搭叠状态

风管的安装过程中，应注意以下问题：

(1) 水平风管安装后的不水平度的允许偏差为每米不应大于 3mm；总偏差不应大于 20mm。垂直风管安装后的不垂直度的允许偏差为每米不应大于 2mm；总偏差不应大于 20mm。风管沿墙敷设时，管壁到墙的距离不得小于 150mm，以能上紧法兰螺栓为原则。

(2) 水平安装的风管，可用吊架的调节螺栓或在支架上用调整垫木的方法来调整水平。风管安装就位后可以用拉线、水平尺和吊线的方法来检查风管的水平度和垂直度。

(3) 输送产生凝结水或含湿空气的风管，应按设计要求的坡度安装。此类风管的底部不得设置纵向接缝，如有接缝则应做好密封处理。一般薄钢板风管的底部纵向接缝处可用锡焊、涂抹油腻子或密封膏及喷涂几遍油漆进行密封，防止风管内积水使钢板锈蚀，对风管底部接缝也可同样处理。

（4）输送含有易燃、易爆介质气体的系统和易燃、易爆介质环境内的通风系统，均应有良好的接地装置，应尽量减少接口。输送易燃、易爆介质的风管，如通过生活间或其他辅助生产厂房时，则必须严密，不得设置接口。

（5）排风系统的风管穿出屋面应设防雨罩。当风管管径较大或穿出屋面不甚高时，可使用支架固定；当穿出屋面超过 1.50m 时，应采用不少于 3 根拉索固定。但拉索不得系在法兰或风帽上，以防止法兰的松动和风帽变形。拉索应与风管的抱箍固定。同时拉索也不得拉在避雷针或避雷网上。当穿出屋面的风管超过 3～8m 时，需设两层拉索，每层拉索均不得少于 3 根。拉索可以采用镀锌铁丝或钢丝绳。

（6）当不锈钢风管安装在碳钢支架上时，在风管与支架接触面上应按设计要求喷刷涂料，或在风管与支架之间衬垫橡胶板、塑料板等非金属块，也可以垫上零碎的不锈钢下脚料。

（7）铝板风管法兰连接时应采用镀锌螺栓、螺母，并在法兰两侧垫以镀锌垫圈以增加接触面，以防止质软的铝法兰被螺栓刺伤。

（8）用于净化空调系统的风管在安装前应进行擦拭，达到风管内表面无油污、无浮尘，而且在施工完毕或由于其他原因而暂停施工时应将管的开口处封闭，以防止灰尘进入。

（9）一般送、排风系统的钢板风管可采用无法兰连接，接头处一定要严密、牢固。

风管制作安装还应注意减少风管系统阻力的几种措施：

（1）矩形风管其宽高之比不宜大于 4，最大不应超过 10。

（2）风管变径应做成渐扩或渐缩形，其每边扩大或收缩角度不宜大于 30°。

（3）风管改变方向、变径及分路时，不应过多使用矩形箱替代弯头、三通等管件，必须使用分配气流的静压箱时，其断面风速不宜大于 1.5m/s。

（4）弯头、三通、调节阀、变径管等管件之间距离宜保持 5～10 倍管径长的直管段。

四、风管的吊装

风管的安装应按照先干管，后支管的安装程序进行，并要根据施工安装方案确定的吊装方案（整体吊装、分段吊装、单节安装）对风管进行连接。因受场地限制，不能进行整体吊装时，可将风管分节用绳索拉到脚手架上，然后抬到支架上对正法兰逐节安装。为加快施工速度，保证安装质量，风管、管件的安装多采用现场地面组装，再分段吊装的施工方法。

风管的连接长度一般可接至 10～12m 长。无法兰连接的风管一次整体拼接长度一般不超过 4 节。在风管连接时，一定要防止将拆卸的接口装设在墙体或楼板内。为了安装上的方便和美观，所有连接法兰螺栓的螺母应在方便拆装的同一侧。

风管安装后，可用拉线和吊线的方法进行检查。一般只要支架安装得正确，风管接得平直，风管就能保持横平竖直。

五、风管部件的安装

1. 风口安装

风口形式很多，包括百叶风口、散流器、喷口、条缝形风口、漩流风口、孔板风口、专用风口（座椅风口、灯具风口、蓖孔风口、格栅风口）等。风口到货后，对照图纸核对风口规格尺寸，按系统分开堆放，做好标识，以免安装时弄错。安装风口前，要进行外观检查、调节和旋转部分是否灵活等；检查叶片是否平直，与边框有无摩擦、过滤网有无损坏、开启百叶是否能开关自如等。安装风口时，注意风口与所在房间内的其他设施如灯具、烟感、探测器、喷头等线条一致。各类风口的安装应横平、竖直、表面平整。在无特殊要求情况下，露于室内部分应与室内线条平行。各种散流器的风口面应与顶棚平行。同一方向的风口，其调节装置应在同一侧。风口与风管的连接应严密、牢固，与装饰面相紧贴；表面平整、不变形，调节灵活、可靠。接缝处应衔接自然，无明显缝隙。同一厅室、房间内的相同风口的安装高度应一致，排列整齐。

　　百叶风口、散流器的选型和制作均采用颈部尺寸（$A \times B$），双层百叶风口安装图和矩形散流器安装图见图 5-33 和图 5-34。

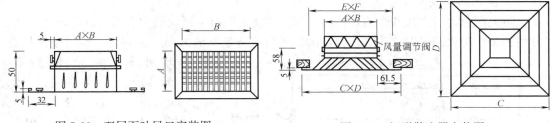

图 5-33　双层百叶风口安装图　　　　　　　图 5-34　矩形散流器安装图

2. 风阀的安装

　　风管系统上安装蝶阀、多叶调节阀（图 5-35）、防火防烟调节阀等各类风阀，在安装前应检查框架结构是否牢固，调节、制动、定位等装置应准确灵活。风阀与风管多采用法兰连接，安装时要把风阀的法兰与风管或设备上的法兰对正，加上密封垫片上紧螺钉，使其连接牢固、严密，但应注意以下各点：

　　（1）风阀安装的部位应使阀件的操纵装置便于操作。

　　（2）风阀的气流方向不得装反，应按风阀外壳标注的方向安装。

　　（3）风阀的开闭方向、开启程度应在阀体上有明显和准确的标志。

　　（4）安装在高处的风阀，其操纵装置应距地面或平台 1～1.5m。

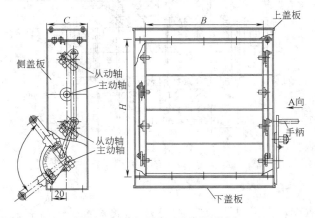

图 5-35　手动对开多叶调节阀

（5）分支管的风量调节阀是为了平衡各送风口的风量，由于阀板的开启程度靠柔性钢丝绳的弹性，因此在安装时应该特别注意调节阀所处的部位，图 5-36 为正确的安装部位，施工时有时会错误地安装在如图 5-37 所示的支管中，使风阀的阀板处于全关状态。

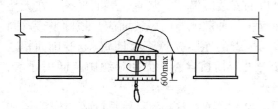

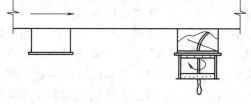

图 5-36　分支管风量调节阀正确安装的部位　　图 5-37　分支管风量调节阀错误安装的部位

3. 防火阀的安装

防火阀分为重力式和弹簧式两种。重力式防火阀有水平安装和垂直安装，左式右式之分。弹簧式防火阀有左式右式之分，阀板开启应呈逆气流方向，易熔件必须置于迎风侧。

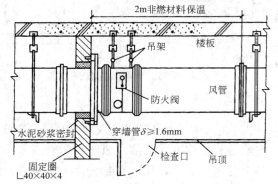

图 5-38　防火墙处的防火阀安装示意图

防火分区隔墙两侧防火阀距墙表面不应大于 200mm。防火阀直径或长边尺寸大于或等于 630mm 时，宜设置独立的支、吊架。穿越防火墙的防火阀安装如图 5-38 所示，穿墙风管管壁厚度要大于 1.6mm，安装后应在墙洞与防火阀间用水泥砂浆密封。变形缝处防火阀安装如图 5-39 所示。在变形缝两端均设防火阀。穿越变形缝的风管中间设有挡板，穿墙风管一端设有固定挡板；穿墙风管与墙间应保持 50mm 间隙，其间用柔性非燃烧材料密封，保持有一定的弹性。

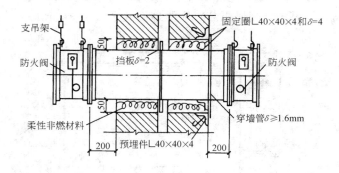

图 5-39　变形缝处的防火阀安装示意图

4. 风帽安装

风帽安装方法有两种：一是风帽从室外沿墙绕过屋檐伸出屋面；二是从室内直接穿过屋面伸向室外。采用穿屋面的做法时，屋面板应预留洞，风管安装好后，应装设防雨罩。

防雨罩与接口应紧密，防止漏水（图5-40）。

不连接风管的筒形风帽，可用法兰固定在屋面板上的混凝土或木底座上。当排送湿度较大的空气时，为了避免产生的凝结水滴漏入室内，应在底座下设有滴水盘并有排水装置。风帽装设高度高出屋面1.5m时，应用镀锌铁丝或圆钢拉索固定，防止被风吹倒。拉索不应少于3根，拉索可加花篮螺丝拉紧。拉索可在屋面板上预留的拉索座上固定。

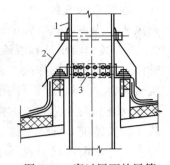

图5-40 穿过屋面的风管
1—金属风管；2—防雨罩；3—铆钉

5. 柔性短管的安装

柔性短管常用于风机与风管间的连接，以减少系统的机械振动。

柔性短管的安装应松紧适当，无明显扭曲。安装在风机一侧的柔性短管可装得绷紧一点，防止风机启动时被吸入而减小断面尺寸。不能用柔性短管当成找平找正的连接管或异径管。柔性短管外部不宜做保温层，以免减弱柔性。柔性短管长度一般为150~300mm，连接缝应牢固严密。用于空调系统的应采取防结露措施。用于结构变形缝的其长度宜为变形缝的长度加100mm以上。柔性短管的材质应符合设计要求，一般用帆布或人造革制作。输送潮湿空气或安装于潮湿环境的柔性短管，应选用涂胶帆布，输送腐蚀性气体的柔性短管，应选用耐酸橡胶或0.8~1mm厚的软聚氯乙烯塑料。

第三节 通风空调设备安装

通风空调设备的安装工作量大。通风空调系统中，各种设备的种类及数量较多，要严格按施工图和设备安装说明书的要求安装，以保证设备的正常工作和对空气的处理要求。

常见的通风空调设备有通风机、空调机、空调末端设备、各种空气（粉尘、烟气）处理设备水箱、消声器、换热器和除尘器等。设备安装程序可按图5-41进行。

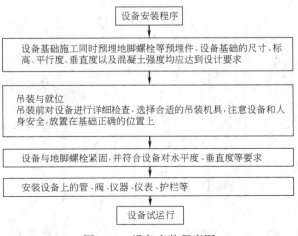

图5-41 设备安装程序图

一、通风机的安装

通风机分为离心式（轴向流入，径向流出）、轴流式（轴向流入，轴向流出）、贯流式（径向流入，径向流出）和混流式（斜向流入，斜向流出）。通风工程中大量使用的是离心式和轴流式。风机可制作成左旋转式和右旋转式，从电机一端正视叶片，按逆时针旋转的为左旋转风机。风机安装可按下列程序进行：

开箱检查和对土建施工的检查→运输就位→设备安装→设备调整→试运转。

通风机安装前，施工单位必须会同建设单位和设备供应商进行开箱检查和对土建施工进行检查。开箱前应检查提货单与到货箱号和数量是否相符、包装有无破损和受潮。开箱后检查风机的规格、型号是否符合设计要求，检查装箱清单、设备说明书、产品出厂合格证和产品质量鉴定文件等，检查设备表面有无缺陷、破损、锈蚀、受潮等现象。检查后，将检验结果形成文字验收记录，参与开箱检验的责任人员等签字，作为交工验收资料及设备技术档案；风机由专人妥善保管。

对土建施工进行的检查、验收包括预留孔洞、预埋件的尺寸、标高、砌体强度等，对混凝土基础的外观质量、主要尺寸、预留孔位置和尺寸等进行检查、验收。

（一）轴流式风机的安装

轴流式风机的安装一般有墙上、柱上或墙洞内安装两种形式。安装时要注意气流方向和风机转向，勿使叶轮倒转。连接风管时，风管中心应与风机中心对正。

1. 轴流式风机在墙上、柱上安装

先根据设计要求在墙上或柱上敷设好用角钢做的支架，并用水平尺找平找正，螺孔尺寸应和风机底座的螺孔尺寸相符，如图 5-42 所示。若支架是用埋设的方式敷设，要等水泥砂浆凝结到规定的强度后才能安装。安装时，首先将风机吊放在支架上，垫上 4～5mm 厚的橡胶板，穿上螺栓找正找平，上紧螺栓即可。

2. 轴流式风机在墙洞内安装

安装前，先要配合土建按设计规定留出预留洞，并预埋好风机支座和挡板框。支座上的螺栓间距要与轴流式风机的底座相符。挡板上的螺栓孔径和孔距要能与机壳相连接。当风机稳固后，装上 45°的防雨雪弯头或金属百叶窗，弯头出口处必须蒙上铁丝网，如图 5-43 所示。

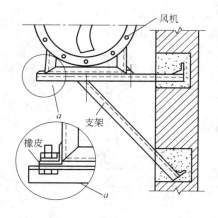

图 5-42 轴流式风机在墙（柱）上安装

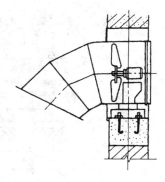

图 5-43 轴流式风机在墙洞内安装

3. 轴流式风机基础上安装或吊装

轴流式风机基础上安装（图 5-44）同离心风机落地安装在基础上的方法一样。轴流式风机吊装应根据设计要求进行，图 5-45 所示为吊装吊杆顶部连接图，风机吊装时机轴应保持水平。

图 5-44 轴流式风机基础上安装

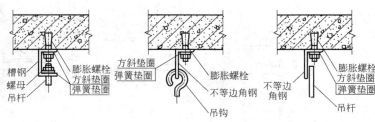
图 5-45 设备吊装吊杆顶部连接图

（二）离心风机的安装

1. 离心风机在墙支架安装

墙支架安装如图 5-46 所示。将预制符合要求的支架横梁固定在墙内，水平校正后，用角钢将横梁端部焊接固定（加固），待栽埋支架达到强度后，吊装风机使之在支架上就位。安装后电机处于稳固状态，而风机悬于托架外。

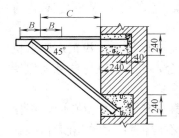
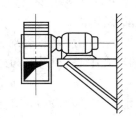
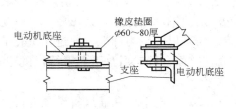
图 5-46 离心风机在墙支架安装

2. 离心风机落地安装在基础上

离心风机在基础上安装分为直接用地脚螺栓紧固于基础上的直接安装和通过减振器、减振垫的安装两种形式。根据设计要求，当通风和空调系统要求安静时，可采用后一种风机安装形式。风机基础由混凝土浇筑而成。直接安装风机的平台或楼板，宜采用现浇钢筋混凝土楼板，而且基础与楼板最好同时浇筑，如需分次浇筑，在浇筑楼板时要求

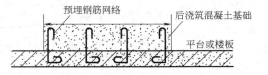
图 5-47 楼板（平台）基础的预埋铁件

基础面积范围内预埋露出板面的插铁或预埋钢筋网络，如图 5-47 所示。

（1）小型离心风机的安装

小型离心风机（2.8～5 号）均采用直联机构（见图 5-48），风机叶轮直接固定在电机轴上，机壳直接固定在电动机的法兰上。它可以安装在地面、平台上的混凝土基础或钢支架上。安装时先将风机的电动机放在基础上，使电动机底座的螺栓孔对正基础上预留螺栓

孔，把地脚螺栓一端插入基础螺栓孔内，带丝扣的一端穿过底座的螺栓孔，并挂上螺母，丝扣应高出螺母 1～1.5 扣的高度。用撬杠把风机拨正，用垫铁把风机垫平，然后用 1∶2 的水泥砂浆浇注地脚螺栓孔，待水泥砂浆凝固后，再上紧螺母。

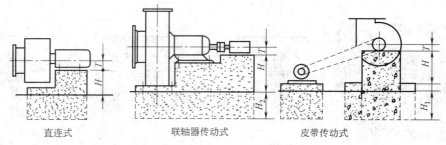

图 5-48　离心风机的几种基础形式

（2）大、中型离心风机的安装

6～12 号的中型离心风机和 16～20 号的大型离心风机，采用弹性联轴器连接或三角皮带传动，其轴和电机轴是分开的（见图 5-48），具体安装操作如下：

1）把机壳吊放在基础上，穿上地脚螺栓，把机壳摆正（暂不拧紧）。

2）把叶轮、轴承和皮带轮的组合体也吊放在基础上，并把叶轮穿入机壳内，穿上轴承箱地脚螺栓，然后将电机吊装在基础上。

3）找平、找正轴承座，使轴承的纵向水平度不超过 0.2‰，横向水平度不超过 0.3‰。轴承座找平，找正后，最好先灌浆固定。

4）以叶轮为标准，通过在机壳下加垫铁和微动机壳对机壳进行找平、找正，要求机壳的壁面和叶轮后盘平面平行，机壳的轴孔中心与叶轮中心重合，机壳的支座法兰面保持水平。

5）对电动机和通风机设备进行找正、找平。最后，在混凝土基础的预留孔内，用比基础混凝土高一级标号的混凝土灌浆，并捣固密实，地脚螺栓不得歪斜。待初凝后再检查一次各部分是否平正，最后拧紧地脚螺栓。

当风机采用皮带传动时，必须保证风机和电机的两个皮带轮的中心面在同一平面上，

图 5-49　皮带传动方向

使皮带轮紧松合适，不偏不斜。合理的皮带传动状态是紧边在下，松边在上，以增大皮带和皮带轮的接触面积，提高传动效率，同时有利于皮带较顺利地嵌进风机的皮带轮槽内，如图 5-49 所示。

通风机的安装还应注意以下几点：

1）通风机的进风管、出风管、阀件、调节装置等应设置单独的支、吊架，机身不应承受风管及其他构件的重量。

2）风机与电动机的传动装置外露部分应安装防护罩。

3）风机的吸入口或吸入管直通大气时，应加装保护网或其他安全装置。

4）风管与风机连接时，中间要装柔性接管。

5）风机入口的接入管直管段的长度应大于风机入口直径，当弯头与风机入口距离过

近时，应在弯头内加导流片。

6）风机出口的接出管应顺叶轮旋转方向接出弯管。在现场条件允许的情况下，应保证出口至弯管的直管段长度不宜小于 3 倍的风机入口直径。如果受现场条件限制达不到要求，应在弯管内设导流叶片弥补，如图 5-50 所示。

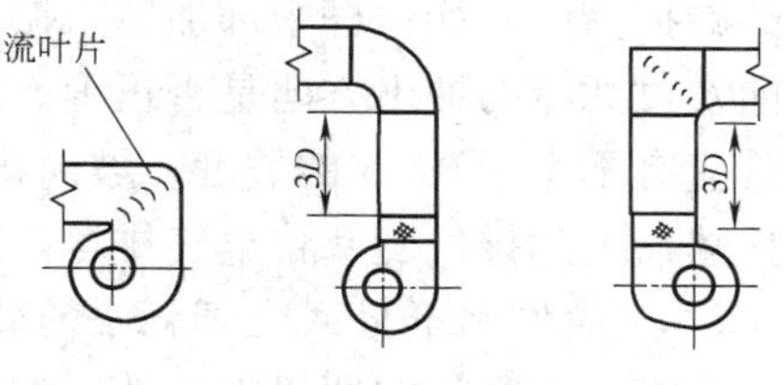

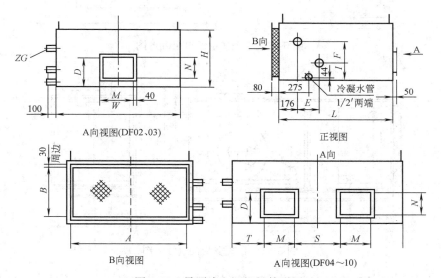

图 5-50　风机出口连接图

二、空调机组安装

空调机组是组成空调系统的核心设备。常见的空调机组有新风空调机组、柜式空调机组、组合式空调机组。按其外形或安装形式可分为吊顶式、立柜式、卧式、窗式、分体式空调机组。空调机组的技术性较强，因此在安装以前，应认真熟悉图纸、详细阅读产品样本与产品使用说明以及有关的技术资料，掌握其结构、尺寸、质量与安装要点。下面分别介绍吊装式空调机组、立柜式和卧式空调机组、组合式空调机组的安装。

（一）吊顶式空调机组的安装

吊顶式空调机组一般外形尺寸较小，图 5-51 安装于设备层、吊顶或机房内，不需单独占据机房，具有安装方便、使用简单、噪声小等特点，适用于小型商业办公室及工业应用的空调工程。安装前，应确认吊装楼板或梁的混凝土强度等级是否合格，钢筋混凝土承重能力是否满足要求。

A 向视图(DF02、03)

正视图

B 向视图

A 向视图(DF04～10)

图 5-51　吊顶式空调机组外形图

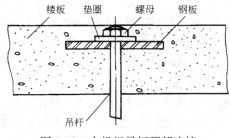

图 5-52　大机组吊杆顶部连接

吊装机组，应合理选择吊杆的大小，以保证机组的安全。当机组的风量、重量、振动较小时，吊杆顶部可采用膨胀螺栓与楼板连接，吊杆底部采用螺纹加装橡胶减振垫的方式与吊装孔连接，如果机组的风量、重量、振动较大，吊杆在钢筋混凝土内应加装钢板。吊装较大机组时，吊杆的做法参见图 5-52。机组应采取适当的减振措施，如吊杆中部加装减振弹簧。安装时应注意机组的进、出风方向和进、出水方向及过滤器的抽出方向是否正确。应保证机组安装的水平度和垂直度，连接机组的冷凝水管应有不小于 0.05 的坡度，坡向排出点。机组安装完毕后进行通水试压时，应开启冷热换热器上的排气旋塞将空气排尽，以保证系统的压力和水系统的流动通畅。

（二）立柜式和卧式空调机组的安装

立柜式和卧式空调机组，外形如图 5-53、图 5-54 所示，安装时应注意以下问题：

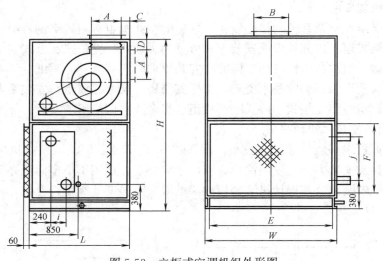

图 5-53 立柜式空调机组外形图

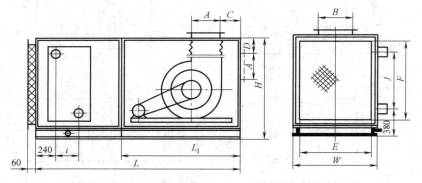

图 5-54 卧式空调机组外形图

（1）空调机组安装的地方必须平整，可放置在基座上（水泥或槽钢焊成），基座一般应高出地面 100～150mm。

（2）空调机组在设计没有防振要求时，可以放在一般木底座或混凝土基础上。有防振要求时，需按设计要求安装在防振基础上或垫以 10mm 厚的橡皮垫，安装减振器、减振垫等。机组减振器与基础之间出现有悬空状态的，应用钢板垫块垫实。按设计数量及位置布置，安装后应检查空调机组是否水平，如果不平，应适当调整减振器的位置。

（3）两台以上柜式空调机并列安装，其沿墙中心线应在同一直线上。应注意保护机组凝结水盘的保温材料，保证凝结水盘没有裸露情况。凝结水盘应有坡度，其出水口应设在水盘最低处。

（4）机组内部一般安装有换热器的放气及泄水口，为了方便操作，也可在机组外部的进出水管上安装放气及泄水阀门。通水时旋开放气阀门排气，然后将阀门旋紧，停机后通过泄水阀门排出换热器水管内的积水。

（5）与机组连接的冷凝水排放管应设有水封，水封高度不小于 100mm，如图 5-55 所示。机房内应设地漏，以便冷凝水排放或清洗机组时排放污水。

（6）机组的四周，尤其是检查门及外接水管一侧应留有充分空间，供维护设备使用。

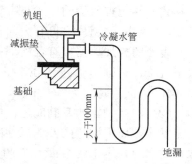

图 5-55　空调器凝结水的排除

（7）注意保护机组进、出水管和冷凝水管的连接螺纹，保证管路连接的严密性，没有漏水现象。必须将外接管路的水路清洗干净后方可与空调机组的进出水管相连，以免将换热器水路堵死。与机组管路相接时，不能用力过猛以免损坏换热器。

（8）检查电源电压符合要求后方可与电机相接。接通后先启动一下电机，检查风机转向是否正确，如转向相反，应停机将电源相序改变，然后将电机电源正式接好。

（9）电机应接在有保护装置的电源上，机壳应接地，大于 15kW 时应降压启动。

（10）与机组连接的风管和水管等的重量不得由机组承受，空调机的进出风口与风道间用软接头连接。

（11）电加热器如果安装在风管上，与风管连接的衬垫材料、加热器及加热器前后各 800mm 风管的保温材料都要使用石棉板和石棉泥等耐热材料。加热器要可靠接地。

（三）组合式空调机组的安装

组合式空调机组也称装配式空调机组，是一种由制造厂家提供预制单元、以实现对空气的多种处理功能并可在使用现场进行组装的大型空气处理设备。安装时，应根据设计规定的顺序和要求将各功能段进行组合，如图 5-56 所示。各段之间的连接常采用螺栓内垫海绵橡胶板的紧固形式，也有的采用 U 形卡兰内垫海绵橡胶板的紧固形式。国外生产的空气调节机也有用插条连接。

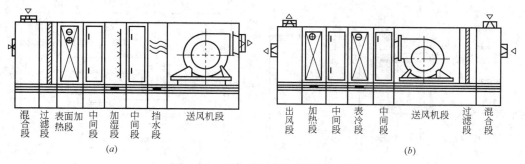

图 5-56　组合式空调机组组合形式
（a）组合形式图 1；（b）组合形式图 2

组合式空调机组安装要求如下：

（1）安装前，应核查各功能段是否齐全、管道接口方向是否正确，冷却段或加热段的换热器的排数、单位长度的串片数是否与设备资料相符；核查风机段的风机与电动机的技术参数，并检查风机的形式与系统的气流方向是否相符；检查组合空调器的箱体表面是否受损，换热器的翅片不得有大面积的碰歪叠压现象；

表冷器或加热器应有合格证书，在技术文件规定期限内，表面无损伤，安装前可不做水压试验，否则应做水压试验。试验压力等于系统最高工作压力的 1.5 倍，不得低于 0.6MPa，试验时间为 2～3min，压力不得下降。

（2）对空调器的基础应进行检查。空调器的基础应采用混凝土平台基础，基础的长度及宽度应按照空调器的外形尺寸向外各加上 50～100mm，基础的高度应考虑到凝结水排水管的水封与排水的坡度。空调器基础平面必须水平，对角线水平误差应不大于 5mm。空调器可直接平放在垫有 5～10mm 橡胶板的基础上，也可平放在垫有橡胶板的 10 号工字钢或槽钢上，即在基础上敷设三条工字钢，其长度等于空调器各段的总长度。

（3）安装时，应校核基础的坐标位置和基础的水平度，对各功能段的组装找平找正，连接处要严密、牢固可靠。对于表冷段的凝结水的引流管应该畅通，凝结水不得外溢。

对于有表冷段的空调器，可由左向右或由右向左进行组装。

对于风机段的风机分解单独运输的情况下，应先安装风机段的空段体，然后再将风机和电动机装入段体内。如风机和电动机较大，风机的检视门无法进入，应先安装空段体的底板，待风机和电动机与底板连接后，再组装侧、顶段板。

现场组装的机组安装完毕后应进行漏风测试。漏风量必须符合现行国家标准《组合式空调机组》GB/T 14294 的规定。

三、风机盘管的安装

风机盘管空调器主要由风机和换热器组成，同时还有凝结水盘、过滤器、外壳、出风格栅、吸声材料、保温材料等。风机盘管的安装形式有明装与暗装、立式与卧式、卡式和立柜式等。风机盘管水管连接及安装示意图如图 5-57 和图 5-58 所示。风机盘管安装工艺流程如下：

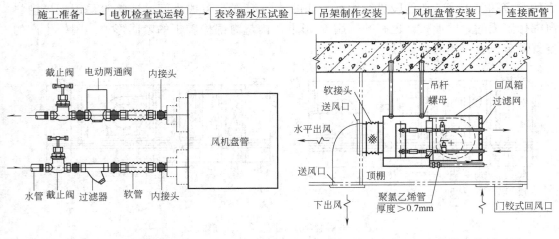

图 5-57　风机盘管水管连接图　　　　　图 5-58　卧式风机盘管的安装剖面图

其安装操作的要点如下：

（1）风机盘管安装前宜进行单机三速试运转及水压检漏试验，试验压力为系统工作压力的 1.5 倍，观察时间为 2min，不渗不漏为合格。

（2）风机盘管就位前，应按照设计要求的形式、型号及接管方向（即左式或右式）进行复核，确认无误后才能进行安装。

（3）卧式风机盘管的吊杆必须牢固可靠，标高应根据冷（热）水管、回水管及凝结水管的标高确定，特别是凝结水管的标高必须低于风机盘管凝结水盘的标高，以利于凝结水的排除。

（4）对于卧式暗装的风机盘管，在安装过程中应与室内装饰工作密切配合，防止在施工中损坏装饰的顶棚或墙面。回风口预留的位置和尺寸，应考虑风机盘管的维修和阀门开关的方便。

（5）与风机盘管连接的冷冻水或热水管，应按"下送上回"的形式安装，以提高空气处理的热交换性能。

（6）与风机盘管连接的冷冻水或热水管，应安装水过滤器，特别是系统末端的2～3组风机盘管必须安装水过滤器，以清除管道中的杂质，保护风机盘管免受堵塞。

（7）与风机盘管连接的冷（热）水和回水管必须采用柔性连接，防止硬连接过程中损坏风机盘管及漏水等弊病。柔性连接有两种形式，一种是特制的橡胶柔性接头，接头的两端各设一只螺纹活接头，一端与管道连接，另一端与风机盘管连接。另一种是退火的纯铜管，两端用扩管器扩成喇叭口形，用锁母拧紧。

四、消声器的安装

消声器是一种既能允许气流通过，又能有效阻止或减弱声能传播的装置，是解决空气噪声的主要技术措施。消声器的种类和结构形式很多，用于空调系统中的消声器按其消声特性来分，有阻性消声器（图 5-59）、抗性消声器、复合式消声器和微孔板消声器。

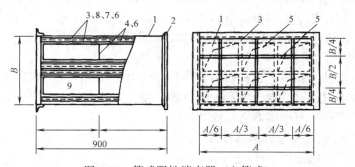

图 5-59　管式阻性消声器（六管式）

1—风管；2—连接法兰；3—20mm 厚超细玻璃棉毡；4—φ4 钢筋框（中距 440）；5—φ6 钢筋固定框（焊于两端法兰处）；6—φ4 钢筋框；7—镀锌铁丝网；8—玻璃丝布；9—12mm 厚石膏板

消声器安装时，应该连接牢固、平直不漏风，并应注意下列几点：

（1）消声器在吊装过程中，应避免振动，防止消声的变形，影响消声效果。特别对于填充消声多孔材料的阻式消声器，由于振动而损坏填充材料，不但降低消声效果，而且也会污染空调环境。

（2）大型组合式消声室的现场安装，应按照施工方案确定的组装顺序进行。消声组件的排列、方向与位置应符合设计要求，每单个消声组件应固定牢固。当有两个或两个以上消声元件组成消声组件时，应连接紧密不能松动，连接处表面过渡应圆滑顺气流。

（3）消声器安装的方向应正确，与风管或管件的法兰连接应严密牢固。并应单独设吊支架，其重量不能由风管承受。

（4）为防止噪声不经过消声器直接进入消声器后面的管道，消声器不宜配置在机房内，如图 5-60 所示。如必须在机房，应采取隔声措施，消声器外做 50mm 厚岩棉，用 12mm 厚石膏板防止噪声"短路"降低消声效果。当系统为空调、洁净系统时，消声器外壳应与风管同样做保温处理。

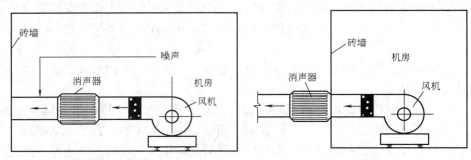

消声器短路的安装方式　　　　　　避免消声器短路的正确安装方式

图 5-60　消声器安装方式

（5）消声器的噪声衰减量与气流有关，流速越高，噪声衰减量随之下降，所以消声器的位置应尽可能远离风机出口，避开高速气流。

（6）运输和存放，应注意防止淋雨受潮，受潮后会降低甚至失掉消声作用。

五、空气过滤器的安装

空气过滤器是空调系统和空气洁净系统的重要组成部分，用于将含尘量较小的室外空气经过滤净化后送入室内，使室内环境达到洁净要求。空气过滤器根据空气过滤效率可分为粗效过滤器、中效过滤器、亚高效过滤器及高效过滤器等几种，按洁净室的洁净度选用。

（一）粗、中效过滤器安装

粗效过滤器的种类较多，根据使用的滤料可分为聚氨酯泡沫塑料过滤器、无纺布过滤器、金属网格浸油过滤器、自动浸油过滤器等。在安装时应考虑便于拆卸和更换滤料，并使过滤器与框架、框架与空调器之间保持严密。

1. 网格干式过滤器及金属网格浸油过滤器

这两种过滤器一般做成 500mm×500mm×50mm 的方块，按设计要求的数量及安装形式焊好角钢安装框架（包括底架及方格框架），再将各块过滤器嵌入方格框内，过滤器边框与支撑格框用螺栓固定，框与框连接处衬以石棉橡胶板或毛毡垫料，以保证严密。干式过滤器是将泡沫塑料或干纤维等滤料，夹装于两层镀锌钢丝网中间。金属网格浸油过滤器是在过滤器匣体内交错的叠用多层不同孔径的波纹金属网，使相邻波纹网的波纹相互垂直，且网孔尺寸沿气流方向逐层减少，使用前（或成品出厂时）浸油。

浸油过滤器（图 5-61），安装前应用热碱水将过滤器表面粘附物清洗干净，晾干后再浸以 12 号或 20 号机油。安装时应将空调器内外清扫干净，并注意过滤器的方向，将大孔径金属网格朝向迎风面，以提高过滤效率。

为检修方便，安装于风管中的干式网格过滤器可做成抽屉式，如图 5-62 所示。干式或油浸网格过滤器可按设计要求布置成直立式、人字形等不同形式，图 5-63 为立式人字形的安装形式。

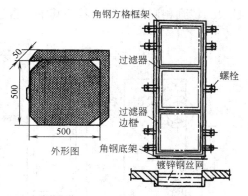

图 5-61　金属网格浸油过滤器

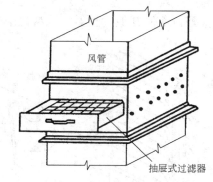

图 5-62　抽屉式过滤器

2. 铺垫式过滤器

由于滤料需经常清洗，为了拆装方便，可采用铺垫式横向踏步式过滤器，见图 5-64。先用角钢做成安装框架，并与空调机组预埋螺栓做踏步形连接，过滤器框架间的平板用钢板封住，斜框架上铺镀锌钢丝网，上铺 20～30mm 厚的粗中孔泡沫塑料垫，与气流方向成 30°角，不需另外固定，待清洗时就可从架子上卷起滤料。

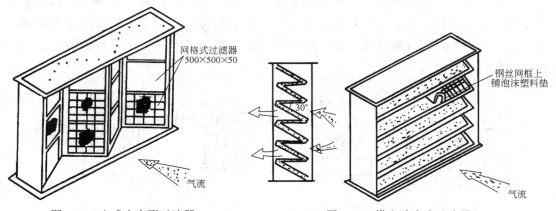

图 5-63　立式人字形过滤器　　　　　　图 5-64　横向踏步式过滤器

3. 自动浸油过滤器

图 5-65，自动浸油过滤器用于一般通风、空调系统，但不能在空气洁净系统中采用，以防止将油雾（即灰尘）带入系统中。安装时应清除过滤器表面粘附物，并注意装配的转动方向，使传动机构灵活。过滤器与框架或并列安装的过滤器之间应进行封闭，防止从缝隙中将污染的空气带入系统中，而形成空气短路的现象，从而降低过滤效果。

4. 自动卷绕式过滤器

自动卷绕式过滤器由过滤层及电动机带动的自动卷绕机构组成，见图 5-66。过滤层用合成纤维制成的毡状滤料—无纺布卷绕在各转折布置的转轴上，当使用一段时间后，过滤层积尘使前后气流达到一定压差，即可通过过滤器前后压差为传感信号进行自动控制更换滤料的空气过滤设备，常用于空调和空气洁净系统。滤料应松紧适当，上下箱应平行，保证滤料可靠的运行。多台并列安装的过滤器，用同一套控制设备时，压差信号使用过滤器前后的平均压差值。特别注意的是，电路开关必须调整到相同的位置，避免其中一台过早地报警，而使其他过滤器的滤料也中途更换。

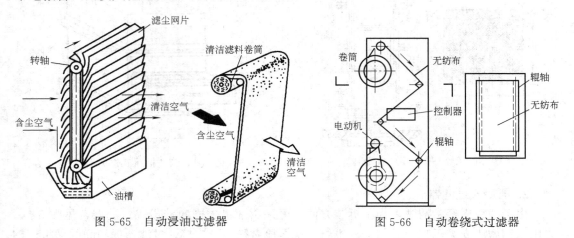

图 5-65   自动浸油过滤器   图 5-66   自动卷绕式过滤器

5. 袋式过滤器

袋式过滤器一般做中效过滤。采用多层不同孔隙率的无纺布作滤料，加工成扁布袋形状，袋口固定在角钢框架上，然后固定在预先加工好的角钢安装框架上，中间加法兰垫片以保证连接严密。滤料可用水清洗，多次反复使用。在安装框架上安装的多个扁布袋平行排列，袋身用钢丝撑起或用挂钩吊住，图 5-67 所示。安装时要注意袋口方向应符合设计要求。

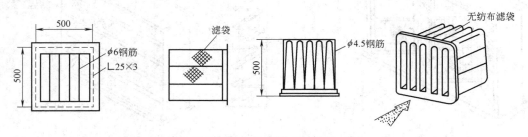

图 5-67   无纺布袋式过滤器

（二）高效过滤器的安装

高效过滤器是空气洁净系统的最重要的净化设备，它的安装是整个系统安装工作的重点，也是质量检验评定的重点分项工程，对工程质量等级的最后评定起着决定性作用。高效过滤器安装质量直接影响着系统最终的净化效率。其安装工作主要是如何保证过滤器与安装框架嵌接的严密性。

目前国内采用的滤料为超细玻璃纤维纸和超细石棉纤维纸，用以过滤粗、中效过滤器不能过滤的而且含量最多的 $1\mu m$ 以下的亚微米级微粒，保证洁净房间的洁净要求。为保证过滤器的过滤效率和洁净系统的洁净效果，高效过滤器安装必须遵守《洁净室施工及验收规范》GB 50591 或设计图的要求。

高效过滤器与组装高效过滤器的框架，其密封一般采用顶紧法和压紧法两种。对于洁净度要求严格的 5 级以上洁净系统，有的采用刀架式高效过滤器液槽密封装置。高效过滤器在洁净系统末端的安装如图 5-68 所示。

安装操作技术要求如下：

（1）应按出厂标志竖向搬运和存放，以防止由超细玻璃棉制作的滤纸被滤层隔板压折。

（2）必须在洁净室全部安装完毕，并全面清扫、吹洗和系统连续试车 12h 以上后，方能在现场开箱检查并进行安装。

（3）安装前需进行外观检查和仪器检漏，目测不得有变形、脱落、断裂等破损现象，仪器抽检检漏应符合产品质量文件的规定。

（4）框架端面或刀口端面应平直，端面平整度的允许偏差每只不得大于 1mm。安装时对过滤器的外框不得修改。

（5）采用机械密封时，过滤器与安装框架之间必须垫密封垫料（如闭孔海绵橡胶板、氯丁橡胶板），或涂抹硅橡胶。密封垫料厚度为 6～8mm，定位粘贴在过滤器边框上。垫料的拼接方法宜采用梯形或榫型相接，不应直缝对接或搭接，如图 5-69 所示。安装后的垫料压缩率应大于 50%。采用液槽密封时，槽架安装应水平，不得有渗漏现象，槽内无污物和水分，槽内密封液高度宜为 2/3 槽深，密封液的熔点宜高于 50℃。

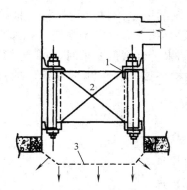

图 5-68　高效过滤器在洁净系统末端的安装
1—乳胶海绵；2—高效过滤器；3—孔板出风口

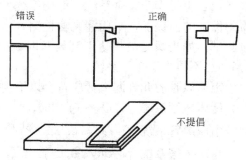

图 5-69　高效过滤器安装垫料的接头形式

（6）安装时，过滤器外框上的箭头应与气流方向一致。用波纹板组合的过滤器在竖向安装时，波纹板（隔板）必须垂直于地面，不得反向。

第四节　通风空调系统漏风量测试

风管及管件安装结束后，在进行防腐和保温之前，应按照系统的压力等级进行严密性检验。低压风管系统的严密性检验，在加工工艺得到保证的前提下，一般以主干管为主采用漏光法检测；中压风管系统的严密性检验一般在漏光法检测的基础上做漏风量的抽检；高压风管则必须全数进行漏风量检测。风管系统严密性检验的被抽检系统，应全数合格，则视为通过；如有不合格时，应再加倍抽检，直至全数合格。

一、风管严密性的漏光法检测

风管严密性的漏光法检测，是利用光线对小孔的强穿透力，对系统风管严密程度进行

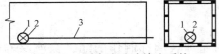

图 5-70　测光法试验检查系统

1—保护罩；2—灯泡；3—电线

检测的方法。如图 5-70 所示，光源应采用具有一定强度的安全光源，一般的手持移动光源可采用不低于 100W 带防护罩的低压照明灯，或其他的低压光源。

在对系统风管漏风检测时，光源可置于风管的内侧，也可置于风管的外侧。但其相对侧应为黑暗环境。即将光源置于风管内侧时，其风管的外侧应为光线较暗的背景；如将光源置于风管的外侧时，其风管的内侧应为光线较暗的背景。检测光源应沿着被检测接口部位与接缝作缓慢地移动，在另一侧进行观察。当发现有光线射出时，则说明查到了明显的漏风处，并做好记录。

对于系统风管的检测，宜采用分段检测、汇总分析的方法。在严格安装质量管理的基础上，系统风管的检测以总管和干管为主。当采用漏光法检测风管系统的严密性时，低压系统风管以每 10m 接缝漏光点不多于 2 处，且 100m 接缝平均不大于 16 处为合格；中压系统风管的每 10m 接缝，漏光点不多于 1 处，且 100m 接缝平均不大于 8 处为合格。漏光检测中，对发现的条缝形漏光，应作密封处理。

二、漏风量的测试

风管严密性检验，应在漏光法检测合格后，对系统漏风量测试进行抽检，抽检率为 20%，且不得少于 1 个系统。低压系统大都为一般的通风和舒适性空调系统，在加工工艺得到保证的前提下，采用漏光法检测，当漏光法检测结果符合规范要求时，可不进行漏风量测试。如当漏光检测达不到要求时，应按规定的抽检率做漏风量测试抽检，抽检率为 5%，且不得少于 1 个系统。

矩形风管的允许漏风量应符合以下规定：

低压风管系统　　$Q_L \leqslant 0.1056 P^{0.65}$　（$m^3/(h \cdot m^2)$）；

中压风管系统　　$Q_m \leqslant 0.0352 P^{0.65}$　（$m^3/(h \cdot m^2)$）；

高压风管系统　　$Q_H \leqslant 0.0117 P^{0.65}$　（$m^3/(h \cdot m^2)$）。

Q_L、Q_m、Q_H 为系统风管在相应工作压力下，单位面积风管单位时间内允许的漏风量；P 为风管系统的工作压力（Pa）。低压、中压圆形的金属风管和复合材料风管以及采用非法兰形式的非金属风管的允许漏风量，应为矩形风管规定值的 50%；砖、混凝土风道的允许漏风量不应大于矩形低压系统风管规定值的 1.5 倍；排烟、除尘、低温送风的系统风管漏风量按中压系统风管的规定；N1～N5 级净化空调系统按高压系统风管的规定执行，其余按中压系统风管的规定执行。

漏风量测试装置，一般分为风管式和风室式两种。在风管式漏风测试装置中，使用的计量元件为孔板；在风室式漏风测试装置中，使用的计量元件为喷嘴。测试装置中所使用风机的风压和风量应大于被测定系统或设备的规定试验压力及最大允许漏风量的 1.2 倍。装置试验压力的调节，一般采用调整风机转速的方法，也可以采用控制节流器开度的方法，漏风量值必须在稳压条件下测得。测试装置中用来测量压差的装置，一般采用微压计，其最小分度应不大于 1.6Pa。

图 5-71 是风管式漏风量的测试装置。它是由离心式风机、连接风管、测压仪器、整流栅、节流器和标准孔板等组成。

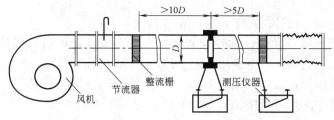

图 5-71　正压风管式漏风量测试装置

第五节　通风空调系统试运转、调试及竣工验收

一、通风空调系统的试运转与调试

通风空调系统安装完毕后，必须进行系统的测定和调整，简称调试。调试应由施工单位负责、监理单位监督、设计单位和建设单位参与和配合。系统调试前，施工单位应编制调试与试运转方案报送监理工程师审批；调试结束后，必须提供完整的调试资料和报告。

调试前应熟悉的资料包括通风空调工程的全部设计图纸、设计参数、系统全貌、设备性能和使用方法等内容。应对整个通风、空调工程作全面的外观质量检查，如管道、设备、阀门的安装质量；空气洁净系统及除尘器的严密性；系统的防腐及保温质量等。应编制调试计划。准备好需要的仪表和工具，接通水、电源及冷热源。各项准备工作就绪和检查无误后，即可按计划投入试运转。通风空调系统的试运转流程如图 5-72 所示。

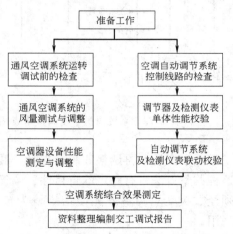

图 5-72　通风空调系统的试运转流程

通风空调系统调试应包括：设备的单机试运转与调试以及系统无负荷联合试运行与调试两项。

（一）设备的单机试运转与调试

设备的单机试运转与调试主要包括通风机、空调机、冷冻（却）水泵、制冷机、冷却塔风机、防火阀、表面换热器、净化设备等的单机试运行。应符合以下规定：

通风机、水泵、空调机组、风冷热泵抽查数量按 20%，且不得少于 1 台；风机盘管、防火阀抽查数量按 20%，且不得少于 5 台；冷却塔和制冷机组应全数抽查。通风机和水泵在额定转速下连续运转 2h 后外壳最高温度不得超过 70℃，滚动轴承不得超过 75℃。冷却塔试运行不少于 2h，运行应无异常。制冷机组、单元式空调器正常运转行不少于 8h。

运行后要检查设备的减振器是否有移位现象，设备的试运行要根据各种设备的操作规程进行，并做好记录。

（二）通风空调系统试运转与调试

通风与空调系统的试运转分无负荷联合试运转及带负荷的综合效能试验与调整两个阶

段。前一阶段的试运行由施工单位负责，是安装工程施工的组成部分；后一阶段的试验与调整由建设单位负责，设计与施工单位配合进行。

通风空调系统无负荷联合试运转与调试，应在通风空调单机试运转合格后进行。包括：系统风量、风压的测定；空调冷热水、冷却水总流量的测定；温度、相对湿度值及其波动值的测定；静压测定；室内洁净度测定；水量测定；噪声测定等。

系统风量、各支路风量及阻力平衡的调整可按以下方法进行。

（1）流量等比分配法

系统风量的调整一般是从系统最不利环路开始，逐步通向风机出风段。如图 5-73 所示，先测支管 1 和 2 的风量，调节支管上的风阀，使支管 1 和 2 的风量比值与设计风量的比值近似相等；然后测定并调整 6 和 7 、3 和 4、5 和 8 的风量，使其风量比值和设计风量的比值近似相等；最后测定并调整风机的总风量，使其等于设计总风量。此方法称为"流量等比分配法"，该方法方便、准确。

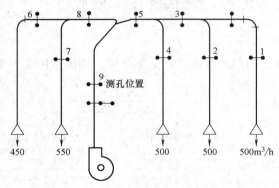

图 5-73　系统风量平衡调整示意图

（2）逐段分支调整法

这种方法是先从风机开始，将风机送风量先调整到大于设计总风量 5％～10％，再调整 6 和 7、1 和 2 两分支管，使之依次接近于设计风量，将不利环路调整近似平衡后，再调整 5 和 8 支管。最后再调整 9 管段的总风量，使之接近于设计风量。这种调整方法带有一定的盲目性，属于"试凑"性的方法，由于前后调整都互有影响，必须经数次反复调整才能使结果较为合适。但对于较小的系统，有经验的试调人员也常采用。

通风空调系统调试结果与设计风量的偏差为－5％～10％。

（三）通风与空调系统的试运行

通风与空调系统的试运行是在系统风机、风管、风口风量风压测定，以及系统风量平衡的基础上，冬期竣工时通入热源，夏期竣工时通入冷源，对空调系统进行联合试运行。其连续运转时间不少于 8h，对通风、除尘系统应在无负荷下进行风机、风管与附件等全系统的联合试运转，其连续运转时间不少于 2h。

当空调系统的竣工季节与设计条件相差较大时，仅做不带冷（热）源的试运转。

所有通风、除尘、空调系统的联合试运转情况，均应做好运行记录，作为工程验收的技术文件之一。如各系统在连续运转时间内运转正常，则可认为系统联合试运转合格。

二、通风空调系统的竣工验收

通风与空调工程的竣工验收，是在工程施工质量得到有效监控的前提下，施工单位通过整个分部工程的无负荷系统联合试运转与调试和观感质量的检查，按规范要求将质量合格的分部工程移交建设单位的验收过程。

在建设单位、施工单位、设计单位、监理单位的共同参与下，对工程进行全面的外观检查、审查竣工交付文件后，在施工单位经自检提交的分项、分部工程质量检验评定表的基础上，对工程的质量等级进行最终的评定，如评定结果质量等级达到合格及以上标准后，即可办理验收手续，进行通风与空调分部工程的竣工验收。

（一）通风与空调工程应交验的技术文件

通风与空调工程竣工验收时，应检查竣工验收的资料，一般包括下列文件及记录：图纸会审记录、设计变更通知书和竣工图；主要材料、设备、成品、半成品和仪表的出厂合格证明或检验资料；隐蔽工程验收单和中间验收记录；分项、分部工程质量检验评定记录；制冷系统试验记录（单机清洗、系统吹污、严密性、真空试验、充注制冷剂检漏等记录）；空调系统的联合试运转记录。

（二）通风与空调工程的观感质量检查

观感质量检查是通风与空调工程的全面外观检查，是工程验收时的重要检验内容之一。它包括如下内容：

（1）风管、管道和设备安装的正确性、牢固性。

（2）风管连接处以及风管与设备或调节装置的连接处是否有明显漏风现象。

（3）各类调节装置的制作和安装是否正确牢固，调节灵活，操作方便。

（4）通风机的皮带传动是否正确。

（5）除尘器、集尘室安装的密闭性。

（6）空气洁净系统风管、静压箱内是否清洁、严密。

（7）制冷设备安装的精度，其允许偏差是否符合《制冷设备安装工程施工及验收规范》的规定。

（8）通风、空调系统的油漆是否均匀、光滑，油漆颜色与标志是否符合设计要求。

（9）隔热层有无断裂松弛现象，外表面是否光滑平整。

根据以上检查内容，施工班组在施工过程中应对照加强自检，自检包括工序自检，分项工程竣工自检两方面，均应严格进行，使质量缺陷和隐患消灭于施工过程中，而不出现于成品中。

复习思考题

1. 金属风管板材按连接目的分有几种连接方式？各有什么目的？
2. 用钢板制作风管有哪种连接方法？如何选择连接方法？
3. 什么叫咬口连接？常见的咬口形式有哪些，并指出其适用范围。
4. 常用的焊接方法有哪几种？适用范围是什么？
5. 什么叫划线？常用划线的方法有哪几种？
6. 如何制作矩形风管法兰？
7. 为什么要对风管进行加固？矩形风管加固方式有哪些？
8. 风管系统安装程序是什么？风管安装前应具备哪些条件？
9. 如何根据现场绘制通风空调系统的加工安装草图？
10. 风管支、吊架的形式有哪几种？支、吊架安装应注意哪些问题？
11. 风管无法兰连接和法兰连接相比有何特点？矩形风管无法兰连接的形式有哪几种？
12. 共板法兰连接有何特点？安装步骤有哪些？

13. 风管的安装过程中，应注意哪些问题？

14. 安装风阀时应注意什么？安装防火阀时应注意什么？

15. 轴流式风机和离心风机的安装都有哪些方式？应注意哪些问题？

16. 简述离心风机安装的基本顺序。

17. 风机盘管安装操作的要点有哪些？

18. 空调机组安装有哪几种形式？空调机组安装时应注意什么？

19. 风管严密性的漏光法检测的方法是什么？漏风量有何要求？

20. 通风空调系统调试包括哪些内容？

21. 风量测定时，如何选择测定截面的位置和测定点？

22. 系统风量、各支路风量及阻力平衡的调整方法是什么？

第六章　空调冷热源系统安装

第一节　设备的固定方法

一、设备基础验收

设备基础是用来支撑设备重量，并吸收其振动的构筑物。设备基础一般是由土建单位施工，但设备安装单位在设备安装之前，应认真做好设备基础的质量检查和验收工作，以便保证安装质量，缩短安装工期。设备基础验收应根据图纸和现行国家标准《混凝土结构工程施工质量验收规范》的规定进行。

设备基础的验收主要是为了检查基础的施工质量，校核基础的位置尺寸、标高，检查外观质量及强度等。设备基础验收时要填写验收记录。

（一）设备基础位置尺寸、标高的要求

对设备基础的位置、几何尺寸测量检查的主要项目有：基础的坐标位置；不同平面的标高；平面外形尺寸；凸台上平面外形尺寸和凹穴尺寸；平面的水平度；基础的铅垂度；预埋地脚螺栓的标高和中心距；预埋地脚螺栓孔的中心位置、深度和孔壁铅垂度；预埋活动地脚螺栓锚板的标高、中心位置、带槽锚板和带螺纹锚板的水平度等。

设备安装前应按照规范允许偏差对设备基础位置和几何尺寸进行复检验收。设备基础尺寸和位置的允许偏差应符合表 6-1 的要求。

设备基础尺寸和位置允许偏差　　　　　　　　　　表 6-1

项　　目		允许偏差（mm）
坐标位置（纵、横轴线）		±20
不同平面的标高		−20
平面外形尺寸 凸台上平面外形尺寸 凹穴尺寸		±20 −20 +20
平面的水平度（包括地坪上需安装设备的部分）	每米	5
	全长	10
垂直度	每米	5
	全长	10
预埋地脚螺栓	标高（顶端）	+20
	中心距（在根部和顶部测量）	±2
预埋地脚螺栓	中心位置	±10
	深度	+20
	孔壁铅垂度每米	10

续表

项 目		允许偏差(mm)
预埋活动地脚螺栓锚板	标高	+20
	中心位置	+5
	水平度(带槽的锚板)每米	5
	水平度(带螺纹孔的锚板)每米	2

(二) 设备基础外表面质量要求

要求设备基础外表面应无裂纹、空洞、掉角、露筋,在用锤子敲打时,应无破碎等现象发生。同时设备基础表面和地脚螺栓预留孔中的油污、碎石、泥土、积水等均应清除干净。

对于一次性预埋的地脚螺栓,地脚螺栓的位置正确,露出基础的长度符合要求,螺纹情况良好,螺母和垫圈配套。

如果是预留地脚螺栓孔,则应按设计图检查预留孔的位置及深度,且孔内应无露筋、凹凸等缺陷,地脚螺栓孔应垂直。

放置垫铁的基础表面应平整,中心标板和标高基准点埋设、纵横中心线和标高的标记以及基准点的编号等均应正确。

基础浇筑时承重面上要留出 40~60mm 的垫铁高度(即比设计标高低 40~60mm),待二次灌浆后使之达到设计标高。

(三) 对设备基础混凝土强度的验收要求

基础验收时,基础施工单位应提供设备基础质量合格证明书,验收时主要检查其混凝土配合比、混凝土养护及混凝土强度是否符合设计要求,如果对设备基础的强度有怀疑时,可请有检测资质的工程检测单位采用回弹法或钻芯法等对基础的强度进行复测。

二、设备的固定

设备与基础的连接是将机械设备牢固地固定在设备基础上,以免发生位移和倾覆。同时可使设备长期保持必要的安装精度,保证设备的正常运转。设备与基础的连接主要是地脚螺栓连接,通过调整垫铁将设备找正找平,然后灌浆将设备固定在设备基础上。

(一) 地脚螺栓

地脚螺栓的作用是将设备与基础牢固地连接起来。地脚螺栓一般可分为固定地脚螺栓、活动地脚螺栓、胀锚地脚螺栓和粘接地脚螺栓。目前常用的是固定地脚螺栓和活动地脚螺栓。

1. 固定地脚螺栓

固定地脚螺栓与基础浇灌在一起,常用来固定没有强烈振动和冲击的设备。其长度一般为 100~1000mm,头部做成开叉形、环形、钩形等形状,以防止地脚螺栓旋转和拔出,见图 6-1。

固定地脚螺栓在安装时有一次灌浆和二次灌浆之分。一次灌浆即是预埋地脚螺栓,预埋地脚螺栓定位一定要准确。二次灌浆是在基础上预先留出地脚螺栓孔,安装设备时穿上地脚螺栓,然后把地脚螺栓浇灌在预留孔内。

2. 活动地脚螺栓

活动地脚螺栓是一种可拆卸的地脚螺栓，用于固定工作时有强烈振动和冲击的重型机械设备。这种地脚螺栓比较长，或者是双头螺纹的双头式，或者是一头螺纹、另一头 T 字形的 T 形式，见图 6-2。

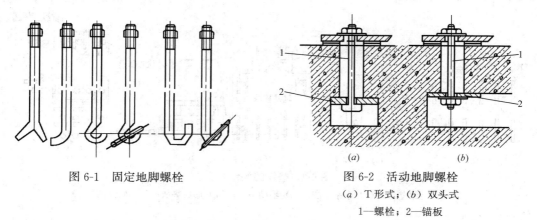

图 6-1　固定地脚螺栓

图 6-2　活动地脚螺栓
（a）T 形式；（b）双头式
1—螺栓；2—锚板

活动地脚螺栓有时要和锚板一起使用，锚板可用钢板焊制或铸造成型，中间有穿螺栓或不使螺栓旋转的孔。

地脚螺栓安装过程中要重点注意防止地脚螺栓中心位置超差、地脚螺栓标高超差（包括偏高或偏低）、地脚螺栓在基础内松动、地脚螺栓与水平面的垂直度超差等问题。

（二）垫铁

垫铁的作用是把设备的重量传递给基础，又可以通过调整垫铁的厚度将设备找平。

按垫铁的材料可分为铸铁垫铁和钢垫铁，铸铁垫铁的厚度一般在 20mm 以上，钢垫铁的厚度一般在 0.3～20mm 之间。按垫铁的形状可分为平垫铁、斜垫铁、开孔垫铁、开口垫铁、钩头成对斜垫铁、调整垫铁等 6 种，图 6-3（a）是平垫铁，图 6-3（b）是斜垫铁。

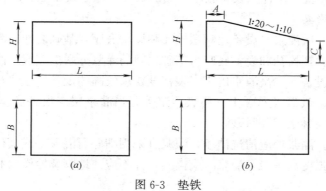

图 6-3　垫铁
（a）平垫铁；（b）斜垫铁

许多机械设备安装过程中的找平找正都使用平垫铁和斜垫铁，此类垫铁的规格已标准化，斜垫铁分 A 型和 B 型两种。A 型斜垫铁的代号是斜 1A～斜 6A，B 型斜垫铁的代号是斜 1B～斜 6B。平垫铁（C 型）的代号是平 1～平 6。平垫铁和斜垫铁的表面一般不进行精加工，如有特殊要求的机械设备（如离心式压缩机），应进行精加工，加工后的结合面还应进行刮研。

垫铁的放置方法有标准垫法、十字垫法、辅助垫法、筋底垫法、混合垫法等，参见图 6-4。敷设垫铁应注意下列事项：

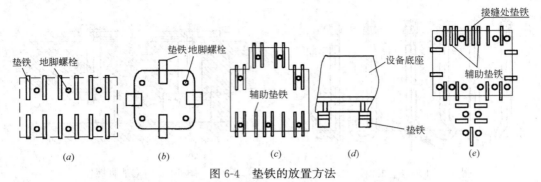

图 6-4　垫铁的放置方法
(a) 标准垫法；(b) 十字垫法；(c) 辅助垫法；(d) 筋底垫法；(e) 混合垫法

（1）在基础上放置垫铁的位置应铲平，使垫铁与基础之间的接触良好。

（2）每一垫铁组应尽量减少垫铁的块数，且不宜超过 5 块，并少用薄垫铁；放置平垫铁时，最厚的应放在下面，薄的放在上面，最薄的放在中间，设备调整完毕后，对于钢制垫铁，应将各块垫铁用定位焊焊牢。

（3）承受负荷的垫铁组，应使用成对斜垫铁，设备调整完毕后灌浆前用定位焊焊牢。承受重负荷或有强连续振动的设备宜使用平垫铁。

（4）每一组垫铁应放置整齐平稳，接触良好，设备调平后，每组垫铁均应压紧；对高速运转的设备，用 0.05mm 的塞尺检查垫铁之间和垫铁与设备底座之间的间隙时，在垫铁同一断面处两侧塞入的长度总和不得超过垫铁总长（宽）度的 1/3。

（5）设备调平后，垫铁端面应露出设备底面外缘，平垫铁宜露出 10～30mm，斜垫铁宜露出 10～50mm；垫铁组伸入设备底座底面的长度应超过设备地脚螺栓的中心。

三、设备基础灌浆

设备灌浆分为一次灌浆（设备地脚螺栓孔和设备底座与基础之间的灌浆一次完成）和二次灌浆（设备地脚螺栓孔和设备底座与基础之间的灌浆分两次完成）两种。一次灌浆用于安装精度不高的设备，二次灌浆用于安装精度要求较高的设备。灌浆料分为细碎石混凝土、无收缩混凝土、微膨胀混凝土、环氧砂浆等。当灌浆层与设备底座面接触要求较高时，宜采用无收缩混凝土或环氧砂浆。

预留孔灌浆前，灌浆处应清洗洁净，灌浆宜采用细碎石混凝土或其他灌浆料，其强度应比基础或地坪的强度高一级，灌浆时应捣实，并不应使地脚螺栓倾斜和影响设备的安装精度。

灌浆层厚度不应小于 25mm。仅用于固定垫铁或防止油、水进入的灌浆层，且灌浆无困难时，其厚度可小于 25mm。

灌浆前应支设外模板，外模板至设备底座面外缘的距离不宜小于 60mm。模板拆除后，表面应进行抹面处理。当设备底座下不需要全部灌浆，且灌浆层承受设备负荷时，应支设内模板。

第二节　冷源系统安装

空调冷源系统由冷水机组、冷冻水泵、冷却水泵、冷却塔及相应管道、管道附件组成。在常用的冷水机组中，离心式制冷压缩机属高速回转机械，对安装有较高的要求，在安装过程中，即使很小的误差，也会造成机器运转不稳定和剧烈的振动。因此，本节以离心式冷水机组为例介绍冷水机组的安装过程。

一、离心式冷水机组安装

（一）机组安装

离心式制冷机组多安装在室内的混凝土基础上或软木、玻璃纤维砖等减振基础上，也可用隔振器进行减振，如图 6-5 所示。

在机组底座的四角处放置四个橡皮弹性支座，每个支座用四颗支撑螺钉将机组的重量支撑在基础四角处预埋的四块厚 20mm，大小与支座相同的钢板上，并用支撑螺钉调整机组的水平度。为了简化安装和降低机组的造价，可取消混凝土基础，将机组直接安装在地坪上，但要求地坪能承受机组运行时的重量，并在 6mm 范围内找水平。直接安装在地面上时，也可用氯丁橡胶隔振器或弹簧减振器进行减振，将机组安装在橡胶垫上（图 6-6），或安装在弹簧型水平可调减振器上，减振器有 25mm 的伸缩量（图 6-7），弹簧减振器下垫有一层氯丁橡胶，以便更有效地隔绝振动。

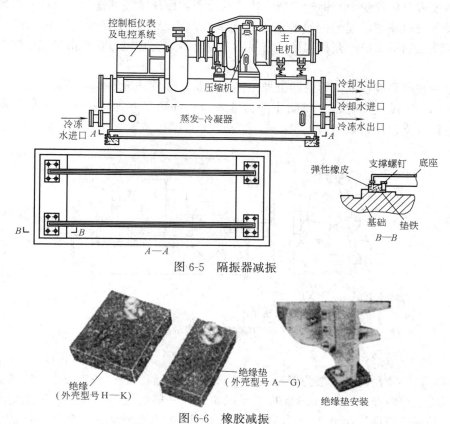

图 6-5　隔振器减振

图 6-6　橡胶减振

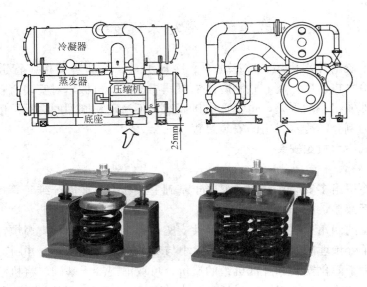

图 6-7　弹簧减振

　　离心式制冷机组的重量一般都在 5～20t，必须选择合适的搬运和起重吊装方法。吊装机组的钢丝绳应系在机组专门的吊装孔上，并注意钢丝绳不要使仪表盘、油管、气管、液管、各仪表引压管受力，钢丝绳与设备接触处应垫以软木或其他软质材料，以防止钢丝绳擦伤设备表面油漆，起吊的每一根钢丝绳都必须能承受机组的全部重量。吊索系好以后，在压缩机的第一级机壳和起吊杆之间系上安全链，防止机组在起吊过程中滚动，如图 6-8 所示。

　　机组的找水平应在油位等处的机加工面上测量，纵横向允许偏差不得大于 0.1/1000，特别是纵向水平度更应保证，以防止推力轴承窜动和承受外加轴向力。水平不符合要求时，用垫铁或支撑螺钉调整。

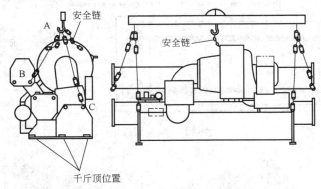

图 6-8　压缩机的吊装示意图

（二）机组试运转

　　空调用离心式制冷机一般为氟利昂机组，机组出厂前均经过各项技术性能的试验，并在合格后将机组内充入 0.2～0.3MPa 的干燥空气，一般情况下，只要外表无锈蚀损伤现象，各运动调节机构转动灵活，可不拆卸清洗，只要将机组油箱内的油路系统清洗干净即可。如果机组出厂时间较长，保存不善，机组内所充保护气体已泄漏，且外表有锈蚀损伤等现象，为确保机组安装后能正常运转，对机组的进口导叶、执行机构、叶轮、支撑轴承、推力轴承、大小齿轮、各轴轴颈、油箱内油槽、油孔等应进行仔细的清洗。

待机组安装、清洗完毕之后，为了对安装质量进行全面的考核，须进行机组试运转。机组试运转包括下列内容：润滑油系统的清洗；机组气密性试验；机组无负荷车；真空试验；充注制冷剂；系统负荷试运转。试运转前必须按设备"电控说明书"检查控制柜、起动柜各仪表的接线和指示是否正确。

1. 润滑油系统清洗

油泵转向正确后，开动油泵，使润滑油循环 8h 以上，然后拆洗滤油器，更换新油，重新进行运转。运转中的油温、油压、油面高度应符合设备技术文件的规定。

2. 气密性试验

系统安装后，应将干燥空气或氮气充入系统，使其符合设备技术文件规定的试验压力要求，用发泡剂检查或在干燥空气或氮气中混入适量规定的制冷剂，用卤素检漏仪检查。所有设备、管道、法兰及其接头处，不得有渗漏现象。

3. 空负荷试运转

机组进行空负荷试运转前，其供电系统，自控安全保护系统，冷冻水、冷却水系统均应安装验收完毕，各种仪表检验正常，动作指示灵敏可靠，机房清洁，地面平整，通风良好。

进行空负荷试运转前，应先将压缩机的进口导叶全部关闭，盘动电机 4～5 圈，检查有无障碍和异声，开动油泵，调节循环润滑系统，使其正常运转。

瞬间启动压缩机，检查其旋转方向与电机壳体上箭头所示是否相符以及有无卡阻的碰撞现象。

再次启动压缩机，进行无负荷试运转，检查油温、油压是否符合设备技术文件的要求，供油温度一般保持 30～40℃，轴承温度一般不超过 65℃，连续运转 8h，不断检查上述各值。

4. 真空试验

离心式制冷机组气密性试验的压力为 0.2MPa，真空试验维持设备剩余压力 5333Pa，并保持 24h，系统升压不应超过 667Pa。如达不到真空度要求时，应再次进行气密性试验，查明泄漏处，予以修复，然后再次进行真空试验，直到合格为止。

真空试验合格后，进行系统充注制冷剂，充注方法与活塞式制冷系统基本相同。

5. 机组负荷试运转

主机开车前，应检查油面，油面须保持在上下两视镜之间。接通油箱电加热器，将油加热至 50～55℃后，启动油泵进行运转，使油系统出口的油温在 35～55℃，并使供油压力维持在 0.2MPa 左右。关闭调节机构的进口导叶，并把调节机构的控制手柄转到手动位置。启动冷却水泵，冷却塔风机和冷冻水泵，最后启动压缩机。刚启动压缩机时油压会降低，当油压回升至 0.15MPa 时，逐渐开大导叶开度，并应快速通过喘振区，使压缩机正常工作。

启动主机后，注意观察进油温度，运转过程中进油温度最好在 35～55℃之间。

冷媒系统中的空气通常集聚在冷凝器内，占据了一部分热交换面积，从而使压缩机的排气压力与温度升高，导致运转电费增加（还可能引起喘振），有时甚至使高压开关动作而停机。因此，在主机启动后即启动抽气回收装置，将机组内的残留气体抽出。放气机构通常采用油筒式，可自动地将冷凝器上部的不凝性气体排放到大气中去。只要主机启动后，该放气机构就会自动的连续动作，其动作原理如图 6-9 所示。

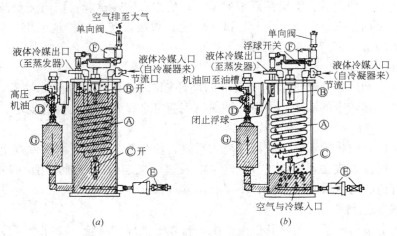

图 6-9　放气机构管路及动作示意图

（a）进油行程；（b）放油行程

A—热交换器；B、C—浮球开关；D—三通电磁阀；E—过滤器及单向阀；F—放气电磁阀；G—干燥过滤器

机组负荷试运转的时间不应低于 4h。在此期间，应密切注意压缩机及油系统、主电动机、冷凝器、蒸发器、抽气回收装置等的运转情况，并作好记录。经有关人员检查确认后，作为竣工技术文件。

机组停车有手动停车和自动停车。手动停车时，应先停冷水机组，关闭进口导叶及抽气回收装置的回气阀，待主机完全停稳后再停水泵、油泵，最后切断所有电源。自动停车只要按动停车按钮，机组即按程序自动停止主机及油、水泵等。

二、冷却塔安装

冷却塔是在塔内使空气和水进行热质交换而降低冷却水温度的设备。在制冷系统中常用的冷却塔有逆流式和横流式两种。

（一）冷却塔安装的一般要求

（1）基础标高应符合设计的规定，允许误差为±20mm。冷却塔地脚螺栓与预埋件的连接或固定应牢固，各连接部件应采用热镀锌或不锈钢螺栓，其紧固力应一致、均匀。

（2）冷却塔安装应水平，单台冷却塔安装水平度和垂直度允许偏差均为 2/1000。同一冷却水系统的多台冷却塔安装时，各台冷却塔的水面高度应一致，高差不应大于 30mm。

（3）冷却塔的出水口及喷嘴的方向和位置应正确，积水盘应严密无渗漏；分水器布水均匀。带转动布水器的冷却塔，其转动部分应灵活，喷水出口按设计或产品要求，方向应一致。

（4）冷却塔风机叶片端部与塔体四周的径向间隙应均匀。对于可调整角度的叶片，角度应一致。

（二）本体安装

冷却塔必须安装在通风良好的场所，以提高其冷却能力。

安装时，应根据施工图纸的坐标位置就位，并应找平找正，设备要稳定牢固，冷却塔的出水管口及喷嘴方向、位置应正确。

（三）部件安装

1. 薄膜式淋水装置的安装

（1）石棉水泥板膜板式淋水装置应安装在支架梁上，每4片连成一组，板间用塑料管及橡胶垫圈隔成一定间隙，中间用镀锌螺栓固定。

（2）纸蜂窝淋水装置，可直接架于角钢或扁钢支架上，亦可直接架于混凝土小支架梁上。

（3）点波淋水装置的单元高度为150～600mm，小点波一般为250mm。点波的框架单元或粘结单元直接架设于支撑架或支撑梁上。

（4）斜波纹淋水装置的单元高度为300～400mm，其安装总高度为800～1200mm。

2. 布水装置的安装

（1）固定管式布水器的喷嘴按梅花形或方格形向下布置，具体的布置形式应符合设备技术条件或设计要求。一般喷嘴间的距离按喷水角度和安装的高度来确定，要使每个喷嘴的水滴相互交叉，做到向淋水装置均匀布水。常用的喷嘴在不同压力下的喷水角度如表6-2所列。

（2）旋转管式布水器的喷水口的安装可采用装配开有条缝的配水管，条缝宽一般为2～3mm，条缝水平布置；或装配开圆孔的配水管，其孔径为3～6mm，孔距8～16mm。单排安装时孔与水平方向的夹角60°；双排安装时上排孔与水平方向夹角为60°，下排与水平方向夹角为45°。开孔面积为配水管总截面积的50%～60%。

布水器常用的喷嘴喷水角度　　　　　　　　　　　表6-2

序号	喷嘴出口直径接管直径（mm）	不同压力下的喷水角度（°）			喷嘴重量（kg）
		3m	5m	7m	
1	瓶式 $d=\dfrac{16}{32}$	36	40	44	0.88
2	瓶式 $d=\dfrac{25}{50}$	30	33	36	2.09
3	杯式 $d=\dfrac{18}{40}$	58	63	69	1.34
4	杆式 $d=\dfrac{20}{40}$	59	64	70	1.69

3. 通风设备的安装要求

（1）对采用抽风式冷却塔，电动机盖及转子应有良好的防水措施。通常采用封闭式鼠笼型电机，并确保接线端子用松香或其他密封绝缘材料严格密封。

（2）对采用鼓风式冷却塔，为防止风机溅上水滴，风机与冷却塔体距离一般不小于2m。

4. 收水器的安装

收水器一般装在配水管上、配水槽中或槽的上方，阻留排出塔外空气中的水滴，起到水滴与空气分离的作用。在抽风式冷却塔中，收水器与风机应保持一定的距离，以防止产生涡流而增大阻力，降低冷却效果。

三、水泵安装

水泵的种类很多，工程上所安装使用的水泵，多为整体式水泵（带底座），即水泵本体与电机共用同一个底座，下面以 IS 型整体式水泵为例，介绍其安装过程。IS 型水泵（不减振）安装如图 6-10 所示。

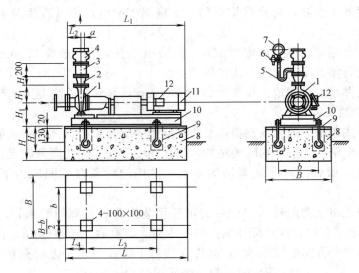

图 6-10　IS 型水泵（不减振）安装

1—水泵；2—吐出锥管；3—短管；4—可曲挠接头；5—表弯管；6—表旋塞；7—压力表；
8—混凝土基础；9—地脚螺栓；10—底座；11—电动机；12—接线盒

（一）水泵安装

水泵安装前应按已到货水泵底座尺寸、螺栓孔中心距等尺寸来核对混凝土基础。水泵基础要求顶面应高于地面 100～150mm，基础平面尺寸比设备底座长度和宽度各大 100～150mm。

整体出厂的水泵在安装前一般应进行外观检查，合格后方可进行安装。

在对水泵进行检查的同时，在设备底座四边画出中心点，并在基础上也弹画出水泵安装纵横中心线。灌浆处的基础表面应凿成麻面，被油玷污的混凝土应凿除。最后把预留孔中的杂物除去。

1. 吊装就位

将泵连同底座吊起，穿入地脚螺栓并把螺母拧满扣，对准预留孔将泵放在基础上，在底座与基础之间放上垫铁。吊装时绳索要系在泵及电动机的吊环上，且绳索应垂直于吊环，如图 6-11 所示。

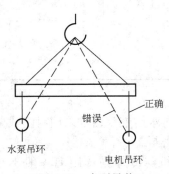

图 6-11　水泵吊装

2. 找正

水泵安装就位后应进行找正，水泵找正包括中心线找正、水平找正和标高找正。水泵安装后应达到下列要求：整体安装的泵，纵向安装水平偏差不应大于 0.10/1000，横向安装水平偏差不应大于 0.20/1000；解体安装的泵纵向和横向安装水平偏差均不应大于 0.05/1000。水泵与电机采用联轴器连接时，联轴器两轴芯的允许偏差，轴向倾斜不应大于 0.2/1000，径向位移不应大于 0.05mm。

中心线找正。水泵中心线找正的目的是使水泵摆放的位置正确，不歪斜。找正时，用墨线在基础表面弹出水泵的纵横中心线，然后在水泵的进水口中心和轴的中心分别用线坠吊垂线，移动水泵，使线锤尖和基础表面的纵横中心线相交。

水平找正。水平找正可用水准仪或 0.1～0.3mm/m 精度的水平尺测量。操作时，把水平尺放在水泵轴上测其轴向水平，调整水泵的轴向位置，使水平尺气泡居中，误差不应超过 0.1mm/m，然后把水平尺平行靠在水泵进出水口法兰的垂直面上，测其径向水平。

标高找正。标高找正的目的是检查水泵轴中心线的高程是否与设计要求的安装高程相符，以保证水泵能在允许的吸水高度内工作。标高找正可用水准仪测量；小型水泵也可用钢板尺直接测量。

3. 同心度调整

同心度调整是在电动机吊装环中心和泵壳中心两点间拉线、测量，使测线完全落于泵轴的中心位置。调整的方法是移动水泵或电动机与底座的紧固螺栓，微动调整。

水泵和电动机同心度检测，可用钢角尺检测其径向间隙，也可用塞尺检测其轴向间隙。如图 6-12，把直角尺放在联轴器上，沿轮缘周围移动，若两个联轴器的表面均与角尺相靠紧，则表示联轴器同心，图中 aa' 误差应保持在 0.03mm 以内，且最大值不应超过 0.08mm。图 6-13 是用塞尺在联轴器间的上下左右对称四点测量，若四处间隙相等，则表示两轴同心，图中 bb' 的误差值保持在 0.05mm 以下，且其值不超过 2～4mm。当两个联轴器的径向和轴向均符合要求后，将联轴器的螺栓拧紧。

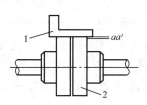

图 6-12　径向间隙的测定
1—直角尺；2—联轴器

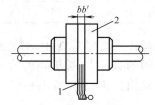

图 6-13　轴向间隙的测定
1—塞尺；2—联轴器

4. 二次浇灌

在水泵就位后的各项调整合格后，将地脚螺栓上的螺母拧好，然后把细石混凝土捣入基础螺栓孔内，浇灌地脚螺栓孔的混凝土应比基础混凝土高一级。

（二）配管及阀门安装

1. 配管安装

水泵管路由吸入管和压出管两部分组成，水泵配管的安装要求如下：

（1）自灌式水泵吸水管路的底阀在安装前应认真检查其是否灵活，且应有足够的淹没深度。

（2）吸水管的弯曲部位尽可能做得平缓，并尽量减少弯头个数，弯头应避免靠近泵的进口部位。

（3）水泵的吸水管与压出管管径一般与吸水口口径相同，而水泵本身的压水口要比其进水口口径小1号，因此，压水管一般以锥形变径管和水泵连接。

（4）水泵与进、出水管的连接多为挠性连接，即通过可挠曲接头与管路连接，以防止泵的振动和噪声沿着管路传播。

（5）与水泵连接的水平吸水管段，应有0.01～0.02的坡度，使泵体处于吸水管的最高部位，以保证吸水管内不积存空气。

（6）泵的吸水口与大直径管道连接时，应采用偏心异径管件，且偏心异径管件的斜部在下，以防止存气。

（7）吸入管道和输出管道应有各自的支架，泵不得直接承受管道的重量；

（8）管道与泵连接后，不应在其上进行焊接和气割；当需焊接和气割时，应拆下管道或采取必要的措施，并应防止焊渣进入泵内。

2. 阀门的安装

吸入管上应装闸阀（非自灌式在管端装吸水底阀），压出管上应装止回阀和闸阀，以控制关断水流，调节泵的出水流量和阻止压出管路中的水倒流，这就是俗称的"一泵三阀"。阀门安装要求如下：

（1）泵进口管线上的隔断阀直径应与进口管线直径相同。

（2）泵出口管线上隔断阀的直径：当泵出口直径与出口管线直径相同时，阀门直径与管线直径相同；当泵出口直径比出口管线直径小一级时，阀门直径应和泵出口直径相同；当泵出口直径比出口管线直径小二级或更多时，则阀门直径按表6-3选用。

泵出口直径小于出口管径时阀门直径 （mm）　　　　表6-3

出口管直径	50	80	100	150	200	250
阀门直径	40	50	80	100	150	200

（3）离心泵出口管线上的旋启式止回阀，一般应装在出口隔断阀后面的垂直管段上，止回阀的直径与隔断阀的直径相同。两台互为备用的离心泵共用一个止回阀时，应装在两泵出口汇合管的水平管段上，其位置应尽量靠近支管。止回阀直径应与管线直径相同。

（4）泵的进出口阀门中心标高以1.2～1.5m为宜，一般不应高于1.5m。

水泵安装完成后应进行试运行，通过试运行及时进行故障的排除。

四、管道系统的安装及试压

（一）管道系统安装的要求

（1）管道安装应符合下列规定：1）隐蔽管道在隐蔽前必须经检查验收合格才能进行；2）管道与设备的连接，应在设备安装完毕后进行，与水泵、制冷机组的接管必须为柔性接口。柔性短管不得强行对口连接，与其连接的管道应设置独立支架；3）冷冻水及冷却水系统应在系统冲洗、排污合格（目测：以排出口的水色和透明度与入水口对比相近，无可见杂物），再循环试运行2h以上，且水质正常后才能与制冷机组、空调设备相贯通。

（2）冷热水管道与支、吊架之间，应有绝热衬垫（承压强度能满足管道重量的不燃、难燃硬质绝热材料或经防腐处理的木衬垫），其厚度不应小于绝热层厚度，宽度应大于支、吊架支承面的宽度。衬垫的表面应平整、衬垫接合面的空隙应填实。

（3）管道安装的坐标、标高和纵、横向的弯曲度应符合表6-4的规定。在吊顶内等暗装管道的位置应正确，无明显偏差。

管道安装的允许偏差和检验方法　　　　　　　　　　　　　表 6-4

项　目			允许偏差(mm)	检 查 方 法
坐标	架空及地沟	室外	25	按系统检查管道的起点、终点、分支点和变向点及各点之间的直管
		室内	15	
	埋地		60	
标高	架空及地沟	室外	±20	用经纬仪、水准仪、液体连通器、水平仪、拉线和尺量检查
		室内	±15	
	埋地		±25	
水平管道平直度	$DN \leqslant 100mm$		$2L‰$，最大40	用直尺、拉线和尺量检查
	$DN > 100mm$		$3L‰$，最大60	
立管垂直度			$5L‰$，最大25	用直尺、线锤、拉线和尺量检查
成排管段间距			15	用直尺尺量检查
成排管段或成排阀门在同一平面上			3	用直尺、拉线和尺量检查

注：L 为管道的有效长度（mm）。

（4）敷设在管井内的空调水立管，全部采用焊接，保温前需进行试压，土建管井应在立管安装、保温完毕再砌筑，管井如设有阀门时，阀门位置应在管井检查门附近，手轮朝向易操作面处。

（5）空调供、回水水平干管应保证有不小于3‰的敷设坡度，空调供水干管为逆坡敷设，回水干管顺坡敷设，在系统干管的末端设自动排气阀。当自动排气阀设置在吊顶内时，排气阀下面宜作一接水托盘，防止自动排气阀工作失灵跑水而污染吊顶，托盘可接出管道与系统中凝结水管连通。

（6）凝结水管是排除表冷器或风机盘管表面因结露而产生的冷凝水，以保证空调设备正常运行。凝结水管因是靠重力流动，因此应具有足够的坡度，一般不宜小于5‰顺坡敷设。凝结水管汇合后可排至附近的地漏或拖布池内，应做开式排放，不允许与污水管、雨水管做闭式连接。

（二）管道系统试压

1. 管道系统试压的基本要求

管道系统安装完毕，经检验合格，还应进行压力试验，压力试验前应符合下列要求：

（1）管道试压前不得进行油漆和保温，以便对管道进行外观检查。所有法兰连接处的垫片应符合要求，螺栓应全部拧紧。管道与设备之间加上盲板，试压结束后拆除；按空管计算支架及跨距的管道，进行水压试验应加临时支撑。

（2）埋地管道的坐标、标高、坡度及管基、垫层等经复查合格。试验用的临时加固措施经检查确认安全可靠。

（3）试验前应将不能参加试验的系统、设备、仪表及管道附件等加以隔离。加置盲板的部位应有明显标记和记录。

（4）试验用压力表已校检，精度不低于 1.5 级，表的满刻度值为最大被测压力的 1.5～2 倍，压力表不少于两块。

2. 管道试压的压力标准

（1）冷（热）水、冷却水系统的试验压力，当工作压力小于等于 1.0MPa 时，为 1.5 倍工作压力，但最低不小于 0.6MPa；当工作压力大于 1.0MPa 时，为工作压力加 0.5MPa。

（2）对于大型或高层建筑垂直位差较大的冷（热）水、冷却水管道系统宜采用分区、分层试压和系统试压相结合的方法。一般建筑可采用系统试压方法。

分区、分层试压：对相对独立的局部区域的管道进行试压在试验压力下，稳压 10min，压力不得下降，再将系统压力降至工作压力，在 60min 内压力不得下降、外观检查无渗漏为合格。

系统试压：在各分区管道与系统主、干管全部连通后，对整个系统的管道进行系统的试压。试验压力以最低点的压力为准，但最低点的压力不得超过管道与组成件的承受压力。压力试验升至试验压力后，稳压 10min，压力下降不得大于 0.02MPa，再将系统压力降至工作压力，外观检查无渗漏为合格。

（3）各类耐压塑料管的强度试验压力为 1.5 倍工作压力，严密性工作压力为 1.15 倍的设计工作压力。

（4）凝结水系统采用充水试验，应以不渗漏为合格。

第三节　锅　炉　安　装

锅炉是供热之源，它与国民生产和人们的日常生活密不可分。锅炉是在一定的温度和压力下工作的压力容器，并且其工作环境较差，一旦出现运行事故将会造成巨大的损失，同时由于锅炉的制造特点，锅炉的安装必须严格遵守相关技术标准，确保锅炉的安装质量。

安装额定工作压力不大于 1.25MPa、热水温度不超过 130℃ 的整装蒸汽和热水锅炉，应按《建筑给水排水及采暖工程施工质量验收规范》GB 50242 施工；锅炉额定工作压力小于等于 2.5MPa，现场组装的固定式蒸汽锅炉和固定式承压热水锅炉的安装，应按《锅炉安装工程施工及验收标准》GB 50273—2022 施工。由于目前北方建筑大多采用集中供暖形式，在建筑中用来做热源的一般采用小型快装锅炉或组装锅炉，本节以这两类锅炉为例介绍其安装过程。

锅炉是特种设备，因此，锅炉安装单位必须持有国家特种设备安全监督管理部门颁发的与锅炉安装级别相符合的锅炉安装许可证。为了保证有计划、按程序地进行安装工作，施工单位需事先制定详细的施工组织设计。

一、快装锅炉的安装

快装锅炉运输方便，安装简单。快装锅炉的水平运输可利用吊车、排架（也可利用原包

装的底架)、滚杠、道木、卷扬机或绞磨拖运
至锅炉房内。最简单的方法,可以在路面上
垫上厚度大约 25mm 的道木及滚杠,用绞磨
拖运或用撬棍靠人力向前撬动,使锅炉随着
滚杠在道木上滚动,木板和滚杠交替使用,
直至拖入锅炉房,如图 6-14 所示。

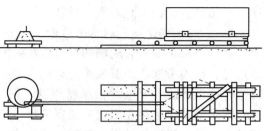

图 6-14 锅炉的水平搬运

锅炉基础验收、画线后,一般情况下快
装锅炉可直接安装在略突出地面的条形基础
上,基础的高度一般在 500mm 以下。在锅炉基础上事先画好安装基准线标记和标高标
记,再将锅炉拖运入锅炉房后,用卷扬机沿着搭好的缓坡道直接将锅炉拉上基础就位,对
准安装基准线,调整拨正,然后用水平尺或水平仪吊正,在锅炉两侧的条形基础用垫铁垫
平,安装稳固。施工条件允许时,也可在屋面板安装前,用吊车直接将锅炉吊至基础上就
位,用经纬仪和水平仪一次性校核,找平锅炉在左右两侧基础的水平度。`

快装锅炉若本体前后未设置坡度,为了有利于锅筒排污,在锅炉的基础施工时,找好
0.5% 的坡度坡向锅炉排污装置,一般应前高后低。若快装锅炉自身设置了坡度,基础施工
和锅炉安装则不再考虑倾斜度,可直接将锅炉放置在两道坚固的水平条形基础上,如图 6-15
所示。

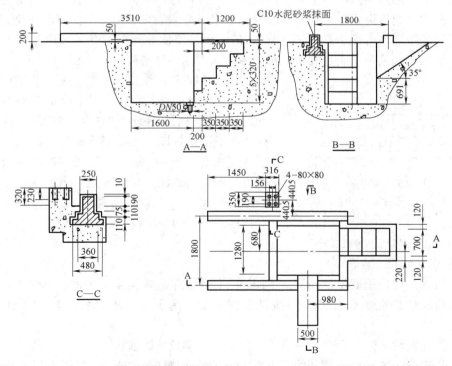

图 6-15　DZW2-0.6-AⅡ型快装蒸汽锅炉与 DZW1.4-0.7/95/70-AⅡ型快装热水锅炉基础

二、组装锅炉的安装

组装锅炉在安装过程中的水平运输和垂直运输要采用适合安装现场的机具和吊装顺

序。对吊装方位、吊装高度、吊装吨位、吊耳形式等技术条件,在吊装方案中加以明确。

(一) 组装锅炉场内的水平运输

对一些窄小的安装现场和进行改造的旧锅炉房,采用的运输机具和安装方式尤其要细致选择和实地考察。一般采用卷扬机为牵引动力,在牵引锅炉时,利用排架(或原底排)在排架拖板下放置 8～10 根厚壁钢管,两边再配合人力撬棍。卷扬机通过钢丝绳牵动排架。锅炉的牵引必须在规定的位置进行,牵引位置只准在底部,拖板不准随意牵引。在使锅炉组合件缓慢地移动中,随时注意倒移排架底下的钢管滚杠,特别是在转弯时更要注意锅炉在滚杠上的位置,防止下坑。

(二) 组装锅炉场内垂直运输机具的固定

垂直吊装常用吊车完成,也可由独脚桅杆和卷扬机完成。根据组装锅炉最重的组合件进行选定。如果吊装 6.5t/h 的组装锅炉可以选择钢管桅杆进行垂直运输。

桅杆所立之处的地基应坚实平整。先在地基上铺上枕木,不得少于两层,垫枕木的面积要保证桅杆地基面积的压强不超出该处土壤的耐力。桅杆立起后须在顶端拉上缆风绳,用吊耳或柔索系牢联结点的固定滑轮组。如采用倾斜吊装,固定的起重滑轮组注意对准其基础中心,使锅炉在起吊后不接触到桅杆。如采用直立桅杆曳引法吊装时,其滑轮组、牵引锚和锅炉基础的中心应在同一平面内,否则要设两处曳引地锚,牵引点应选在动滑轮上。

在桅杆的根部用钢丝绳系上导向滑轮组,并用钢丝绳引向锚定位置。导向滑轮组上钢丝绳的一端连接起重绳索,另一端引向卷扬机牵引绳索。在卷扬机工作时由卷筒到最近一个导向滑轮的距离不得小于卷筒长度的 20 倍,而且要使导向滑轮在卷扬机卷筒的垂直平分线上。如果场地狭窄不满足要求,可以采用人力调整导向滑轮的位置。

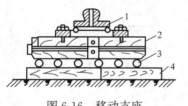

图 6-16 移动支座

1—桅杆底座;2—枕木;3—滚筒;4—垫木

卷扬机固定必须使用双绳地锚,从两侧固定。工作前先用负荷进行预拉。如果锅炉房尚有桅杆移动余地可采用活动底座,要根据移动的方向,在桅杆底座下面安置厚壁无缝钢管做滚杠,其长度比排子宽度长出 500～700mm,见图 6-16。一般滚杠间打进楔木挤紧。桅杆移动时先打出木楔,再将滚木间距逐渐加大;调整拖拉绳时,应先放松后收紧,对称地进行,勿使拖拉绳受力过大。

(三) 组装锅炉的吊装顺序

1. 组装锅炉的吊装顺序

(1) 将锅炉房最里面位置的锅炉下层组合件作水平运输运至锅炉房,调整锅炉的安装方位,再将锅炉的此组合件向旁后拨动暂时靠墙,为下一台组合件调转方位让出回旋余地。

(2) 将此锅炉的渣斗和靠外一台锅炉的渣斗分别放入除渣坑。

(3) 将靠近门的一台下层组合件运进锅炉房,调整安装方位后曳引或吊至锅炉基础上,就位找正。然后再将靠边暂搁置的这台起吊或曳引到基础正位上。

(4) 分别将两台锅炉的 8 只落灰斗运入锅炉房,在每台锅炉的下层组合件上,即链条炉排的炉排面上安装 4 只落灰斗。

（5）分别将里面的一台上层组合件和靠近门的一台上层组合件牵引至锅炉房，分别用吊车或桅杆完成上层组合件的吊装。

2. 吊装时的注意事项

（1）捆扎在组合件上的绳索应牢固，捆绑钢丝绳的位置不得妨碍锅炉的就位与组合。锅炉的起吊必须在规定的位置进行，上层组合件的起吊位置是锅筒顶部的 4 只吊耳。下部大件的起吊位置为顶部的 4 只吊耳。其余位置不得捆扎钢丝绳或随意起吊。

（2）吊装时应进行试起吊。即将组合件吊至距地面 100mm 时，停止起吊，注意观察起吊机具、支撑点等各方面的动态，确认无异常现象和情况，再继续起高。

（3）在上层组件与下层组件合拢时，要有专人控制起吊过程中组合件的方位，在起吊至所需高度时要缓慢下落，使上层组合件能准确地落在下层组合件上，如图 6-17 所示。必要时，也可在组合件的下方系一根手动牵引绳，由专人负责控制牵引方向。

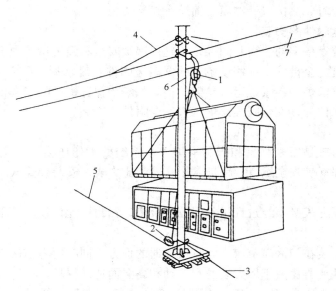

图 6-17　组装锅炉吊装

1—起重滑车组；2—导向滑车组；3—连向锚定绳索；4—缆风绳；
5—连向卷扬机牵动绳；6—桅杆（无缝钢管）；7—锅炉房梁

（四）组装锅炉的找平、找正与组装

锅炉各层组装件的安装标记应清晰显眼。横向一般以链轮后轴中心线为基准，在下层组合件上做出标志。从锅炉中心吊线，按此中心线在上层和下层组合件上画好纵向基准线。在下层组合件即链条炉排就位后开始找正，使其标记对准基础上的纵向中心基准线和横向中心基准线。再将链条炉排的左右找平，炉排的左右倾斜不允许大于 5mm，否则应用垫铁将低的一侧垫高直到符合标准为止。

起吊上层组件，使其与下层组合件合拢，即为锅炉的受热面本体和燃烧设备的链条炉排的合拢，在其合拢后需找正位置。具体做法如下：

（1）以锅筒和集箱外露部分上的标记，在锅炉前后两个端面上吊线坠（也可用经纬仪和水平仪找平找正），如果前后线坠都落在基础上画定的纵向中心安装基础线上（下层组件上也有中心线标记），即可确认上层组合件横向安装位置正确。

（2）若线坠同时又与锅炉及下层组合件上所画的垂直中心线重合，则上层组合件的垂直度达到标准。

（3）用量尺检查和对照设计图上与基础上横向基准线的距离，即链轮后轴或链轮前轴标记和横向基准线是否重合。

（4）检查和对照锅炉图纸和锅炉房工艺设计图中的组装尺寸，用尺量出从链轮前轴中心线至炉前墙边的距离，可确认纵向位置正确与否，如发现方位偏差，应进行调整，需符合锅炉组装尺寸，符合设计要求。

（5）经找正调整，上组合件与下组合件合拢找准位置后，在锅炉两侧的接触处按照锅炉图纸中的节点图要求进行焊接。

最后按锅炉组装图把两台锅炉上各自的四只落灰斗安装在锅炉受热面本体上层组合件的底板下面，固定时要在接口处加填石棉绳密封严实。

三、锅炉安全附件的安装

锅炉与各系统设备上的仪表和阀件，是确保锅炉安全和经济运行中不可缺少的重要组成部件。操作人员完全借助于这些设备上的仪表与阀件及时掌握和了解系统的运行状况，以便及时做出调整锅炉和各系统运行参数的正确判断，保证锅炉的安全正常运行。下面主要介绍压力表、水位计、安全阀等锅炉三大安全附件的安装。

（一）压力表

锅炉上的压力表是用来测量和指示锅炉汽水系统的工作压力，一定要保持灵敏、准确、可靠，以确保锅炉安全运行。锅炉常用弹簧式压力表。安装弹簧式压力表时应注意下列几点：

（1）新装的压力表必须经过计量部门校验合格。铅封不允许损坏，不允许超过校验使用周期。

（2）压力表要装在与锅筒蒸汽空间直接相通的地方，同时要考虑便于观察、冲洗，要有足够的照明，并要避免由于压力表受到振动和高温而造成损坏。

（3）当锅炉工作压力<2.5MPa 表压时，压力表精确度不应低于 1.5 级，压力表盘直径不得小于 100mm，表盘刻度极限值应大于或等于工作压力的 1.5 倍，刻度盘上应画红线指出工作压力。

（4）压力表要独立装置，不应和其他管道相连。

（5）压力表下要装有存水弯管，以积存冷凝水，避免蒸汽直接接触弹簧弯管而使弹簧弯管过热。

（6）压力表和存水弯管之间要装旋塞或三通旋塞，以便吹洗、校验压力表。

（二）水位计

锅筒水位的高低是直接影响锅炉安全运行的重要因素，因此，锅炉必须安装两个彼此独立的水位计，以正确地指示锅炉水位的高低。

水位计有多种形式。中低压工业锅炉常用平板玻璃水位计和低位水位计，小型锅炉常用玻璃管式水位计。水位计上装有三个管路旋塞阀，即蒸汽通路阀、水通路阀和放水冲洗阀。

安装水位计时应注意下列几点：

（1）水位计要装在便于观察、吹洗的地方，并且要有足够的照明。装设低位水位计应符合下列要求：

1）表体应垂直；

2）连通管路的布置应能使该管路中的空气排尽；

3）整个管路应密封良好，汽连通管不应保温。

（2）水连通管和汽连通管尽量要水平布置，防止形成假水位，水连通管和汽连通管的内径不得小于18mm。连接管的长度要小于500mm，以保证水位计灵敏准确。

（3）水位计上、下接头的中心线应对准在一条直线上。

（4）两端有裂纹的玻璃管不能装用。

（5）在放水旋塞下应装有接地面的放水管，并要引到安全地点。

（6）旋塞的内径以及玻璃管的内径都不得小于8mm。

（7）水位计的汽、水连接管上应避免装设阀门，更不得装设球形阀。如装有阀门，在运行时应将阀门全开，并予以铅封。

（三）安全阀

锅炉内部的压力达到安全阀开启压力时，安全阀自动打开，放出锅筒中一部分蒸汽，使压力下降，避免因超压而造成事故。中、低压锅炉常用的安全阀有弹簧式和杠杆式两种。

蒸发量大于0.5t/h的锅炉，至少装设两个安全阀，其开启压力不同，分为低限开启压力和高限开启压力，其值见表6-5。锅炉上必须有一个安全阀按表中较低的始启压力进行整定。

安全阀的开启压力调整表　　　　　　　　　　　　　　　　表 6-5

工 作 设 备	安全阀的始启压力（MPa）
蒸汽锅炉（额定蒸汽压力<1.27MPa）	工作压力＋0.02
	工作压力＋0.04
热水锅炉	1.12倍工作压力，但不少于工作压力＋0.07
	1.14倍工作压力，但不少于工作压力＋0.10
省煤器	1.1倍工作压力

安装安全阀时要注意下列几点：

（1）安全阀应垂直安装，并尽可能独立地装在锅炉最高处，阀座要与地面平行。安全阀与锅炉连接之间的短管上不得装有任何蒸汽管或阀门，以免影响排汽压力。

（2）弹簧式安全阀要有提升手柄和防止随便拧动调整螺丝的顶盖。

（3）杠杆式安全阀要有防止重锤自行移动的定位螺丝和防止杠杆越出的导架。

（4）安全阀的阀座内径应大于25mm。

（5）几个安全阀共同装设在一根与锅筒相连的短管上时，短管通路面积应大于所有几个安全阀门面积总和的1.25倍。

（6）安全阀应装设排气管，为防止烫伤人，排气管应尽量直通室外，若在室内要高于操作人员2m以上。同时排气管和底部应装有接到安全地点的泄水管，在排气管和泄水管上都不允许装置阀门。

此外，各类阀门在安装前，应检查清洗干净，检查阀瓣及密封面严密情况。阀杆及其啮合的齿座要无损坏，动作灵活。阀门在安装前应逐个用清水进行严密性试验，严密性试验的压力为工作压力的1.25倍。

四、锅炉水压试验与系统试运行

（一）锅炉的水压试验

组装锅炉和快装锅炉的受压元件焊接接口和胀接接口，均在锅炉制造厂胀制与焊制组装过程中进行了外观检查、探伤检查和水压试验，达到验收标准后方可运送到现场，在锅炉房内进行大件或整体安装。因此在锅炉、省煤器、仪表、管道和阀件全部安装完，经过检查和清理锅炉与各设备的内外、人孔、手孔、阀件后，应对组装锅炉和快装锅炉的锅炉整体进行水压试验。

1.设备、材料要求

在水压试验过程中需要准备的材料包括钢管、截止阀、接头零部件、麻丝、铅油、清油、石笔、粉笔等。主要的机具设备包括：电焊机、气焊装置、钢锯、套丝板子、工作案、管钳、活板子、固定扳手、螺丝刀、克丝钳子、手锤、铁锹等。

2.作业条件

（1）锅炉、省煤器、仪表、管道和阀件全部安装完，经检查和清理，具备水压试验条件。

（2）水源充足，电源接通，有污水排放的地点，且安全可靠。

（3）制定了水压试验的安全、技术、组织措施。

（4）装设的压力表不应少于2只，其精度等级不应低于2.5级；额定工作压力为2.5MPa的锅炉，精度等级不应低于1.5级。压力表经过校验应合格，其表盘量程应为试验压力的1.5～3倍，宜选用2倍。

（5）应装设排水管道和放空阀。

3.水压试验步骤

对操作人员进行技术、质量和安全交底，明确责任。对操作人员进行分配定岗、包干负责。水压试验的环境温度不应低于5℃，当环境温度低于5℃时，应有防冻措施。水压试验用水温度应保持高于环境温度，防止锅炉表面结露，但温度也不宜过高，防止引起汽化和过大的温差压力，一般为20～70℃。锅炉的水压试验压力应符合表6-6的规定。锅炉进行水压试验的步骤如下：

（1）锅炉及其系统注满水，使空气排尽后关闭排气阀。

（2）水压缓慢地升高、加压。当水压上升到工作压力时立即停止升压。稳住工作压力值，检查有无异常现象和渗漏情况，一切正常后再升压至试验压力。

（3）当初步检查无漏水现象时，缓慢升压。当升到0.3～0.4MPa时应进行一次检查，必要时可拧紧人孔、手孔和法兰等的螺栓。当水压上升到额定工作压力时，暂停升压，检查各部分，应无漏水或变形等异常现象。然后关闭就地水位计，继续升到试验压力，并保持5min，其间压力下降不应超过0.05MPa。最后回降到额定工作压力进行检查，检查期间压力应保持不变。水压试验时，受压元件金属壁和焊缝上应无水珠和水雾，胀口不应滴水珠。各设备的试验压力见表6-6。

（4）当水压试验不合格时，应返修。返修后应重做水压试验。

（5）水压试验后，应及时将锅炉内的水全部放尽。

（6）每次水压试验应有记录，水压试验合格后应办理签证手续。

水压试验压力 表 6-6

名　　称	锅筒工作压力 P（MPa）	试验压力（MPa）
锅炉本体及过热器	$P<0.59$	$1.5P$ 但不小于 0.2
	$0.59≤P≤1.18$	$P+0.3$
	$P>1.18$	$1.25P$
可分式省煤器	P	$1.25P+0.5$
非承压锅炉	大气压力	0.2

（7）水压试验后利用炉内水的压力（但不得低于 50％工作压力）冲洗取样管、排污管、疏水管和仪表管路等附件。

4. 安全措施

（1）水压试验过程中，检查时，严禁在压力超过 0.4MPa 时紧固法兰螺栓。

（2）水压试验时设立特别标志，避免在人嘈杂的情况下发生危险。

（3）有压力时，人不得站在接口处或法兰和阀门的正前面。

（4）用手锤检查焊口时，只准在焊口附近轻轻敲，严禁用手锤直接敲击焊缝，防止出现意外，危害操作人员的安全。

（二）锅炉系统的试运行

锅炉在正式投入使用前，必须进行试运行。试运行前应对安全阀进行定压，对安全阀进行最终调整，调整后的安全阀应立即加锁或铅封。

在安全阀调整定位后，组装锅炉和快装锅炉必须带负荷连续试运行 48h。试运行中主要检查各部位运转情况，检查油温、轴承升温、电流、振动和冷却水等是否正常，做好试运行记录并存入锅炉档案中。

复习思考题

1. 对设备基础验收的目的是什么？

2. 垫铁的作用是什么？目前常用的垫铁有哪几种？

3. 水泵安装过程中如何进行同心度的调整？

4. 什么是锅炉的安全附件？这些安全附件在安装过程中要注意哪些问题？

5. 为什么要进行锅炉水压试验？其试验压力如何确定？试验过程按什么步骤进行？

第七章　建筑给水排水系统安装

第一节　室内给水系统安装

一、室内给水管道安装

（一）室内给水系统的组成

室内给水系统按其用途不同可划分为三类：生活给水系统、生产给水系统、消防给水系统。如图 7-1 所示，室内给水系统由引入管、水表节点、配水管网、升压与贮水设备以及室内消防设备等几个基本部分组成。

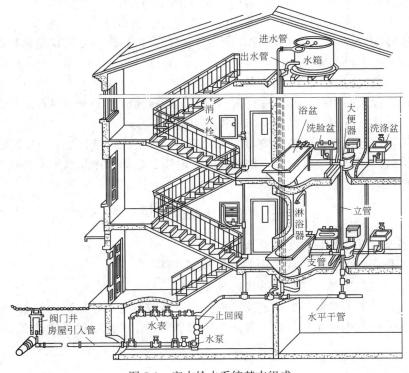

进水管

出水管

水箱

消火栓

浴盆

大便器

洗脸盆

洗涤盆

淋浴器

立管

支管

止回阀

水平干管

阀门井

房屋引入管

水表

水泵

图 7-1　室内给水系统基本组成

（二）引入管的安装

引入管又称进户管，通常采用埋地敷设，需要穿越建筑物基础。基础预留洞应考虑留有基础沉降量，其做法见图 7-2。有防水要求时应采用图 7-2（c）的做法。

引入管敷设在预留孔内，其管顶距套管内壁净空尺寸不小于 100mm，以防基础下沉而损坏引入管。

　　引入管应在土建工程回填土夯实后，重新开挖沟槽，严禁在回填土之前或未经夯实的土层上敷管。敷设管道的沟底应平整、标高准确。

　　敷设引入管时，为便于维修时将室内系统中的水放空，在主立管底部用三通连接，在三通下部装泄水阀或管堵，引入管应有 0.002～0.005 的坡度坡向室外。引入管埋深，应满足设计要求，当设计无要求时，管顶最小覆土深度不得小于当地冰冻线以下 0.15m。

　　引入管与排水排出管的水平净距不得小于 1m。

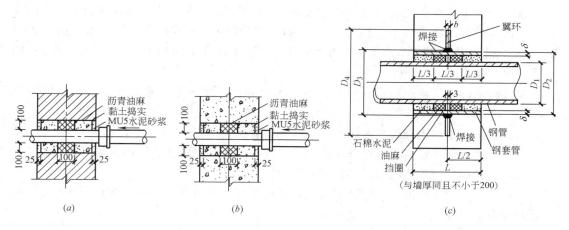

图 7-2　给水管穿墙措施

（a）穿砖墙基础；（b）穿混凝土基础；（c）防水套管用于钢管

（三）室内给水管道的安装

　　生活给水系统所涉及的材料必须达到饮用水卫生标准，因此，室内给水管道一般应选用耐腐蚀和安装连接方便可靠的管材，可采用塑料给水管、塑料和金属复合管、铜管、不锈钢管及经可靠防腐处理的钢管。

　　室内给水管道的敷设，根据建筑物的结构形式、使用性质和管道的工作情况，一般可分为明装和暗装两种形式。

　　明装管道就是给水管路在建筑物内部明露敷设。在安装形式上常将明装管道分为给水干管、立管及支管均为明装，以及给水干管暗装、立管及支管明装两种。明装管道的优点是造价低，安装和维修方便，但影响室内的卫生和美观。暗装管道就是给水管路在建筑物内部隐蔽敷设。在安装形式上，常将暗装管道分为全部管道暗装和供水干管及立管暗装而支管明装两种。暗装管道的优点是不影响室内的卫生和美观，但造价高，施工和维修不方便。

　　1. 干管安装

　　明装管道的干管安装位置，一般在建筑物的顶层顶棚下或建筑物的地下室顶板下。沿墙敷设时，管外皮与墙面净距一般为 30～50mm，用角钢或管卡将其固定在墙上，不得有松动现象。

　　暗装管道的干管安装位置，一般设在建筑物的顶棚里（闷顶里）、地沟或设备层里，或者直接埋设在地面下。当敷设在顶棚里时，应考虑冬季的防冻措施；当敷设在管沟里时，沟底和沟壁与管壁间的距离应不小于 150mm，以便于施工和维修；直接埋设在地面下的管道，应进行防腐处理。

为了便于维修时放空，给水管宜有 0.002～0.005 的坡度，坡向泄水装置。

2. 立管安装

明装管道立管一般设在房间的墙角或沿墙、梁、柱敷设。立管外皮到墙面净距离：当管径等于或小于 32mm 时，应为 25～35mm；当管径大于 32mm 时，应为 30～50mm。立管一般应在距地面 150mm 处装设阀门，并应安装可拆卸的连接件。立管穿楼板应采用防水措施。安装带有支管的立管时，应注意安装支管的预留口的位置，要保证支管的方向坡度的准确性。建筑物层高小于或等于 5m 时，每层楼内需安装一个立管管卡，层高大于 5m 时，每层楼内立管管卡不得少于 2 个，管卡安装高度距地面为 1.8m，2 个以上管卡的位置，可匀称安装。

暗装管道的立管，一般设在管槽内或管道竖井内。暗装管道在施工时，应注意以下事项：

（1）要很好地与土建配合，按所需尺寸预留管槽；

（2）管道安装一定要在墙壁抹灰前完成，并且应进行水压试验，检查其严密性；

（3）各种阀门及管道活接件不得埋入墙内。

塑料给水立管尽可能采用暗敷的形式，以避免受撞击而遭到破坏，如必须明敷时，应在管外加保护措施。

3. 支管安装

明装支管一般沿墙敷设，并设有 0.002～0.005 的坡度，坡向立管或配水点。支管与墙壁之间用钩钉或管卡固定，固定要设在配水点附近。当冷、热水管上下平行敷设时，热水支管应安装在上面；垂直安装时，热水管应在冷水管的左侧，其管中心距为 80mm。在卫生器具上安装冷、热水龙头时，热水龙头应安装在左侧。

暗装的支管敷设在墙槽内，应按卫生器具的位置预留好接管位置，管子应加临时管堵。工业车间机器设备用水的支管，可以敷设在地面下，以免妨碍生产。

如支管采用塑料给水管时应尽可能采用暗敷的形式。

二、水表安装

为计量水量，在用水单位的供水总管或建筑物引入管上应设有水表；为节约用水及收纳水费，在居住房屋内，也应安装室内的分户水表。水表应安装在便于检修、不受曝晒、污染和冻结的地方。目前，在室内给水系统中，广泛采用流速式水表。流速式水表按翼轮构造不同，可分为旋翼式和螺翼式两种。

安装螺翼式水表时，表前与阀门应有不小于 8 倍水表接口直径的直线管段。这是因为在水表附近的管路有转弯时，水便会产生涡流，以致影响水表计量的准确性。

水表的安装形式，有不设旁通管和设旁通管两种。对于用水量不大，供水又可以间断的建筑物，一般可以不装设旁通管，如图 7-3 所示。对于设有消火栓的建筑物和因断水而影响生产的工业建筑物，如只有一根引入管，应设旁通管，如图 7-4 所示。水表前后和旁通管上均应装设检修阀门，水表与水表后阀门间应装设泄水装置。为减少水头损失并保证表前管内水流的直线流动，表前检修阀门宜采用闸阀。住宅中的分户水表，其表后检修阀门及专用泄水装置可不设。

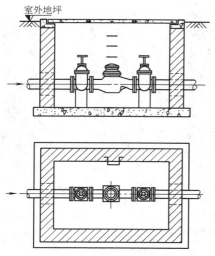

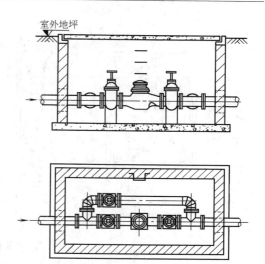

图 7-3 不设旁通管水表安装示意图　　　　图 7-4 设旁通管水表安装示意图

当水表可能发生反转而影响计量和损坏水表时，应在水表后设止回阀。

水表与管道的连接方式，有螺纹连接和法兰连接两种，采用哪种方式取决于水表本身已有接口形式。

安装水表时，不得将水表直接放在水表井底的垫层下，应用红砖或混凝土预制块把水表垫起来。明装在室内分户的水表，表外壳距墙表面净距为 10～30mm；水表进水口中心标高按设计要求确定，允许偏差 ±10mm。

在环状供水管网，当建筑物由两路供水时，各路水表出水口处应装设止回阀，以防止水表受反向压力而倒转，损坏计量机件。

安装时还应注意水表安装方向，必须使进水方向与表上标志方向一致。旋翼式水表和垂直螺翼式水表应水平安装，水平螺翼式水表可根据实际情况确定水平、倾斜或垂直安装；垂直安装时，水流方向必须自下而上。

三、管道消毒及清洗

生活给水管道在交付使用前必须冲洗和消毒，并经有关部门取样检查，符合现行国家《生活饮用水卫生标准》方可使用。

给水管道系统在试压合格后，竣工验收前，应通水清洗。清洗时，打开每个配水点的水龙头，留有死角的系统最低点应设泄水口，清洗时间控制在泄水口的出水水质与系统进水水质相当为止。

管道系统清洗完毕后，应用含 20～30mg/L 游离氯的清水灌满管道进行消毒，含氯水在管中应静置 24h 以上。

管道消毒后，再用饮用水冲洗干净，经卫生监督管理部门检验合格后，方可交付使用。

四、室内消火栓灭火系统安装

室内消火栓灭火系统如图 7-5 所示，由下列几部分组成：

消火栓。消火栓也称消防龙头，口径分为 50 和 60mm 两种，用丝扣连接在管道上，以供消防使用。

水龙带。水龙带有棉质、麻质及衬胶等几种，其口径与消火栓配套。长度可根据建筑

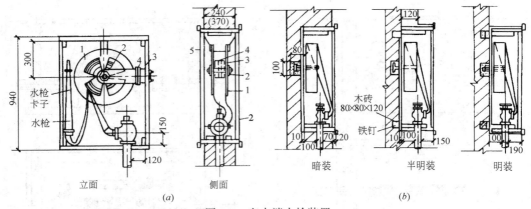

图 7-5   室内消火栓装置

(a) 双开门的消火栓箱；(b) 单开门的消火栓箱

1—水龙带盘；2—盘架；3—托架；4—螺栓；5—挡板

物大小而定，其长度不宜超过 25m。

水枪。目前有铝合金制和硬质聚氯乙烯制两种，喷水口径有 13、16 和 19mm 三种。

水枪与水龙带及水龙带与消火栓之间均采用内扣式快速接头连接。消火栓系统的安装是从室内给水管上，直接接出消防立管（如建筑物单设消防给水系统时，消防立管直接接在消防给水系统上），再从立管上引出短支管接往消火栓。消火栓栓口应朝外，并不应安装在门轴侧。安装时要求栓口中心距地面 1.1m，允许偏差±20mm，阀门中心距箱侧面为 140mm，距箱后内表面为 100mm，允许偏差±5mm。安装消火栓水龙带，水龙带与水枪和快速接头绑扎好后，应根据箱内构造将水龙带挂放在箱内的挂钉、托盘或支架上，以便有火警时，能迅速展开使用。

消火栓箱体安装的垂直度允许偏差为 3mm。

室内消火栓系统安装完成后应取屋顶层（或水箱间内）试验消火栓和首层取两处消火栓做试射试验，达到设计要求为合格。

五、室内给水系统的压力试验

室内给水管道是承压管道，因此，室内给水管道安装完应进行质量检查，并根据设计或规范要求对系统进行压力试验（试压）。试压的目的，一是检查管道及接口强度，二是检查接口的严密性。

（一）压力试验前的准备工作

室内给水管道的压力试验一般用清洁水进行，因此又称为水压试验。在水压试验前应做好下列工作：

（1）室内给水系统水压试验，应在支架、管卡固定后进行。

（2）各接口处未做防腐、防结露和保温，以便外观检查。

（3）水压试验时，系统或管路最高点应设排气阀，最低点应设泄水阀。

（4）水压试验时各种卫生器具均未安装水嘴、阀门。

（5）水压试验所用的压力表已检验准确，测试精度符合规定。

（6）水压试验可使用手动或电动试压泵，试压泵应与试压管道连接稳妥。

（二）水压试验标准及检验方法

室内给水管道系统的水压试验必须符合设计要求。当设计未注明时，各种材质的给水管道系统试验压力均为工作压力的 1.5 倍，但不得小于 0.6MPa。

（1）金属及复合管给水管道系统在试验压力下观测 10min，压降不应大于 0.02MPa，然后降到工作压力进行检查，应不渗不漏。

（2）塑料管给水系统应在试验压力下稳压 1h，压降不得超过 0.05MPa，然后在工作压力的 1.15 倍状态下稳压 2h，压降不得超过 0.03MPa，同时检查各连接处不渗不漏。

（三）水压试验的步骤及注意事项

室内给水管道系统的水压试验必须严格遵守操作要求。

（1）水压试验应使用清洁的水作介质。试验系统的中间控制阀门应全部打开。

（2）打开管道系统最高处的排气阀，从下往上向试压的系统注水，待水灌满后，关闭进水阀和排气阀。

（3）启动试压泵使系统内水压逐渐升高，升至一定压力时，停泵对管道进行检查，无问题时，再升至试验压力。一般分 2～4 次使压力升至试验压力。

（4）当压力升至试验压力时，按上述检验方法进行检查，达到上述要求且不渗不漏，即可认为强度试验合格。

（5）位差较大的给水系统，特别是高层和多层建筑的给水系统，在试压时要考虑静压影响，试验压力以最高点为准，但最低点压力不得超过管道附件及阀门的承压能力。

（6）试压过程中如发现接口处渗漏，及时做上记号，泄压后进行修理，再重新试压，直至合格为止。

（7）给水管道系统试压合格后，应及时将系统的水泄掉，防止积水冬季冻结而破坏管道。

六、自动喷水灭火系统

（一）自动喷水灭火系统的组成

自动喷水灭火系统分为闭式自动喷水灭火系统和开式自动喷水灭火系统。

闭式自动喷水灭火系统是利用火场达到一定温度时能自动将喷头打开，扑灭和控制火势并发出火警信号的灭火系统。这种系统多设在火灾危险性较大，起火蔓延很快的场所，如棉纺厂的原材料和成品仓库、木材加工车间、大面积商店、高层建筑及大剧院的舞台等。闭式自动喷水灭火系统由闭式喷头、管网、报警阀门系统、加压装置等组成。其有四种形式：湿式自动喷水灭火系统、干式自动喷水灭火系统、干湿式自动喷水灭火系统及预作用自动喷水灭火系统。湿式自动喷水灭火系统的构成如图 7-6 所示。

开式自动喷水灭火系统分为水幕灭火系统及雨淋灭火系统。通常布置在火势猛烈、蔓延迅速的严重危险级建筑物和场所。其一般由火灾自动报警系统、自动控制成组作用阀系统、带开式喷头的自动喷水灭火管网等三部分组成，如图 7-7 所示。

（二）自动喷水灭火系统管网的安装

自动喷水灭火系统配水管网的管道一般采用镀锌钢管，当管径小于或等于 100mm 时，使用螺纹连接，其他可用焊接、法兰连接或卡套式专用管件连接。

当管道穿过建筑物的变形缝时，应采取抗变形措施，穿过墙体或楼板时应加设套管，套管长度需大于墙体厚度，穿过楼板的套管其顶部应高出装饰地面 20mm，穿过卫生间或厨房楼板的套管，其顶部应高出装饰地面50mm，且套管底部应与楼板底面相平。对于焊接管道，管道的焊接环缝不得位于套管内。套管与管道的间隙应采用不燃烧材料填塞密实。

自动喷水灭火系统配水管网的横向管道应设0.002～0.005的坡度，坡向排水管；当管网局部区域难以利用排水管将水排净时，应采取相应的排水措施；当喷头数量少于或等于5只时，可在管道低凹处加设螺纹堵头排水口；当喷头数量大于5只时，宜装设带阀门的排水管。

自动喷水灭火系统的配水管应刷红色环圈标志。环圈标志宽度不小于20mm，间隔不大于4m，并且要求在一个独立的单元内环圈不少于两处。

（三）管道支架、吊架、防晃支架的安装

管道应固定在建筑物的结构上，管道固定一般采用支架、吊架和防晃支架。防晃支架是为防止喷头喷水时消防配水管道产生大幅度晃动而设置的，防晃支架应能承受管道、配件和管内水重总重50%的水平方向推力，而不致损坏变形。

管道支架、吊架、防晃支架的形式、材质、加工尺寸及焊接质量等应符合设计要求和国家现行有关标准的规定，同时，设置吊架或支架的位置应不影响喷头的喷水效果。

管道支架、吊架与喷头之间的距离不宜小于300mm，与末端喷头之间的距离不宜大于750mm；配水支管上每一直管段、相邻两喷头之间的管段至少应设置1个吊架，吊架的间距不宜大于3.6m；当管道的公称直径等于或大于50mm时，每段配水干管或配水管应至少设置1个防晃支架，设置的防晃支架间距应小于15m；当管道改变方向时，应增设

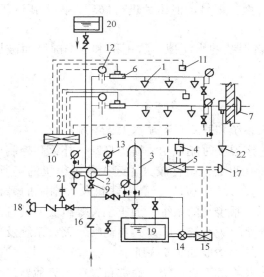

图7-6　湿式自动喷水灭火系统

1—闭式喷头；2—湿式报警阀；3—延迟器；4—压力继电器；5—电气自控箱；6—水流指示器；7—水力警铃；8—配水管；9—阀门；10—火灾收信机；11—感温、感烟火灾探测器；12—火灾报警装置；13—压力表；14—消防水泵；15—电动机；16—止回阀；17—按钮；18—水泵接合器；19—水池；20—高位水箱；21—安全阀；22—排水漏斗

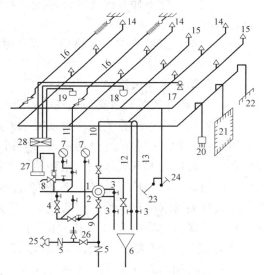

图7-7　开式自动喷水灭火系统

1—成组作用阀；2—闸阀；3—截止阀；4—小孔阀；5—止回阀；6—排水斗；7—压力表；8—电磁阀；9—供水干管；10—配水立管；11—传动管网；12—溢流管；13—放气管；14—开式喷头；15—闭式喷头；16—易熔销封传动装置；17—感光探测器；18—感温探测器；19—感烟探测器；20—淋水器；21—淋水环；22—水幕；23—长柄手动开关；24—短柄手动开关；25—水泵接合器；26—安全阀；27—自控箱；28—报警装置

防晃支架；竖直安装的配水干管除中间用管卡固定外，还应在其始端和终端设防晃支架或采用管卡固定，其安装位置距地面或楼面的距离宜为1.5～1.8m。

（四）自动喷水灭火系统喷头的安装

闭式喷头在安装前应进行密封性能试验，并以无渗漏、无损伤为合格。试验数量应从每批中抽查1%，但不得少于5只。试验压力应为3.0MPa，保压时间不得少于3min。当有两只及以上不合格时，不得使用该批喷头。当仅有一只不合格时，应再抽查2%，但不得少于10只。当重新进行密封性能试验后，仍有不合格喷头时，则该批喷头全部不能使用。

喷头安装应在系统试压、冲洗合格后进行。喷头安装时宜采用专用的弯头、三通。喷头安装时，不得对喷头进行拆装、改动，并严禁给喷头附加任何装饰性涂层。喷头安装应使用专用扳手，严禁利用喷头的框架施拧；喷头的框架、溅水盘产生变形或释放原件损伤时，应采用规格、型号相同的喷头更换。当喷头的公称直径小于10mm时，应在配水干管或配水管上安装过滤器。安装在易受机械损伤处的喷头，应加设喷头防护罩。喷头的间距应符合设计要求。

（五）管网试验

系统安装完成后，应按设计要求对管网进行强度、严密性试验和冲洗，保证其工程质量。管网冲洗在水压强度试验合格以后进行，冲洗合格以后进行水压严密性试验。

管网的强度、严密性试验一般采用水进行，但对干式自动喷水灭火系统必须既做水压试验，又做气压试验。

1. 水压试验

系统水压试验应用洁净的生活用水进行，不得用海水或有腐蚀性化学物质的水。如在环境温度低于5℃条件下进行水压试验时，应采取防冻措施。水压强度试验压力当设计工作压力小于或等于1.0MPa时，为设计工作压力的1.5倍，并不应低于1.4MPa。当设计工作压力大于1.0MPa时，应为设计工作压力加0.4MPa。测压点应设在管道系统最低部位。对管网注水时，应将空气排净，然后缓慢升压，达到试验压力后，稳压30min，目测无泄漏、无变形、压降不大于0.05MPa时为合格。

系统严密性试验在强度试验及管网冲洗合格后进行，其试验压力为设计工作压力，稳压24h，经全面检查，以无泄漏为合格。系统的水源干管、进户管和室内埋地管道应在回填隐蔽前，单独或与系统一起进行强度、严密性水压试验。

2. 气压试验

系统气压试验介质一般用空气或氮气。气压严密性试验压力应为0.28MPa，且稳压24h，压力降不应大于0.01MPa。

3. 管网冲洗

管网冲洗应分区、分段连续进行。冲洗不得用海水或有腐蚀性化学物质的水进行。水平管网冲洗时，其排水管位置应低于配水支管。在管网水冲洗时的水流方向应与火灾时系统运行的水流方向一致。对系统进行水冲洗时应设临时专用排水管道，排水管道的截面不得小于被冲洗管道截面的60%。

管网的地上管道与地下管道连接前，应在立管底部加设堵头，然后对地下管道进行冲洗。水冲洗应连续进行，以出口处的水色、透明度与入口处的目测基本一致为合格。

第二节 室内排水系统安装

一、室内排水系统的构成

室内排水系统按排水的性质可分为生活污水排放系统、生产污（废）水排放系统、雨（雪）水排放系统三类，一个完整的室内排水系统主要由卫生器具、排水管系、通气管系、清通设备、污水抽升设备等部分组成，如图7-8所示。

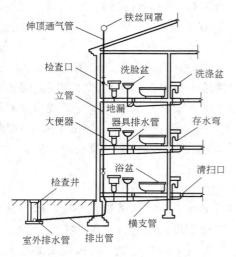

图 7-8 室内排水系统示意图

二、排水管道安装

排水管道安装时，应与土建施工程序相协调，一般是先做地下管线，即安装排出管，然后安装排水立管和排水支管，最后安装卫生器具。

（一）排出管安装

排出管穿过房屋基础或地下室墙壁时应预留孔洞，并应做好防水处理，如图7-9所示，预留尺寸孔洞见表7-1。

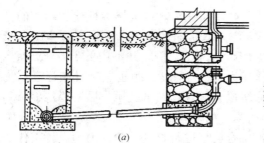
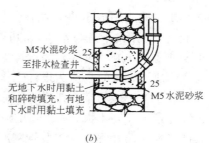

图 7-9 排出管穿墙基础图

（a）安装示意图；（b）安装大样图

　　铺设排出管时，应注意基础情况，沟槽不要超挖而破坏原土层，以防止因局部沉陷造成管道断裂。室内排水是靠重力流动，在施工安装时，应注意把管道承口作为进水方向，并使管道坡度均匀，不要产生突变现象。生活污水和埋地敷设的雨水排水管道的最小坡度应符合表7-2和表7-3的规定。

排出管穿基础预留尺寸孔洞			表 7-1
管道直径(mm)	50～100	125～150	200～250
预留洞尺寸(砖墙)(mm)	300×300 (240×240)	400×400 (360×360)	500×500 (490×490)

生活污水铸铁管道的坡度　　　　　表 7-2

序号	管道直径(mm)	标准坡度(‰)	最小坡度(‰)
1	50	35	25
2	75	25	15
3	100	20	12
4	125	15	10
5	150	10	7
6	200	8	5

生活污水塑料管道的坡度　　　　　表 7-3

序号	管道直径(mm)	标准坡度(‰)	最小坡度(‰)
1	50	25	12
2	75	15	8
3	110	12	6
4	125	10	5
5	160	7	4

通向室外的排水管，穿过墙壁或基础必须下返时，应采用 45°三通和 45°弯头连接，并应在垂直管段顶部设置清扫口。

由室内通向室外排水检查井的排水管，井内引入管应高于排出管或两管顶相平，并有不小于 90°的水流转角，如跌落差大于 300mm，可不受角度限制。

（二）排水立管安装

排水立管常沿卫生间墙角垂直敷设。施工时，立管中心线可标注在墙上，按量出的立管尺寸及所需的配件进行配管。安装排水立管时，立管与墙面应留有一定的操作距离，立管穿现浇楼板时，应预留孔洞。立管轴线与墙面距离及穿楼板预留洞尺寸，可参考表 7-4 采用。

立管轴线与墙面距离及穿楼板留洞尺寸　　　　　表 7-4

管道直径(mm)	50	75	100	150
管轴线与墙面距离(mm)	100	110	130	150
楼板预留洞尺寸(mm)	100×100	200×200	200×200	300×300

如果排水管道采用塑料管道时，必须按设计要求及位置装设伸缩节，如设计没有明确要求时，伸缩节的间距不得大于 4m，如果是在高层建筑中安装的明装塑料排水管道，还必须设置阻火圈或消防套管。

为了减小管道的局部阻力和防止污物堵塞管道，排水立管与排出管端部的连接，应采用两个 45°弯头或弯曲半径不小于 4 倍管径的 90°弯头。

（三）排水横支管安装

立管安装后，应按卫生器具的位置和管道规定的坡度敷设排水横支管。排水支管的末端与排水立管预留的三通或四通相连接。排水支管不得穿过沉降缝、烟道和风道等，敷设时应满足设计要求的坡度，排水支管如悬吊在楼板下时，其吊架间距一般不大于 2m。

室内排水的水平管道与水平管道、水平管道与立管的连接，应采用 45°三通或 45°四通和 90°斜三通或 90°斜四通。

（四）通气管及辅助通气管安装

通气管应高出屋面 0.3m 以上，并且应大于最大积雪厚度，以防止积雪掩盖通气管口。在通气管出口 4m 以内有门、窗时，通气管应高出门、窗顶 600mm 或引向无门、窗一侧。对平顶屋面，若经常有人逗留，则通气管应高出屋面 2m，并应根据防雷要求设置防雷装置。通气口上应做网罩，以防落入杂物。

通气管或辅助通气管穿出屋面时，应与屋面工程配合好，一般做法如图 7-10 所示。先把通气管安装好，然后把屋面和管道接触处的防水处理好。

（五）清通设备

室内排水管道的清通设备主要是指检查口和清扫口。

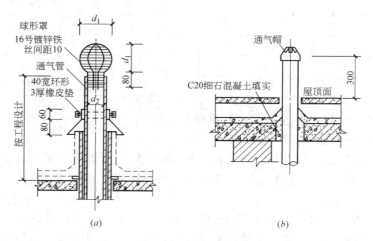

图 7-10　通气管出屋面
（a）铸铁通气帽安装；（b）塑料通气帽安装

检查口如图 7-11 所示，拆除盲板即可进行清通工作。排水立管上每隔一层应设置一

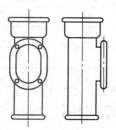

图 7-11　检查口

个检查口，但在最底层和有卫生器具的最高层必须设置，如有乙字弯管时，则在该层乙字弯管上部设置检查口。检查口的高度距操作地面一般为 1m，允许±20mm 的偏差。检查口的朝向应便于检修。暗装立管，在检查口处应安装检修门。

在连接两个及两个以上大便器或 3 个及 3 个以上卫生器具的污水横管上应设置清扫口。当污水管在楼板下悬吊敷设时，可将清扫口设在上一层楼地面上，并与地面相平，如图 7-12 所示，污水管起点的清扫口与管道相垂直的墙面距离不得小于 200mm；若污水管起点设置堵头代替清扫口时，与墙面距离不得小于 400mm。在转角小于 135°的污水横管上，应设置检查口或清扫口。污水横管的直线管段，应按设计要求的距离设置检查口或清扫口，如设计无要求时可按表 7-5 规定的距离设置检查口或清扫口。

（六）支、吊架安装

金属排水管道上的吊钩或卡箍应固定在承重结构上。固定件间距：横管不大于 2m；

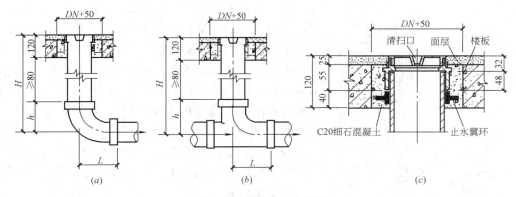

图 7-12　塑料清扫口安装

(a) A 型；(b) B 型；(c) 清扫口大样

污水横管的直线管段上检查口或清扫口之间的最大距离　　　　表 7-5

管径 （mm）	污 水 性 质			清通装置的种类
	假定净水	生活粪便水和成分 近似生活粪便水的污水	含大量悬浮物的污水	
	间　　距（m）			
50～75	15	12	10	检查口
50～75	10	8	6	清扫口
100～150	20	15	12	检查口
100～150	15	10	8	清扫口
200	25	20	15	检查口

立管不大于 3m。楼层高度小于或等于 4m，立管可安装 1 个固定件。立管底部的弯管处应设支墩或采取固定措施。

排水塑料管道支、吊架间距应符合表 7-6 的规定。

排水塑料管道支、吊架最大间距（单位：m）　　　　表 7-6

管径（mm）	50	75	110	125	160
立管	1.2	1.5	2.0	2.0	2.0
横管	0.5	0.75	1.10	1.30	1.60

三、雨水管道安装

（一）雨水管道系统

降落在建筑物屋面的雨水和融化的雪水，必须妥善地予以排除，以免造成屋面积水、漏水，影响生活和生产。雨水管道不得与生活污水管道相连接。

屋面雨水系统主要分为重力流雨水系统、压力流（虹吸式）雨水系统及堰流式雨水排放系统。

按管道的设置位置分为：内排水系统、外排水系统。外排水系统可分为檐沟外排水和天沟外排水。对一般居住建筑、屋面面积较小的公共建筑以及小型单跨厂房，雨水的排除

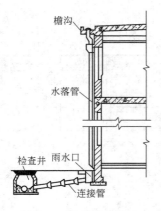

图 7-13　水落管外排水

多采用屋面檐沟汇集，然后流入有一定间距并沿外墙设置的水落管排泄至地面或地下雨水沟，如图 7-13 所示。对于大面积建筑屋面及多跨的工业厂房，当采用外排水有困难时，可采用内排水系统。此外高层大面积平屋顶民用建筑以及对建筑立面处理要求较高的建筑物，也宜采用雨水的内排水形式。内排水系统是由雨水斗、悬吊管、立管、埋地横管、检查井及清通设备等组成，如图 7-14 所示。视具体建筑物构造等情况，可以组成悬吊管跨越厂房后接立管排至地面（如图 7-14 中从左至右第 2.3.4 个雨水斗），或不设悬吊管的单斗系统（如图 7-14 中从左至右第 1 个雨水斗）等方式。

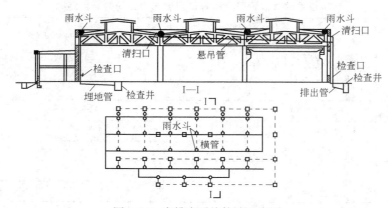

图 7-14　内排水系统构造示意图

（二）重力流雨水系统安装

1. 雨水管道

重力流雨水管道一般使用塑料管、铸铁管、镀锌和非镀锌钢管或混凝土管等，悬吊式雨水管一般选用钢管、铸铁管或塑料管。易受振动的雨水管道应使用钢管。雨水管道如使用塑料管，则应按要求设置伸缩节。

悬吊式雨水管可以用铁箍、吊环等固定在建筑物的桁架、梁及墙上，并有不小于 0.005 的坡度坡向立管。在工业厂房中，悬吊管应避免从不允许有滴水的生产设备上方通过。悬吊式雨水管道的检查口或带法兰堵口的三通的间距不得大于表 7-7 的规定。

悬吊管检查口间距		表 7-7
序　号	悬吊管直径	检查口间距
1	≤150	≤15
2	≥200	≤20

立管接纳悬吊管或雨水斗的水流，通常沿柱布置，每隔 2m 用卡箍固定在柱子上。为便于清通，立管在距地面 1m 处要装设检查口。

埋地横管与立管的连接可采用检查井，也可采用管道配件。埋地横管可采用钢筋混凝土管或带釉的陶土管。埋地雨水管道的最小坡度应符合表 7-8 的规定。

地下埋设雨水排水管道的最小坡度　　　　　　　　　　　表 7-8

序号	管道直径(mm)	最小坡度(‰)	序号	管道直径(mm)	最小坡度(‰)
1	50	20	4	125	6
2	75	15	5	150	5
3	100	8	6	200～400	4

2. 雨水斗

雨水斗的作用是收集和排除屋面的雨雪水。要求其能最大限度和迅速地排除屋面雨雪水，同时要最小限度的掺气，并拦截粗大杂质。常用的有 65 型和 79 型。65 型雨水斗为铸铁浇铸，见图 7-15 所示，规格一般为 100mm。79 型雨水斗为钢板焊制，其性能与 65 型雨水斗基本相同，规格有 75、100、150、200mm 四种。

雨水斗的安装见图 7-16 所示，雨水斗管的连接应固定在屋面承重结构上。雨水斗边缘与屋面相连处应严密不漏。连接管管径当设计无要求时，不得小于 100mm。

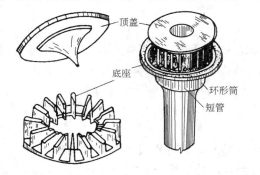

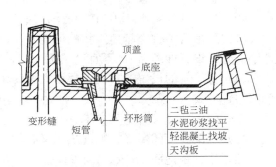

图 7-15　65 型雨水斗　　　　　　　　图 7-16　雨水斗的安装

（三）压力流（虹吸式）雨水系统

与重力流内排水系统一样，虹吸式屋面雨水排放系统一般由雨水斗、悬吊管、立管、出户管和排出管组成，如图 7-17 所示，与重力流内排水系统所不同的是需要用专门的悬吊系统来稳定悬吊管，悬吊系统又称"消能悬吊系统"，是针对虹吸式系统中水流流速大，振动强而专门设置的消音减震的固定装置，它能将雨水悬吊管轴向伸缩产生的膨胀应力及工作状态下的振动荷载由固定支（吊）架传到消能悬吊系统上被消解。

虹吸式屋面雨水排放系统通过独特的雨水斗设计，使得雨水斗斗前的水位上升到一定高度时雨水斗进水不再掺气，利用屋面雨水所具有的势能，通过设计使系统悬吊管内形成负压，在雨水从悬吊管跌落入立管时产生抽吸作用，逐渐形成满管流，快速地排除雨水。虹吸式屋面雨水排放系统广泛应用于体育场馆、仓储中心、展览馆、大屋面厂房、大屋面购物中心、机场、机库、其他大型屋面或顶板。

1. 雨水管道系统安装

虹吸式雨水管道系统应采用承压管道、管配件（包括伸缩器）和接口，额定压力不小于建筑高度静水压，并要求能承受 0.9 个大气压力的真空负压。

虹吸式系统排出管的管材一般为承压的金属管、塑料管、钢塑复合管等。目前一般采用高密度聚乙烯（HDPE）管和不锈钢管。

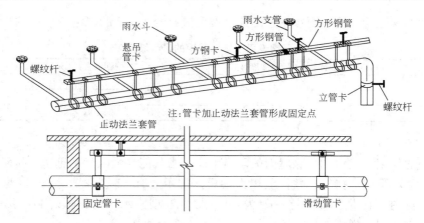

图 7-17 虹吸式屋面雨水排放系统示意图

悬吊管的安装应符合下列要求：

（1）悬吊管可无坡度敷设，但不得倒坡。

（2）悬吊管与雨水斗出口的高差宜大于 1m。

（3）悬吊管不宜穿越建筑物的伸缩缝、沉降缝和抗震缝，如必须穿越，应采取必要的补偿措施（设置伸缩器）。不宜穿越防火墙，如必须穿越需加防火套管或者阻火圈。

（4）悬吊管的设置应首先选择以立管为中心，侧向对称布置方式；如不可能，可选择单侧布置方式。

立管的安装应符合下列要求：

（1）不同高度的屋面，彼此之间又有较大的高差时，宜分别设置立管和出户管。

（2）立管距地面 1m 处，设置检查口；如有需要，悬吊管可相应设置清扫口，但应确保其气密性。

（3）虹吸式系统的立管管径不受悬吊管管径限制。

（4）立管应少转弯，明装的雨水立管应靠墙、柱敷设。

（5）高层建筑的立管底部应设托架。

2. 雨水斗

虹吸式雨水斗由进水导流罩、整流器、斗体、出水管等组成，如图 7-18 所示。目前主要有不锈钢虹吸式雨水斗、铝合金虹吸式雨水斗、钢塑混合式虹吸式雨水斗。虹吸式雨水系统常用虹吸式雨水斗口径包括：$DN50$、$DN63$、$DN75$、$DN110$、$DN160$。

虹吸式雨水斗安装应注意下列问题：

（1）屋面排水系统应设置雨水斗，雨水斗应经测试，未经测试的（金属或塑料）雨水斗不得使用在屋面上。

图 7-18 虹吸式雨水斗

（2）虹吸式系统接入同一悬吊管的雨水斗应在同一标高层屋面上，各雨水立管宜单独排出室外。当受建筑条件限制时，一个以上的立管必须接入同一排出横管时，立管宜设置出口与排出横管连接。

（3）虹吸式雨水斗应设于天沟内，但 $DN50$ 的雨水斗可直接埋设于屋面。

（4）接有多斗悬吊管的立管顶端不得设置雨水斗。

（5）在不能以伸缩缝为屋面雨水分水线时，应在缝两侧各设雨水斗。

（6）寒冷地区雨水斗宜设在冬季易受室内温度影响的屋顶范围之内。

四、室内排水管道及雨水管道的试验

（一）室内排水管道的通水、通球试验

1. 通水试验

排水管道安装完毕后，要先进行通水试验。试验采用自上而下灌水方法，以灌水时能顺利流下不堵为合格。可用木槌敲击管道疏通，并采用敲击听音的方法判断堵塞位置，然后进行清理。

2. 通球试验

通水试验合格后，即可进行通球试验。试验方法是：从排水立管顶端投入橡胶球，观察球在管内通过情况，必要时可灌入一些水，使球能顺利通过流出为合格。通球如遇堵塞，应查明位置，进行疏通，直至球通过无阻为合格，要求管道的通球率达 100%。通球用的橡胶球直径不小于排水管道直径的 $2/3$，可按表 7-9 中规定选用。

橡胶球直径选用表（mm）   表 7-9

管径	150	100	75
胶球直径	100	70	50

（二）排水管道的试漏

1. 试漏用工器具

橡胶囊：$DN75$、$DN100$、$DN150$ 三种规格。

胶管：长 10m，可采用氧气带或乙烯胶带。

压力表：Y-60 型，$0.16\sim0.25MPa$ 一个。

打气筒：普通自行车打气筒一个。

2. 试漏

试漏一般利用检查口分层进行，试漏试验装置如图 7-19 所示。胶囊装置位置以试验层水平管与立管连接三通以下 50cm 左右比较合适。操作步骤如下：

（1）打开检查口，由检查口把胶囊慢慢送入管内至预定位置，然后用气筒向胶囊内充气，边充气边观察压力表的升压值，当表压升至 $0.07MPa$ 时即可（压力不大于 $0.12MPa$）；

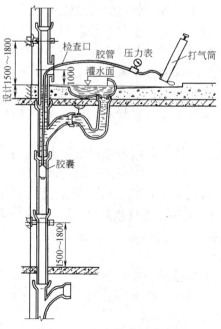

图 7-19 室内排水管灌水试验

（2）由检查口向管内灌水，同时观察卫生设备中水位上升情况，至规定试漏水位时停

止灌水；

（3）停止灌水时，开始观察 30min，水位无变化，各接口无渗漏现象为合格。

（三）室内排水管道的灌水试验

室内排水管道，一般均为无压力管道。因此，只试水不加压力，常称做闭水（灌水）试验。

室内暗装或埋地排水管道，应在隐蔽或覆土之前做闭水试验，其灌水高度不应低于底层地面高度。检验的标准是以满水 15min 液面下降后，再灌满观察 5min，液面不下降，管道及接口无渗漏为合格。

（四）室内雨水管道的灌水试验

安装在室内的雨水管道安装后应做灌水试验，灌水高度必须到每根立管最上部雨水漏斗。灌水试验持续时间为 1h，且不渗不漏。

第三节　卫生器具的安装

卫生器具按其用途分，有便溺用卫生器具（大便器、大便槽、小便器和小便槽等）、盥洗、沐浴用卫生器具（洗脸盆、盥洗槽、浴盆和淋浴器等）及洗涤卫生器具（洗涤盆、家具盆、污水盆和化验盆等）。

卫生器具一定要坚固，具有不透水性，耐侵蚀和表面光滑。目前所安装的卫生器具多是陶瓷制品，安装时，应注意器具与管路连接的严密性。

一、卫生器具安装前的质量检查

安装前，应对卫生器具及其附件（如配水龙头、冲洗洁具、存水弯等）进行质量检查。质量检查包括：器具外形的端正与否、瓷质的粗糙与细腻程度、色泽的一致与否、瓷体有无破损、各部分构造上的允许尺寸是否超过公差值等。质量检查的方法是：

（1）外观检查：表面有无缺陷；

（2）敲击检查：轻轻敲打，声音实而清脆说明未受损伤，声音沙哑说明已受损伤破裂；

（3）丈量检查：用钢卷尺细心测量主要尺寸；

（4）通球检查：对圆形孔洞可做通球检查，检查用球的直径为孔洞直径的 0.8 倍；

（5）盛水试验：盛水试验目的是检验卫生器具是否渗漏，盛水高度：大小便冲洗槽、水泥拖布池、盥洗槽等，充水深度为槽深的 1/2。坐、蹲式大便器的冲洗水箱，充水至控制水位。洗脸盆、洗涤盆、浴盆等，充水至溢水口处。蹲式大便器，充水至边沿深 5mm。

二、卫生器具的安装要求

卫生器具在安装上应做到：准确、牢固、不漏、美观、适用、方便。

1. 安装定位准确

卫生器具安装的标高、位置等应做到准确无误，这样才能保证质量，发挥其良好的性能，同时又能起到装饰上的美观效果。

卫生器具的安装位置由设计确定，当只有卫生器具的大致位置而无具体尺寸时，就需现场定位。定位时要考虑使用方便、舒适、易检修等因素，特别注意器具排水支管中心位置的准确性。

在设计图纸无明确要求时，卫生器具的安装高度可参照表 7-10 的规定。卫生器具给水配件的安装高度，如设计无高度要求时，应符合表 7-11 的规定。

2. 安装的稳固性

卫生器具安装要水平勿斜、稳固不摇晃。卫生器具安装稳固主要取决于器具的支架、支柱等的安装，因此要特别注意支撑器具的支架、支座安装的准确性和稳固性。

卫生器具的支、托架必须防腐良好，安装平整、牢固，与器具接触紧密、平稳。

与排水横管连接的各卫生器具的受水口和立管均应采取妥善可靠的固定措施；管道与楼板的接合部位应采取牢固可靠的防渗、防漏措施。

卫生器具安装高度　　　　　　　　　　　　　　　　表 7-10

序号	卫生器具名称		卫生器具安装高度（mm）		备　注
			居住和公共建筑	幼儿园	
1	污水盆（池）	架空式	800	800	
		落地式	500	500	
2	洗涤盆（池）		800	800	
3	洗脸盆、洗手盆（有塞、无塞）		800	500	自地面至器具上边缘
4	盥洗槽		800	500	
5	浴盆		≤520		
6	蹲式大便器	高水箱	1800	1800	自台阶面至高水箱底
		低水箱	900	900	自台阶面至低水箱底
7	坐式大便器	高水箱			自地面至高水箱底
		低水箱　外露排水管式虹吸喷射式	510 470	370	自地面至低水箱底
8	小便器	挂式	600	450	自地面至下边缘
9	小便槽		200	150	自地面至台阶面
10	大便槽冲洗水箱		≥2000		自台阶面至水箱底
11	妇女卫生盆		360		自地面至器具上边缘
12	化验盆		800		自地面至器具上边缘

卫生器具给水配件的安装高度　　　　　　　　　　　　表 7-11

序号	给水配件名称	配件中心距地面高度（mm）	冷热水龙头距离（mm）
1	架空式污水盆（池）水龙头	1000	—
2	落地式污水盆（池）水龙头	800	
3	洗涤盆（池）水龙头	1000	150
4	住宅集中给水龙头	1000	
5	洗手盆水龙头	1000	

续表

序号	给水配件名称		配件中心距地面高度（mm）	冷热水龙头距离（mm）
6	洗脸盆	水龙头（上配水）	1000	150
		水龙头（下配水）	800	150
		角阀（下配水）	450	—
7	盥洗槽	水龙头	1000	150
		冷热水管上下并行，其中热水龙头	1100	150
8	浴盆	水龙头（上配水）	670	150
9	淋浴器	截止阀	1150	95
		混合阀	1150	—
		淋浴喷头下沿	2100	—
10	蹲式大便器（台阶面算起）	高水箱角阀及截止阀	2040	—
		低水箱角阀	250	—
		手动式自闭冲洗阀	600	—
		脚踏式自闭冲洗阀	150	—
		拉管式冲洗阀（从地面算起）	1600	—
		带防污助冲器阀门（从地面算起）	900	—
11	坐式大便器	高水箱角阀及截止阀	2040	—
		低水箱角阀	150	—
12	大便槽冲洗水箱截止阀（从台阶面算起）		不小于2400	—
13	立式小便器角阀		1130	—
14	挂式小便器角阀及截止阀		1050	—
15	小便槽多孔冲洗管		1100	—
16	实验室化验水龙头		1000	—
17	妇女卫生盆混合阀		360	—

注：装设在幼儿园内的洗手盆、洗脸盆和盥洗槽水嘴中心离地面安装高度应为700mm，其他卫生器具给水配件的安装高度，应按卫生器具实际尺寸相应减少。

3. 安装的美观性

卫生器具安装好后，客观上成为室内的一种陈设物，在发挥其实用价值的同时，又具有满足室内美观的要求。因此，在安装过程中，应随时用水平尺、线坠等工具对器具安装部分进行严格检验和校正，从而保证卫生器具安装的平直、端正，达到美观的目的。器具给水配件及卫生器具安装允许偏差见表 7-12～表 7-14。

卫生器具安装的允许偏差和检验方法   表 7-12

序号	项目		允许偏差（mm）	检验方法
1	坐标	单独器具	10	拉线、吊线和尺量检查
		成排器具	5	
2	标高	单独器具	±15	
		成排器具	±10	
3	器具水平度		2	用水平尺和尺量检查
4	器具垂直度		3	吊线和尺量检查

卫生器具给水配件安装标高的允许偏差和检验方法　　　　表 7-13

序号	项　目	允许偏差(mm)	检验方法
1	大便器高、低水箱角阀及截止阀	±10	尺量检查
2	水嘴	±10	
3	淋浴器喷头下沿	±15	
4	浴盆软管淋浴器挂钩	±20	

卫生器具排水管道安装的允许偏差及检验方法　　　　表 7-14

序号	检 查 项 目		允许偏差(mm)	检验方法
1	横管弯曲度	每 1m 长	2	用水平尺量检查
		横管长度≤10m，全长	<8	
		横管长度>10m，全长	10	
2	卫生器具的排水管口及横支管的横纵坐标	单独器具	10	用尺量检查
		成排器具	5	
3	卫生器具的接口标高	单独器具	±10	用水平尺和尺量检查
		成排器具	±5	

4. 安装的严密性

卫生器具安装好后，在使用过程中必须严密不漏水。要保证其严密性，应在安装过程中注意两个方面：第一，和给水管道系统的连接处，如洗脸盆、冲洗水箱的设备孔洞和给水配件（水嘴、浮球阀、淋浴器等）连接时应加橡皮软垫，并压挤紧密，不得漏水；第二，器具下水管接口连接处（如排水栓和器具下水孔，便器和排水短管等之间），应压紧橡胶垫圈或填好油灰以防漏水。

排水栓和地漏的安装应平正、牢固，低于排水表面，周边无渗漏，地漏水封高度不得小于 50mm。

卫生器具交工前应做满水和通水试验。满水后各连接件不渗不漏；通水试验给、排水畅通。

5. 安装的可拆卸性

卫生器具在使用过程中可能会因碰撞破损而需要更换，因此，卫生器具在安装时要考虑到器具的可拆卸性。具体措施是：卫生器具和给水支管相连处，给水支管必须在与器具的最近连接处设置可拆卸的零件。器具和排水短管、存水弯的连接，均应采用便于拆除的油灰填塞。而且在存水弯上或排水栓处均应设置可拆卸的零件连接。

三、卫生器具的安装程序和注意事项

（1）卫生器具的安装应在室内装修工程施工之后进行。其给水管和排水管的甩口位置要准确。

（2）根据预安装的卫生器具的尺寸画线定位，将浸好煤焦油的木砖（一般做成梯形，预埋时里面大，外面小）嵌入墙内，使得木砖表面略低于墙面抹灰层。

（3）卫生器具的铜活预装配后，应根据需要进行试水，将需要事先与卫生器具连接的配件全部装好，装配电镀铜活时，不得直接使用管钳子，方口配件应使用活扳手。

（4）将外观检查合格的卫生器具按画线的位置用木螺丝固定在墙上或稳装在地面上，

木螺丝应加胶皮垫，如卫生器具设在混凝土墙壁上，可以采用冲击电钻钻孔，用膨胀螺栓固定。

（5）连接卫生器具的给水接口和排水接口。安装带有溢水装置的卫生器具的排水口时，要注意将排水口的溢水孔眼（保险口）对准卫生器具的溢水口。连接卫生器具的排水管管径和最小坡度，如设计无要求时，应符合表 7-15 的规定。

连接卫生器具的排水管管径和最小坡度　　　　　　表 7-15

序号	卫生器具名称		排水管管径(mm)	管道的最小坡度(‰)
1	污水盆(池)		50	25
2	单、双格洗涤盆(池)		50	25
3	洗手盆、洗脸盆		32～50	20
4	浴盆		50	20
5	淋浴器		50	20
6	大便器	高、低水箱	100	12
		自闭式冲洗阀	100	12
		拉管式冲洗阀	100	12
7	小便器	手动、自闭式冲洗阀	40～50	20
		自动冲洗水箱	40～50	20
8	化验盆(无塞)		40～50	25
9	净身器		40～50	20
10	饮水器		20～50	10～20
11	家用洗衣机		50(软管为 30)	

四、几种卫生器具的安装

（一）洗脸盆安装

以托架式洗脸盆为例，一套完整的洗脸盆，是由脸盆、盆架、排水管、排水栓、链堵和脸盆水嘴等部件组成，如图 7-20 所示。托架式脸盆一般按下述程序进行安装：

（1）安装脸盆架。根据管道的甩口位置和安装高度在墙上划出横、竖中心线，找出盆架的位置，并用木螺丝把盆架拧紧在预埋的木砖上，如墙壁为钢筋混凝土结构，可用膨胀螺栓固定。

（2）将脸盆放在稳好的脸盆架上，脸盆水嘴垫胶皮垫后穿入脸盆的上水孔，然后加垫并用根母紧固。水嘴安装应端正、牢固。

（3）将排水栓加橡胶垫用根母紧固在脸盆的下水口上。注意使排水栓的保险口与脸盆的溢水口对正。

（4）将角阀的入口端与预留的上水口相连接，另一端配短管与脸盆水嘴相连接，并用锁母紧固。

（5）把存水弯锁母卸开。上端套在缠麻抹好铅油的排水栓上。下端套上护口盘插入预留的排水管管口内，然后把存水弯锁母加垫找正紧固，最后把存水弯下端与预留的排水管口间的缝隙用铅油缠麻丝塞紧，盖好护口盘。

（二）大便器安装

1. 蹲式大便器安装

以高水箱蹲式大便器为例，一套蹲式大便器由高水箱、冲洗管和蹲桶组成，其安装如

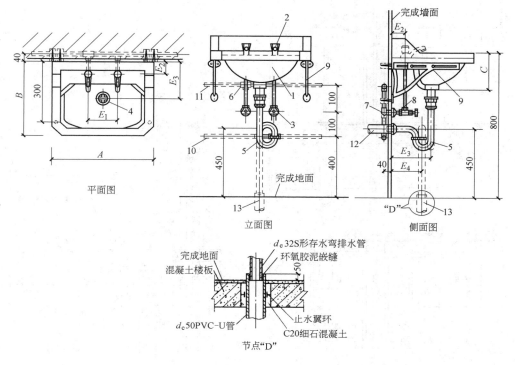

图 7-20 托架式洗脸盆安装

1—托架式洗脸盆；2—陶瓷片式密封水龙头；3—角阀；4—排水栓；5—存水弯；6—二通；
7—弯头；8—连接短管；9—托架；10—冷水管；11—热水管；12、13—排水管

图 7-21 所示。通常按下述程序进行：

（1）确定水箱的位置，并在墙上划好横、竖中心线，把水箱内的附件装配好，使用灵活。然后用木螺丝或膨胀螺栓加垫把水箱拧固在墙上。

（2）安装水箱浮球阀和排水栓。把浮球阀加胶皮垫从水箱中穿出来，再加胶皮垫，用根母紧固；将水箱排水栓加胶垫从水箱中穿出，再套上胶垫和铁皮垫圈后用根母紧固；用力要适中，以免损伤水箱。

（3）稳装大便器。将麻丝白灰（或油灰）抹在预留的大便器下存水弯管的承口内，然后插入大便器的排水口，稳装严密，并用水平尺找平摆正，最后将挤出的白灰（或油灰）抹光。

（4）安装冲洗管。将冲洗管上端（已做好乙字弯）套上锁母，管头缠麻抹铅油插入水箱排水栓后用锁母锁紧，下端套上胶皮碗，并将其另一端套在大便器的进水口上，然后用14 号铜丝把胶皮碗两端绑扎牢固。

（5）用小管（多为硬塑料管）连接水箱浮球阀和给水管的角型阀。将预制好的小管一端用锁母锁在角型阀上，另一端套上锁母，管端缠麻抹铅油后用锁母锁在浮球阀上。

（6）大便器稳好后，四周用砖垫牢固，然后由土建按要求做好地坪，应当指出的是，胶皮碗处应用砂土埋好，在砂土上面抹一层水泥砂浆，禁止用水泥砂浆把胶皮碗处全部填死，以免日后维修不便。

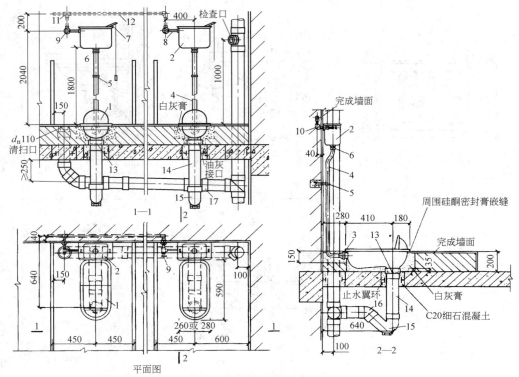

图 7-21　高水箱蹲式大便器安装

1—蹲式大便器；2—高水箱；3—胶皮弯；4—冲洗管；5—管卡；6—水箱配件；7—拉手；8—金属软管；

9—角阀；10—弯头；11—三通；12—给水管；13—大便器接头；14—排水支管；

15—P 形存水弯；16—45°弯头；17—顺水二通

2. 坐式大便器的安装

根据冲洗水箱的不同，坐式大便器可分为挂箱式、坐箱式和连体式三种。其安装过程与蹲式大便器基本相同，图 7-22 是坐箱式坐便器安装示意图。

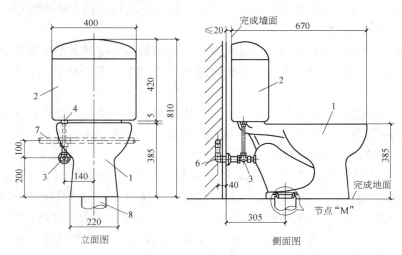

图 7-22　坐箱式坐便器安装（一）

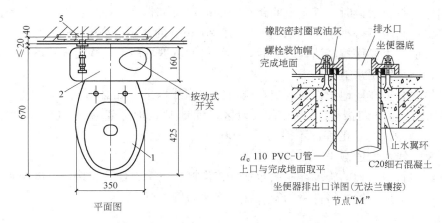

图 7-22　坐箱式坐便器安装（二）
1—坐便器；2—低水箱；3—角阀；4—进水配件；5—三通；6—弯头；7—给水管；8—排水管

第四节　室外（小区）给水管道敷设

一、室外给水管道敷设的一般要求

（1）室外（小区）给水管道可采用塑料管、复合管、镀锌钢管或给水铸铁管。如采用塑料管道，不得露天架空铺设，必须露天架空铺设时应有保温和防晒等措施。镀锌钢管、钢管的埋地敷设必须按设计要求做好防腐。

（2）平面位置和标高准确。管道的坐标、标高、坡度应符合设计要求，管道安装的允许偏差应符合表 7-16 的规定。

室外给水管道安装允许偏差和检验方法　　　　　　　　　　　表 7-16

序　号	项　　目		允许偏差(mm)	检验方法
1	坐标	铸铁管　埋地	100	拉线和尺量检查
		敷设在沟槽内	50	
		钢管、塑料管、复合管　埋地	100	
		敷设在沟槽内或架空	40	
2	标高	铸铁管　埋地	±50	拉线和尺量检查
		敷设在沟槽内	±30	
		钢管、塑料管、复合管　埋地	±50	
		敷设在沟槽内或架空	±30	
3	水平管纵横向弯曲	铸铁管　直段(25m以上)起点~终点	40	拉线和尺量检查
		钢管、塑料管、复合管　直段(25m以上)起点~终点	30	

（3）管道连接应符合工艺要求，阀门、水表等安装位置应正确。塑料给水管道上的水表、阀门等设施其重量或启闭装置的扭矩不得作用于管道上，当管径≥50mm 时必须设独立的支承装置。

（4）给水管道不能直接穿越污水井、化粪池、公共厕所等污染源。给水管道与污水管道在不同标高平行敷设时，其垂直间距在 500mm 以内时，给水管管径小于或等于 200mm 的，管壁水平间距不得小于 1.5m；管径大于 200mm 的，不得小于 3m。

给水管道管内要保持清洁，竣工后，必须对管道进行冲洗，饮用水管道还要在冲洗后进行消毒，满足饮用水卫生要求。

（5）给水管道在埋地敷设时，应在当地的冰冻线以下，如必须在冰冻线以上敷设时，应做可靠的保温防潮措施。在无冰冻地区，埋地敷设时，管顶的覆土厚度不得小于 500mm，穿越道路部位的埋深不得小于 700mm。

二、室外给水管道敷设

室外给水管道工程的施工，一般包括开挖沟槽、下管、稳管、接口、试压和覆土等主要施工工序。下面以给水铸铁管的安装施工方法为例进行介绍。

（一）开挖沟槽

室外给水管道工程，土方量比较大。对于较长的管线，施工时，为了防止地下水以及气象条件的影响，扰动沟槽地基的土壤，开挖沟槽工作通常要分段进行，并应与后续工序密切的配合。

管沟的沟底层应是原土层，或是夯实的回填土，沟底应平整，坡度应顺畅，不得有尖硬的物体、块石等。如沟基为岩石、不易清除的块石或为砾石层时，沟底应下挖 100～200mm，填铺细砂或粒径不大于 5mm 的细土，夯实到沟底标高后，方可进行管道敷设。

如果采用机械开挖沟槽时，一定要注意不要超挖。一般是用机械挖至接近设计标高后，再用人工清理到设计标高。

（二）检查与清洗管子

一般应在沟槽开挖前将管材运到施工现场，并沿管线非弃土区一侧按管径大小排开，铸铁管的承口应迎着水流方向，管道配件（三通和阀门等）也应按设计位置放好。

检查铸铁管有无缺陷，如砂眼、破裂等，一般可用小锤轻击管子，根据声音来识别管子是否有裂纹。经检查合格的管子，要清洗掉管子内的泥土及铲除承口内和插口外的飞刺、铸砂等，然后用氧气乙炔焰或喷灯烧掉承口内和插口外的沥青保护层。

（三）下管

管子下放到沟槽内的方法，可根据管子的口径、沟槽和施工机具装备情况来确定。当管径较大且施工机具装备较好时，可以采用汽车吊车或履带吊车下管。由于室外给水管道的管径比较小，一般多采用人力配合小型机具进行下管。

（四）稳管

放至沟底的铸铁管，清理好管端的泥土，如采用橡胶圈石棉水泥接口时，应将橡胶圈套在插口上，对正后将管的插口顶入（或拉入）承口内，承插口对好后，要保持插口端到承口底有一定的间隙，一般不小于 3mm，最大间隙不得大于表 7-17 的规定。

铸铁承插口最大间隙 表 7-17

管径(mm)	沿直线铺设(mm)	沿曲线铺设(mm)
75	4	5
100～200	5	7～13
300～500	6	14～22

注：沿曲线铺设每个接口允许有 2°转角。

为了使已对好的承插口同心，应在承插口间打入堑子（俗称铁牙），其数目一般不少于 3 个。

为了操作方便，在接口工作开始之前，需在管道接口处挖好工作坑，其尺寸参见表 7-18。

铸铁管接口工作坑尺寸 　　　　表 7-18

管径(mm)	工作坑尺寸(m)			
	宽度	长　度		深度
		承口前	承口后	
75～200	管径＋0.6	0.8	0.2	0.3
200～700	管径＋1.2	1.0	0.3	0.4

接口时，如管道上设有阀门，应先将阀门与其配合的两侧短管安装好。而不应先将两侧管子就位，然后安装阀门，因为这样做对阀门找正及上紧螺栓都不方便。

（五）管道接口

室外给水管道的接口方式，主要取决于管材。铸铁管一般用承插式连接；镀锌钢管一般采用螺纹连接。铸铁管或钢管仅在管件（如阀门等）连接时，或其他特殊情况下才采用法兰盘接口。

给水铸铁管承插式连接通常采用油麻石棉水泥接口。除此之外，还有橡胶圈石棉水泥、橡胶圈水泥砂浆、油麻青铅和自应力水泥砂浆接口等。

1. 对接口施工的基本要求

（1）捻口用水泥强度应不低于 32.5MPa，接口水泥应密实饱满，其接口水泥面凹入承口边缘的深度不得大于 2mm。

（2）采用水泥捻口的给水铸铁管，在安装地点有侵蚀性的地下水时，应在接口处涂抹沥青防腐层。

（3）采用橡胶圈接口的埋地给水管道，在土壤或地下水对橡胶圈有腐蚀的地段，在回填土前应用沥青胶泥、沥青麻丝或沥青锯末等材料封闭橡胶圈接口。橡胶圈接口的管道，每个接口的最大偏转角不得超过表 7-19 的规定。

橡胶圈接口最大允许偏转角 　　　　表 7-19

公称直径(mm)	100	125	150	200	250	300	350	400
允许偏转角度	5°	5°	5°	5°	4°	4°	4°	3°

（4）铸铁管承插捻口连接的对口间隙应不小于 3mm，最大间隙不得大于表 7-20 的规定。

（5）铸铁管沿直线敷设，承插捻口连接的环型间隙应符合表 7-21 的规定；沿曲线敷设，每个接口允许有 2°转角。

铸铁管承插捻口连接的对口最大间隙
表 7-20

管径(mm)	沿直线敷设(mm)	沿曲线敷设(mm)
75	4	5
100～250	5	7～13
300～500	6	14～22

铸铁管承插捻口连接的环型间隙
表 7-21

管径(mm)	标准环型间隔(mm)	允许偏差(mm)
75～200	10	＋3 －2
250～450	11	＋4 －2
500	12	＋4 －2

（6）管道接口冬季施工时，宜用盐水洗刷管口，石棉水泥应采用温水拌和。水温不应超过 50℃。当气温比较低时，应按水泥用量掺入食盐，一般掺食盐量为：

1）当气温在−5℃以内时，掺食盐 1%；

2）当气温在−5～−10℃时，掺食盐 2%；

3）当气温在−10～−15℃时，掺食盐 3%；

4）当气温在−15℃以下时，石棉水泥接口应停止施工。

冬季进行膨胀水泥砂浆接口施工时，砂浆应用温度不超过 35℃ 的温水拌和。当气温低于−5℃时，不宜进行膨胀水泥砂浆接口，必须进行时，应采取防寒保温措施或用掺盐法进行施工。

施工完毕的石棉水泥接口及膨胀水泥砂浆接口，可用盐水拌和的粘泥封口养护，并同时覆盖草帘。石棉水泥接口也可立即用暖土回填。膨胀水泥砂浆接口处，可用暖土临时填埋，但不得加夯。

冬季进行铅接口施工时，应将承插口处预先用喷灯烤热，然后进行灌铅，并覆盖 1～2h，使其温度慢慢下降，打口时，要设有防风设备，防止骤冷造成脆裂。

2. 油麻石棉水泥接口

油麻石棉水泥接口是一种常用的接口形式，如图 7-23 所示，它属于刚性连接，不适用于地基不均匀沉陷地区和温度变化的条件下。

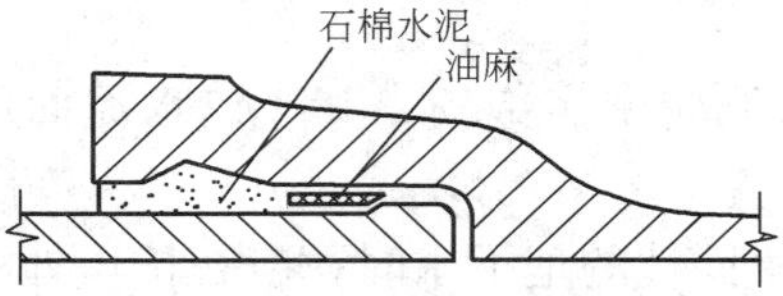

图 7-23　承插式铸铁管油麻石棉水泥接口

油麻石棉水泥接口在 2.0～2.5MPa 压力下能保持严密；允许弯曲角：直径在 500mm 以上为 1°，直径在 500mm 以下为 2°，能抵抗轻微振动。其缺点是油麻在使用一个时期后会腐朽，以致影响水质，此外，填打油麻石棉水泥劳动量较大，且需要技术熟练的工人，如接口渗漏，修理不甚方便。

油麻石棉水泥接口施工时，油麻在使用之前应进行消毒，防止细菌进入给水管道，影响水质。

石棉水泥的配合比是石棉和水泥的质量比为 3∶7。搅拌均匀后，加入二者重量和 10%～12% 的水，揉成湿润状态，并应能用手捏成团。根据用量随用随搅拌，由用水搅拌到填口的时间，一般不应超过 15min。

接口时，先将油麻编成辫条缠在插管上，用麻凿将辫条打入承插口缝隙中去。所用油麻辫条的粗细约等于缝隙的 1.5 倍，每根辫条长度拉紧后应比管子外周长长 5～10mm。一般是先打两圈油麻，再打一圈白麻，各层辫条的接头应错开避免在同一位置。石棉水泥则可分为 4～5 层填打，第一层填灰为深度的 1/2，第二层填灰深为余下的 2/3，此后每层可填满后再捻打，直至与承口端面相平为止。每层麻辫条或石棉水泥均需用 1～2kg 重的手锤和麻凿或灰凿锤打 2～3 遍，至灰口表面潮湿为止。捻实后的油麻填料，其深度应占整个环形间隙深度的 1/3。

捻实后的石棉水泥接口应进行养护。一种养护方法是用湿黏土将接口包起，并填土到高于管顶 50mm，进行养护。另一种养护方法是用湿草袋、麻袋布、破布或草帘等覆盖，保持湿润 24h（每隔 6～8h 浇水一次）。如遇有地下水时，接口处应涂抹黏土，以防石棉水泥被水冲刷；遇有侵蚀性地下水时，接口处应涂抹沥青防腐层。石棉水泥接口尺寸及主要材料用量见表 7-22。

石棉水泥接口尺寸及主要材料用量

表 7-22

管径(mm)	承口长度 (mm)	填灰深度 (mm)	塞麻深度 (mm)	环形空间标准宽度(mm)	每个接口的材料用量(kg)		
					石棉	水泥	油麻
75	75	45	30	9	0.214	0.610	0.096
100	80	45	35	9	0.247	0.703	0.120
150	85	45	40	9	0.412	1.171	0.190
200	85	45	40	10	0.510	1.440	0.220
250	90	45	45	10	0.563	1.803	0.304
300	95	45	50	10	0.662	1.884	0.356

3. 橡胶圈石棉水泥接口

橡胶圈石棉水泥接口采用橡胶圈（1～2 个）代替麻辫条。橡胶圈富有弹性和水密性，即使管子沿轴线方向有所移动或接口受外界影响产生明显弯曲，甚至石棉水泥封口受到损伤后，也不致渗水漏水。但此种接口造价高于油麻石棉水泥接口。

4. 橡胶圈水泥砂浆接口

橡胶圈水泥砂浆接口用水泥砂浆代替了石棉水泥封口，因此，省去了锤打石棉水泥的重体力劳动。这种接口形式，用在小于 200mm 的小口径管道上，能耐压 1.4MPa，是一种比较好的接口形式。

5. 膨胀（自应力）水泥砂浆接口

膨胀（自应力）水泥砂浆接口所用的水泥，是硅酸盐水泥熟料、矾土水泥熟料和石膏按一定比例配合后，共同磨细的混合物，在硬化过程中，具有较好的膨胀性，而在受限制的条件下，可与接触的管壁表面紧密结合，因此，这种接口具有较强的水密性。此外，还具有接口操作简单，可大大减轻劳动强度及可不用油麻等优点。

（六）回填土

室外埋地给水管道试压、防腐之后可进行回填土。在回填土之前应进行全面检查，确认无误之后方可回填土。回填土内不得有石块，要具有最佳含水量。分层回填并夯实，每层宜 100～200mm；最后一层应高出周围地面 30～50mm。

管沟回填土，管顶上部 200mm 以内应用砂子或无块石及冻土块的土，不得用机械回填；管顶上部 500mm 以内不得回填直径大于 100mm 的块石和冻土块；500mm 以上部分回填土中的块石或冻土块不得集中，上部用机械回填时，机械不得在管沟上行走。

三、井室

室外埋地给水管道上的阀门均应设在阀门井内。管道接口法兰、卡扣、卡箍等应安装在检查井或地沟内，不应埋在土壤中。

井室的砌筑应按设计或给定的标准图施工。井室的底标高在地下水位以上时，基层应为素土夯实；在地下水位以下时，基层应打 100mm 厚的混凝土底板。砌筑应采用水泥砂浆，内表面抹灰后应严密不透水。

给水系统各种井室内的管道安装，如设计无要求，井壁距法兰或承口的距离：管径小于或等于 450mm 时，不得小于 250mm；管径大于 450mm 时，不得小于 350mm。

各类井室的井盖应符合设计要求，应有明显的文字标识，各种井盖不得混用。井盖有混凝土、钢、铸铁制的三种。井和井盖的形式分为圆形和矩形两种，其中多采用圆形阀门井及其井盖。设在通车路面下或小区道路下的各种井室，必须使用重型井圈和井盖，井盖上表面应与路面相平，允许偏差为±5mm。绿化带上和不通车的地方可采用轻型井圈和井盖，井盖的上表面应高出地坪 50mm，并在井口周围以 2% 的坡度向外做水泥砂浆护坡。重型铸铁或混凝土井圈，不得直接放在井室的砖墙上，砖墙上应做不少于 80mm 厚的细石混凝土垫层。

管道穿过井壁处，应用水泥砂浆分二次填塞严密、抹平，不得渗漏。

四、室外给水管道的试压

室外给水管道是承压管道，管道安装完毕，应进行质量检查，质量符合要求后应在管道覆土隐蔽前进行压力试验。试压的目的一是检查管道及接口强度，二是检查接口的严密性。

（一）试压条件

（1）给水管道试压一般采用清洁水进行，在冬季或缺水时，也可用气压试验。

（2）在回填管沟前，分段进行试压。回填管沟和完成管段各项工作后，进行最后试压。试验时，管道全线长度＞1000m 应分段进行；管道全长＜1000m 可一次试压，并应在管件支墩达到要求强度后方可进行，否则应作临时支撑。未做支墩处应做临时后背。

（3）凡在使用中易于检查的地下管道允许进行一次性试压。铺设后必须立即回填的局部地下管道，可不作预先试压。焊接接口的地下钢管的各管段，允许在沟边作预先试压。

（4）埋于地下的管道经检查管基合格后，管身上部的回填土应回填不小于 500mm 厚以后方可进行试压（管道接口工作坑除外）。

（5）水压试验所用的压力表必须校验准确。

（6）水压试验所用手摇式试压泵或电动试压泵应与试压管道连接稳妥；水压试验系统连接示意图如图 7-24 所示。

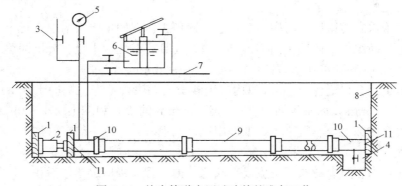

图 7-24　给水管道水压试验前的准备工作

1—道木；2—千斤顶；3—放空气阀；4—放水阀；5—压力表；6—手压泵；7—临时上水管道；8—沟壁；9—被试压管道；10—钢短管；11—钢堵板

（7）管道试压前，其接口处不得进行油漆和保温，以便进行外观检查。所有法兰连接处的垫片应符合要求，螺栓应全部拧紧。

（二）试压标准

室外给水管网必须进行水压试验，试验压力为工作压力的 1.5 倍，但不得小于 0.6MPa。

具体检验方法：管材为钢管、铸铁管时，试验压力下 10min 内压力降不应大于 0.05MPa，然后降至工作压力进行检查，压力应保持不变，不渗不漏；管材为塑料管时，试验压力下，稳压 1h 压力降不大于 0.05MPa，然后降至工作压力进行检查，压力应保持不变，不渗不漏。

（三）试压操作程序要求

（1）试压之前，按标准工艺制作、安装堵板和管道末端支撑。将管道的始、末端设置堵板，在堵板、弯头和三通等处以道木顶住。并从水源开始，铺设和连接好试压给水管，安装给水管上的阀门、试压水泵及试压泵的前后阀门。在管道的高点设放气阀，低点设放水阀。管道较长时，在其始、末端各设压力表一块；管道较短时，只在试压泵附近设压力表一块。将试压泵（一般使用手压泵）与被试压管道连接上，并安装好临时上水管道，向被试压管道内充水至满，先不升压再养护 24h。

（2）非焊接或螺纹连接管道，在接口后须经过养护期达到强度以后方可进行充水。充水后应把管内空气全部排尽。

（3）空气排尽后，将检查阀门关闭好，以手压泵向被试压管道内压水，升压要缓慢。当升压至 0.5MPa 时暂停，作初步检查；无问题时，徐徐升压至试验压力 P_s，在此压力下恒压 10min，若压力无下降或压力降不超过 0.05MPa，管道、附件和接口等未发生漏裂，然后将压力降至工作压力，再进行外观全面检查，以接口不漏为合格。试压时自始至终升压要缓慢且无较大的振动。

（4）试压过程中通过全部检查，应注意检查法兰、丝扣接头、焊缝和阀件等处有无渗漏和损坏现象，若发现接口渗漏，应标记好明显记号，然后将压力降为零。制定补修措施，对不合格处进行补焊和修补，经补修后再重新试验，直至合格。试压完毕应打开放（泄）水阀，将被试压管道内的水全部放净，以防冻坏管道。

（5）试压时要注意安全，管道水压试验具有危险性，因此要划定危险区，严禁闲人进入该区。操作人员应远离堵板、三通、弯头等处，以防因管沟浅或沟壁后座墙不够力，试压过程中将堵板冲出打伤人。

（6）管道试压合格后，应立即办理验收手续并填写好试压报告方可组织回填。

第五节　室外（小区）排水管道敷设

一、室外排水系统敷设的一般要求

室外（小区）排水管道的管材主要有混凝土管、钢筋混凝土管、排水铸铁管或塑料管。施工时，所采用的管材必须符合质量标准，不得有裂纹，管口不得有残缺。排水管道安装质量，必须符合下列要求：

（1）平面位置及标高要准确，排水管道的坡度必须符合设计要求，严禁无坡或倒坡。

（2）接口要严密，管道埋设前必须做灌水试验和通水试验，排水应畅通，无堵塞，管接口无渗漏。

（3）混凝土基础与管壁结合应严密、坚固。

（4）排水铸铁管采用水泥捻口时，油麻填塞应密实，接口水泥应密实饱满，其接口面凹入承口边缘且深度不得大于 2mm。

（5）排水铸铁管外壁在安装前应除锈，涂两遍石油沥青漆。

室外排水管道的施工工序与室外给水铸铁管道的施工工序基本相同，所不同的或应注意的工序是沟槽排水、铺筑管基及几种不同管材的接口等。

二、室外排水管道敷设

（一）沟槽排水

由于排水管道中的污水是靠重力流动的，因此，管道必须按一定的坡度铺设，其最小的设计坡度为 0.004。当排水系统的作用半径比较大时，排水管网的总出口将会埋设得很深，在这种情况下，开挖沟槽后见地下水的情况是较为普遍的，如若不及时排除地下水，就会导致天然土基的破坏。因此，在地下水位以下的沟槽，必须先采取排水措施，排除地下水后才能继续开挖。

沟槽排水的最简易方法是表面排水，即在沟槽底的一侧或两侧做排水沟，将地下水聚积到隔一定距离设置的集水井内，再用水泵将它排出，如图 7-25 所示。排水沟一般深为300mm，集水井的底应比排水沟低 1m 左右。集水井的距离一般在 50～150m 之间。可根据土质与地下水量的大小确定。集水井的结构形式，有木板支撑的集水井、木框集水井及钢筋混凝土管集水井等。

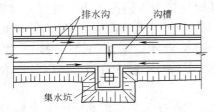

图 7-25 沟槽表面排水示意图

（二）铺筑管基与下管

由于庭院排水管道绝大多数都是非金属管，因此，铺筑管基工序是非常重要的。管道的基础，一般有混凝土基础和砂石基础两种。

混凝土管基的排水管道铺设有以下三种做法：

（1）"四合一"施工，即平基、稳管、砌管座和抹带四个工序合在一起的施工方法；

（2）在垫块上稳管，然后灌筑混凝土基础及抹带；

（3）先打平基，等平基达到一定强度，再稳管，砌管座及抹带。

（三）管道接口

混凝土管及钢筋混凝土管的接口，主要有承插式接口、抹带式接口和套环式接口三种。

1. 承插式接口

管径在 400mm 以下的混凝土管，多制成承插式接口，其接口方法基本上与铸铁管相同。接口材料有水泥砂浆和油麻沥青胶砂等（油麻只需要塞紧，不需要锤打）。施工时，将承插口对正，然后填入重量比为 1：2.5～3 的水泥砂浆。水泥砂浆应有一定稠度，以便填塞时不致从承插口流出。水泥砂浆填满后，应用抹刀挤压表面，做成如图 7-26 所示的形状。当地下水或污水具有侵蚀性时，应采用耐酸水泥。

2. 抹带式接口

这种接口最常见的是水泥砂浆抹带和铅丝网水泥砂浆抹带。

水泥砂浆抹带是最早被采用的刚性接口之一，由于其闭水能力较差，故多用于平口式钢筋混凝土雨水管道上。抹带采用重量比为 1：2.5 的水泥砂浆（水灰比不大于 0.5）。管带应严密无裂缝，一般用抹刀分两层抹压，第一层为全厚的 1/3，其表面要粗糙，如图 7-27 所示，以便与第二层紧密结合。此种接口一般需打混凝土基础和管座，消耗水泥量较多，并且需要较长的养护时间。

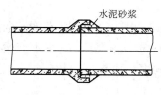

图 7-26　水泥砂浆接口

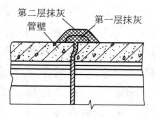

图 7-27　水泥砂浆抹带接口

为了增加抹带接口的闭水能力和接口的强度，可在水泥砂浆抹带中加入一层或几层22 号铁丝编织成的铁丝网（网眼 7mm×7mm），即是铁丝网水泥砂浆抹带接口，如图 7-28 所示。这种接口可用于平口式钢筋混凝土雨水管道上，也可以用于低压给水管道上。

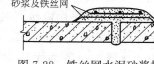

图 7-28　铁丝网水泥砂浆抹带接口

铁丝网水泥砂浆抹带接口可按下述程序进行操作：

（1）大口径管子抹带部分的管口应凿毛，小口径的管子应刷去浆皮，然后下入管沟，用垫块放稳找正；在管口凿毛处刷水泥砂浆一道（约 2mm）；

（2）抹第一层水泥砂浆厚约 10mm 并应压实，使其与管壁粘结牢固；

（3）上铁丝网，并用 18～22 号镀锌铁丝包扎；

（4）待第一层水泥砂浆初凝后，抹第二层水泥砂浆，厚约 10mm，并同上法包上第二层铁丝网，两层铁丝网的搭接缝应错开（如只用一层铁丝网时，这一层砂浆应抹平，初凝后抹光压实）；

（5）待第二层水泥砂浆初凝后抹第三层水泥砂浆，初凝后抹光压实。

混凝土管或钢筋混凝土管采用抹带接口时，应符合下列规定：

（1）抹带前应将管口的外壁凿毛、扫净，当管径小于或等于 500mm 时，抹带可一次完成；当管径大于 500mm 时，应分二次抹成，抹带不得有裂纹。

（2）钢丝网应在管道就位前放入下方，抹压砂浆时应将钢丝网抹压牢固，钢丝网不得外露。

（3）抹带厚度不得小于管壁的厚度，宽度应在 80～100mm。

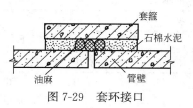

图 7-29　套环接口

3. 套环接口

在较重要的工程中，钢筋混凝土管可用套环接口，如图 7-29 所示。套环的材料一般与管材相同。套环内径比管外径约大 25～30mm，套环套在两管接口处后，在接口空隙间打入石棉水泥或油麻石棉水泥等，也可以用水泥砂浆填塞。油麻和石棉水泥的质量，石棉水泥的配合比及填打方法均与承插式铸铁管相同。不同之处是填打时，应从两侧同时进行，每层填灰厚度不大于 20mm。

（四）回填土

管道铺设完毕，经试水及质量检查合格后，可开始覆土。有时也可以在局部地段先行覆土,而将要检查的部位留出,待检查验收。

沟槽在回填土之前,应将沟内积水排除,禁止用烂泥腐殖土回填。沟底到管顶以上 300～500mm 处的回填土,不得掺有碎砖、石块及较大的坚硬土块。如冬期施工,这部分不应填冻土,而应采用暖土回填。

回填土时,管子两侧部分,应同时分层回填并夯实,以防管道产生位移,泥土应均匀推开,用轻夯夯实。自管子水平直径到管顶以上 300～500mm 处,应用木夯轻夯或填较干松土后用脚踏实即可。此层以上部分回填土的密实程度,应根据具体情况而定,如短期内不修路,可以一般夯实。

机械夯实的回填土虚铺厚度不大于 300mm;人工夯实的虚铺厚度为 200mm;管道接口工作坑处,必须仔细回填并夯实。

采用机械回填土时,沟底至管顶以上 300～500mm 范围内,应按上述要求用人工回填,管顶 500mm 以上可用机械回填,但机械不得在管沟上行走。

三、室外排水管道的闭水试验

室外排水管道,一般为无压力管道,因此,只试水不加压力,常称做闭水(灌水)试验。

(一)试验前的准备工作

室外排水管道的试验按排水检查井分段进行。将被试验管段的上、下游检查井内管端用钢制堵板封堵。在上游检查井旁设一试验用的水箱,水箱内试验水位的高度:对于敷设在干燥土层内的管道应高出上游井管顶 4m。试验水箱底与上游井内管端堵板用管子连接;下游井内管端堵板下侧接泄水管,并挖好排水沟。

(二)试验过程

先由水箱向被试验管段内充水至满,浸泡 1～2 昼夜再进行试验。试验开始时,先量好水位;然后观察各接口是否渗漏,观察时间不少于 30min,渗出水量不应大于表 7-23 的规定。试验完毕应将水及时排出。

在湿土壤内敷设的管道,应检查地下水渗入管道内的水量。当地下水位超过管顶 2～4m 时,渗入管内的水量不应大于表 7-23 的规定;当地下水位超过管顶 4m 以上时,每增加 1m 水头,允许增加渗入水量的 10%;当地下水位高出管顶 2m 以内时,可按干燥土层做渗出水量试验。

排水管道在一昼夜内允许渗出或渗入的水量

表 7-23

管道种类	允许渗水量[m³/(d·km)]											
	管　径(mm)											
	150	200	300	400	500	600	700	800	900	1000	1500	2000
混凝土管	7	20	28	32	36	40	44	48	53	58	93	148
钢筋混凝土管	7	20	28	32	36	40	44	48	53	58	93	148
陶土管	7	12	18	21	23	23						

排出带有腐蚀性污水的管道,不允许渗漏。

雨水管道以及与雨水性质近似的管道,除大孔性土壤和水源地区外,可不做闭水试验。

第六节　给水排水工程验收

给水排水工程，应按分项、分部或单位工程验收。分项、分部工程应由施工单位会同建设单位共同验收，单位工程应由主管单位组织施工、设计、建设和有关单位联合验收，并应做好记录、签署文件、立卷归档。

一、分项、分部工程的验收

分项、分部工程的验收根据工程施工的特点，可分为隐蔽工程的验收、分项中间验收和竣工验收。

（一）隐蔽工程验收

所谓隐蔽工程是指下道工序做完能将上道工序掩盖，并且无论是否符合质量要求都无法再进行复查的工程部位，如暗装或埋地的给水、排水管道，均属隐蔽工程。在隐蔽前，应由施工单位组织有关人员进行检查验收，并填写好隐蔽工程的检查记录，纳入工程档案。

（二）分项工程的验收

在管道施工安装过程中，其分项工程完工、交付使用时，应办理中间验收手续，作好检查记录，以明确使用保管责任。

（三）竣工验收

工程竣工后，须办理验收证明书后，方可交付使用，对办理过验收手续的部分不再重新验收。竣工验收应重点检查和校验下列各项：

（1）管道的坐标、标高和坡度是否合乎设计或规范要求；

（2）管道的连接点或接口是否清洁整齐、严密不漏；

（3）卫生器具、各类支架和挡墩位置是否正确，安装是否稳定牢固；

（4）给水、排水及消防系统的通水能力是否符合下列要求：

1）室内给水系统，按设计要求同时开放的最大数量的配水点全部达到额定流量。消火栓满足组数的最大消防能力；

2）室内排水系统，按给水系统的 1/3 配水点同时开放，排水点畅通，接口处无渗漏；

3）高层建筑可根据管道布置采取分层、分区段做通水试验。

对不符合设计图纸和规范要求的地方，不得交付使用，可列出未完成或保修项目表，修好后再交付使用。

二、单位工程的竣工验收

单位工程的竣工验收，应在分项、分部工程验收的基础上进行，各分项、分部的工程质量，均应符合设计要求和规范的有关规定。验收时，应具有下列资料：施工图、竣工图及设计变更文件；设备、制品或构件和主要材料的质量合格证明书或试验记录；隐蔽工程验收记录和分项中间验收记录；设备试验记录；水压试验记录；管道冲洗记录；工程质量事故处理记录；分项、分部、单位工程质量检验评定记录。

上述资料是保证各项工程合理使用，并在维修、扩建时不可缺少的。资料必须经各级有关技术人员审定，应如实反映情况，不得擅自伪造、修改和事后补办。

工程交工时，为了总结经验及积累工程施工资料，施工单位一般应保存下述技术资料：施工组织设计和施工经验总结；新技术、新工艺和新材料的施工方法及施工操作的总结；重大质量事故情况，原因及处理记录；重要的技术决定；施工日记及施工管理的经验总结。

复习思考题

1. 生活给水管道安装完成以后如何进行清洗和消毒？

2. 室内给水系统为什么要进行水压试验？其试验标准是什么？试验时按什么步骤进行？

3. 自动喷水灭火系统喷头在安装前如何进行密封性能试验？

4. 室内排水管道安装完成以后应进行哪些试验？如何进行这些试验？

5. 卫生器具安装前应进行哪些质量检查？

6. 卫生器具安装有哪些基本要求？

7. 室外给水管道敷设包括哪些步骤？

8. 室外给水管道接口的基本要求有哪些？其接口方式有哪几种？

9. 如何进行室外给水管道的试压？

10. 室外排水管道敷设包括哪些步骤？

11. 什么是隐蔽工程验收？

第八章 管道及设备的防腐与绝热

腐蚀具有很大的危害性，是制约管道及设备使用寿命的重要因素。如果不采取有效的防腐措施，容易造成管道或设备的损坏，以致发生漏水、漏汽（气）现象，甚至造成重大事故，所以必须对管道及设备进行防腐处理。建筑设备安装工程中，一般在管道及设备表面涂刷防腐涂料来防腐。此外，由于管道及设备的材料多为金属材料，绝热性能差，如果不采取适当的绝热（保温或保冷）措施，则管道及设备中与外部的热交换不仅会造成大量的能量损失，还有可能造成系统故障，使系统无法运行。所以必须十分重视管道及设备的防腐与绝热。在建筑设备安装工程中，多数情况下管道及设备既需要防腐又需要绝热。要实现防腐与绝热，需先进行除锈。除锈、防腐、绝热三项工作相辅相成，每项工作都必须按操作要求认真完成。

第一节 管道及设备的除锈

为了保证管道及设备的防腐效果必须首先对管道及设备进行除污，即除去管道和设备表面的灰尘、污垢、油脂、锈斑。除污的目的是为了增强防腐涂料对管道和设备表面的附着力。除锈是除污的核心工作，如果没有彻底除锈就涂刷防腐涂料，涂料层下面锈斑中的空气继续使金属氧化，锈斑扩大、脱落后使锈蚀进一步加剧，所以必须重视除锈工作。除锈有手工除锈、机械除锈、喷砂除锈和化学除锈等几种方法。

一、手工除锈

手工除锈指用刮刀、钢丝刷、砂布、砂纸等工具磨刷管道或设备表面来除去铁锈、污垢的方法。锈蚀不严重、金属表面没有氧化皮时，一般可采用钢丝刷、砂布或砂纸摩擦金属表面来除锈，钢管的内表面可用圆形钢丝刷来回拉擦来除锈。当锈层较厚时，可用锤子轻轻敲击锈层或用刮刀刮掉锈层，然后用钢丝刷、砂布或砂纸等除锈，直到露出金属光泽后，再用棉纱擦拭干净。

手工除锈劳动强度大，效率低，但是工具简单、操作方便，在安装工程中，劳动力充足的情况下经常采用。

二、机械除锈

机械除锈指用一定机械设备来摩擦管道或设备表面将锈蚀除去的方法。常用的有钢管外壁除锈机除锈和电动钢丝刷除锈机除锈等方法。

（一）钢管外壁除锈机除锈

钢管外壁除锈机用来清除管子外表面的锈蚀，有手动和电动两种。图 8-1 是一种简易的钢管外壁除锈机，使用时开启电动机驱动钢丝圆盘旋转，使圆盘摩擦管子表面，同时缓慢向前推进管子并使管子转动，协调连贯地进行操作，将管壁外表面的锈蚀清除干净。小直径管子可用人工推动管子前进，大直径管子用人工推动较困难时，可采用链轨等机械设备来向前推动管子。

（二）电动钢丝刷除锈机除锈

钢管内表面的锈层、氧化皮可用电动钢丝刷除锈机来清除。电动钢丝刷除锈机如图8-2所示，由电动机驱动软轴旋转，软轴带动圆盘状钢丝刷来清除锈蚀。不同管径的管道应采用不同规格的钢丝刷。

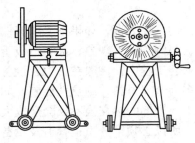

图 8-1　钢管外壁除锈机

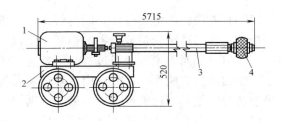

图 8-2　电动钢丝刷除锈机

1—电动机；2—小车；3—软轴；4—钢丝刷

三、喷射法除锈

喷射法除锈是用压缩空气将砂子或铁丸等颗粒喷射到管道或设备表面，靠硬质小颗粒的打击使金属表面的锈蚀去掉，实现除锈的方法。这种方法除锈均匀，能将金属表面凹处的锈蚀除尽，并能使金属表面粗糙，利于油漆与金属表面的结合。图 8-3 是喷砂除锈示意图。喷射法除锈采用的压缩空气压力为 0.4～0.6MPa。喷射法除锈时，压缩空气和砂子应洁净干燥，金属表面也不得受潮，当金属表面温度低于露点温度或 3℃ 以下时，应停止喷砂作业。

喷射法除锈质量好、效率高，是加工厂常用的一种除锈方法。

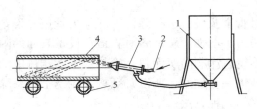

图 8-3　喷砂除锈装置

1—储砂罐；2—压缩空气接管；3—喷枪；

4—被除锈钢管；5—支撑钢管

当采用干喷砂除锈时，操作过程中会产生大量的灰尘污染环境，如果不注意防护会对操作工人身体健康造成损害，为此可采用喷湿砂的方法来除锈。由于潮湿情况下金属表面易生锈，所以可在水中加入碳酸钠（重量为水的 1%）和少量肥皂粉作为缓蚀剂（磷酸三钠、亚硝酸钠等也可作缓蚀剂），可以使除锈后的金属表面钝化（在金属表面形成一层牢固而密实的膜），金属表面可保持短时间不生锈。喷湿砂除锈时，砂子和加有缓蚀剂的水在储砂罐内混合，利用压缩空气的抽吸作用高速喷向金属表面除去锈蚀。

四、化学除锈

化学除锈又称酸洗除锈，是用酸溶液与管道表面的铁锈（铁的氧化物）发生化学反应而将管子表面锈层溶解、剥离的除锈方法。常用的酸洗方法有槽式浸泡法和管洗法。

（一）槽式浸泡法

槽式浸泡法的操作程序为：将管子放入酸洗槽中浸泡，并用目测检查，当管子内外壁呈现出金属光泽时，立即将管子放入氨水或碳酸钠溶液中浸泡，使管壁内外的酸性物质完全被中和，然后将管子放入热水槽中冲洗，最后使管子干燥。

（二）灌洗法

将酸溶液灌入管内后，将管子两端密封，然后转动管子，并注意控制酸洗的时间，酸洗后立即将中和液灌入管内，然后冲洗、干燥。

由于酸洗液、中和液一般采用盐酸、氨水等。这些溶液对人体危害大，所以酸洗操作时必须有安全可靠的防护措施，操作人员应穿工作服、戴防护眼镜、口罩、橡皮手套等，并应有急救措施，准备药棉、纱布、清洁的水等。

第二节　管道及设备的防腐

一、管道及设备的腐蚀与防腐

（一）腐蚀机理

金属材料的腐蚀主要是由于外部环境介质与金属的化学作用和电化学作用而产生的，所以金属腐蚀可分为化学腐蚀和电化学腐蚀两种。

1. 化学腐蚀

化学腐蚀是金属与周围环境中的溶液、蒸汽和干燥的气体等发生化学反应而造成的腐蚀。

2. 电化学腐蚀

电化学腐蚀是由于金属与电解质溶液组成原电池而使金属失去电子所引起的腐蚀。电化学腐蚀实际上是一种氧化还原反应，金属失去电子被氧化，介质中物质得到电子而被还原。

金属的电化学腐蚀有吸氧腐蚀和析氢腐蚀两种。吸氧腐蚀是金属在酸性很弱或中性的溶液里与溶解于金属表面水膜中的氧气发生的电化学腐蚀；析氢腐蚀是在酸性较强的溶液中金属失去电子而溶液中的氢离子得到电子放出氢气的电化学腐蚀。

（二）防腐方法

管道和设备的防腐蚀方法很多，常采用以下措施：选用耐腐蚀材料（比如选用不锈钢等）、涂覆保护层（油漆或沥青等）、镀金属保护层（如在金属表面镀锌）、电化学保护（阴极保护和牺牲阳极保护）、改善周围环境等。

建筑环境与设备工程中使用最多的金属是碳钢，碳钢管道和设备最常用的防腐蚀方法是涂覆保护层的方法。对于地面上管道和设备一般采用油漆涂料来防腐，地下管道和设备一般采用沥青涂料来防腐。

二、地上管道及设备的防腐

（一）防腐涂料

涂料是一种能够涂覆于物体表面并能形成具有保护、装饰以及防腐、绝缘等特殊性能的固态涂膜的液体。涂料多采用有机合成的各种树脂来制成，但是由于以前人们一般采用以天然植物油为主要原料制成的油漆来防腐，所以虽然现在的防腐涂料已经很少用油，但习惯上仍将它们称之为油漆。

防腐涂料由成膜物质、溶剂、颜料、填料和辅助材料组成。

1. 成膜物质

成膜物质是以油料或树脂为原料制成的一种粘结剂，它能将颜料和填料粘结融合在一起，形成牢固地附着在物体表面的漆膜，是油漆的基础材料。常用的成膜物质有：天然树脂、酚醛树脂、醇酸树脂、过氯乙烯树脂、环氧树脂、沥青、干性植物油等。漆膜的性质主要取决于成膜物质的性能。

2. 溶剂

溶剂又称稀释剂，是一种挥发性液体，它的作用是溶解和稀释成膜物质。当油漆固化成膜后，溶剂全部挥发到大气中去。溶剂不仅可调节涂料的黏度，还可增加被涂物体表面湿润性，使涂层有较好的附着力。常用的溶剂有：汽油、松节油、乙醇、甲苯、丙酮等。

3. 颜料

颜料是一种具有一定的遮盖力、着色力，涂于物体表面能够呈现一定颜色的微细粉末状物质，可增强涂料漆膜的强度、耐磨性、耐候性和耐久性能。常用的颜料有：防止金属生锈的耐腐蚀颜料（如红丹、铁红钛白、锌黄等），示温颜料（可逆性变色颜料）；耐高温颜料（如铝粉）；发光和荧光颜料等。

4. 填料

填料是添加在防腐涂料中用来增加漆膜的厚度和漆膜的体积，增强漆膜的耐磨性、耐水性、耐热性、耐腐蚀性和耐久性的粉状物质。填料不具备遮盖力和着色力。

5. 辅助材料

在防腐涂料中添加辅助材料可以提高涂料的性能。常用的辅助材料有：固化剂、增韧剂、催干剂、稳定剂、防潮剂、脱漆剂等。

（二）防腐涂料的选用

防腐涂料品种繁多，性能特点各不相同。一般按防腐涂料所起的作用可分为底漆和面漆两大类，底漆用来打底，面漆用来罩面。

防腐涂料的底层应采用附着力强，并具有良好防腐性能的底漆涂刷。防锈漆和底漆都可以打底，但是底漆着重在对物品表面的附着力，其颜料成分高，可以打磨，而防锈漆的漆料偏重在满足耐水、耐碱等性能的要求。面层的主要作用是保护底层不受损伤，一般采用形成漆膜强度高、韧性大、光泽好的涂料作面漆。正确的选择和使用防腐涂料是保证防腐效果、延长防腐层寿命的基础。一般情况下，应考虑下列因素：

1. 被涂物的使用环境

选用防腐涂料时应考虑被涂物周围腐蚀介质的种类、浓度和温度，以及使用中是否受摩擦、冲击或振动等。防腐涂料的使用范围应与其实际使用条件一致。常用防腐涂料的性能和用途见表 8-1。如在酸性介质条件下可选用酚醛清漆，在碱性介质条件下可选用环氧树脂漆。

防腐蚀涂料性能和用途（摘自 SH/T 3022—2011）　　　　　　　　　　表 8-1

涂料性能和用途 \ 涂料种类		沥青涂料	高氯化聚乙烯涂料	醇酸树脂涂料	环氧磷酸锌涂料	环氧富锌涂料	无机富锌涂料	环氧树脂涂料	环氧酚醛树脂涂料	聚氯脂涂料	聚硅氧烷涂料	有机硅涂料	冷喷铝涂料	热喷铝（锌）
一般防腐		√	√	√	√	√	△	√	√	√	△	△	△	△
耐化工大气		√	√	○	√	√	√	√	√	√	○	√	√	√
耐无机酸	酸性气体	○	√	○	○	○	○	√	√	○	√	○	√	○
	酸雾	○	√	×	○	○	○	○	√	○	√	×	√	×
耐有机酸酸雾及飞沫		√	○	○	○	○	○	√	√	○	√	×	√	×
耐碱性		○	√	○	√	○	○	×	√	√	√	√	○	×

续表

涂料性能和用途		沥青涂料	高氯化聚乙烯涂料	醇酸树脂涂料	环氧磷酸锌涂料	环氧富锌涂料	无机富锌涂料	环氧树脂涂料	环氧酚醛树脂涂料	聚氯脂涂料	聚硅氧烷涂料	有机硅涂料	冷喷铝涂料	热喷铝（锌）
耐盐类		○	√	○	√	√	√	√	√	√	√	○	√	√
耐油	汽油、煤油等	×	√	×	○	√	√	√	√	√	○	×	√	√
	润滑油	×	√	○	○	√	√	√	√	√	○	√	√	√
耐溶剂	烃类溶剂	×	×	×	○	○	○	√	√	√	○	○	○	○
	酯、酮类溶剂	×	×	×	×	○	×	○	×	○	×	○	×	×
	氯化溶剂	×	×	×	×	×	×	○	×	○	×	×	×	×
耐潮湿		√	○	√	√	√	√	√	√	√	√	√	√	√
耐水		√	○	×	√	√	√	√	√	√	√	√	√	√
耐温（℃）	常温	√	√	√	√	√	√	√	√	√	√	△	△	√
	≤100	×	×	○	√	√	√	√	√	√	√	△	△	√
	101～200	×	×	×	○	√	√	○[b]	×	○[b]	○[b]	△	×	×
	201～350	×	×	×	×	×	×	×	×	×	×	△	×	×
	351～600	×	×	×	×	×	○[c]	×	×	×	×	×	○[d]	○[c]
耐候性		×	○	○	√	√	√	○	√	√	√	√	√	√
耐热循环性（℃）	≤100	√	√	√	√	√	√	○	√	√	√	√	×	×
	101～200	×	×	√	√	√	√	×	√	√	√	√	×	×
	201～350	×	×	×	√	√	√	×	×	×	×	√	×	×
	351～500	×	×	×	×	√	√	×	×	×	×	√	×	×
附着力		√	○	○	√	√	√	√	√	√	√	○	√	√

注：“√”——性能较好，宜选用；“○”——性能一般，可选用；“×”——性能较差，不宜选用；“△”——由于价格、施工等原因，不宜选用。

b，最高使用温度120℃；c，最高使用温度400℃；d，最高使用温度550℃。

2. 被涂物表面材料的性质

应根据被涂物表面材料来选用不同的涂料。如钢管表面可涂红丹防锈漆，而铅表面不适宜用红丹防锈漆，必须采用锌黄防锈漆。如果在钢材等表面涂刷酸性固化剂油漆时，则应先涂一层耐酸底漆作隔离层。不同金属适用的底漆见表 8-2。

不同金属适用的底漆　　　　　　　　　　表 8-2

金　　属	底　漆　品　种
黑色金属（铁、铸铁、钢）	铁红醇酸底漆、铁红纯酚醛底漆、硼钡酚醛底漆、铁红酚醛底漆、铁红环氧底漆、铁红油性底漆、红丹底漆、过氯乙烯底漆、沥青底漆、磷化底漆
铝及铝镁合金	锌黄油性、醇酸或丙烯酸、磷化底漆、环氧底漆
锌金属	锌黄底漆、纯酚醛底漆、磷化底漆、环氧底漆、锌粉底漆等
铬金属	锌黄底漆、环氧底漆
铜及其合金	氨基底漆、铁红纯酸底漆、磷化底漆、环氧底漆
铅金属	铁红醇酸底漆
锡金属	铁红醇酸底漆、磷化底漆、环氧底漆

3. 施工条件

有些涂料经高温烘烤才能发挥其防腐蚀特性，如热固化环氧树脂漆。如果不具备高温热处理条件，则应选用冷固型涂料。

4. 经济效果

要根据管道设备的重要程度结合经济效果来选用涂料，如考虑表面处理、涂刷等施工费用及合理的使用年限等因素。在一些重要的管道和设备上，可以使用虽然价格可能有些昂贵但性能优良、使用寿命长的涂料。

（三）管道及设备防腐施工

对管道及设备表面进行严格的表面处理（如清除铁锈、灰尘、油脂、焊渣等）之后，才可以进行防腐涂料的施工。防腐涂料的施工方法有：刷、喷、浸、浇等，施工中常用涂刷法和空气喷涂两种方法。施工时根据需要确定涂刷层数和每层涂膜的厚度。

防腐涂料使用前应先搅拌均匀，然后根据涂刷或喷涂方法的需要，选择相应的溶剂稀释至适宜的稠度，调好后及时使用。

1. 涂刷法

涂刷法主要采用手工涂刷，即用刷子将涂料往返地涂刷在管道或设备表面上，这种方法操作简单，适应性强，可用于各种涂料的施工，同时由于刷子具有一定的弹性可适用于不同形状和尺寸的物体。但人工涂刷方法效率低，并且涂刷的质量受操作者技术水平和工作态度的影响较大。

手工涂刷一般应自上而下，从左至右，先里后外，先难后易，纵横交错地进行。对于管道安装后不易涂刷的部位应预先刷涂好。涂刷施工宜在 5～40℃ 的环境温度下进行，现场涂刷后一般让涂料自然干燥，待上一层涂层充分干燥后，再进行下一层的涂刷。漆层厚薄应均匀一致，并且光亮平滑。

2. 空气喷涂

空气喷涂是利用压缩空气通过喷嘴时产生的高速气流抽引贮漆罐内漆液，并将其雾化，喷涂于物体的表面。这种方法的特点是漆膜厚薄均匀，表面平整光亮，耗料少，效率高。

空气喷涂所用的工具为喷枪，如图 8-4 所示。喷枪所用的空气压力一般为 0.2～0.4MPa，喷嘴距被涂物的距离根据被涂物的形状而定，当被涂物件表面为平面时，距离为 250～350mm；当被涂物件表面为圆弧面时距离为 400mm 左右，喷嘴移动的速度一般控制在 10～15m/min。

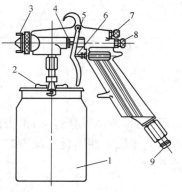

图 8-4　油漆喷枪

1—漆罐；2—轧兰螺栓；3—喷嘴；
4—针塞；5—扳机；6—空气阀杆；
7—控制阀；8—螺栓；9—空气接头

喷涂宜在环境温度为 15～30℃ 下进行，工作环境应保持洁净，无风沙、灰尘。喷涂时不得有流挂和漏喷现象。当涂层干燥后用砂布打磨掉涂层上的粒状物，使物料层平整后再喷涂下一层。

常温下喷涂时每次喷涂的涂层厚度较薄，一般在 0.3～0.4mm 之间，往往需要喷涂几次才能达到需要的厚度，而且使用的溶剂较多。提高油漆温度可以使油漆的黏度降低，所以可采用热喷涂施工方法来提高一次喷涂的涂层厚度，减少溶剂的用量，提高工作效率。

无论采用哪种方法施工，均要求被涂物表面清洁干燥，避免在低温和潮湿环境下工作。并且涂膜应附着牢固均匀，颜色一致，无剥落、皱纹、气泡等缺陷，不得有漏涂现象。

三、地下管道及设备的防腐

(一) 土壤的腐蚀性等级及防腐等级

地下管道和设备受到土壤中各种盐、酸性、碱性溶液以及杂散电流等因素引起的腐蚀。不同土壤的腐蚀性是不同的，所以管道的防腐等级一般应根据土壤的腐蚀性等级按照表 8-3 来确定。

土壤的腐蚀性等级及防腐蚀等级 表 8-3

土壤腐蚀性等级	土壤腐蚀性质				防腐蚀等级
	电阻率 (Ω·m)	含盐量 (质量分数)(%)	含水量 (质量分数)(%)	在 $\Delta v = 500mV$ 时极化电流密度(mA/cm^2)	
强	<5	>0.75	>12	>0.3	特加强级
中	5~20	0.75~0.05	5~12	0.3~0.025	加强级
弱	>20	<0.05	<5	<0.025	普通级

管道的防腐等级的确定也与其敷设位置、敷设环境有关。厂区管道以及穿越铁路、公路、沟渠或靠近电气化铁路的埋地管道一般应做加强防腐层；穿越电气化铁路埋地管道或敷设在有腐蚀性介质渗入的土壤中的埋地管道应做特加强防腐层。

(二) 沥青

沥青是地下管道防腐层中的主要材料。沥青能抵抗稀酸、稀碱、盐、水和土壤的侵蚀，并具有良好的粘结性、不透水和不导电性以及价格低廉的优点，但沥青不耐氧化剂和有机溶剂的腐蚀，并且耐候性也不强。

沥青有石油沥青（地沥青）和煤沥青（柏油）两大类。在防腐工程中一般采用建筑石油沥青、专用石油沥青、普通石油沥青和环氧煤沥青等。沥青的性能由针入度、伸长度、软化点三项指标来表示。

针入度（1/10mm）是在一定温度（25℃）和时间（5s）条件下，用标准针（$\phi 1.01 \times 50.8mm$，重 100g）刺入沥青的深度。针入度反映沥青软硬程度，针入度越小，沥青越硬，强度越高，但是针入度越小，施工越不方便，老化越快，耐久性也越差。

伸长度（cm）是指一定温度（20℃或25℃）条件下，沥青在外力作用下的延展能力。伸长度是沥青的塑性指标，伸长度越大，塑性越好，越不易脆裂。

软化点（℃）是指沥青受热变软开始流动时的温度。软化点越低，固体沥青熔化时的温度就越低，但热稳定性越差；软化点高，沥青稳定性好，但施工时不易熔化。通常根据管道的工作温度来选用不同软化点的沥青。一般情况下，沥青的软化点比管道最高工作温度高 45℃ 以上时沥青涂层才有足够的稳定性。

(三) 石油沥青防腐层施工

1. 沥青防腐层结构

当输送介质温度不超过 80℃ 时，应采用防腐石油沥青。石油沥青防腐层结构见表 8-4。

石油沥青防腐层结构（摘自 SY/T 0420—1997） 表 8-4

防腐等级	普通级	加强级	特加强级
防腐层总厚度(mm)	≥4	≥5.5	≥7
防腐层结构	三油三布	四油四布	五油五布

防腐等级		普通级	加强级	特加强级
防腐层数	1	底漆一层	底漆一层	底漆一层
	2	石油沥青厚≥1.5mm	石油沥青厚≥1.5mm	石油沥青厚≥1.5mm
	3	玻璃布一层	玻璃布一层	玻璃布一层
	4	石油沥青厚1.0～1.5mm	石油沥青厚1.0～1.5mm	石油沥青厚1.0～1.5mm
	5	玻璃布一层	玻璃布一层	玻璃布一层
	6	石油沥青厚1.0～1.5mm	石油沥青厚1.0～1.5mm	石油沥青厚1.0～1.5mm
	7	外包保护层	玻璃布一层	玻璃布一层
	8	—	石油沥青厚1.0～1.5mm	石油沥青厚1.0～1.5mm
	9	—	外包保护层	玻璃布一层
	10	—	—	石油沥青厚1.0～1.5mm
	11	—	—	外包保护层

2. 防腐层材料

（1）沥青

石油沥青防腐层中常用建筑石油沥青、专用石油沥青和普通石油沥青。

（2）冷底子油

冷底子油又称沥青底漆，是用与沥青涂层相同的沥青和不含铅的汽油按1∶2.25～2.5的质量比或1∶2.5～3的体积比调配而成的。冷底子油的作用是增加沥青涂层与钢管表面的粘结力。调配时先将沥青在锅内加热至160～180℃进行脱水，然后冷却到70～80℃，再将沥青按比例慢慢地倒入装有汽油的容器中，一边倒一边搅拌，直到均匀为止。严禁把汽油等熔剂倒入沥青中。

（3）填料

当沥青的技术性能不能完全满足使用要求时，为了达到提高沥青的软化点、增加机械强度以及增大浇涂在管道表面的沥青厚度的目的，可向沥青中加入一些填料，如高岭土、7级石棉、滑石粉等材料。一般沥青与填料之比可取5～7∶1。对装设阴极保护的管段上严禁使用添加高岭土的沥青，严禁采用含有可溶性盐类的材料作为填料。

（4）包扎材料

沥青防腐层有两种包扎材料，一种是在每两层沥青之间作为加强包扎层的玻璃布，另一种是在防腐层外作为保护层的塑料布（有时也采用玻璃布）。玻璃布包扎材料在防腐层中起骨架作用，可增强防腐层强度，防止脱落；防腐层外的保护层能够提高防腐层的热稳定性和强度，减轻机械损伤和热变形。

3. 防腐层施工

沥青防腐层施工过程如下：

（1）管道表面除污。将管道表面的灰尘、油污、水渍、铁锈清除干净。

（2）配制涂刷冷底子油。按照前述方法配制好冷底子油，然后均匀涂刷在管道表面，不得有空白、凝块和流坠等缺陷，涂刷厚度控制在0.1～0.2mm，两管端留出100mm的长度，管端的防腐在管道焊接及水压试验后再补做。

（3）加热配制沥青。将沥青破碎成100～200mm的小块，清除纸屑及其他杂物后在沥青锅内熬制。沥青的盛装量不得超过沥青锅容量的 3/4。熬制时，应缓慢加热使沥青先起沫脱水，到 160～180℃时水分可以蒸发干净，应注意加热温度不得超过 220℃，以避免沥青结焦。熬制时应经常搅拌，使得沥青完全脱水。如需要加填料时，继续搅拌并随着搅拌加入填料，直到填料与沥青完全熔合。

（4）涂沥青、包扎加强玻璃布。在已干燥和未受污损的冷底子油上浇涂温度 150～160℃的热沥青后，立即缠绕玻璃布，或者将玻璃布饱浸沥青后再包扎到管子上。玻璃布应螺旋形缠绕在管子上，圈与圈之间压边宽度为 30～50mm，要求沥青浸透玻璃布，并且玻璃布紧密无折皱。注意常温下涂刷底漆与浇涂石油沥青的时间间隔不应超过 24h。

（5）包扎保护层。保护层可采用聚乙烯塑料布或玻璃布，包扎方法和要求与加强包扎层相同。

4. 质量检查

防腐层质量检查主要有以下几方面内容：

（1）沥青的牌号及防腐层的结构顺序是否符合要求。

（2）防腐层的厚度是否符合要求。可用钢针穿刺来检查，同一断面要检查上下左右四个点。

（3）用绝缘探伤器检查防腐层的绝缘性能。对普通防腐层用 16000V 电压，加强防腐层用 18000V 电压，特加强防腐层用 20000V 电压进行检查，均不应击穿。

（四）环氧煤沥青防腐层施工

环氧煤沥青防腐层具有较高的强度，是 20 世纪 80 年代以来应用日益普遍的一种防腐层，在一定范围内取代了使用历史较长的石油沥青防腐层。它适用于介质温度不超过 110℃的输油、输水、输气管道的防腐。

1. 防腐层结构

不同腐蚀等级的土壤应采用不同防腐等级的防腐层。环氧煤沥青防腐层结构见表 8-5。

防腐层等级与结构（摘自 SY/T 0447—2014）　　　　　表 8-5

等级	结构	干膜厚度（mm）
普通级	底漆—面漆—面漆—面漆	＞0.30
加强级	底漆—面漆—面漆、玻璃布、面漆—面漆	＞0.40
特加强级	底漆—面漆—面漆、玻璃布、面漆—面漆、玻璃布、面漆—面漆	＞0.60

注："面漆、玻璃布、面漆"应连续涂敷，也可用一层浸满面漆的玻璃布代替。

2. 防腐层材料

（1）环氧煤沥青涂料

环氧煤沥青涂料分底漆和面漆。底漆由底漆的甲组分和底漆的乙组分（固化剂）组成，面漆由面漆的甲组分和面漆的乙组分（固化剂）组成，并应和相应的稀释剂配套使用。底漆、面漆、固化剂和稀释剂这四种配套材料应采用同一生产厂家的产品。

（2）玻璃布

一般采用中碱（含碱质量分数不大于 12%）、无捻、平纹的玻璃布作为加强基布。玻璃布的经纬密度为 10×10 根/cm^2，厚度为 0.10～0.12mm，并且玻璃布卷应两边封边、带芯轴。不同管径适宜的玻璃布宽度见表 8-6。

不同管径适宜的玻璃布宽度			表 8-6
管道公称直径(mm)	<250	250~500	>500
玻璃布布宽(mm)	100~250	400	500

3. 防腐层施工

（1）管道表面清理。将钢管表面的污垢、锈蚀除去，焊缝处理到无焊瘤、无棱角、无毛刺。

（2）底漆和面漆的配制。底漆和面漆配制方法相同，将漆搅拌均匀后倒入配制容器内，然后按规定的比例加入固化剂，边加边搅拌，搅拌均匀并静置 15~30min，熟化后，可开始涂刷。若施工环境温度低或漆料黏度过大时，可加入适量（不超过 5%）的稀释剂。

熟化后的底漆或面漆应在 4~6h 内用完，并且稀释剂不得加入刚开桶的漆料中。

（3）涂刷底漆

钢管表面处理合格后，应尽快涂底漆。要求底漆涂刷均匀、无气泡、无凝块、无漏刷，钢管两端各留 100~150mm。底漆的干膜厚度不小于 $25\mu m$。

（4）抹腻子

抹腻子的目的是为了使焊缝与钢管表面形成光滑的过渡面。底漆表干后，对高于钢管表面 2mm 的焊缝两侧应抹腻子。腻子是在配好固化剂的面漆中加入滑石粉调制而成的。

（5）涂面漆并缠玻璃布

底漆及腻子表干后、固化前涂刷第一道面漆，面漆要涂刷均匀。

普通防腐层不缠玻璃布，在每道面漆实干后、固化前涂刷下一道面漆直到达到规定层数。

加强防腐层或特加强防腐层应在第一道面漆实干后、固化前涂刷第二道面漆，随即缠绕玻璃布，缠好后立即涂刷第三道面漆。在第三道漆实干后，涂刷第四道漆……涂漆-缠布-涂漆是不间断的一组连续工作，漆层实干后，才可以进行下一道涂漆-缠布-涂漆工作，待涂漆实干后才可进行后续工作。实际操作中可用浸透面漆的玻璃布来代替涂漆-缠布-涂漆的工作。

缠绕玻璃布时应拉紧，压边宽度为 20~25mm，布头搭接长度为 100~150mm。缠绕后应表面平整、无折皱、无鼓包。

上述防腐层施工中用表干、实干、固化来表示防腐层不同的干燥状态。表干指用手指轻触防腐层不粘手的干燥状态；实干用手指压在防腐层上用力推动时防腐层不移动的干燥状态；固化指手指甲用力刻防腐层时不留痕迹。

第三节　管道及设备的绝热

绝热是保温和保冷的统称。保温是指为减少管道及设备等向周围环境散热而采取的措施；保冷是为减少管道及设备等从周围环境吸收热量以及防止管道及设备表面结露而采取的措施。习惯上所说的保温往往既指保温又指保冷。

一、绝热的作用及使用场所

（1）减少管道及设备的热量或冷量的损失，这是绝热的主要作用。

（2）防止管道及设备内液体的冻结。当冬季室外温度低于零度时，为防止管道中的液体停止流动时冻结，应采取保温措施，使其在规定的时间内不冻结。

（3）防止管道及设备表面结露。当管道或设备表面温度低于周围空气的露点温度时，空气中的水蒸气会在管道或设备表面结露，加快管道及设备的腐蚀。所以要在管道及设备表面采取保冷措施。同时为防止大气中的水蒸气渗入绝热材料内使绝热材料的导热系数增大或使绝热材料因受潮而发霉腐烂，必须在保冷结构的绝热层外设置防潮层。

（4）预防流体介质的结晶或凝固。如输送高黏度、高凝固点的油品时，为防止散热后油品凝固，需采取保温措施。

（5）改善操作环境或预防火灾。高温管道和设备加以保温后，可使操作环境温度降低，减少操作人员的不舒适感。高温管道穿过存放易燃易爆材料的房间时必须采取保温措施将管道表面温度降低到安全范围内。

二、绝热材料的选用

（一）绝热材料的性能及要求

（1）材料导热系数要小。保温材料导热系数不得大于 $0.12W/(m \cdot ℃)$；保冷材料的导热系数不应大于 $0.064W/(m \cdot ℃)$。

（2）密度要小。用于保温的硬质绝热材料密度不得大于 $300kg/m^3$；软质及半硬质绝热材料密度不得大于 $200kg/m^3$；保冷材料的密度不得大于 $200kg/m^3$。

（3）具有较好的耐热性能，用于制冷系统的保冷材料应具有良好的抗冻性能。

（4）绝热材料的物理、化学性能要稳定，不得对金属有腐蚀作用。

（5）吸湿率低，抗蒸汽渗透能力强。

（6）绝热材料应具有一定的机械强度。

（7）绝热材料的耐燃性能、防潮性能、膨胀性能符合使用要求。

（8）易于施工，价格低，材料广，使用寿命长。

（9）耐候性好，抗微生物侵蚀，不怕虫害和鼠灾。

（二）常用的绝热材料

绝热材料的种类很多，常用的有 10 类：岩棉类、矿渣棉类、泡沫塑料类、玻璃纤维类、软木类、珍珠岩类、蛭石类、硅藻土类、泡沫混凝土类、石棉类等。管道设备保温工程中常采用膨胀珍珠岩制品、超细玻璃棉制品、岩棉制品、矿棉制品、硬质聚氨酯泡沫塑料等。保冷工程中多采用硬质聚氨酯泡沫塑料、可发性自熄聚苯乙烯泡沫塑料制品、橡塑海绵制品、软木等。由于橡塑海绵制品导热系数小、抗水汽渗透性能优良、阻燃性好、施工方便，近年来在保冷工程中得到了广泛应用。

各生产厂家的同一保温材料的性能有所不同，选用时应按照厂家的产品样本或使用说明书中的技术数据选用。常用绝热材料及制品性能见表 8-7。

常用绝热材料及制品性能　　　　　　　　　　　　　　表 8-7

材料名称	使用密度（kg/m³）		推荐使用温度（℃）	导热系数 λ_0 [W/(m·℃)]	导热系数 λ 的参考计算公式[W/(m·℃)]	抗拉强度（MPa）
超细玻璃棉制品	板	48	≤300	≤0.043	$\lambda = \lambda_0 + 0.00011 t_m$	—
		64～120		≤0.042		
	管	≥45		≤0.043		

续表

材料名称	使用密度(kg/m³)		推荐使用温度(℃)	导热系数 λ_0 [W/(m·℃)]	导热系数 λ 的参考计算公式[W/(m·℃)]	抗拉强度(MPa)
岩棉及矿渣棉	板	80	≤250	≤0.044	$\lambda=\lambda_0+0.00018t_m$	—
		100～120		≤0.046		
		150～160		≤0.048		
	管	≤200	≤250	≤0.044		
微孔硅酸钙	170		≤550	≤0.055	$\lambda=\lambda_0+0.000116t_m$	0.4
	220			≤0.062		0.5
	240			≤0.064		0.5
硅酸铝纤维制品	120～200		≤900	≤0.056	$\lambda_0+0.0002t_m$	—
复合硅酸铝镁制品	板	45～80	≤600	≤0.036	$\lambda=\lambda_0+0.000112t_m$	—
	管(硬质)	≤300		≤0.041		0.4
聚氨酯泡沫塑料制品	30～60		−65～120	≤0.027	$\lambda=\lambda_0+0.00009t_m$	—
聚苯乙烯泡沫塑料制品	≥30		−65～70	≤0.0349	$\lambda=\lambda_0+0.00014t_m$	—
泡沫玻璃	150		−196～400	≤0.06	$\lambda=\lambda_0+0.00022t_m$	0.5
	180			≤0.064		0.7
橡塑海绵制品	65～85		−65～105	≤0.038		—

（三）绝热材料的选用

在实际工程中，绝热材料应根据使用场合抓住主要矛盾选用。对低温系统，应首先考虑导热系数小、容重轻、吸湿率小的绝热材料；而对高温系统，在考虑导热系数小的同时还应着重考虑材料在高温下的热稳定性能；对直埋管道而言，绝热材料的机械强度是应考虑的一个重点；对于间歇运行的系统，还应注意选用热容量小的绝热材料。当然在满足使用性能的同时还应考虑材料的价格、货源等因素。

三、绝热结构的组成及施工方法

（一）绝热结构的组成

绝热结构由绝热层、防潮层、保护层、防腐蚀及识别标志层等组成。

绝热层是绝热结构的主体部分，主要起减少管道及设备与外界的传热作用。

防潮层在绝热层之外，主要用于输送冷介质的保冷管道以及地沟、直埋和室外架空管道等。其作用是防止水蒸气或雨水等渗入绝热材料，以保证材料良好的绝热效果和使用寿命。常用的防潮层有：玻璃布防潮层、聚氯乙烯膜防潮层、石油沥青及沥青油毡防潮层等。

保护层设在防潮层之外，主要是保护绝热层和防潮层不受机械损伤。保护层应具有耐压强度高、重量轻、化学稳定性好、不易燃烧、外形美观等特点。常用的保护层材料有金属薄板及玻璃丝布、石棉石膏、石棉水泥等。

防腐蚀及识别标志层在绝热结构的最外层。一般用耐气候性较强的防腐漆直接涂刷在保护层外表面上，既起防腐作用，又能用油漆的颜色（或色环）来标识管道类别。

（二）绝热结构的施工方法

1. 涂抹法

涂抹法是将硅藻土与石棉粉或碳酸镁、碳酸钙等与石棉纤维这些不定型的绝热材料按一定的配料比例加水调成胶泥后，涂抹于需要保温的管道设备上的绝热层施工方法。

涂抹法的绝热层结构如图 8-5 所示。施工时 DN40 以下管道可一次涂抹到规定厚度，DN40 以上管道应分层涂抹，第一层用较稀的胶泥涂抹，以增强胶泥与管壁的附着力，涂抹厚度为 3～5mm，待第一层彻底干燥后，涂抹第二层，厚度为 10～15mm，干燥后，再涂下一层，厚度为 20mm 左右，以此类推，直到达到规定的绝热厚度。

施工中应注意以下问题：

（1）为提高绝热层整体强度，当绝热层厚度在 100mm 以内时，应在外层用一层镀锌铁丝网包扎，当厚度大于 100mm 时，在绝热层中间和外层分别用一层镀锌铁丝网包扎。

（2）涂抹法不得在环境温度低于 0℃ 的情况下施工。为了加快施工进度，可在管道内通入温度不高于 150℃ 的热水或蒸汽，然后再涂抹胶泥，以利于胶泥的干燥。

（3）由于涂抹式绝热结构干燥后，即变成整体硬结材料。所以当管内介质温度不超过 300℃ 时，应每隔 7m 左右，设 25mm 的伸缩缝，当管内介质温度超过 300℃ 时，每 5m 设 30mm 的伸缩缝，在伸缩缝内填塞石棉绳。

涂抹法具有绝热层与绝热面结合紧密，绝热层整体性好，使用寿命长，可适用于各种形状的管道、管件、设备等优点，但是施工时劳动强度大、施工周期长、效率低，绝热结构强度不高。所以涂抹法一般用于形状特殊的设备、管道、管件或临时性的绝热层施工。

2. 绑扎法

绑扎法是用镀锌铁丝或包扎带将预制保温瓦绑扎在管道上的绝热层施工方法。绑扎法绝热层结构如图 8-6 所示。通常情况下在绝热材料和管壁之间涂抹一层厚度为 3～5mm 的石棉粉或石棉硅藻土胶泥，然后再将绝热材料绑扎在管壁上。对于抗水湿性能差的材料，如矿渣棉、玻璃棉、岩棉等矿纤材料预制品，可不涂抹胶泥直接绑扎。

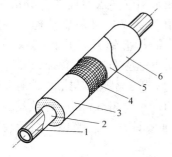

图 8-5 涂抹法绝热层结构
1—管道；2—防锈漆；3—绝热层；4—铁丝网；
5—保护层；6—防腐漆

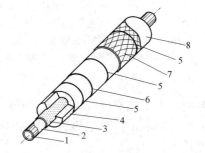

图 8-6 绑扎法绝热层结构
1—管道；2—防锈漆；3—胶泥；4—绝热层；5—镀锌铁丝；
6—沥青油毡；7—玻璃丝布；8—防腐漆

绑扎法施工时应符合下列要求：

（1）根据需要绝热管道的直径选用 1.2～2mm 的镀锌铁丝绑扎，对于硬质绝热制品绑扎间距不应超过 400mm；对半硬质、软质绝热制品绑扎的间距不应超过 300mm、200mm，也可用宽度为 60mm 的胶带绑扎。每块预制品至少应绑扎两处，并且每处绑扎的铁丝不应少于两圈，铁丝的接头应放在预制品的接头处，以便将接头嵌入接缝内。

（2）绑扎绝热制品时，应将横向接缝错开。如果单层预制瓦块厚度不满足要求时，应采用双层绝热结构，并且第一层和第二层的纵缝和横缝均应错开。当第一层表面不平整时，应采用石棉胶泥或同质绝热材料胶泥抹平后方可进行下一层施工。对水平管道，绝热层纵缝应布置在左右两侧，而不布置在上下侧。

（3）绑扎绝热材料时，应尽量减小两块之间的接缝，对非矿纤材料制品应采用石棉胶泥、石棉硅藻土胶泥或与绝热材料性能相近的绝热材料配成的胶泥将所有接缝填塞。制冷管道及设备采用硬质或半硬质绝热管壳时，管壳之间的缝隙不应大于 2mm，并且应采用粘结材料将缝填满。

绑扎法施工时由于绝热材料可以预制，提高了施工效率，容易保证施工质量，同时使用寿命长，是常用的一种管道绝热施工方法，但是绝热制品在搬运过程中损耗量大，不宜用于形状复杂的管道。

3. 缠包法

缠包法是采用条状或线状绝热材料或整块绝热材料缠绕或平包在需要绝热的管道及其附件上的绝热施工方法。

缠包法施工时根据管径将成卷的绝热材料剪裁成 200～300mm 的条带，以螺旋状缠绕在管道上，见图 8-7（a），或者根据管道断面周长剪裁后，对缝包裹到管道外表面，见

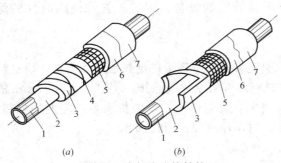

图 8-7　缠包法绝热结构

1—管道；2—防锈漆；3—保温毡；4—镀锌铁丝；
5—铁丝网；6—保护层；7—防腐漆

图 8-7（b），然后再用镀锌铁丝绑扎。施工时应满足下列要求：

（1）缠包时应将绝热材料抽紧、压实使绝热层密度达到设计要求。对矿渣棉毡、玻璃棉毡及超细玻璃棉毡缠包后的密度分别应达到 150～200kg/m³、100～130kg/m³ 及 40～60kg/m³。

（2）当绝热层厚度在 80mm 以上时，应采用双层或多层绝热结构，各层的纵缝和横缝均应错开，并且其水平管道的绝热层纵缝应布置在左右两侧。

（3）镀锌铁丝绑扎时禁止以螺旋状连续缠绕。当绝热层外径不大于 500mm 时，用直径为 1.0～1.2mm 的镀锌铁丝绑扎，间距为 150～200mm。当绝热层外径大于 500mm 时还应加镀锌铁丝网缠包，然后再用镀锌铁丝绑扎牢。

缠包法施工简单，拆卸方便，可用于有振动或温度变化较大的地方，但是因绝热层有弹性，使保护层不易固定，并且绝热层易受潮湿，造价也较高。

4. 浇注法

浇注法绝热层用于无沟敷设或不通行地沟敷设的热力管道。浇注法绝热层施工分为聚氨酯泡沫塑料浇注和泡沫轻质粒料保温混凝土浇筑两种方法。施工时采用木制或钢制模具套于管道之外，然后进行浇注。模具应支点稳定，拼缝严密，模具内表面应涂脱模剂，对于发泡型材料应在模具内表面衬一层塑料薄膜。

（1）聚氨酯泡沫塑料的浇注

原料。聚氨酯泡沫塑料由聚醚多元醇和多元异氰酸酯加催化剂、发泡剂、稳定剂等原料调配而成。原料分为 A、B 两组，A 组为聚醚和其他原料的混合液，B 组为异氰酸酯。两组一经混合，便开始反应起泡，经一定时间后生成泡沫塑料。

绝热结构。聚氨酯泡沫塑料与管道结合紧密，只要被涂物表面清洁干燥，就可以不涂防锈层。聚氨酯硬质泡沫塑料施工可以现场施工也可以工厂预制。目前，直埋预制保温管一般由工厂集中加工，并在聚氨酯硬质泡沫塑料外加聚乙烯保护套。现场施工时为节约成本多在聚氨酯硬质泡沫塑料外缠包玻璃丝布作为保护层。

施工注意事项。聚醚混合液应随调随用，不宜隔夜，以防原料失效；一般不宜在气温低于 5℃时施工，若施工时，应对液料加热到 20～30℃，否则会影响发泡；异氰酸酯及其催化剂等原料均有毒，操作时应戴上防毒面具、防护眼镜、橡皮手套等防护用品。

聚氨酯硬质泡沫塑料具有导热系数小，吸湿率低，发泡工艺简单，施工效率高，能与管道粘结为一体，没有接缝等优点。但是异氰酸酯和催化剂有毒，对上呼吸道、眼睛和皮肤等有强烈的刺激作用，而且造价较高。该绝热材料可用于 −100～120℃的管道绝热。

（2）泡沫轻质粒料保温混凝土浇筑

配料。按照设计比例将不同粒度的骨料干拌均匀，然后再与胶结料拌匀。当采用水泥为胶结剂时也应干拌，最后再加清洁的水拌和。

施工注意事项。浇筑前应在管子的防锈漆表面上涂抹一层机油，以保证管子自由伸缩；配好的料应及时用完，对以水泥为胶结剂的保温混凝土夏季应在 1h 内用完，冬季应在 2h 内用完，干结的配料不得使用；浇筑应一次完成，如必须中断，应使施工缝留在伸缩缝处；以水泥为胶结剂的保温混凝土应进行养护。

5．套筒法

套筒法绝热是将矿纤材料加工成型的保温筒或成型橡塑筒直接套在管子上的绝热施工方法。施工时只要将保温筒上轴向切口扒开，借助绝热材料自身的弹性可将保温筒紧紧地套在管子上。保温筒的轴向切口和两筒之间的横向接口，可用带胶铝箔粘合。对室内管道，如果保温筒外表面已涂有胶状保护层，可不再设保护层。套筒式绝热结构如图 8-8 所示。

套筒法绝热施工简单、工效高，是冷水管道或小型太阳能热水系统较常用的一种绝热方法。

6．粘贴法

粘贴法绝热施工时，先将粘结剂涂刷在管壁上，使绝热材料与管道粘结在一起，并用粘结剂将接缝粘结，然后再加设保护层，其结构如图 8-9 所示。粘贴绝热材料时，应将接

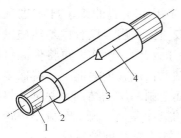

图 8-8　套筒式绝热结构

1—管道；2—防锈漆；

3—保温筒；4—带胶铝箔带

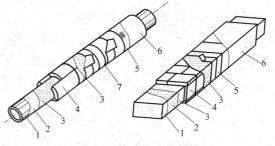

图 8-9　粘贴法绝热结构

1—管道；2—防锈漆；3—粘结剂；4—保温材料；

5—玻璃丝布；6—防腐漆；7—聚乙烯薄膜

缝错开，错缝的方法及要求与绑扎法保温相同。粘结剂可用101胶、醋酸乙烯乳胶、酚醛树脂、环氧树脂等材料。保护层可采用金属保护壳或缠玻璃丝布。

粘贴法多用于空调系统及制冷系统的风管及水管的绝热。

7. 钉贴法

钉贴法多用于矩形风管的绝热。施工时，先用胶粘剂将保温钉粘贴在风管表面上，再将泡沫塑料绝热板用木方轻轻拍打，使保温钉穿过绝热板而露出，然后套上垫片，将保温钉外露部分扳倒使保温板固定，如果采用的是自锁垫片压紧即可。为了使绝热板牢固地固定在风管上，可再用镀锌铁皮带或尼龙带包扎。绝热结构见图8-10（a）。

保温钉的形式较多，有一般垫片、自锁垫片保温钉等，其材质有铁质、尼龙等，也可用白铁皮现场制作，如图8-10（b）所示。粘贴保温钉的个数应符合：向上的表面每平方米不少于8个；向下表面每平方米不少于16个；侧面每平方米不少于10个。

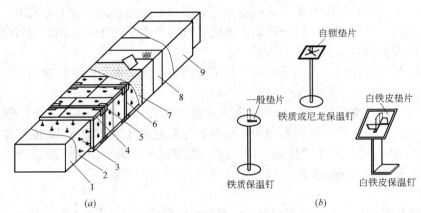

图 8-10　钉贴法绝热结构

1—风管；2—防锈漆；3—保温钉；4—保温板；5—铁垫片；
6—包扎带；7—粘结剂；8—玻璃丝布；9—防腐漆

8. 粘贴和钉贴联合法

将粘贴法和钉贴法联合使用，可加强绝热材料与管道的结合力，一般用于风管内绝热。即将绝热材料用粘结剂和保温钉将其固定在风管的内表面，其结构见图8-11。

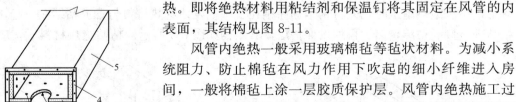

图 8-11　风管内绝热结构

1—垫片；2—保温钉；3—保温棉毡；
4—法兰；5—风管

风管内绝热一般采用玻璃棉毡等毡状材料。为减小系统阻力、防止棉毡在风力作用下吹起的细小纤维进入房间，一般将棉毡上涂一层胶质保护层。风管内绝热施工过程如下：除去风管粘贴面上的灰尘、污物，再将保温钉刷上粘结剂，按要求的间距粘贴在风管内表面上，待保温钉粘结牢固后，在风管内表面上刷一层粘结剂，并迅速将棉毡铺贴上，然后将保温钉的垫片套上。施工时应小块顶大块，管口及所有接缝处都应刷上粘结剂密封。

这种绝热结构可以起到良好的消声作用，并能防止风管外表面结露，但是耗费钢材多，风管阻力大，内表面容易起尘、积尘，主要用于对噪声要求较高而建筑空间又狭窄，不便安装消声器的大型舒适性空调系统的风管内，但这种方法不得用于洁净空调系统。

复习思考题

1. 涂刷防腐涂料前为什么要除锈？除锈的方法有哪几种？各自的特点是什么？
2. 说明地上管道及设备涂刷防腐涂料的方法及注意事项。
3. 石油沥青防腐层有哪几种？结构如何？
4. 绝热材料的主要性能要求有哪些？如何选用？
5. 常用的绝热层施工方法有哪些？各有何特点？

第九章　建筑供配电系统安装

在建筑供配电工程施工中，根据电气装置的特点，依据规范要求制定合理的施工程序及安全措施，是保证工程质量、严防发生事故、避免造成损失的一项重要工作。其基本程序包括：配合土建工程施工→电气设备就位→线缆敷设→电气回路接通→电气交接试验→试通电→负荷试运行→交工验收。

第一节　配电柜（箱）的安装

一、高、低压配电柜安装

根据配电柜的作用不同可分为高压配电柜和低压配电柜两种。高压配电柜有固定式和手车式之分，主要用于变配电室作为接受和分配电能之用。低压配电柜有固定式和抽屉式两大类，主要用于变配电站额定电压 380V 及以下的低压配电系统，作为动力、照明配电之用。无论高压配电柜或低压配电柜，其安装程序基本相同。

（一）配电柜的安装程序

配电柜的安装一般按开箱检查→设备搬运→安装固定→母线安装→二次小线连接→试验调整→送电运行→验收的程序进行。

1. 配电柜开箱检查

配电柜开箱检查主要是按照设备清单、施工图纸及设备技术资料核对设备本体及附件、备件的型号规格应符合设计图纸要求，附件、备件齐全；产品合格证件、技术资料、说明书齐全；柜外观检查应无损伤及变形，油漆完整无损；电器装置及元件、绝缘瓷件齐全，无损伤、裂纹等缺陷。

2. 基础型钢制作、安装

基础型钢制作：将型钢矫直矫平，然后按图纸要求预制加工基础型钢架，并刷好防锈漆。

基础型钢安装：按施工图纸所标位置将预制好的基础型钢放在预留位置上，用水准仪或水平尺找正，找平。然后，将基础型钢、预埋铁件、垫铁用电焊焊牢。一般基础型钢顶部宜高出土建地面 10mm，手车柜基础型钢顶面与土建地面相平。基础型钢安装允许偏差见表 9-1。

基础型钢安装允许偏差　　　　　　　　　　　　　　　　　　表 9-1

序号	项目	允许偏差(mm)		序号	项目	允许偏差(mm)	
1	不直度	每米	1	3	不平行度	每米	—
		全长	5			全长	5
2	水平度	每米	1				
		全长	5				

基础型钢与地线连接：基础型钢安装完毕后应用 25mm×4mm 的镀锌扁钢与基础型钢焊接连接，连接点不少于两处，基础型钢应刷两遍灰漆。

3. 配电柜的搬运

配电柜搬运时由起重工作业，电工配合。根据设备重量、距离长短可采用汽车、汽车吊配合运输、人力推车运输或卷扬机运送。汽车运输时，必须用麻绳将设备与车身固定牢，开车要平稳。

4. 配电柜安装

按施工图纸的布置，按顺序将柜放在基础型钢上。独立的配电柜只校验柜面和侧面的垂直度。成排的配电柜，在各台就位后，先找正两端的柜，从柜下至上 2/3 高的位置绷上小线，逐台找正；非标准的柜以柜面为准，然后按柜的固定螺孔尺寸，在基础型钢架上用手电钻钻孔，一般无要求时，低压柜钻 ϕ12.2 孔，高压柜钻 ϕ16.2 孔，分别用 M12、M16 镀锌螺栓固定，允许偏差见表 9-2。

柜允许安装偏差 表 9-2

项 目		允许偏差（mm）	项 目		允许偏差（mm）
垂直度	每米	1.5	平面度	相邻两柜顶部	1
平行度	相邻两柜顶部	2		成列柜顶部	5
	成列柜顶部	5	柜间缝隙		2

配电柜就位、找正、找平后，柜体与基础型钢固定，柜体与柜体、柜体与侧板均用镀锌螺栓连接。配电柜的接地端子用两根 6mm^2 铜线与基础型钢连接。

5. 配电柜二次小线连接

逐台检查配电柜中的电器元件是否与原理图相符，电气元件的额定电压和对应的控制、操作电源电压必须一致。按二次回路接线图敷设柜与柜之间的控制电缆连接线。

控制连接线校对后，将每根芯线弯成圆圈，用镀锌螺栓、垫片、弹簧垫连接在每个端子板上。一般端子板每侧一个端子压一根线，最多不能超过两根，并且两根间加垫片，多股线应搪锡、不得有断股。

（二）配电柜试验、调整

高压试验应由当地供电部门许可的试验单位进行。试验标准应符合国家规范、当地供电部门的规定及产品技术要求。试验内容主要包括：高压柜框架、母线、避雷器、高压绝缘子、电压互感器、电流互感器、高压开关设备等。调整内容包括：电流、电压继电器参数调整，时间继电器、信号继电器参数调整以及机械连锁调整。

（三）送电试运行验收

送电试运行前要建立送电试运行的组织机构，明确试运行指挥者、操作者和监护人。送电试运行按下列程序进行：

（1）由供电部门检查合格后，将电源送进室内，经过验电、校相无误。

（2）由安装单位检查进线柜开关，检查 PT 柜上电压是否正常。

（3）合上变压器柜开关，检查变压器是否有电。

（4）合上低压柜进线开关，查看电压表电压是否正常。

（5）按上述（2）～（4）项，检验并向其他配电柜送电。

（6）低压联络柜的开关的上下侧（开关未合状态）进行相位校核。

（7）验收。送电空载运行 24h，无异常现象，办理验收手续，交建设单位使用。

二、低压配电箱安装

低压配电箱按用途分有照明配电箱、动力配电箱以及动力照明配电箱；按其结构分有柜式、台式、箱式和板式等；按材质分有木制、铁制、塑料制品；按产品生产方式分有定型产品、非定型产品和现场组装配电箱；按安装方式分为落地式、悬挂式、嵌入式三种。

现场安装的配电箱一般是成套装置，主要是进行箱体预埋、管路与配电箱连接、导线与板面器具连接及调试等。其安装工艺流程如图 9-1 所示。

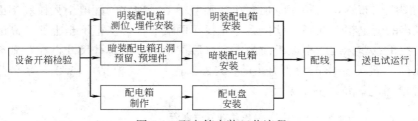

图 9-1　配电箱安装工艺流程

（一）配电箱施工质量要求

（1）箱体安装位置应正确，箱内配线整齐，箱体开孔与导管管径适配，暗装配电箱箱盖紧贴墙面，箱体涂层完整。

（2）箱内开关动作灵活、可靠，带有剩余电流保护装置的回路，末端剩余电流保护装置开关动作电流不大于 30mA，动作时间不大于 0.1s。

（3）照明箱（盘）内，分别设置中性线（N）和保护接地线（PE）汇流排，中性线和保护接地线经汇流排配出。

（4）箱体安装应牢固，垂直度允许偏差为 1.5‰，底边距地面为 1.5m，照明配电板底边距地面不小于 1.8m。

（5）箱（柜）的金属框架及基础型钢必须接地或接零可靠。装有电器的可开启门，门和框架的接地端子间应用裸编织铜线连接，且有标识。

（二）明装配电箱的安装

1. 明装配电箱测位、埋件安装

根据施工图测定配电箱安装位置。固定点应用水平尺、线坠找平、找正，并画出十字线。然后进行螺栓或埋件的安装。

钢筋混凝土墙上安装的明装配电箱，可采用膨胀螺栓或预埋铁件上焊接螺栓的方法固定。

砖墙或砌块墙上安装的明装配电箱，可采用剔注螺栓或穿钉式螺栓的方法固定，较小的箱型也可采用剔注木砖的方法固定。

结构柱上安装的明装配电箱，可采用角钢、抱箍的方法固定。

落地式配电箱应安装在槽钢基座或混凝土基座上，配电箱与基座采用螺栓连接固定。

2. 明装配电箱的安装

（1）根据配电箱进出管位置、数量、规格，在箱体上开孔。可采用液压开孔器、电钻开孔。

（2）将配电箱就位，用水平尺、线坠找平、找正，然后逐个紧固螺母。明装配电箱安装见图 9-2。

（三）暗装配电箱安装

1. 暗装配电箱孔洞预留

现浇钢筋混凝土墙、砖墙、砌块墙上的暗装配电箱，为保证安装质量，一般采用预留孔

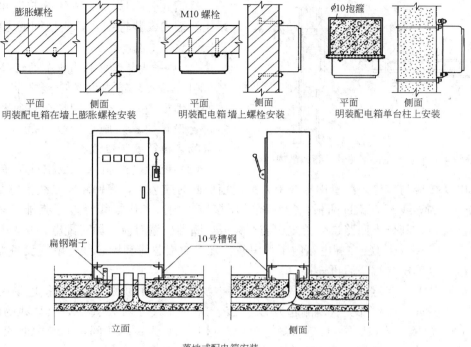

图 9-2　明装配电箱的安装

洞，后安装配电箱的做法。根据施工图测定配电箱位置。预留孔洞尺寸应略大于配电箱箱体。

现浇钢筋混凝土墙可设置木制套箱；砖墙、砌块墙上的预留孔洞宽度大于 500mm 时，孔洞上方应设置过梁。

配电箱的进出管可敷设至距配电箱 100～200mm 处，位置应准确、排列整齐。

2. 暗装配电箱安装

拆除现浇钢筋混凝土墙中的木制套箱。根据配电箱进出管位置、数量、规格，在箱体上开孔。可采用液压开孔器、电钻开孔。

清除预留孔洞内的杂物，孔洞四周浇水，注入少量水泥砂浆后，将配电箱就位。用水平尺、线坠找平、找正，然后用水泥砂浆稳注。待水泥砂浆凝固后，进行配管地线连接。暗装配电箱安装见图 9-3。

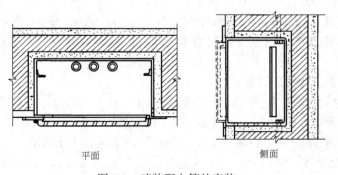

图 9-3　暗装配电箱的安装

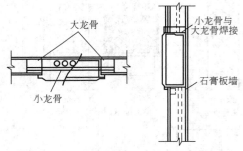

图9-4　配电箱在轻钢龙骨石膏板墙内暗装

轻钢龙骨隔墙上安装的暗装配电箱，可采用在墙内安装轻钢龙骨或型钢的方法固定，其安装见图 9-4。

（四）导线与配电箱内设备的连接

（1）导线与箱内设备连接之前，应对箱体的预埋质量和线管配制情况进行检查，确定符合设计要求及施工验收规范后，清除箱内杂物，再行安装接线。

（2）配管内的引入、引出线应有适当余量，以便接线与检修。配管内导线引入配电箱板面时应理顺，多回路间导线不应交叉。同一端子上的导线不应超过两根，导线线芯压接应牢固。工作零线经过汇流排（零线端子板）连接后，其分支回路排列位置应与开关或熔断器位置对应，面对配电箱从左到右编排为 1、2、3……零母线在配电箱内不得串联。凡多股铝芯线和铜芯线与电气设备端子连接时，应焊接或压接端子后再连接。

（3）开关、互感器、熔断器等应上端接电源、下端接负载，或左侧接电源右侧接负载。相序排列，面对开关从左侧起为 L1、L2、L3 或 L1、L2、L3、N，其导线的相（L1、L2、L3）色依次为黄、绿、红，保护接地线（PE 线）为黄绿相间，工作中性线（N 线）为淡蓝。开关及其他元件的导线连接应牢固，线芯无损伤。

（4）三相四线制系统中，当中性线有重复接地时，应在总配电箱内做好重复接地，保护接地线与工作中性线应分别与接地体连接。工作中性线进入建筑物（或总配电箱）后严禁与大地连接。保护接地线应与配电箱箱体及 3 孔插座的保护接地插孔相连接。建筑物内保护接地线最小截面应符合有关规定。

（5）当导线与配电箱内设备连接完成后，应在配电箱面板上电气控制回路的下方，设好标志牌，标明所控制的用电回路名称、编号。住宅楼配电箱内安装的开关及电能表，应与用户位置对应，在无法对应的情况下应编号。

（五）送电试运行

配电箱的试运行一般按下列程序进行：

（1）清理配电箱内的杂物，清扫设备、器具等上的灰尘。

（2）进行配电箱交接试验。

1）检查配电开关及保护装置的规格、型号，应符合设计要求。

2）用 500V 兆欧表测试箱盘间线路的绝缘电阻值，馈电线路必须大于 0.5MΩ，二次回路必须大于 1MΩ。测试馈电线路的绝缘电阻时，应将断路器、用电设备、电器和仪表等断开。

（3）进行交流工频耐压试验：

1）电气装置的试验电压为 1kV，当绝缘电阻值大于 10MΩ 时，可采用 2500V 兆欧表摇测替代，试验持续时间为 1min，无击穿、闪络现象。

2）箱间二次回路交流工频耐压试验，当绝缘电阻值大于 10MΩ 时，用 2500V 兆欧表摇测 1 min，应无闪络击穿现象；当绝缘电阻值在 1～10MΩ 时，做 1000V 交流耐压试验，时间为 1min，应无闪络击穿现象。

3）回路中的电子元件不应参加交流工频耐压试验；50V 及以下回路可不做交流工频耐压试验。

（4）检查闭锁装置动作准确、可靠；主开关的辅助开关切换动作与主开关动作一致。对控制装置进行模拟试验，试验控制程序、动作及信号等正确无误、灵敏可靠。

（5）送电、验电。闭合电源开关，用万用表电压挡检测线路电压是否正常。当为双路电源时，在闭合电源开关前应进行核相，使两路电源的相位一致。

（6）闭合其他开关，进行试运行。

第二节　线　路　敷　设

按敷设方式不同，室内线路敷设分为明敷和暗敷两种。明敷是敷设于墙壁、顶棚的表面。暗敷是指敷设于墙壁、顶棚、地面及楼板等处的内部。室内线路敷设具体采用哪一种方式，要根据建筑物的性质、要求、用电设备情况以及环境特征等确定。室内线路敷设工程应符合安全、可靠、经济、方便美观的基本要求。

一、配管

（一）配管的一般要求

配管指将线路敷设采用的电线保护管由配电箱敷设到用电设备的过程。一般从配电箱开始，逐段敷设到用电设备处，有时也可以从用电设备端开始，逐段敷设到配电箱处。采用明配管敷设时，管道应排列整齐、固定点间距均匀，一般管路是沿着建筑物水平或垂直敷设，其水平或垂直安装的允许偏差为 1.5‰，全长允许偏差不应超过管子内径的 1/2，当管子是沿墙、柱或屋架处敷设时，应用管卡固定。采用暗配管敷设时，应将线管敷设在现浇混凝土构件内，可用钢丝将线管绑扎在钢筋上，也可以用钉子将线管钉在模板上，但应将管子用垫块垫起，用钢丝绑牢。

配管应遵循下列规定：

（1）进入落地式配电箱的线管，排列应整齐，管口宜高出配电箱基础面 50～80mm。

（2）线管不宜穿过设备或建筑物、构筑物的基础；当必须穿过时，应采取保护措施。

（3）线管的弯曲处，不应有折皱、凹陷和裂缝，且弯扁程度不应大于管外径的 10%。

（4）线管的弯曲半径应符合下列规定：

1）对明敷线路，弯曲半径不宜小于管外径的 6 倍；当两个接线盒间只有一个弯曲时，其弯曲半径不宜小于管外径的 4 倍。

2）对暗敷线路，弯曲半径不应小于管外径的 6 倍；当埋设于地下或混凝土内时，其弯曲半径不应小于管外径的 10 倍。

（5）当线管遇下列情况之一时，中间应增设接线盒或拉线盒，且接线盒或拉线盒的位置应便于穿线：管长度每超过 30m，无弯曲；管长度每超过 20m，有一个弯曲；管长度每超过 15m，有两个弯曲；管长度每超过 8m，有三个弯曲。

（6）垂直敷设的线管遇下列情况之一时，应增设固定导线用的拉线盒：管内导线截面为 50mm² 及以下，长度每超过 30m；管内导线截面为 70～95mm²，长度每超过 20m；管内导线截面为 120～240mm²，长度每超过 18m。

（7）在 TN-S、TN-C-S 系统中，当金属线管、金属盒（箱）、塑料线管、塑料盒

（箱）混合使用时，金属线管和金属盒（箱）必须与保护接地线（PE线）有可靠的电气连接。

（8）线路敷设采用的钢管内、外壁及支架、吊钩、管卡、箱、盒等均应镀锌或涂防腐漆。

（二）暗配管施工

暗配管施工工艺流程如下：管弯、箱、盒预制加工→箱、盒位置测定→箱、盒固定→暗管敷设→预扫管。

1. 管弯、箱、盒预制加工

根据施工图预制加工各种箱、盒、管弯。钢管、硬质塑料管煨弯可采用冷煨法，硬质塑料管也可采用热煨法。

2. 箱、盒位置测定

根据施工图、水平线、墙厚度线测定箱、盒位置，并核定与设备及其他管道等的距离符合施工及验收规范的规定。对于成排成列的箱、盒位置的测定，应拉通线、十字线找平、找直。

3. 箱、盒固定

在现浇钢筋混凝土墙、楼板内进行箱、盒固定时，可将钢制箱、盒点焊在钢筋上，或者在箱、盒上加装扁钢，将扁钢与钢筋点焊固定或钢丝绑扎固定。塑料箱、盒的固定，可在塑料箱、盒上加装扁钢，将扁钢与钢筋点焊固定或钢丝绑扎固定。也可采用穿筋盒（由厂家制造的可穿过钢筋的塑料盒），将穿盒钢筋与结构钢筋进行固定。塑料穿筋盒参见图9-5。为保证箱、盒的安装高度准确，控制箱、盒口凹进墙面的深度，可采用预埋简易箱、盒，待拆模后，拆除简易箱、盒，再进行箱、盒的稳注。

在砖墙、砌块墙内进行箱、盒固定时，可随墙体的施工进行箱盒稳注，也可采用预留箱、盒孔、洞，后稳注箱、盒的做法。稳注箱、盒应使用较高强度的水泥砂浆，并应砂浆饱满，无空鼓。

在吊顶、轻钢龙骨等隔墙内进行箱、盒固定时，箱、盒可加装轻钢龙骨或型钢，将轻钢龙骨或型钢与吊顶大龙骨进行固定。接线盒在吊顶内安装见图9-6。

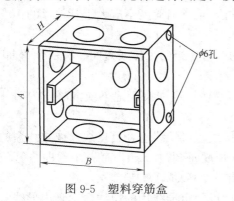

图9-5　塑料穿筋盒

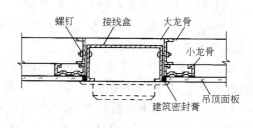

图9-6　接线盒在吊顶内安装

4. 暗管敷设

现浇钢筋混凝土墙、楼板内配管时，管路应敷设在两层钢筋之间，钢管每隔1m左右、塑料管每隔0.5m左右，用钢丝与钢筋绑扎固定。管进箱、盒，要煨灯叉弯。向上、下的引管，不宜过长，以能煨弯为准。管路埋入混凝土的深度应不小于 15mm。管路敷设完后，堵好管口，封堵箱、盒，防止浇灌混凝土时灌入砂浆。

随墙体施工敷设的管路，应沿墙中心敷设。向上引管，应堵好管口，半硬质塑料管、塑料波纹管可用临时支撑（如钢筋等）将管沿敷设方向挑起。管进箱、盒，要煨灯叉弯。

剔槽敷设的管路，应在槽两边弹线，用錾子剔。槽宽、深比管外径略大为宜。管路可用钉子、钢丝绑扎固定，并用水泥砂浆抹面保护；硬质、半硬质塑料管及塑料波纹管应用强度等级不小于 M10 的水泥砂浆抹面保护，保护层厚度不小于 15mm。

在吊顶及轻钢龙骨等隔墙内敷设的管路，小口径的钢管可利用大龙骨或吊顶的吊杆进行敷设，做法见图 9-7～图 9-9。管路固定点间距应均匀，管卡与弯曲中点、电气器具或箱、盒边缘的距离宜为 150～500mm。

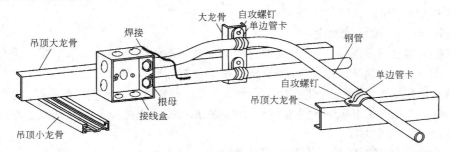

图 9-7 钢管利用大龙骨敷设

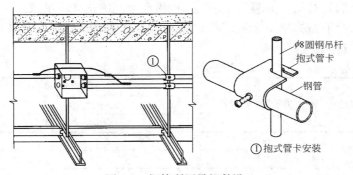

图 9-8 钢管利用吊杆敷设

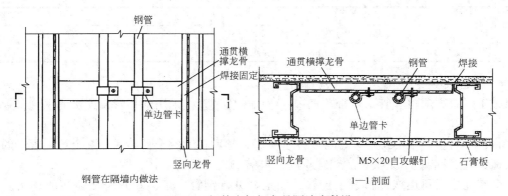

图 9-9 钢管在轻钢龙骨隔墙内敷设

5. 预扫管

埋设在建筑物、构筑物内的管路，应在土建施工，如砌墙、模板拆除后及时进行预扫管。

一般使用带布扫管法，即将布条固定在钢丝上，穿入管内，从管的另一端拉出，以清除管内的杂物、积水，并检验管路是否畅通。扫管完毕后，应堵好管口，封闭箱、盒口。

（三）明配管施工

明配管的工艺流程如下：管弯、支架、箱、盒预制加工→箱、盒、支架位置测定→箱、盒、支架固定→明管敷设。

1. 管弯、支架、箱、盒预制加工

施工时应根据施工图预制加工支架、吊架、抱箍等铁件及管弯、箱、盒。支架、吊架可使用扁钢、角钢、槽钢等型钢加工制作，也可采用管卡槽。明配管应使用明装接线箱、盒，可采用定型产品，也可加工制作。

2. 箱、盒、支架位置测定

首先根据施工图测定箱、盒及出线口等的位置，按管路走向弹出水平线、垂直线，然后计算、测定支架、吊架间距，标出支架、吊架位置。

管路应排列整齐，固定点间距均匀，管卡与终端、弯曲中点、电气器具或箱、盒边缘的距离宜为 150 ～ 500mm；钢管、硬质塑料管管卡间的最大距离应符合表 9-3、表 9-4 的规定。

3. 箱、盒、支架固定

箱、盒可采用膨胀螺栓、胀塞、埋设螺栓、埋设木砖等方法固定；支架、吊架可采用膨胀螺栓、埋设螺栓、预埋铁件焊接、抱箍、直接埋设等方法固定。

首先固定两端的支架、吊架，拉好线，再固定中间的支架、吊架。

施工时根据管子的排列位置及管径，将需要开孔的箱、盒，用开孔器或电钻开出管孔，然后将箱、盒固定。

钢管管卡间的最大距离　　　　　　　　　表 9-3

敷设方式	钢管种类	钢管直径(mm)			
		15～20	25～32	40～65	65 以上
		管卡间最大距离（m）			
支架、吊架或沿墙敷设	厚壁钢管	1.5	2.0	2.5	3.5
	薄壁钢管	1.0	1.5	2.0	—

硬质塑料管管卡间最大距离　　　　　　　　　表 9-4

敷设方式	管直径		
	20 及以下	25～40	50 及以上
支架、吊架或沿墙敷设	1.0m	1.5m	2.0m

4. 明管敷设

施工时首先应察看管子是否顺直，有弯曲处应调直。采用丝扣管箍连接的钢管，管端应套丝。

将鞍形管卡一端的螺栓（螺钉）拧进一半，然后将管敷于管卡内，逐个拧紧管卡的螺栓（螺钉）。沿墙及吊架敷设的明管应用管卡槽安装。见图 9-10～图 9-12。

安装完成后再逐根进行管子连接、固定，进行钢管、箱、盒间跨接地线的连接。钢管、支架、吊架、箱、盒等均应按按设计要求涂刷油漆。

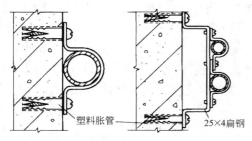

图 9-10 明配管沿墙敷设

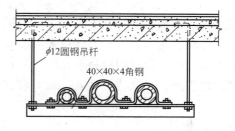

图 9-11 明配管沿吊架敷设

（四）管路及地线的连接

1. 管路连接

（1）钢管连接

黑色厚壁钢管可采用丝扣管箍连接或套管熔焊连接；镀锌钢管可采用丝扣管箍连接或套管紧定螺钉连接，不得采用熔焊连接；黑色薄壁钢管应采用丝扣管箍连接，不得采用熔焊连接；超薄壁钢管应采用套管扣压连接。采用丝扣管箍连接时，管端丝扣长度不应小于管箍长度的 1/2，连接后，其丝扣宜外露 2～3 扣；采用套管连接时，套管长度宜为管外

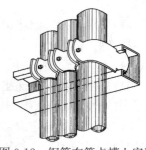

图 9-12 钢管在管卡槽上安装

径的 1.5～3 倍，管与管的对口处应位于套管的中心，套管两端焊接应严密牢固。钢管连接做法见图 9-13。

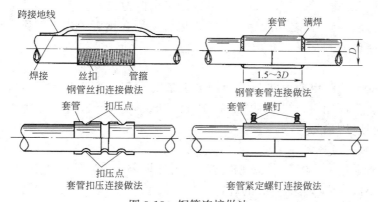

图 9-13 钢管连接做法

（2）塑料管连接

硬质塑料管、半硬质塑料管、塑料波纹管应采用套管连接或插入法连接。采用套管连接时，套管长度宜为管外径的 1.5～3 倍，管与管的对口处应位于套管的中心；连接处结合面应涂专用胶粘剂，接口应牢固密封。采用插入法连接时，插入深度宜为管外径的 1.1～1.8 倍。

2. 管与箱、盒、设备连接

暗配钢管与箱、盒连接可采用电焊点焊连接，管口宜高出箱、盒内壁 3～5mm，且点焊后应补涂防腐漆。

明配钢管、吊顶内或轻钢龙骨等隔墙内的钢管与箱、盒连接应采用锁紧螺母固定，管端螺纹宜外露锁紧螺母 2～3 扣。

　　钢管与设备器具间接连接时，在室内干燥场所，钢管出口可连接金属软管引入设备、器具，金属软管的长度不大于：动力工程 0.8m，照明工程 1.2m。

　　塑料管与箱、盒、器件可采用插入法连接，插入深度宜为管外径的 1.1～1.8 倍，连接处结合面应涂专用胶粘剂。硬质塑料管与箱、盒、器具的连接也可采用专用端接头、锁紧螺母固定。半硬质塑料管、塑料波纹管及箱、盒在建筑物、构筑物内埋设，管伸入箱、盒宜为 3～5mm。

　　3. 地线连接

　　配管工程的钢管、金属软管、金属箱、盒等，均应连接成不断的导体并接地，其连接方法如下：

　　（1）采用丝扣管箍连接的黑色钢管，连接处的两端应焊接跨接地线。跨接地线可采用圆钢或扁钢。

　　（2）采用套管连接的黑色厚壁钢管，套管两端与被连接管进行焊接，焊接应严密、牢固。

　　（3）采用丝扣管箍连接的镀锌钢管的连接处，应采用专用接地线卡跨接。跨接地线采用铜芯软导线，截面不小于 $4mm^2$。

　　（4）采用套管紧定螺钉连接的镀锌钢管，将紧定螺钉拧紧（拧断螺帽）。采用套管扣压连接的超薄壁钢管，扣压牢固。

　　（5）金属软管的接地线可采用专用接地线卡连接。

　　（6）多根钢管之间及钢管与金属箱、盒之间的地线连接。

　　1）黑色钢管之间、管与箱、盒之间可采用圆钢或扁钢焊接。

　　2）镀锌钢管之间、管与箱、盒之间可采用专用接地线卡连接。

　　3）钢管与金属箱、盒之间的地线连接，也可采用在钢管上焊接扁钢接线板、螺栓压接铜线的方法连接。

　　二、配线

　　配线指将配电线路由配电箱敷设到用电设备的过程。配线分为管内穿线、瓷夹、瓷柱、瓷瓶配线、槽板配线、线槽配线、钢索配线和塑料护套线敷设。在民用建筑中，管内穿线及线槽配线应用最为广泛。

　　（一）配线的一般规定

　　（1）配线所采用的导线型号、规格应符合设计规定。当设计无规定时，不同敷设方式导线线芯的最小截面应符合表 9-5 的规定。

不同敷设方式导线线芯的最小截面　　　　　　　　　　　　　表 9-5

敷　设　方　式			线芯最小截面（mm^2）		
			铜芯软线	铜线	铝线
敷设在室内绝缘支持件上的裸导线			—	2.5	4.0
敷设在绝缘支持件上的绝缘导线其支持点间距 L(m)	$L \leqslant 2$	室内	—	1.0	2.5
		室外	—	1.5	2.5
	$2 < L \leqslant 6$		—	2.5	4.0
	$6 < L \leqslant 12$		—	2.5	6.0
穿管敷设的绝缘导线			1.0	1.0	2.5
槽板内敷设的绝缘导线			—	1.0	2.5
塑料护套线明敷			—	1.0	2.5

（2）配线的布置应符合设计的规定。当设计无规定时，室外绝缘导线与建筑物、构筑物之间的最小距离应符合表 9-6 的要求；室内、室外绝缘导线之间的最小距离应符合表 9-7 的要求；室内、室外绝缘导线与地面之间的最小距离应符合表 9-8 的要求。

室外绝缘导线与建筑物、构筑物之间的最小距离　　　表 9-6

敷　设　方　式		最小距离（mm）
水平敷设的垂直距离	距阳台、平台、屋顶	2500
	距下方窗户上口	300
	距上方窗户下口	800
垂直敷设时至阳台窗户的水平距离		750
导线至墙壁和构架的距离（挑檐下除外）		50

室内、室外绝缘导线之间的最小距离　　　表 9-7

固定点间距（m）	导线最小间距（mm）		固定点间距（m）	导线最小间距（mm）	
	室内配线	室外配线		室内配线	室外配线
1.5 及以下	35	100	3.0～6.0	70	100
1.5～3.0	50	100	6.0 以上	100	150

室内、室外绝缘导线与地面之间的最小距离　　　表 9-8

敷　设　方　式		最小距离（m）	敷　设　方　式		最小距离（m）
水平敷设	室内	2.5	垂直敷设	室内	1.8
	室外	2.7		室外	2.7

（3）导线与设备、器具的连接应符合下列要求：截面为 $10mm^2$ 及以下的单股铜芯线和单股铝芯线可直接与设备、器具的端子连接；截面为 $2.5mm^2$ 及以下的多股铜芯线的线芯应先拧紧搪锡或压接端子后再与设备、器具的端子连接；多股铝芯线和截面大于 $2.5mm^2$ 的多股铜芯线的终端，除设备自带插接式端子外，应焊接或压接端子后再与设备、器具的端子连接。

（4）入户线在进墙的一段应采用额定电压不低于 500V 的绝缘导线；穿墙保护管的外侧，应有防水弯头，且导线应弯成滴水弧状后方可引入室内。

（5）当配线采用多相导线时，其相线的颜色应易于区分，相线与中性线的颜色应不同，同一建筑物、构筑物内的导线，其颜色选择应统一；保护接地线（PE 线）应采用黄绿颜色相间的绝缘导线；中性线宜采用淡蓝色绝缘导线。

（6）配线工程施工后，保护接地线（PE 线）连接应可靠。对带有剩余电流保护装置的线路应作模拟动作试验，并应作好记录。

（7）不同回路、不同电压等级和交流与直流的导线，不应穿于同一线管内；同一交流回路的导线应穿于同一钢管内。同一交流回路的导线应敷设于同一金属线槽内；同一电源的不同回路无抗干扰要求的导线可敷设于同一线槽内；敷设于同一线槽内有抗干扰要求的导线用隔板隔离，或采用屏蔽导线且屏蔽护套一端接地。

（8）线管内、线槽内的导线不得有接头。

（9）穿管的导线（两根除外）总截面积（包括外护套）不应超过管内截面积的 40%。

（二）管内穿线

管内穿线的工艺流程如下：扫管→穿线→导线连接→线路绝缘测试。

1. 扫管

穿线前，应将管内清扫干净。可使用钢丝带布扫管法，即将布条固定在钢丝上，穿入管内，从管的另一端拉出，将管内的杂物、泥水清除。也可使用空气压缩机的压缩空气进行吹气法扫管。

2. 穿线

穿线时应将成盘的导线放开或放在放线架上，剥除导线端头的绝缘层，并做好相序识别标记；将线芯绑扎在钢丝带线上，从另一端管口拉出。当管路较长时，应在导线穿入端的管口内放入滑石粉。

箱、盒内的导线应按规定预留长度：在盒内接头的导线一般预留 12～15cm；配电箱内的导线为箱内口半周长。

3. 导线连接

导线的连接做法可采用套管压接、焊接、缠绕连接。

剖开导线绝缘层时，不应损伤芯线；芯线连接后，绝缘带应包缠均匀紧密，其绝缘强度不应低于导线原绝缘层的绝缘强度；在接线端子的根部与导线绝缘层间的空隙处，应采用绝缘带包缠严密。

4. 线路绝缘测试

导线连接后，应对线路进行绝缘电阻测试，并做好测试记录。500V 以下至 100V 的电气设备或回路，采用 500V 兆欧表测试绝缘电阻，绝缘电阻值不应小于 $0.5M\Omega$。

测试时使兆欧表摇把的转速逐渐达到 120r/min，待调速器发生滑动后，即可得到稳定的读数。一般读取 1 min 后的稳定值。测试线路的绝缘电阻时，应将断路器、开关等置于断开位置，并断开仪表、电子元器件、设备。

（三）线槽配线

线槽配线的工艺流程如图 9-14 所示。

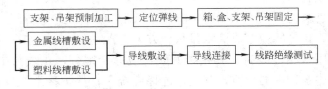

图 9-14　线槽配线工艺流程

1. 支架、吊架预制加工

根据施工图预制加工支架、吊架、吊杆、抱箍等铁件。支架、吊架可使用扁钢、角钢、槽钢等型钢加工制作，也可使用定型产品。

2. 定位弹线

根据施工图测定电气器具、设备位置及线槽走向、设置位置，沿线槽走向弹出水平线、垂直线。划出线槽始端、转角、终端固定点位置，然后测定中间挡距、固定点位置。

金属线槽固定点距离，应根据工程具体情况及生产厂的要求确定，一般应在下列部位设置固定点：直线段为 1.5～3m 或线槽接头处；线槽始端、终端及进出接线盒 0.5m 处；

线槽转角处、分支处附近。

塑料线槽槽底固定点间距，应根据线槽规格而定，一般固定点最大间距应符合表 9-9 的规定。

塑料线槽固定点最大间距　　　　　　　　　　　　　　表 9-9

固定点形式	线槽宽度(mm)		
	20～40	60	80～120
	固定点最大间距(m)		
单点	0.8	—	—
并列两点	—	1.0	—
			0.8

注：每节线槽的固定点不应少于两处，线槽在始端、终端、转角、分支及进出接线盒附近均应有固定点。

3. 箱、盒、支架、吊架固定

箱、盒可采用膨胀螺栓、胀塞、埋设螺栓、埋设木砖的方法固定；支架、吊架可采用膨胀螺栓、埋设螺栓、抱箍、预埋铁件焊接、直接埋设等方法固定。

施工时首先固定两端的支架、吊架，挂好小线，再固定中间的支架、吊架。箱、盒、支架、吊架的平正度、垂直度应使用水平尺、线坠测定，成排成列的箱、盒、支架、吊架应挂通线、十字线找平、找直。

4. 金属线槽敷设

金属线槽敷设时首先将始端线槽就位，划出固定孔位置，用电钻钻孔后，进行敷设、固定。支架、吊架上敷设的线槽可用螺栓固定；沿混凝土、砖石等结构敷设的线槽，可采用膨胀螺栓、埋设螺栓的方法固定。线槽应逐根进行钻孔、连接、固定，根据线槽走向，进行转角、三通、四通等安装。线槽连接、线槽与转角、三通、四通等连接应使用插接槽，线槽与箱、盒连接应使用抱脚。

线槽敷设应平直整齐，水平或垂直允许偏差为其长度的 2‰，且全长允许偏差为 20mm。金属线槽引出的线路，可采用钢管、金属软管。

金属线槽、金属管及箱、盒应连接成不断的导体并接地，但不得作为设备的接地导体。

镀锌金属线槽的线槽间、线槽与箱、盒间采用插接槽、抱脚连接、螺栓紧固时，可不再另设跨接地线，但连接处两端不少于两个有防松螺帽或防松垫圈的连接固定螺栓。非镀锌金属线槽的连接处两端跨接铜芯接地线，且截面不小于 $4mm^2$。

金属线槽安装做法示意见图 9-15。

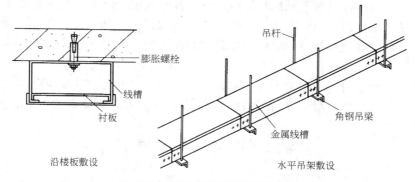

图 9-15　金属线槽安装做法示意图

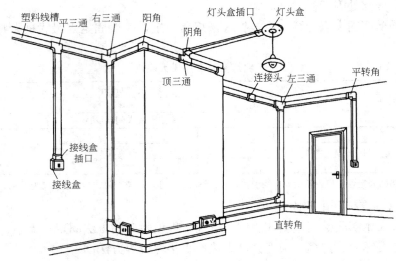

图 9-16　塑料线槽及配套附件安装示意图

5. 塑料线槽敷设

塑料线槽及配套附件安装示意见图 9-16。安装时先将始端线槽就位，划出固定孔位置，用电钻钻孔后，进行敷设固定，沿混凝土、砖石等结构敷设的线槽，可采用膨胀螺栓、胀塞、埋设木砖的方法固定；沿石膏板等轻质隔墙敷设的线槽，可采用伞形螺栓固定。然后对线槽逐根进行钻固定孔、连接、固定，根据线槽走向，进行转角、三通、四通、箱、盒等安装。由塑料线槽引出的线路，可采用硬质塑料管、半硬质塑料管或塑料波纹管。

线槽敷设应平直整齐，水平或垂直允许偏差为其长度的 2‰，且全长允许偏差为 20mm。

6. 导线敷设、连接及线路绝缘测试

首先将成盘的导线放开或放在放线架上，做好相序识别标记，然后将导线整理平顺，从线槽始端至终端、先干线后支线，边敷设边整理。线槽内的导线应绑扎成束，可使用尼龙绑扎带或塑料胶带，每隔 1m 左右绑扎一道。线槽垂直、倾斜或槽口向下敷设时，应有防止导线移动的措施，一般可采用衬板、线卡、绑扎等方法固定，固定点间距不大于 1m。

导线的连接及线路绝缘电阻的测试与管内穿线相同。

三、线路敷设工程交接验收

工程交接验收时，应对下列项目进行检查：各种规定的距离；各种支持件的固定；配管的弯曲半径，盒（箱）设置的位置；明敷线路的允许偏差值；导线的连接和绝缘电阻；非带电金属部分的接地或接零；黑色金属附件防腐情况；施工中造成的孔、洞、沟、槽的修补情况。

工程在交接验收时，应提交下列技术资料和文件：竣工图；设计变更的证明文件；安装技术记录（包括隐蔽工程记录）；各种试验记录；主要器材、设备的合格证。

第三节　电力电缆敷设

电力电缆的安装敷设工程是一项技术性很强、工艺水平很高的工作，电力电缆的安装敷设工程的质量直接影响电网的正常运行。电缆的敷设应根据建筑功能、室内装饰要求和使用环境等因素，经技术、经济比较后确定。特别是按环境条件确定电缆的型号及敷设方式。

一、电力电缆敷设的一般要求

电力电缆可以采用直接埋地敷设、电缆沟敷设、电缆排管敷设、穿管敷设以及用支架、托架、悬挂方法敷设等。

（1）施工前应对电缆进行详细检查，规格、型号、截面、电压等级均应符合设计要求，外观无扭曲、坏损及漏油、渗油现象。

（2）电缆敷设前进行绝缘摇测或耐压试验。

（3）纸绝缘电缆的校潮检验。检查方法是：将芯线绝缘纸剥下一块，用火点燃，如发出叽叽声，即电缆已受潮。另一种检查方法是：将芯线绝缘纸浸入加热到150℃的电缆油中，电缆油中出现白色泡沫，即电缆已受潮。如电缆受潮可将电缆锯掉一段再测试，直至合格为止。

电缆测试完毕，油浸纸绝缘电缆应立即用焊料（铅锡合金）将电缆头封好。其他电缆应用橡皮布密封后用黑胶布包好。

（4）电力电缆的埋设深度、与各种设施交叉的距离、电缆敷设间距等要符合表9-10的规定。

电缆装置最小间距 表 9-10

项	目	最小间距(m)	项	目	最小间距(m)
直埋电缆埋设深度	一般情况	0.7	电缆相互间净距	平行接近时	0.1
	机耕农田	1.0		交叉接近时	0.5
	穿越路面	1.0	电缆明装时的支架间距	铅包电缆垂直装置时	1.5
电缆与各种设施接近与交叉净距	离建筑物基础	0.6			
	与排水沟底的交叉	0.5		其他类电缆垂直装置时	2.0
	与热力管道的接近	2.0			
	与热力管道的交叉	0.5		各类电缆水平装置时	1.0
	与其他管道的接近或交叉	0.5			

（5）电缆弯曲半径要满足电缆本身的弯曲半径要求，具体要求应符合表9-11的规定。电缆敷设时要防止电缆扭曲或造成死弯破坏电缆的绝缘。

电缆最小弯曲半径 表 9-11

电缆形式		多芯	单芯	电缆形式		多芯	单芯
控制电缆		10D		交联聚乙烯绝缘电力电缆		15D	20D
橡皮绝缘电力电缆	无铅包钢铠护套	10D		油浸纸绝缘电力电缆	铅包	30D	
	裸铅包护套	15D			铅包 有铠装	15D	20D
	钢铠护套	20D			铅包 无铠装		20D
聚氯乙烯绝缘电力电缆		10D					

注：表中 D 为电缆外径。

（6）黏性油浸纸绝缘电力电缆垂直或沿坡敷设时，最高点和最低点间的最大允许高差要满足表9-12的规定。

电缆最大允许高度差   表 9-12

电 压 等 级		铅包	铝包	电压等级	铅包	铝包
1～3kV	铠装	25	25	6～10kV	15	20
	无铠装	20	25	干绝缘统铅包	100	—

（7）电缆各支持点间的距离应符合设计规定。当设计无规定时，不应大于表 9-13 的规定。

电缆各支持点间的距离   表 9-13

电 缆 种 类		敷 设 方 式	
		水 平	垂 直
电力电缆	全塑型	400	1000
	除全塑型外的中低压电缆	800	1500
	35kV 及以上高压电缆	1500	2000
控制电缆		800	1000

注：全塑型电力电缆水平敷设沿支架能把电缆固定时，支持点间的距离允许为 800mm。

（8）电缆穿越建筑物和路面或引出地面时，均应穿保护管。一根保护管只穿一根电缆，单芯电缆不允许穿过钢质保护管。保护管内径应不小于电缆外径的 1.5 倍。电缆引出地面时，露出地面 2m 长的部分应加装钢管进行保护，以防止机械损伤，并在电缆安装完毕后，将管口用黄麻沥青密封。

二、电缆直埋敷设

（一）电缆直埋敷设的一般要求

（1）电缆在室外直接埋地敷设的深度不应小于 0.7m，穿越农田时不应小于 1m，并应在电缆上、下各均匀敷设 100mm 厚的细砂或软土，然后覆盖混凝土保护板或类似的保护层，覆盖的保护层应超过电缆两侧各 50mm；在寒冷地区，电缆应埋设于冻土层以下；当无法深埋时，应采取措施，防止电缆受到损坏；直埋深度不超过 1.1m 可不考虑上部压力的机械损伤；电缆外皮至地下构筑物基础不得小于 0.3m。

（2）向一级负荷供电的同一路径的双路电源电缆，不应敷设在同一沟内，当无法分开时则该两路电缆应采用绝缘和护套均为非燃性材料的电缆，且应分别置于其他电缆的两侧。

（3）埋地电缆敷设的长度，应比电缆沟长约 1.5%～2%，并做波状敷设。电缆与热力管沟交叉时，如电缆穿石棉水泥管保护，其长度应伸出热力管沟两侧各 2m；用隔热保护层时应超过热力管沟和电缆两侧各 1m。电缆与道路、铁路交叉时，应穿管保护，保护管应伸出路基 1m。

（4）埋地敷设的电缆，接头盒下面必须垫混凝土基础板，其长度应伸出接头保护盒两侧 0.60～0.70m。

（5）电缆中间接头盒外面应设有铸铁或混凝土保护盒，或者用铁管保护，当周围介质对电缆有腐蚀作用或地下经常有水，冬季会造成冰冻时，保护盒应注沥青。接头与邻近电缆的净距不得小于 0.25m。

（6）直埋敷设的电缆严禁在地下管道的正上方或正下方。重要回路的电缆接头，宜在其两侧约 1m 开始的局部地段，敷设电缆要留有备用量。

（二）电缆直埋敷设的施工方法

1. 电缆沟开挖

按设计图纸开挖电缆沟，其深度不小于 0.8m，其宽度一根电缆为 0.4～0.5m，两根电缆为 0.6m。电缆沟的挖掘应垂直开挖，同时还要保证电缆敷设后的弯曲半径不小于规程的规定。

电缆沟挖好后要将沟内杂物清理干净，在沟内铺上 100mm 厚的细砂或筛过的软土做电缆的垫层。沿线电缆保护管按要求安装完毕并符合要求。

2. 电缆敷设

选择适当的位置架设电缆盘。架设电缆盘的地面必须坚实平整，支架必须采用底部平面的专用支架，不得使用千斤顶代替。支架应放置平稳，钢轴的强度与长度应与电缆盘的重量和宽度相配合。

电缆展放的方法可分为人工敷设和机械牵引敷设等形式，见图 9-17、图 9-18。

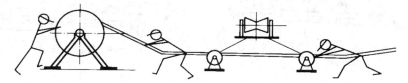

图 9-17 人工展放电缆示意图

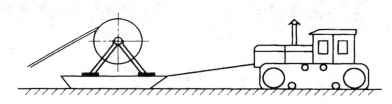

图 9-18 机械牵引展放电缆示意图

电缆敷设时无论采用哪种方法均应注意不要将电缆直接卡在沟边、结构边角、管口等处，以免电缆损伤。

机械牵引（拖撬）敷设电缆时所使用的机械速度不要太快，要与电缆轴展放的速度相配合。电缆轴处宜加装刹车装置。

电缆在沟内敷设应有适量的蛇形弯，电缆的两端、中间接头、电缆井内、过管处、垂直位差处均应留有适当的余度。

3. 隐蔽工程验收

电缆敷设完毕，应进行隐蔽工程验收。

4. 回填土

隐蔽工程验收合格，在电缆上铺盖 100mm 厚的细砂或筛过的软土，然后用电缆盖板或砖沿电缆盖好，覆盖宽度应超过电缆两侧 5cm。使用电缆盖板时，盖板应指向受电方向。

回填土前应对盖板敷设再做隐蔽工程验收，合格后，应及时回填土并进行夯实。

5. 埋设标桩

电缆在拐弯、接头、终端和进出建筑物等地段应装设明显的方位标志，直线段上 100m 间隔应适当增设标桩；桩露出地面一般为 0.15m。位于城镇道路等开挖频繁的地段，须在保护板上铺以醒目的标示带。

6. 绘制竣工图

施工完成后应根据实际施工情况绘制竣工图，作为竣工资料移交建设单位保存。

三、电缆沿桥架、支架敷设

（一）电缆桥架

使用较多的电缆桥架有梯架和槽架两大类，其高度一般为 $50 \sim 100 \text{mm}$，如图 9-19 所示。在电缆桥架连接时，要使用专用的三通、四通、弯头等附件，如图 9-20 所示。电缆桥架直段部分与弯头、三通、四通等连接一般采用螺钉连接，如图 9-21 所示。

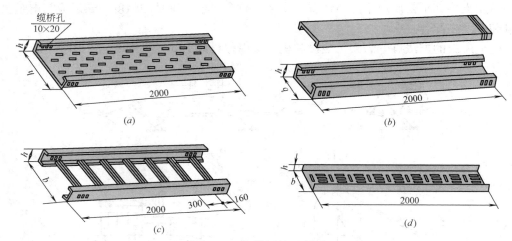

图 9-19　电缆桥架示意图
（a）托盘式桥架；（b）槽式桥架；（c）梯级式桥架；（d）组合式桥架

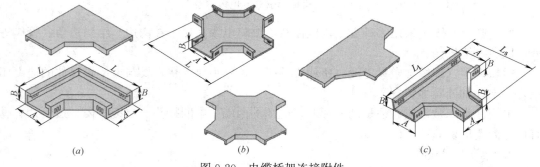

图 9-20　电缆桥架连接附件
（a）弯头；（b）四通；（c）三通

（二）电缆支架

在生产厂房内及隧道、沟道内敷设电缆时，多使用电缆支架。常用支架有角钢支架、混凝土支架、装配式支架等，其形式如图 9-22 所示。加工支架所用钢材应平直、无显著扭曲。

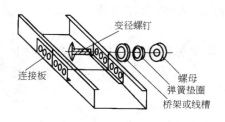

图 9-21　桥架螺钉连接示意图

制作支架所用钢材应平直，无显著扭曲，下料后长短差应在 5mm 之内，切口应无卷边、毛刺。支架焊接应牢固，且无变形。焊接时应注意各横撑间的垂直净距应符合设计要求，偏差不应大于 2mm；当设计无规定时，可参照表 9-14 的数值，但层间净距应不小

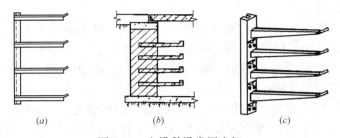

图 9-22 电缆敷设常用支架

（a）角钢支架；（b）混凝土支架；（c）装配式支架

于两倍电缆外径加 10mm，充油电缆为不小于两倍电缆外径加 50mm。

电缆支架层间最小允许垂直净距（mm）　　　　　　表 9-14

电缆种类	层间最小允许垂直净距		敷 设 方 法			
			电缆夹层	电缆隧道	电缆沟	架空（吊钩除外）
电力电缆	10kV 及以下		200	200	150	150
	20～35kV			250	200	200
	充油电缆	外径≤100mm		300		
		外径＞100mm		350		
	控制电缆		120	120	100	100

电缆敷设时应注意：敷设在单侧支架上的电缆，应按电压等级分层排列，高压在上，低压在下，控制电缆与通信电缆在最下面。敷设在双侧电缆支架上时应将电力电缆和控制电缆分开排列。电缆支架间的距离一般为 1m，控制电缆为 0.8m，如果电缆垂直敷设时，支架间距为 2m，而且要求保持与沟底一致的坡度。金属电缆桥架应全长可靠接地，金属电缆桥架的连接处应进行金属跨接连接。

（三）电缆沿桥架、支架水平敷设

电缆沿桥架、支架水平敷设的方法与电缆直埋敷设方法相同，可采用人力或机械牵引。

电缆沿支架、桥架敷设时，应单层敷设，排列整齐，不得有交叉，拐弯处应以最大截面电缆允许弯曲半径为准。

不同等级电压的电缆应分层敷设，高压电缆应敷设在上层。同等级电压的电缆沿支架敷设时，水平净距不得小于 35mm。

（四）电缆沿桥架、支架垂直敷设

电缆沿桥架、支架垂直敷设时有条件的最好自上而下敷设。在土建未拆吊车前，先将电缆吊至楼层顶部。敷设电缆时将电缆轴架设在楼层顶部，在电缆轴附近和部分楼层应采取防滑及护栏等保护装置。如自下向上敷设时，低层、小截面的电缆可用滑轮人力牵引敷设。高层、大截面电缆，因其自重较大宜采用机械牵引敷设。

电缆穿过楼板时，应装套管，敷设完后应将套管用防火材料堵死。

电缆敷设完毕后应在终端、电缆接头、拐弯处、夹层等处装设标志牌，标志牌应注明线路编号。标志牌规格应统一，标志牌应能防腐，挂装应牢固。

四、电缆的试验

电力电缆用于传输大功率电能，一般在高电压、大电流条件下工作，对其电气性能和热性能的要求较高，为了提高电缆的安装质量，减少运行中的事故概率，确保安全供电，必须对电缆进行试验。电力电缆的试验项目包括：测量绝缘电阻、直流耐压试验及泄漏电流测量、检查电缆线路的相位。

1kV 以下电缆用 1kV 摇表测量，要求线间对地的绝缘电阻应不低于 10MΩ。3～10kV 电缆应事先做直流耐压和泄漏试验，试验标准应符合国家和当地供电部门规定，或用 2500V 兆欧表测量绝缘电阻是否合格。

五、电缆保护管加工预制及敷设

在下列地点应设电缆保护管：电缆进入建筑物、穿越楼板、墙身及隧道、街道等处；从电缆沟引至电杆、设备、内、外墙表面或室内行人容易接近处，距地面高度 2000mm 以下的一段；易受机械损伤的地方。

电缆保护管加工预制及敷设程序如下：

1. 保护管加工预制

电缆保护管弯制后的弯扁程度不大于管子外径的 10%，管口应做成喇叭口形状或打磨光滑。电缆保护管内径不应小于电缆外径的 1.5 倍。其他混凝土管、石棉水泥管不应小于 100mm。

电缆保护管的弯曲半径应符合所穿入电缆的弯曲半径的规定。每根管最多不应超过 3 个弯头，直角弯不应多于两个。

2. 电缆保护管连接

金属管应采用大一级的短管套接，短管两端焊牢，密封良好。

3. 保护管敷设

有预埋和埋置两种，都应控制好坐标、标高、走向，安装应牢固。

电缆保护管应有小于 0.1% 的排水坡度。连接时管孔应对准同心，接缝应严密，以防止地下水和泥浆渗入。

第四节 照明灯具安装

电气照明工程是建筑电气工程中的一个重要组成部分。灯具主要由灯座和灯罩两大部分组成。室内灯具安装方式，通常有吸顶式、嵌入式、吸壁式和悬吊式。悬吊式又可分为软线吊灯、链条吊灯和钢管吊灯。

一、灯具安装的一般要求

室内照明灯具的安装方式，主要是根据配线方式，室内净高以及对照度的要求来确定，作为安装工作人员则是依据设计施工图纸进行。常用安装方式有悬吊式、壁装式、吸顶式、嵌入式等。悬吊式的又可分为软线吊灯、链吊灯、管吊灯。表示灯具的安装方式见图 9-23，其代号见表 9-15。

灯具安装一般在配线完毕之后进行，其安装高度一般不低于 2.5m，在危险性较大及特别危险场所，如灯具高度低于 2.4m 应采取保护措施或采用 36V 及以下安全电压供电。

灯具的安装方式和光源种类标注符号说明 表 **9-15**

灯具的安装方式标注符号说明		光源种类标注符号说明	
名　称	标注符号	名　称	标注符号
线吊式、自在器线吊式	SW	氖灯	Ne
链吊式	CS	氙灯	Xe
管吊式	DS	钠灯	Na
壁装式	W	汞灯	Hg
吸顶式	C	碘钨灯	I
嵌入式	R	白炽灯	IN
顶棚内安装	CR	荧光灯	FL
墙壁内安装	WR	电发光灯	EL
支架上安装	S	弧光灯	ARC
柱上安装	CL	红外线灯	IR
座装	HM	紫外线灯	UV
		发光二极管	LED

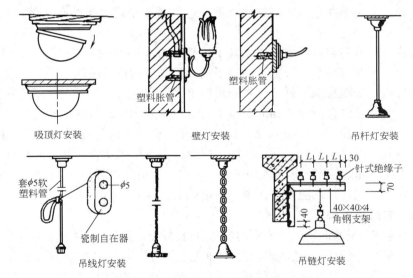

图 9-23　常用灯具安装方式

二、吸顶灯的安装

吸顶灯的安装一般可直接将绝缘台固定在顶棚的预埋木砖上或用预埋的螺栓固定，然后再把灯具固定在绝缘台上。超过 3kg 的吸顶灯，应把灯具（或绝缘台）直接固定在预埋螺栓上，或用膨胀螺栓固定。对装有白炽灯泡的吸顶灯具，灯泡不应紧贴灯罩；当灯泡和绝缘台之间的距离小于 5mm 时（如半扁罩灯），灯泡与绝缘台之间应放置隔热层（石棉板或石棉布），如图 9-24 及图 9-25 所示。

三、吊灯的安装

安装吊灯通常需要吊线盒和木台两种配件。木台规格应根据吊线盒的大小选择，既不能太大，又不能太小，否则影响美观。吊线灯的组装过程及要点是：

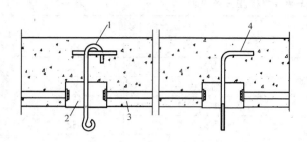

图 9-24   吊钩和螺栓的预埋
1—吊钩；2—接线盒；3—电线管；4—螺栓

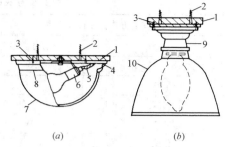

图 9-25   吸顶灯的安装
(a) 半球式吸顶灯；(b) 吸顶式筒灯
1—圆木（厚 25mm，直径按灯架尺寸选配）；2、3—固定
圆木用木螺钉；4—灯架；5—灯头引线；6—管接式瓷质
螺口灯泡；7—玻璃灯罩；8—固定灯罩用螺钉；9—铸
铝壳瓷质螺口灯座；10—搪瓷灯罩

（1）准备吊线盒、灯座、软线和焊锡等。

（2）截取一定长度的软线，两端剥露线芯，把线芯拧紧后挂锡。

（3）打开灯座及吊线盒盖，将软线分别穿过灯座及吊线盒盖的孔，然后打一保险结，防止线芯接头受力。

（4）软线一端线芯与吊线盒内接线端子连接，另一端的线芯与灯座的接线端子连接。若为螺口灯座，相线应接在中心触点的端子上，零线应接在螺纹的端子上。

（5）将灯座及吊线盒盖拧好，灯具固定应牢固可靠。每个灯具固定用的螺钉或螺栓不应小于 2 个；当绝缘台直径为 75mm 及以下时，可采用 1 个螺钉或螺栓固定。软线吊灯重量限于 1kg 以下，当重量在 1kg 以上 3kg 以下时，则应采用吊链式或吊杆式固定。采用链吊时，灯线应与吊链编叉在一起，灯线不应受拉力。采用钢管作灯具的吊杆时，其钢管内径不应小于 10mm，管壁厚度不应小于 1.5mm。当吊灯灯具重量超过 3kg 时，则应预埋吊钩或螺栓。吊式花灯均应固定在预埋的吊钩上。

四、嵌入式灯具的安装

灯具应固定在专设的框架上，导线不应贴近灯具外壳，且在灯盒内留有余量，灯具的边框应紧贴在顶棚面上；矩形灯具的边框应与顶棚面的装饰直线平行，其偏差不应大于 5mm；荧光灯管组合的开启式灯具，灯管排列应整齐，其金属或塑料的间隔片不应有扭曲等缺陷。

嵌入式灯具安装。一般嵌入式筒灯可直接固定在吊顶面板上，如图 9-26 所示。质量大于 3kg 的灯具应采用预埋吊杆或螺栓固定。嵌入式灯具采用吊杆做法见图 9-27。

五、开关、插座安装

开关、插座安装的工艺流程分为盒子、导线清理与开关、插座接线安装。

（1）盒子、导线清理

用刷子将开关盒、插座盒内的灰渣等清理干净，用棉丝将盒内壁及导线擦拭干净，理顺导线。

（2）开关、插座接线、安装

开关、插座的电气和机械性能抽样检测合格。将盒内预留导线端部剥去绝缘层，按要求进行开关、插座接线。

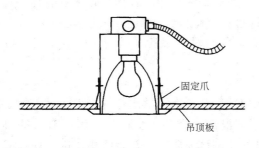

图 9-26　嵌入式筒灯安装图

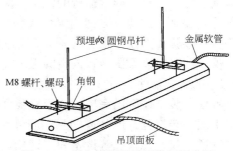

图 9-27　嵌入式灯具采用吊杆固定图

开关、插座的接线应符合下列要求：

1）开关应控制相线。

2）插座的接线位置面对插座的正面，如图 9-28 所示。

3）插座的接地端子不与中性线端子连接；接地或接中性线在插座间不串联连接。将线理顺，盘成弧状塞入盒内，用螺钉将开关、插座面板固定在接线盒的承耳上。

开关、插座的安装应符合下列要求：

1）扳把式开关、跷板式开关的通断方向应一致，一般向上为通、向下为断。

2）开关边缘距门框边缘的距离为 0.15～0.20m；扳把式开关、跷板式开关距地面高度为 1.3～1.4m，拉线式开关距地面高度为 2～3m，距顶板不小于 0.1m。

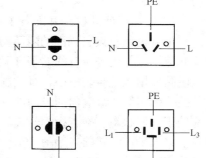

图 9-28　插座孔接线顺序

3）插座距地面高度一般为 0.3m，托儿所、幼儿园及小学校等儿童活动场所安装高度不小于 1.8m，否则，应采用安全型插座；车间及试验室插座距地面高度不小于 0.3m，特殊场所暗装插座不小于 0.15m。

4）当交、直流或不同电压等级的插座安装在同一场所时，应有明显区别，且必须选择不同结构、不同规格和不能互换的插座；配套的插头应按交流、直流或不同电压等级区别使用。

5）当接插有触电危险家用电器的电源时，采用能断开电源的带开关插座。

6）潮湿场所采用防溅型并带保护地线触头的保护型插座，安装高度不低于 1.5m。

第五节　建筑供配电系统的试运行及竣工验收

一、试运行

在建筑供配电系统安装中，各电气设备在安装完毕后，按规程和设计要求进行通电试运行，通过试运行来检验设备的质量，检验设计的合理性和安装施工的质量，从试运行中发现问题并加以排除，从而对建筑供配电系统作出全面正确的评价，并通过试运行过程中的调整，使工程或设备达到设计要求的各项技术指标和性能。

1. 试运行方案的内容

试运行方案是指导试运行的依据，应根据工程或设备的具体内容和验收规范的有关规定，认真编制。试运行方案内容主要包括试运行目的、范围、应具备条件、各项准备工作、内容步骤和操作方法、可能出现的问题和应采取的对策、安全措施、所需工具、仪器、仪表和材料以及试运行人员的组织和分工。

2. 试运行条件

各项安装工作都已完毕，并经检验合格，达到试运行要求；试运行的工程或设备的设计施工图、合格证、产品说明书、安装记录、调试报告等资料齐全；与试运行有关的机械、管道、仪表、自控等设备和连锁装置等都已安装调试完毕，并符合使用条件；现场清理完毕，无任何影响试运行的障碍；试运行所需的工具、仪表和材料齐全；试运行所用各种记录表格齐全并指定专人填写；试运行参加人员组织分工、责任明确、岗位清楚；安全防火措施齐全。

3. 试运行前的检查和准备工作

清除试运行设备周围的障碍物，拆除设备上的各种临时接线；恢复所有被临时拆开的线头和连接点，检查所有的端子有无松动现象；检查所有回路和电器设备的绝缘情况，并将绝缘电阻值填入记录表格中；对控制、保护和信号系统进行空载操作，检查所有设备，如隔离开关、断路器、继电器的可动部分均应动作灵活可靠；检查备用电源、备用设备及自动装置应处于良好状态；检查行程开关、限位开关的位置是否正确，接触是否严密可靠，动作是否灵活；电动机空转前，手动盘车应转动灵活，无异常响声；若对某一设备单独试运行，并需暂时解除与其他部分的连锁，应事先通知有关部门和人员，试运行后再恢复到原来状态；当两条线路并联运行时，应检查是否符合并联的规定；变电所送电试运行前，应制定操作程序，送电时，调试负责人应在场；检查变压器分接开关的位置是否符合设计要求；检查所有高低压熔断器是否导通良好；所有调试记录、报告均应经有关负责人审核同意并签字。

4. 试运行

以楼门单元为单位进行电气照明器具检查和通电运行，并填写电气照明器具通电安全检查记录。

每户的照明器具要全数检查。检查项目：开关断极（相）线；螺灯口中心线接相线；插座右孔为相线，左孔为中性线，上孔为保护线；住宅工程，即厨房、厕所应用封闭式灯具等。

5. 电气全负荷运行

住宅工程以电源进户为单位进行通电试运行，每个进户电源填写一张记录表；动力设备以单台设备容量为单位每台设备填写一张记录表。

试运行中注意事项：全负荷试运行不应分层、分段进行，而是以电源进户为单位全负荷试运行；试运行应从总开关处开始供电，不应甩掉总箱、柜接入临时电源；一般民用住宅工程的照明全负荷试运行时间为 24h；试运行期间所发生的问题，包括质量问题和故障排除等均应做好记录。

二、竣工验收

竣工验收应由建设单位负责组织。建设单位收到施工单位的通知或提供的交工资料后，根据工程项目的性质、大小，分别由设计单位、施工单位以及有关人员共同进行检查、鉴定和验收。进行单体试车，无负荷联动试车和有负荷联动试车，应以施工单位为主，并与其他工种密切配合。

1. 工程验收的依据

（1）甲乙双方签订的工程合同。

（2）上级主管部门的有关文件。

（3）设计文件、施工图纸、设备技术说明书及产品合格证。

（4）国家现行的施工验收技术规范。

（5）对从国外引进的新技术或成套设备项目，还应按照签订的合同和国外提供的设计文件等资料进行验收。

2. 进行验收的工程应达到的标准

（1）工程项目按照合同规定和设计图纸要求已全部施工完毕，达到国家规定的质量标准，能够满足使用要求。

（2）设备调试、试运转达到设计要求，运转正常。

（3）施工现场清理完毕，无残存的垃圾、废料和机具。

（4）交工需要的所有资料齐全。

（5）做好工程交接验收。

3. 为了保证建设单位对工程的使用和维护管理，为改建、扩建提供依据，施工单位要向建设单位提供下列资料：

（1）交工工程项目一览表。包括单位工程名称、面积、开竣工日期及工程质量评定等级，根据要求应附有竣工图和开（竣）工报告。竣工图上应注明核定的年月。

（2）图纸会审记录。包括材料代用核定单以及设计变更通知单。

（3）质量检查记录。包括开箱检查记录、隐蔽工程记录、质量检查记录、质量事故报告、电力、照明布线绝缘电阻测定记录、设备试运转记录、优良工程报检表、分项工程质量检验评定表。电气设备的试验调整报告也应包括在内。

（4）材料、设备的合格证。

（5）未完工程的中间交工验收记录。

（6）施工单位提出的有关电气设备使用注意事项文件。

（7）工程结算资料、文件和签证单。包括施工图预（决）算、工程变更签证单和停工、窝工。

（8）签证单。

（9）交（竣）工验收证明书。办理工程交接手续。经检查、鉴定和试车合格后，合同双方签订交接签收证书，逐项办理固定资产的移交；根据承包合同的规定，办理工程结算手续。除注明承担的保修工作内容外，双方的经济关系及法律责任可以解除。

复习思考题

1. 配电箱安装完成后的试运行按什么程序进行？

2. 室内线路敷设工程必须符合哪些基本要求？

3. 管内穿线按什么工艺流程进行？

4. 室内线路敷设工程交接验收时主要对哪些项目进行检查？

5. 电缆敷设方式有哪几种？敷设过程中应注意什么问题？

第十章　建筑安装工程项目管理概述

第一节　建筑安装工程项目管理

一、项目管理的基本概念

项目管理是有计划有步骤地对项目或一次性任务进行高效率的计划、组织、指导和控制过程，其本质是一个对项目实施过程中各管理阶层所给予责任和权力的完整的制度。

施工项目管理是以所承揽的施工任务为对象，项目经理责任制为基础，施工图预算或施工项目成本计划为依据，承包合同为纽带，最佳效益为目的，从工程的投标、施工准备、开工到验收交付使用的全过程中项目的工期、质量、成本、安全等进行系统计划、组织、协调、控制的管理的方法。

受工程项目自身特点决定，施工项目管理是一次性内部施工任务承包管理方式，管理过程是以达到施工合同中规定的施工任务、工期、质量等为目标，对涉及的人、财、物、空间、时间、信息等各种因素综合考虑。

施工方作为项目建设的一个参与方，其项目管理主要服务于项目的整体利益和施工方本身的利益。其项目管理的目标包括施工的成本目标、施工的进度目标和施工的质量目标。施工方的项目管理工作主要在施工阶段进行，但由于设计阶段和施工阶段在时间上往往是交叉的，因此，施工方的项目管理工作也会涉及设计阶段。在动用前准备阶段和保修期施工合同尚未终止，在这期间，还有可能出现涉及工程安全、费用、质量、合同和信息等方面的问题，因此，施工方的项目管理也涉及动用前准备阶段和保修期。

二、施工项目管理的任务

总的来说，施工项目管理的任务主要包括施工安全管理、施工成本控制、施工进度控制、施工质量控制、施工合同管理、施工信息资料管理及与施工有关的组织与协调等方面内容。

（一）施工安全管理

安全管理是在施工过程中为满足生产安全，涉及对生产过程中的危险进行控制的计划、组织、监控、调节和改进等一系列管理活动。

安全管理的目标是减少或消除人的不安全行为、减少或消除设备、材料的不安全状态、改善生产环境和保护自然环境、改善管理缺陷，以达到减少和消除生产过程中的事故，保证人员健康安全和财产免受损失的目的。

（二）施工成本控制

施工成本管理就是要在保证工期和质量的情况下，采取相关管理措施，包括组织措施、经济措施、技术措施、合同措施，把成本控制在计划范围内，并进一步寻求最大程度的成本节约。施工成本管理主要包括施工成本预测、施工成本计划、施工成本控制、施工成本核算、施工成本分析及施工成本考核等方面。

（三）施工进度控制

在工程项目的实施过程中，由于外部环境和条件的变化，包括气候的变化、不可预见事件的发生以及其他条件的变化均会对工程进度计划的实施产生影响，从而造成实际进度偏离计划进度，如果实际进度与计划进度的偏差得不到及时纠正，势必影响进度总目标的实现。因此，在进度计划的执行过程中，必须采取有效的监测手段对进度计划的实施过程进行监控，以便及时发现问题，并运用行之有效的进度调整方法来解决问题，确保进度总目标的实现。

（四）工程质量控制

施工过程是一个从对投入原材料的质量控制开始，直到完成工程质量检验验收和交工后服务的系统过程，在整个过程中，必须对各项影响施工质量的因素（主要包括人员、施工机具、工程材料和设备、施工方法、施工环境，简称"人、机、料、法、环"）进行有效控制，确保工程项目质量符合设计意图和国家规范、标准要求。

（五）施工合同管理

合同是缔约双方根据国家有关规定、经济政策和各自的具体条件，以平等的地位协商而签订的经济契约。合同签订生效后受到国家法律的保护，缔约双方都必须严肃认真地履行，一方违反合同条款而给另一方造成经济损失的，必须进行赔偿。对安装工程承包合同的管理，应包括合同的订立、履行、变更、争议、索赔、终止等方面内容。

（六）施工信息资料管理

施工信息资料主要包括工程技术资料、施工技术资料、技术标准和技术规程及国家颁布的有关法令、法规等。

工程技术资料是为交工验收准备并提供建设单位存档的项目全过程实际情况的技术资料，是竣工验收的重要依据，也是该工程项目使用、管理、维修、改扩建提供的依据，主要包括：开、竣工报告、工程项目一览表、设备清单或明细表；设备监造、性能试验、出厂检查文件和记录；材质证明、检验报告、所安装机电设备及器材的开箱记录及质量合格证、产品说明书；设备调试、管线阀门试压、焊缝检查、探伤记录、绝缘摇测记录、接地遥测记录、生产装置试运行记录；隐蔽工程记录、工程质量评定记录、质量事故分析和处理报告、竣工验收证明；竣工图、图纸会审记录、设计变更通知单、技术核定单等。

施工技术资料是施工单位建立的施工技术档案，工程完工后应整理编码立卷交企业档案部门存档，主要包括：项目质量计划、施工方案、施工组织设计及项目施工总结；重大质量、安全事故情况分析处理、施工技术总结的重要技术决定及实施记录；新技术推广应用及经验总结；包括施工全过程气象记录在内的其他应收集的技术文件资料。

技术资料作为项目施工的依据，应该真实、有代表性、并能如实地反映工程和施工中的情况，不得擅自修改，更不得仿造。在施工活动过程中形成的反映施工活动的技术经济、质量、安全、进度等方面情况的记录和总结资料，应当准确、及时。对存在的问题，经过认真复查，做出处理结论，评语要确切。项目施工技术文件资料的形成、收集和整理应当从合同签订及施工准备开始，直到竣工为止，贯穿于项目施工活动的全过程，必须完整无漏缺。

（七）与施工有关的组织与协调

施工项目的实施要做好各方面的协调工作，主要包括内部协调和外部协调。

安装工程施工的内部协调应包括施工进度计划协调、施工生产资源协调、施工的工程质量协调、施工安全生产协调等。

同时，工程项目是由业主、设计单位、监理单位及工程承包商共同协作完成的，各方的关系如图10-1所示，在施工过程中，工程相关方要互相协调，才能保证工程保质保量完成。此外，在施工过程中还涉及其他相关方，如进口设备材料的进关检验、供电线路引入、供水干线连通、排污干线入网、通信网络引入、市政燃气和热力连通等以及与政府监管部门的协调。

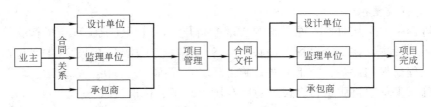

图 10-1　工程项目实施过程中各方的关系

第二节　建筑安装工程项目组织

一、项目组织方式

施工项目承发包的组织方式有平行承发包方式、总分包方式、全包方式、承包联营方式。

1. 平行承发包方式

平行承发包方式是建设单位把工程项目的施工任务分别发包给不同的施工单位，各施工单位之间的关系平行。这种组织方式可以加快工程进度、提高工程质量，但需要较多的协调工作。

2. 总分包方式

是指建设单位把工程的全部施工任务承包给一个施工单位，该施工单位再将其中的任务分解承包给其他施工单位（分包）。

3. 全包方式

建设单位把一个工程的设计、施工全部承包给一个单位。承包单位可以独立完成整个设计、施工任务，也可以将某一部分分包给其他单位。

4. 承包联营方式

若干企业为完成某一工程项目临时组成一个联营机构，选出项目总负责人，统一指挥、协调，联营机构与建设单位签订承包合同，组织施工，当项目完成后联营机构解散。这种方式建设单位与承包单位结构关系简单，但联营机构内部各承包单位之间应作好协调工作。承包联营方式是国际上流行的工程承包组织方式，特别适用于大型工程中采用。

二、项目组织机构的形式

（一）建设方项目管理组织机构形式

建设单位的项目管理组织机构形式有指挥部制、工程监理代理制、交钥匙管理制和建设单位自组织等方式。

指挥部制是由建设单位、设计单位、施工单位及有关主管部门联合组成指挥部，实行指挥部首长负责制,统一指挥施工、设计、物资供应等工作。指挥部制有现场指挥部、常设指挥部和工程联合指挥部等形式。

工程监理代理制是建设单位与施工单位和监理单位分别签订合同,由监理单位代表建设单位对项目实施管理,对施工单位进行监督。项目拥有权和管理权分离,由专业监理机构对项目进行管理、监督、控制、协调。工程监理代理制是国际通行的工程管理方式。

交钥匙管理制,由建设单位提出项目使用要求,将项目从设计、设备选型、工程施工验收等全部委托给一家承包公司,工程完成后,即可使用。

建设单位自组织制适用于建设单位自身有一定工程管理能力,在工程不复杂的中小型项目中有时采用。

(二)承包方的项目管理组织机构形式

工程承包单位的项目管理组织机构受其企业管理组织机构设置方式制约。组织机构的主要形式有:直线职能式、事业部式、混合工程队式、矩阵式等。

1. 直线职能式

直线职能式是一种集权式组织形式。这种方式吸收了直线式命令畅通和职能式专业分工强的特点,一方面权力从企业负责人到施工队自上而下形成直线控制,下级对上级负责,企业负责人通过其下各级负责人下达命令,实行纵向管理;另一方面,通过下属各职能部门对各专业分工进行横向领导。管理领导线路有两条:

主线(纵向):总经理→职能部门经理→工程处→工区→施工队;

辅线(横线):总经理→职能部门→专业施工队。

直线职能式管理模式见图10-2,管理过程要求主线和辅线的命令相互协调统一。

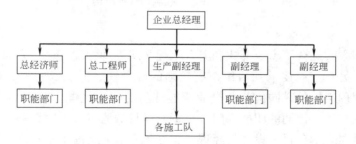

图 10-2 直线职能式管理结构

2. 事业部式

对于有些大型综合性企业,由于企业业务范围广,采用直线职能式组织方式权力过分集中,不利于各部门充分发挥作用,可采用事业部式管理方式。这种方式将企业划分成若干个相对独立的职能部门,对各部门职能范围内给予较大的管理权力,由各部门对现场施工直接指挥。其特点是由专业职能部门直接管理、分工明确,保证决策正确;命令统一,执行畅通;但每个工程项目需要一套管理机构、人力资源需要量大;各职能部门横向联系不便。管理组织结构如图10-3所示。

3. 混合工程队式

按照对象原则组成管理机构,企业职能部门配合工程对象,处于服从地位。由企业任命项目经理,项目经理从企业各部门抽调或聘用各专业人员组成项目管理班子,抽调施工

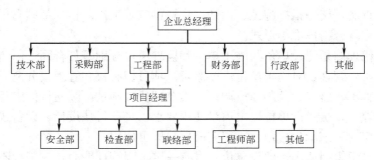

图 10-3　事业部式管理结构

队组成混合施工队。管理人员和施工队在项目进行期间，与原部门脱离管理关系，重新组成新的项目管理经济实体，只对项目负责。项目完成后，人员返回原部门。这种管理方式的特点是对象明确、权力集中；各专业现场配合管理、决策及时、工作效率高。适用于大型项目或工期要求紧的项目。混合工程队式管理组织结构如图 10-4 所示。

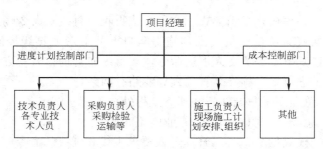

图 10-4　混合工程队式管理结构

4. 矩阵式

矩阵式管理方式综合了事业部式和混合工程队式管理的优点，一方面要求工程队专业分工长期稳定，另一方面要求项目组织有较强的综合性。把职能原则、对象原则结合起来，发挥项目管理组织的纵向优势和企业职能部门的横向优势。图 10-5 为矩阵式管理的结构图。图中纵向表示不同的职能部门，负责对项目的监督、考察管理，部门人员不抽调到各项目中；横向表示项目，设项目经理，领导各专业人员的工作。矩阵式管理方式对项目双向领导，要求管理水平高，项目经理责任大于权力，可利用尽可能少的人力实现多项目管理。这种方法适用于大型复杂的项目和企业同时承担多个项目的管理。

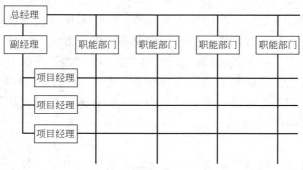

图 10-5　矩阵式管理结构

三、施工现场组织机构的设置

为了充分发挥项目管理的功能，提高项目整体管理效率，以达到项目管理的最终目标，必须设置施工现场组织机构。施工现场组织机构是一个完整的组织机构体系，一般可分为决策层、管理层、执行层三个层次。

（一）决策层的设置

施工现场组织机构的决策层主要是制定和组织实施施工项目的方针和目标。一般由项目经理、总工程师（技术负责人）组成。

项目经理是对施工项目管理全面负责的管理者。应具有良好政治素质、领导素质、身体素质及实践经验，并具有相应资质的人员担任。项目经理人选的变更应征得建设单位的同意，需要时也可设项目副经理。

施工总承包单位项目组织机构中应设总工程师1名，在项目经理领导下全面负责项目施工的技术工作，必要时也可设副总工程师。

必要时也可设项目总经济师1名，在项目经理领导下负责项目经营管理工作。

（二）管理层的设置

施工现场组织机构的管理层的任务主要是负责施工项目全过程施工生产和经营管理，一般由经营管理部门、施工技术部门、质量管理部门、安全管理部门、物资管理部门及文件、信息管理部门等组成。

1. 经营管理部门

经营管理部门主要负责预算、合同、索赔、资金收支、成本核算、计划统计、人力资源调配等工作。

2. 施工技术部门

施工技术部门主要负责施工协调、进度管理、技术管理、施工组织设计、施工总平面图管理、施工机械管理、文明施工、各专业技术监督等工作。必要时施工管理和技术管理也可分设成两个部门。

3. 质量管理部门

质量管理部门主要负责质量体系管理、施工质量、计量、测量、试验等工作。必要时质量体系管理部门也可单独设置。

4. 安全管理部门

安全管理部门应独立设置，主要负责安全管理以及消防、保卫和环境保护管理工作。

5. 物资管理部门

物资管理部门主要负责材料、半成品、工具的采购、供应、管理及设备的运输保管（建设单位委托时）。

6. 文件、信息管理部门

文件、信息管理部门主要负责施工图纸和施工技术文件等资料管理以及计算机管理信息工作，该部门可单独设置也可兼容在施工技术部门或其他有关部门。

（三）执行层的设置

执行层一般指专业施工工地或专业施工处的管理部门。

四、项目经理

（一）项目经理的特征

项目经理是指受企业法定代表人委托对工程项目施工过程全面负责的项目管理者，是建筑施工企业法定代表人在工程项目上的代表人。我国工程项目施工实行项目经理负责制，项目经理在工程项目施工中处于中心地位，对工程项目施工负有全面管理的责任。

项目经理的任务仅限于从事项目管理工作，其主要任务是项目目标的控制。项目经理不是一个技术岗位，而是一个管理岗位。

项目经理是一个组织系统中的管理者，至于是否有人事权、财权和物资采购权等管理权限，则由其上级确定。

（二）项目经理的职责及权力

1. 项目经理的职责

项目经理在承担工程项目施工管理过程中，必须履行的职责包括：贯彻执行国家和工程所在地政府的有关法律、法规和政策，执行企业的各项管理制度；严格财务制度，加强财经管理，正确处理国家、企业与个人的利益关系；执行项目承包合同中由项目经理负责履行的各项条款；对工程项目施工进行有效控制，执行有关技术规范和标准，积极推广应用新技术，确保工程质量和工期，实现安全、文明生产，努力提高经济效益。

2. 项目经理的权力

项目经理在承担工程项目施工的管理过程中，应当按照建筑施工企业与建设单位签订的工程承包合同，与本企业法定代表人签订项目承包合同，并在企业法定代表人授权范围内，行使以下管理权力：组织项目管理班子；以企业法定代表人的代表身份处理与所承担的工程项目有关的外部关系，受托签署有关合同；指挥工程项目建设的生产经营活动，调配并管理进入工程项目的人力、资金、物资、机械设备等生产要素；选择施工作业队伍；进行合理的经济分配；企业法定代表人授予的其他管理权力。

第三节　施工项目管理目标及目标动态控制

一、施工项目管理目标

由于施工方是受建设方的委托承担工程建设任务，施工方必须树立服务观念，为项目建设服务，为建设方提供建设服务；另外，合同也规定了施工方的任务和义务，因此施工方作为项目建设的一个重要参与方，其项目管理不仅应服务于施工方本身的利益，也必须服务于项目的整体利益。施工方项目管理的目标应符合合同的要求，它包括：施工的安全管理目标、施工的成本目标、施工的进度目标、施工的质量目标。

如果采用工程施工总承包模式，施工总承包方必须按工程合同规定的工期目标和质量目标完成建设任务。而施工总承包方的成本目标是由施工企业根据其生产和经营的情况自行确定的。分包方则必须按工程分包合同规定的工期目标和质量目标完成建设任务，分包方的成本目标是该施工企业内部自行确定的。

二、项目目标的动态控制

由于项目实施过程中主客观条件的变化是绝对的，不变则是相对的；在项目进展过程中平衡是暂时的，不平衡则是永恒的，因此，在项目实施过程中必须随着情况的变化进行项目目标的动态控制。运用动态控制原理进行项目目标控制将有利于项目目标的实现，并有利于促进施工管理科学化的进程。

（一）项目目标动态控制的工作程序

项目目标动态控制的工作程序如图 10-6 所示。

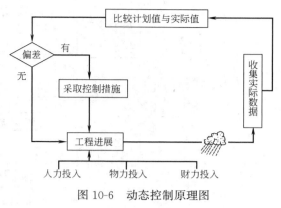

图 10-6 动态控制原理图

第一步，将项目的目标进行分解，以确定用于目标控制的计划值；第二步，在项目实施过程中进行项目目标的动态控制，包括：收集项目目标的实际值，如实际投资，实际进度等；定期（如每两周或每月）进行项目目标的计划值和实际值的比较；通过项目目标的计划值和实际值的比较，如有偏差，则采取纠偏措施进行纠偏。第三步，如有必要，则进行项目目标的调整，目标调整后再回复到第一步。

（二）项目目标动态控制的纠偏措施

项目目标动态控制的纠偏措施（图 10-7）主要包括：

（1）组织措施：分析由于组织的原因而影响项目目标实现的问题，并采取相应的措施，如调整项目组织结构、任务分工、管理职能分工、工作流程组织和项目管理班子人员等；

（2）管理措施（包括合同措施）：分析由于管理的原因而影响项目目标实现的问题，并采取相应的措施，如调整进度管理的方法和手段，改变施工管理和强化合同管理等；

（3）经济措施：分析由于经济的原因而影响项目目标实现的问题，并采取相应的措施，如落实加快工程施工进度所需的资金等；

（4）技术措施：分析由于技术（包括设计和施工的技术）的原因而影响项目目标实现的问题，并采取相应的措施，如调整设计、改进施工方法和改变施工机具等。

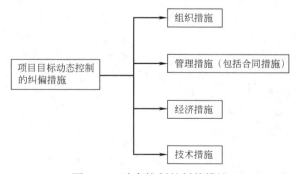

图 10-7 动态控制的纠偏措施

（三）项目目标的动态控制和项目目标的主动控制

项目目标动态控制的核心是在项目实施的过程中定期地进行项目目标的计划值和实际值的比较，当发现项目目标偏离时采取纠偏措施。为避免项目目标偏离的发生，还应重视事前的主动控制，即事前分析可能导致项目目标偏离的各种影响因素，并针对这些影响因素采取有效的预防措施（图 10-8）。

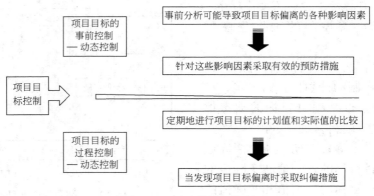

图 10-8 项目的目标控制

复习思考题

1. 施工项目管理的任务有哪些?
2. 工程承包单位的项目管理组织机构的主要形式有哪几种?
3. 什么是项目经理? 项目经理的职责及权力有哪些?
4. 项目目标动态控制的工作程序包括哪些部分?

第十一章　工程招投标与施工合同管理

第一节　工程招投标

一、概述

工程招标和投标是招投标工作的两个方面，工程招标指招标人用招标文件将委托的工作内容和要求告知有兴趣参与竞争的投标人，让他们按规定条件提出实施计划和价格，然后通过评审比较选出信誉可靠、技术能力强、管理水平高、报价合理的可信赖单位，以合同形式委托其完成。各投标人依据自身能力和管理水平，按照招标文件规定的统一投标，争取获得实施资格。

《中华人民共和国招标投标法》将招标与投标的过程纳入法制管理的轨道，主要内容包括通行的招标投标程序；招标人和投标人应遵循的基本规则；任何违反法律规定应承担的后果责任等。该法的基本宗旨是，招标投标活动属于当事人在法律规定范围内自主进行的市场行为，但必须接受政府行政主管部门的监督。

（一）建筑工程招投标的分类

1. 建筑工程招标按照工程承发包范围分类

（1）工程总承包招标：指对工程建设项目的全部内容（项目调研评估、工程勘察设计、施工与竣工验收等）或实施阶段的内容（勘察、设计、施工等）进行的招投标；

（2）施工承包招标：指对工程的建筑安装工程内容进行的招投标；

（3）专业分包招标：指对建筑安装工程中规模比较大、施工比较复杂、专业性比较强或有特殊要求的分部或分项工程进行的招投标。一般其由总包单位进行招标确定，由建设单位选定的叫做指定分包商，但合同还是与总包单位签订。

2. 建筑工程招标按照工程的构成分类

按照建设项目的构成可以分为建设工程招标、单项工程招标、单位工程招标、分部工程招标和分项工程招标等五种，但应强调的是我国为了防止任意肢解工程发包，一般不允许分部和分项工程招标，但特殊专业工程不受限制（打桩工程、大型土石方工程等）。

（二）建筑工程招投标的方式

招标方式是指招标人与投标人之间为达成交易而采取的联系方式，一般分为以下两种形式。

公开招标是指招标人以招标公告的方式邀请不特定的法人或其他组织投标，采用这种方式一般需通过报纸、专业性刊物或其他媒体发布招标公告，公开邀请承包商参加投标竞争，凡符合规定条件的承包商均可参与投标。公开招标是目前应用最广的一种方式，这种方式通常适用于工程数量大、技术复杂、报价水平悬殊不易掌握的大中型建设项目以及采购数量多、金额大的设备或材料的供应等，但其招标时间过长、招标费用较高、工作繁杂，不太适合比较紧迫的工程或小型工程。

邀请招标是招标人向预先选择的若干家具备相应资质、符合招标条件的法人组织发出邀请函，并将招标工程的概况、工作范围和实施条件等作出简要说明，请他们参加投标竞争。邀请对象的数目以 5～7 家为宜，但不应少于 3 家。被邀请人同意参加投标竞争后，从招标人处获取招标文件，按规定要求进行投标报价。邀请招标的优点是不需要发布招标公告和设置资格预审程序，节约招标费用和节省时间；由于对招标人以往的业绩和履约能力比较了解，减少了合同履行过程中承包方违约的风险。为了体现公平竞争和便于招标人选择综合能力最强的投标人中标，仍要求在投标书内报送表明投标人资质能力的有关部门证明材料，以此作为评标时的评审内容之一（通常称为资格后审）。邀请招标的缺点是，由于邀请范围较小选择面窄，可能排斥了某些在技术或报价上有竞争实力的潜在投标人，因此投标竞争的激烈程度相对较差。

（三）建筑工程招投标的范围

由于招投标在提高工程经济效益和保证工程质量等方面具有显著作用，世界各国和一些国际组织都规定某些工程建设必须实行招投标，特别是对于政府投资建设的工程或对社会影响重大的工程都必须实行招投标，并从法律制度上进行了严格的规定，在执行过程中还要接受政府有关部门的监督检查。我国在《中华人民共和国招标投标法》中对工程招标范围进行了明确规定。主要内容包括：

（1）大型基础设施、公用事业等关系社会公共利益、公众安全的项目；

（2）全部或者部分使用国有资金投资或者国家融资的项目；

（3）使用国际组织或外国政府贷款、援助资金的项目；

（4）对于不适宜公开招标的国家或地方重点项目，经有关部门批准后可实行邀请招标。

以上内容规定比较粗略，其具体范围和规模标准一般可由各部委和地方政府制定具体的实施细则，但不能与《中华人民共和国招标投标法》中的有关规定相冲突，并应报国务院批准。

各类工程项目的建设活动，达到下列标准之一者，必须进行招标：

（1）施工单项合同估算价在 400 万元人民币以上；

（2）重要设备、材料等货物的采购，单项合同估算价在 200 万人民币以上；

（3）勘察、设计、监理等服务的采购，单项合同估算价在 100 万元人民币以上。

为了防止将应该招标的工程项目化整为零规避招标，即使单项合同估算价低于第（1）、（2）、（3）项规定的标准，但项目总投资在 3000 万元人民币以上的勘察、设计、施工、监理以及与工程建设有关的重要设备、材料等的采购，也必须采用招标方式委托工作任务。

根据《工程建设项目施工招标投标办法》（七部委 30 号令）第十二条规定，依法必须进行施工招标的工程建设项目有下列情形之一的，可以不进行施工招标：

（1）涉及国家安全、国家秘密、抢险救灾或者属于利用扶贫资金实行以工代赈需要使用农民工等特殊情况，不适宜进行招标。

（2）施工主要技术采用不可替代的专利或者专有技术。

（3）已通过招标方式选定的特许经营项目投资人依法能够自行建设。

（4）采购人依法能够自行建设。

（5）在建工程追加的附属小型工程或者主体加层工程，原中标人仍具备承包能力，并且其他人承担将影响施工或者功能配套要求。

（6）国家规定的其他情形。

（四）建筑工程招投标应具备的条件

《工程建设项目施工招标投标办法》中从建设单位资质和建设项目两方面作了详细规定。

1. 建设单位招标应具备的条件

（1）具有法人资格或依法成立的其他组织；

（2）有与招标工程相适应的经济、技术管理人员；

（3）有组织编制招标文件的能力；

（4）有审查投标单位资质的能力；

（5）有组织开标、评标、定标的能力。

不具备上述（2）～（5）项条件的建设单位必须委托具有相应资质的招标代理机构代理招标。

2. 建设项目招标应具备的条件

（1）概算已经批准；

（2）建设项目已正式列入国家、部门或地方的年度固定资产投资计划；

（3）建设用地的征用工作已经完成；

（4）有能够满足施工需要的施工图纸及技术材料；

（5）建设资金和主要建筑材料、设备的来源已经落实；

（6）已经建设项目所在地规划部门批准，施工现场的"三通一平"已经完成或一并列入施工招标范围。

（五）建筑工程招投标的运行机制

建筑市场是由建筑市场主体、建筑市场客体和建筑市场交易行为三个要素相互作用和相互依靠组成的统一体。建筑市场中的各类交易关系包括供求关系、竞争关系、协作关系、经济关系、服务关系、监督关系和法律关系等。

建筑工程招投标活动一般受到市场机制和组织机制的双重作用。买卖双方的行为一方面要受到市场机制的自发调节作用，另一方面还要通过组织机制对其运作过程进行有目的的人为控制，从而避免产生不公正的交易行为。招投标活动的运行机制可参见图 11-1所示。

二、建筑工程招投标的基本程序

招标是招标选择中标人并与其签订合同的过程，而投标则是投标人力争获得实施合同的竞争过程，招标人和投标人均需遵循招投标法律和法规的规定进行招标投标活动。按照招标人和投标人参与程度，可将招标过程划分成招标准备阶段、招标投标阶段和决标成交阶段。

（一）招标准备阶段主要工作

招标准备阶段的工作由招标人单独完成，投标人不参与。主要工作包括以下几个方面：

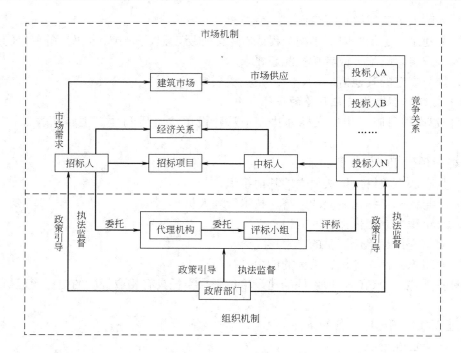

图 11-1　招投标活动的调节机制

1. 选择招标方式

依据工程项目的特点、招标前准备工作的完成情况、合同类型等因素的影响程度，确定招标方式。

2. 办理招标备案

招标人向建设行政主管部门办理申请招标手续。招标备案文件应说明：招标工作范围；招标方式；计划工期；对投标人的资质要求；招标项目的前期准备工作的完成情况；自行招标还是委托代理招标等内容，获得认可后才可开展招标工作。

3. 编制招标有关文件

招标准备阶段应编制好招标过程中可能涉及的有关文件，保证招标活动的正常进行。这些文件大致包括：招标广告、资格预审文件、招标文件、合同协议书，以及资格预审和评标的方法。

（二）招标阶段的主要工作内容

公开招标时，从发布招标公告开始，若为邀请招标，则从发出投标邀请函开始，到投标截止日期为止的期间称为招标投标阶段。在此阶段，招标人应做好招标的组织工作，投标人则按招标有关文件的规定程序和具体要求进行投标报价竞争。

1. 发布招标公告

招标公告的作用是让潜在投标人获得招标信息，以便进行项目筛选，确定是否参与竞争。招标公告或投标邀请函的具体格式可由招标人自定，内容一般包括：招标单位名称；建设项目资金来源；工程项目概况和本次招标工作范围的简要介绍；购买资格预审文件的地点、时间和价格等有关事项。

2. 资格预审

资格预审的目的是对潜在投标人进行资格审查，主要考察该企业总体能力是否具备完成招标工作所要求的条件。招标人依据项目的特点编写资格预审文件，资格预审文件分为资格预审须知和资格预审表两大部分。资格预审表列出对潜在投标人资质条件、实施能力、技术水平、商业信誉等方面需要了解的内容，以应答形式给出的调查文件。

3. 招标文件的发售

招标人根据招标项目特点和需要编制招标文件，它是投标人编制投标文件和报价的依据，因此应当包括招标项目的所有实质性要求和条件。招标文件通常分为投标须知、合同条件、技术规范、图纸和技术资料、工程量清单几大部分内容。

4. 现场考察

招标人在投标须知规定的时间组织投标人自费进行现场考察。设置此程序的目的，一方面让投标人了解工程项目的现场情况、自然条件、施工条件以及周围环境条件，以便于编制投标书；另一方面也是要求投标人通过自己的实地考察确定投标的原则和策略，避免合同履行过程中投标人以不了解现场情况为理由推卸应承担的合同责任。

5. 解答投标人的质疑

投标人研究招标文件和现场考察后会以书面形式提出某些质疑问题，招标人应及时给予书面解答。招标人对任何一位投标人所提问题的回答，必须发给每一位投标人保证招标的公开和公平，但不必说明问题的来源。回答函件作为招标文件的组成部分，如果书面解答的问题与招标文件中的规定不一致，以函件的解答为准。

（三）决标成交阶段的主要工作内容

从开标日到签订合同这一期间称为决标成交阶段，是对各投标书进行评审比较，最终确定中标人的过程。

1. 开标

公开招标和邀请招标均应在规定的时间和地点由招标人主持开标会议，所有投标人均应参加，并邀请项目建设有关部门代表出席。开标时，由投标人或其推选的代表检验投标文件的密封情况。确认无误后，工作人员当众拆封，宣读投标人名称、投标价格和投标文件的其他主要内容。开标过程应当记录，并存档备查。开标后，任何投标人都不允许更改投标书的内容和报价，也不允许再增加优惠条件。投标书经启封后不得再更改招标文件中说明的评标、定标办法。

在开标时，如果发现投标文件出现下列情形之一，应当作为无效投标文件，不再进入评标：

（1）投标文件未按照招标文件的要求予以密封；

（2）投标文件中的投标函未加盖投标人的企业及企业法定代表人的印章，或者企业法定代表人委托代理人没有合法、有效的委托书（原件）及委托代理人的印章；

（3）投标文件的关键内容字迹模糊、无法辨认；

（4）投标人未按照招标文件的要求提供投标保证金或者投标保函；

（5）组成联合体投标的，投标文件未附联合体各方共同投标协议。

2. 评标

评标是对各投标书优劣的比较，以便最终确定中标人，由评标委员会负责评标工作。

（1）评标委员会的组成

评标委员会由招标人的代表和有关技术、经济等方面的专家组成，成员人数为5人以上单数，其中招标人以外的专家不得少有成员总数的2/3。专家人选应来自于国务院有关部门或省、自治区、直辖市政府有关部门提供的专家名册中以随机抽取方式确定。

（2）评标工作程序

大型工程项目的评标通常分为初评和详评两个阶段进行。

1）初评。评标委员会以招标文件为依据，审查各投标书是否为响应性投标，确定投标书的有效性。检查内容包括：投标人的资格、投标保证有效性、报送资料的完整性、投标书与招标文件的要求无实质性的背离、报价计算的正确性等。

2）详评。评标委员会对各投标书实施方案和计划进行实质性评价与比较。评审时不应再采用招标文件中要求投标人考虑因素以外的任何条件作为标准。

详评通常分为两个步骤进行。首先对各投标书进行技术和商务方面的审查，评定其合理性，以及若将合同授予该投标人在履行过程中可能给招标人带来的风险。评标委员会认为必要时可以单独约请该投标人对标书中含义不明确的内容作必要的澄清或说明，但澄清或说明不得超出投标文件的范围或改变投标文件的实质性内容。澄清内容也要整理成文字材料，作为投标书的组成部分。在对投标书审查的基础上，评标委员会会依据评标规则量化比较各投标书的优劣，并编写评标报告。

（3）评标报告

评标报告是评标委员会经过对各投标书评审后向招标人提出的结论性报告，作为定标的主要依据。评标报告应包括评标情况说明、对各个合格投标书的评价、推荐合格的中标候选人等内容。

3. 定标

招标人应该根据评标委员会提出的评标报告和推荐的中标候选人，也可以授权评标委员会直接确定中标人。中标人确定后，招标人向中标人发出中标通知书，同时将中标结果通知未中标的投标人并退还他们的投标保证金或保函。中标通知书对招标人和中标人具有法律效力，招标人改变中标结果或中标人拒绝签订合同均要承担相应的法律责任。

中标通知书发出后的30天内，双方应按照招标文件和投标文件订立书面合同。招标人确定中标人后15天内，应向有关行政监督部门提交招标投标情况的书面报告。

《中华人民共和国招标投标法》规定，中标人的投标应当符合下列之一：能够最大限度地满足招标文件中规定的各项综合评价标准；能够满足招标文件各项要求，并经评审的价格最低，但投标价格低于成本的除外。

[例11-1] 某厂房电梯安装工程，业主经主管部门批准自行组织招标机构进行施工公开招标工作，确定的招标程序如下：①成立该项目施工招标机构；②发布招标公告；③编制招标文件；④对申请投标者进行资格预审，并将结果通知各申请投标者；⑤向合格的投标者发招标文件及设计图纸、技术资料等；⑥召开开标会议，审查投标书；⑦组织评

标，决定中标单位；⑧发出中标通知书；⑨业主与中标单位签订承发包合同。问题：（1）建设工程施工招标的条件是什么？（2）上述招标程序是否有不妥之处？若不妥请给出正确的招标程序。

［解］　（1）建设工程施工招标应具备的条件是：①招标人已经依法成立；②初步设计及概算应当履行审批手续的，已经批准；③招标范围、招标方式和招标组织形式等应当履行核准手续的，已经核准；④有相应资金或资金来源已经落实；⑤有招标所需的设计图纸及技术资料。

（2）上述招标程序不妥。正确的招标工作程序是：①成立该项目施工招标机构；②编制招标文件；③发布招标公告；④对申请投标者进行资格预审，并将结果通知各申请投标者；⑤向合格的投标者发招标文件及设计图纸、技术资料等；⑥召开开标会议，审查投标书；⑦组织评标，决定中标单位；⑧发出中标通知书；⑨业主与中标单位签订承发包合同。

第二节　施工合同的订立

一、施工合同示范文本

（一）合同示范文本

《中华人民共和国民法典》的第三编为"合同"，其第四百七十条规定："当事人可以参照各类合同的示范文本订立合同。"合同示范文本是将各类合同的主要条款、式样等制定出规范的、指导性的文本，在全国范围内积极宣传和推广，引导当事人采用示范文本签订合同，以实现合同签订的规范化。示范文本使当事人订立合同更加认真、更加规范，对于当事人在订立合同时明确各自的权利义务、减少合同约定缺款少项、防止合同纠纷，起到了积极的作用。

在建设工程领域，自1991年起就陆续颁布了一些示范文本。1999年10月1日实施《合同法》后，建设部与国家工商行政管理局联合颁布了《建设工程施工合同（示范文本）》《建设工程勘察合同（示范文本）》《建设工程设计合同（示范文本）》《建设工程委托监理合同（示范文本）》，使这些示范文本更符合市场经济的要求，对完善建设施工合同管理制度起到了极大的推动作用。

（二）施工合同示范文本的组成

作为推荐使用的施工合同范本由《协议书》《通用条款》《专用条款》三部分组成，并附有三个附件。

1. 协议书

合同协议书是施工合同的总纲性法律文件，经过双方当事人签字盖章后合同即成立。标准化的协议书格式需要结合承包工程特点填写的约定主要内容包括：工程概况、工程承包范围、合同工期、质量标准、合同价款、合同生效时间，并明确对双方有约束力的合同文件组成。

2. 通用条款

"通用"的含义是所列条款的约定不区分具体工程的行业、地域、规模等特点，只要属于建筑安装工程均可适用。通用条款是规范承发包双方履行合同义务的标准化条款。通用条件包括：词语定义及合同文件、双方一般权利和义务、施工组织设计和工期、质量与检验、安全施工、合同价款与支付、材料设备供应、工程变更、竣工验收与结算、违约、索赔和争议、其他等 11 个部分，共 47 个条款。通用条款在使用时不作任何改动。

3. 专用条款

由于具体实施工程项目的工作内容各不相同，施工现场和外部环境条件各异，因此还必须有反映招标工程具体特点和要求的专用条款的约定。合同范本中的"专用条款"部分只为当事人提供了编制具体合同时应包括内容的指南，具体内容由当事人根据发包工程的实际要求细化。

4. 附件

范本中为使用者提供了"承包人承揽工程项目一览表"、"发包人供应材料设备一览表"和"房屋建筑工程质量保修书"三个标准化附件。

二、施工合同订立

根据合同范本订立施工合同时必须明确通用条款及专用条款中的相关问题。

（一）工期和合同价格

1. 工期

在合同协议书内应明确注明开工日期、竣工日期和合同工期总日历天数。如果是招标选择的承包人，工期总日历天数应为投标书内承包人承诺的天数，不一定是招标文件要求的天数。因为招标文件通常规定本招标工程最长允许的完工时间，而承包人为了竞争，申报的投标工期往往短于招标文件限定的最长工期，此项因素通常也是评标比较的一项内容。

合同内如果有发包人要求分阶段移交的单位工程或部分工程时，在专用条款内还需明确约定中间交工工程的范围和竣工时间。此项约定也是判定承包人是否按合同履行了义务的标准。

2. 合同价款

（1）合同约定的合同价款

在合同协议书内要注明合同价款。非招标工程的合同价款，由当事人双方依据工程预算书协商后，填写在协议书内。

（2）追加合同价款

在合同的许多条款内涉及"费用"和"追加合同价款"两个专用术语。追加合同价款是指合同履行中发生需要增加合同价款的情况，经发包人确认后，按照计算合同价款的方法给承包人增加的合同价款。费用指不包含在合同价款之内的应当由发包人或承包人承担的经济支出。

（3）合同的计价方式

通用条款中规定有三类可选择的计价方式，合同采用哪种方式需在专用条款中说明。可选择的计价方式有：

固定价格合同。指在约定的风险范围内价款不再调整的合同。这种合同的价款并不是绝对不可调整，而是约定范围内的风险由承包人承担。工程承包活动中采用的总价合同和单价合同均属于此类合同。双方需在专用条款内约定合同价款包含的风险范围、风险费用的计算方法和承包风险范围以外对合同价款影响的调整方法，在约定的风险范围内合同价款不再调整。

可调价格合同。通常用于工期较长的施工合同，如工期在 18 个月以上的合同，发包人和承包人在招投标阶段和签订合同时不可能合理预见到一年半以后物价浮动和后续法规变化对合同价款的影响，为了合理分担外界因素影响的风险，可采用可调价合同。对于工期较短的合同，专用条款内也要约定因外部条件变化对施工产生成本影响可以调整合同价款的内容。可调价合同在专用条款内应明确约定调价的计算方法。

成本加酬金合同。是指发包人负担全部工程成本，对承包人完成的工作支付相应酬金的计价方式。这类计价方式通常用于紧急工程施工，如灾后修复工程；或采用新技术新工艺施工，双方对施工成本均心中无底，为了合理分担风险采用此种方式。合同双方应在专用条款内约定成本构成和酬金的计算方法。

（4）工程预付款的约定

施工合同的支付程序中是否有预付款，取决于工程的性质、承包工程量的大小以及发包人在招标文件中的规定。预付款是发包人为了帮助承包人解决工程施工前期资金紧张的困难，提前给付的一笔款项。在专用条款内应约定预付款总额、一次或分阶段支付的时间及每次付款的比例（或金额）、扣回的时间及每次扣回的计算方法、是否需要承包人提供预付款保函等相关内容。

（5）支付工程进度款的约定

在专用条款内约定工程进度款的支付时间和支付方式。工程进度款支付可以采用按月计量支付、按里程碑完成工程的进度分阶段支付或完成工程后一次性支付等方式。

（二）对双方有约束力的合同文件

在协议书和通用条款中规定，对合同当事人双方有约束力的合同文件包括签订合同时已形成的文件和履行过程中构成对双方有约束力的文件两大部分。

订立合同时已形成的文件包括：1）施工合同协议书；2）中标通知书；3）投标书及其附件；4）施工合同专用条款；5）施工合同通用条款；6）标准、规范及有关技术文件；7）图纸；8）工程量清单；9）工程报价单或预算书。

合同履行过程中，双方有关工程的洽商、变更等书面协议或文件也构成对双方有约束力的合同文件，将其视为协议书的组成部分。

通用条款规定，上述合同文件原则上应能够互相解释、互相说明。但当合同文件中出现含糊不清或不一致时，订立合同时已形成的文件的序号就是合同的优先解释顺序。如果双方不同意这种次序安排，可以在专用条款内约定本合同的文件组成和解释次序。

（三）标准和规范

标准和规范是检验承包人施工应遵循的准则以及判定工程质量是否满足要求的标准。国家规范中的标准是强制性标准，合同约定的标准不得低于强制性标准，但发包人从建筑产品功能要求出发，可以对工程或部分工程部位提出更高的质量要求。在专用条款内必须明确规定本工程及主要部位应达到的质量要求，以及施工过程中需要进行质量检测和试验的时间、试验内容、试验地点和方式等具体约定。

对于采用新技术、新工艺施工的部分，如果国内没有相应标准、规范时，在合同内也应约定对质量检验的方式、检验的内容及应达到的指标要求，否则无从判定施工的质量是否合格。

（四）发包人和承包人的工作

1. 发包人的义务

通用条款规定以下工作属于发包人应完成的工作。

（1）办理土地征用、拆迁补偿、平整施工场地等工作，使施工场地具备施工条件，并在开工后继续解决以上事项的遗留问题。专用条款内需要约定施工场地具备施工条件的要求及完成的时间，以便承包人能够及时接收适用的施工现场，按计划开始施工。

（2）将施工所需水、电、电讯线路从施工场地外部接至专用条款约定地点，并保证施工期间需要，专用条款内需要约定三通的时间、地点和供应要求。某些偏僻地域的工程或大型工程，可能要求承包人自己从水源地（如附近的河中取水）或自己用柴油机发电解决施工用电，则也应在专用条款内明确。

（3）开通施工场地与城乡公共道路的通道，以及专用条款约定的施工场地内的主要交通干道，保证施工期间的畅通，满足施工运输的需要。专用条款内需要约定移交给承包人交通通道或设施的开通时间和应满足的要求。

（4）向承包人提供施工场地的工程地质和地下管线资料，保证数据真实，位置准确。专用条款内需要约定向承包人提供工程地质和地下管线资料的时间。

（5）办理施工许可证和临时用地、停水、停电、中断道路交通、爆破作业以及可能损坏道路、管线、电力、通讯等公共设施法律、法规规定的申请批准手续及其他施工所需的证件（证明承包人自身资质的证件除外）。专用条款内需要约定发包人提供施工所需证件、批件的名称和时间，以便承包人合理进行施工组织。

（6）确定水准点与坐标控制点，以书面形式交给承包人，并进行现场交验。专用条款内需要分项明确约定放线依据资料的交验要求，以便合同履行过程中合理地区分放线错误的责任归属。

（7）组织承包人和设计单位进行图纸会审和设计交底。专用条款内需要约定具体的时间。

（8）协调处理施工现场周围地下管线和邻近建筑物、构筑物（包括文物保护建筑）、古树名木的保护工作，并承担有关费用。专用条款内需要约定具体的范围和内容。

（9）发包人应做的其他工作，双方在专用条款内约定。专用条款内需要根据项目的特点和具体情况约定相关的内容。

虽然通用条款内规定上述工作内容属于发包人的义务，但发包人可以将上述部分工作委托承包方办理，具体内容可以在专用条款内约定，其费用由发包人承担。属于合同约定的发包人义务，如果出现不按合同约定完成，导致工期延误或给承包人造成损失时，发包人应赔偿承包人的有关损失，延误的工期相应顺延。

2. 承包人义务

通用条款规定，以下工作属于承包人的义务。

（1）根据发包人的委托，在其设计资质允许的范围内，完成施工图设计或与工程配套的设计，经工程师确认后使用，发生的费用由发包人承担。如果属于设计施工总承包合同或承包工作范围内包括部分施工图设计任务，则专用条款内需要约定承担设计任务单位的设计资质等级及设计文件的提交时间和文件要求（可能属于施工承包人的设计分包人）。

（2）向工程师提供年、季、月工程进度计划及相应进度统计报表。专用条款内需要约定应提供计划、报表的具体名称和时间。

（3）按工程需要提供和维修非夜间施工使用的照明、围栏设施，并负责安全保卫。专用条款内需要约定具体的工作位置和要求。

（4）按专用条款约定的数量和要求，向发包人提供在施工现场办公和生活的房屋及设施，发生的费用由发包人承担。专用条款内需要约定设施名称、要求和完成时间。

（5）遵守有关部门对施工场地交通、施工噪声以及环境保护和安全生产等的管理规定，按管理规定办理有关手续，并以书面形式通知发包人。发包人承担由此发生的费用，因承包人责任造成的罚款除外。专用条款内需要约定需承包人办理的有关内容。

（6）已竣工工程未交付发包人之前，承包人按专用条款约定负责已完成工程的成品保护工作，保护期间发生损坏，承包人自费予以修复。要求承包人采取特殊措施保护的单位工程的部位和相应追加合同价款，在专用条款内约定。

（7）按专用条款的约定做好施工现场地下管线和邻近建筑物、构筑物（包括文物保护建筑）、古树名木的保护工作。专用条款内约定需要保护的范围和费用。

（8）保证施工场地清洁符合环境卫生管理的有关规定。交工前清理现场达到专用条款约定的要求，承担因自身原因违反有关规定造成的损失和罚款。专用条款内需要根据施工管理规定和当地的环保法规，约定对施工现场的具体要求。

（9）承包人应做的其他工作，双方在专用条款内约定。

承包人不履行上述各项义务，造成发包人损失的，应对发包人的损失给予赔偿。

（五）材料和设备的供应

目前很多工程采用包工部分包料承包的合同，主材经常采用由发包人提供的方式。在专用条款中应明确约定发包人提供材料和设备的合同责任。施工合同范本附件提供了标准化的表格格式，见表11-1所示。

发包人供应材料设备一览表　　　　　　　　　　　　　表 11-1

序号	材料设备品种	规格型号	单位	数量	单价	质量等级	供应时间	送达地点	备注

（六）担保和保险

1. 履行合同的担保

合同是否有履约担保不是合同有效的必要条件，按照合同具体约定来执行。如果合同约定有履约担保和预付款担保，则需在专用条款内明确说明担保的种类、担保方式、有效期、担保金额以及担保书的格式。担保合同将作为施工合同的附件。

2. 保险责任

工程保险是转移工程风险的重要手段，如果合同约定有保险的话，在专用条款内应约定投保的险种、保险的内容、办理保险的责任以及保险金额。

（七）解决合同争议的方式

发生合同争议时，应按如下程序解决：双方协商和解解决；达不成一致时请第三方调解解决；调解不成，则需通过仲裁或诉讼最终解决。因此在专用条款内需要明确约定双方共同接受的调解人，以及最终解决合同争议是采用仲裁还是诉讼方式、仲裁委员会或法院的名称。

第三节 合同的履行、变更和终止

一、合同的履行

合同履行，是指合同各方当事人按照合同的规定，全面履行各自的义务，实现各自的权利，使各方的目的得以实现的行为。合同依法成立，当事人就应当按照合同的约定，全面履行自己的义务。合同履行的原则包括：

1. 全面履行的原则

当事人应当按照约定全面履行自己的义务。即按合同约定的标价、价款、数量、质量、地点、期限、方式等全面履行各自的义务。按照约定履行自己的义务，既包括全面履行义务，也包括正确适当履行合同义务。施工合同订立后，双方应当严格履行各自的义务，不按期支付预付款、工程款，不按照约定时间开工、竣工，都是违约行为。

2. 诚实信用原则

当事人应当遵守诚实信用原则，根据合同性质、目的和交易习惯履行通知、协助和保密的义务。当事人首先要保证自己全面履行合同约定的义务，并为对方履行义务创造必要的条件。当事人双方应关心合同履行情况。发现问题应及时协商解决。一方当事人在履行过程中发生困难，另一方当事人应在法律允许的范围内给予帮助。在合同履行过程中应信守商业道德，保守商业秘密。

二、合同的变更

合同变更是指当事人对已经发生法律效力，但尚未履行或者尚未完全履行的合同，进行修改或补充所达成的协议。《民法典》第三编合同第六章中规定，当事人协商一致可以变更合同。

合同变更必须针对有效的合同，协商一致是合同变更的必要条件，任何一方都不得擅自变更合同。由于合同签订的特殊性，有些合同需要有关部门的批准或登记，对于此类合同的变更需要重新登记或批准。合同的变更一般不涉及已履行的内容。

有效的合同变更必须要有明确的合同内容的变更。如果当事人对合同的变更约定不明确，视为没有变更。

合同变更后原合同债消灭，产生新的合同债。因此，合同变更后，当事人不得再按原合同履行，而须按变更后的合同履行。

三、合同的终止

合同终止指当事人之间根据合同确定的权利义务在客观上不复存在，据此合同不再对双方具有约束力。按照《民法典》第三编合同第六章中的规定，有下列情形之一的，合同的权利义务终止：1）债务已经履行；2）债务相互抵消；3）债务人依法将标的物提存；4）债权人免除债务；5）债权债务同归于一人；6）法律规定或者当事人约定终止的其他情形。合同解除的，该合同的权利义务关系终止。

（一）债务已按照约定履行

债务已按照约定履行即是债的清偿，是按照合同约定实现债权目的的行为。其含义与履行相同，但履行侧重于合同动态的过程，而清偿则侧重于合同静态的实现结果。

清偿是合同的权利义务终止的最主要和最常见的原因。施工合同也不例外，双方当事人按照合同的约定，各自完成了自己的义务、实现了自己的权利，就是清偿。清偿一般由债务人为之，但不以债务人为限，也可能由债务人的代理人或者第三人进行合同的清偿。清偿的标的物一般是合同规定的标的物，但是债权人同意，也可用合同规定的标的物以外的物品来清偿其债务。

（二）合同解除

合同解除是指对已经发生法律效力、但尚未履行或者尚未完全履行的合同，因当事人一方的意思表示或者双方的协议而使债权债务关系提前归于消灭的行为。合同解除可分为约定解除和法定解除两类。

1. 约定解除

约定解除是当事人通过行使约定的解除权或者双方协商决定而进行的合同解除。当事人协商一致可以解除合同，即合同的协商解除。当事人也可以约定一方解除合同的条件，解除合同条件成就时，解除权人可以解除合同，即合同约定解除权的解除。

合同的这两种约定解除有很大的不同。合同的协商解除一般是合同已开始履行后进行的约定，且必然导致合同的解除；而合同约定解除权的解除则是合同履行前的约定，它不一定导致合同的真正解除，因为解除合同的条件不一定成就。

2. 法定解除

法定解除是解除条件直接由法律规定的合同解除。当法律规定的解除条件具备时，当事人可以解除合同。它与合同约定解除权的解除都是具备一定解除条件时，由一方行使解除权；区别则在于解除条件的来源不同。

在下列情形之一的，当事人可以解除合同：

（1）因不可抗力致使不能实现合同目的的；

（2）在履行期限届满之前，当事人一方明确表示或者以自己的行为表明不履行主要债务；

（3）当事人一方延迟履行主要债务，经催告后在合理的期限内仍未履行；

（4）当事人一方延迟履行债务或者有其他违约行为，致使不能实现合同目的的；

（5）法律规定的其他情形。

以持续履行的债务为内容的不定期合同，当事人可以随时解除合同，但是应当在合理期限之前通知对方。

第四节　合同违约责任

合同违约责任是指当事人任何一方不履行合同义务或者履行合同义务不符合约定而应当承担的法律责任。违约行为的表现形式包括不履行和不适当履行。不履行是指当事人不能履行或者拒绝履行合同义务。不能履行合同的当事人一般也应承担违约责任。不适当履行则包括不履行以外的其他所有违约情况。当事人一方不履行合同义务，或履行合同义务不符合约定的，应当承担继续履行、采取补救措施或者赔偿损失等违约责任。当事人双方都违反合同的，应各自承担相应的责任。

一、承担违约责任的条件和原则

（一）承担违约责任的条件

当事人承担违约责任的条件，是指当事人承担违约责任应当具备的条件。按照《民法典》第三编合同第四章规定，承担违约责任的条件采用严格责任原则，只要当事人有违约行为，即当事人不履行合同或者履行合同不符合约定的条件，就应当承担违约责任。

（二）承担违约责任的原则

《合同法》规定的承担违约责任是以补偿性为原则的。补偿性是指违约责任旨在弥补或者补偿因违约行为造成的损失，对于财产损失的赔偿范围，《民法典》第三编合同第四章规定，赔偿损失额应当相当于因违约行为所造成的损失，包括合同履行后可获得的利益。

但是，违约责任在有些情况下也具有惩罚性。如：合同约定了违约金，违约行为没有造成损失或者损失小于约定的违约金；约定了定金，违约行为没有造成损失或者损失小于约定的定金等。

二、承担违约责任的方式

（一）继续履行

继续履行是指违反合同的当事人不论是否承担了赔偿金或者承担了其他违约责任，都必须根据对方的要求，在自己能够履行的条件下，对合同未履行的部分继续履行。承担赔偿金或者违约金责任不能免除当事人的履约责任。

特别是金钱债务，违约方必须继续履行，因为金钱是一般等价物，没有别的方式可以替代履行。因此，当事人一方未支付价款或者报酬的，对方可以要求其支付价款或者报酬。

当事人一方不履行非金钱债务或者履行非金钱债务不符合约定的，对方也可以要求继续履行。但有下列情形之一的除外：

（1）法律上或者事实上不能履行；

（2）债务的标的不适于强制履行或者履行费用过高；

（3）债权人在合理期限内未要求履行。

当事人就延迟履行约定违约金的，违约方支付违约金后，还应当履行债务。这也是承担继续履行违约责任的方式。如施工合同中约定了延期竣工的违约金，承包人没有按照约定期限完成施工任务，承包人应当支付延期竣工的违约金，但发包人仍然有权要求承包人继续施工。

（二）采取补救措施

所谓的补救措施主要是指在当事人违反合同的事实发生后，为防止损失发生或者扩大，而由违反合同一方依照法律规定或者约定采取的修理、更换、重新制作、退货、减少价格或者报酬等措施，以给权利人弥补或者挽回损失的责任形式。采取补救措施的责任形式，主要发生在质量不符合约定的情况下。施工合同中，采取补救措施是施工单位承担违约责任常用的方法。

采取补救措施的违约责任，对于质量不合格的违约责任，有约定的，从其约定；没有约定或约定不明的，双方当事人可再协商确定；如果不能通过协商达成违约责任的补充协议的，则按照合同有关条款或者交易习惯确定，以上方法都不能确定违约责任时，可适用《民法典》第三编合同第四章的规定，即质量要求不明确的，按照国家标准、行业标准履行；没有国家标准、行业标准的，按照通常标准或者符合合同目的的特定标准履行。但是，由于建设工程中的质量标准往往都是强制性的，因此，当事人不能约定低于国家标准、行业标准的质量标准。

（三）赔偿损失

当事人一方不履行合同义务或者履行合同义务不符合约定的，给对方造成损失的，应当赔偿对方的损失。损失赔偿应当相当于因违约所造成的损失，包括合同履行后可以获得的利益，但不得超过违约合同一方订立合同时预见或应当预见的因违反合同可能造成的损失。这种方式是承担违约责任的主要方式。

当事人一方不履行合同义务或履行合同义务不符合约定的，在履行义务或采取补救措施后，对方还有其他损失的，应承担赔偿责任。当事人一方违约后，对方应当采取适当措施防止损失的扩大，没有采取措施致使损失扩大的，不得就扩大的损失请求赔偿，当事人因防止损失扩大而支出的合理费用，由违约方承担。

（四）支付违约金

当事人可以约定一方违约时应当根据违约情况向对方支付一定数额的违约金，也可以约定因违约产生的损失额的赔偿办法。约定违约金低于造成损失的，当事人可以请求人民法院或仲裁机构予以增加；约定违约金过分高于造成损失的，当事人可以请求人民法院或仲裁机构予以适当减少。

违约金与赔偿损失不能同时采用。如果当事人约定了违约金，则应当按照支付违约金承担违约责任。

（五）定金罚则

当事人可以约定一方向对方给付定金作为债权的担保。债务人履行债务后定金应当抵作价款或收回。给付定金的一方不履行约定债务的，无权要求返还定金；收受定金的一方不履行约定债务的，应当双倍返还定金。

当事人既约定违约金，又约定定金的，一方违约时，对方可以选择适用违约金或定金条款。但是，这两种违约责任不能合并使用。

三、因不可抗力无法履约的责任承担

因不可抗力不能履行合同的，根据不可抗力的影响，部分或全部免除责任。当事人延迟履行后发生的不可抗力，不能免除责任。当事人因不可抗力不能履行合同的，应当及时通知对方，以减轻给对方造成的损失，并应当在合理的期限内提供证明。

当事人可以在合同中约定不可抗力的范围。为了公平的目的，避免当事人滥用不可抗力的免责权，约定不可抗力的范围是必要的。在有些情况下还应当约定不可抗力的风险分担责任。

第五节　施　工　索　赔

施工索赔是当事人在合同实施过程中，根据法律、合同规定及惯例，对不应由自己承担责任的情况造成损失，向合同的另一方当事人提出给予赔偿或补偿要求的行为。在工程建设的各个阶段，都有可能发生索赔，但在施工阶段索赔发生较多。

一、施工索赔的分类

（一）按索赔目的分类

1. 工期索赔

由于非承包人责任的原因而导致施工进程延误，要求批准顺延合同工期的索赔，称之为工期索赔。工期索赔形式上是对权利的要求，以避免在原定合同竣工日不能完工时，被发包人追究拖期违约责任。一旦获得批准合同工期顺延后，承包人不仅免除了承担拖延期违约赔偿的严重风险，而且可能提前工期得到奖励，最终仍反映在经济收益上。

2. 费用索赔

费用索赔的目的是要求经济补偿。当施工的客观条件改变导致承包人增加开支，要求对超出计划成本的附加开支给予补偿，以挽回不应由他承担的经济损失。

（二）按索赔事件的性质分类

1. 工程延误索赔

因发包人未按合同要求提供施工条件，如未及时交付设计图纸、施工现场、道路等，或因发包人指令工程暂停或不可抗力事件等原因造成工期拖延的，承包人对此提出索赔。这是工程中常见的一类索赔。

2. 工程变更索赔

由于发包人或监理工程师指令增加或减小工程量或增加附加工程、修改设计、变更工程顺序等，造成工期延长和费用增加，承包人对此提出索赔。

3. 合同被迫终止的索赔

由于发包人或承包人违约以及不可抗力事件等原因造成合同非正常终止，无责任的受害方因其蒙受经济损失而向对方提出索赔。

4. 工程加速索赔

由于发包人或工程师指令承包人加快施工速度，缩短工期，引起承包人人、财、物的额外开支而提出的索赔。

5. 意外风险和不可预见因素索赔

在工程实施过程中，因人力不可抗拒的自然灾害、特殊风险以及一个有经验承包人通常不能合理预见的不利施工条件或外界障碍，如地下水、地质断层、溶洞、地下障碍物等引起的索赔。

6. 其他索赔

如因货币贬值、汇率变化、物价、工资上涨、政策法令变化等原因引起的索赔。

二、索赔的起因

引起工程索赔的原因非常多和复杂，主要有以下方面：

（1）工程项目的特殊性。现代工程规模大、技术性强、投资额大、工期长、材料设备价格变化快，工程项目的差异性大、综合性强、风险大，使得工程项目在实施过程中存在许多不确定变化因素，而合同则必须在工程开始前签订，它不可能对工程项目所有的问题都能作出合理的预见和规定，而且发包人在实施过程中还会有许多新的决策，这一切使得合同变更极为频繁，而合同变更必然会导致项目工期和成本的变化。

（2）工程项目内外部环境的复杂性和多变性。工程项目的技术环境、经济环境、社会环境、法律环境的变化，诸如地质条件的变化、材料价格上涨、货币贬值、国家政策、法规的变化等，会在工程实施过程中经常发生，使得工程的计划实施过程与实际情况不一致，这些因素同样会导致工程工期和费用的变化。

（3）参与工程建设主体的多元性。由于工程参与单位多，一个工程项目往往会有发包人、总包人、工程师、分包人、指定分包人、材料设备供应商等众多参加单位。各方面的技术、经济关系错综复杂，相互联系又相互影响，只要有一方失误，不仅会造成自己的损失，而且会影响其他合作者，造成他人损失，从而导致索赔。

（4）施工合同的复杂性及易出错性。施工合同文件多且复杂，经常会出现措辞不当、缺陷、图纸错误，以及合同文件前后自相矛盾或者可作不同解释等问题，容易造成合同双方对合同文件理解不一致，从而出现索赔。

以上这些问题会随着工程的逐步开展而不断暴露出来，必然使工程项目受到影响，导致工程项目成本和工期的变化，这就是索赔形成的根源。因此，索赔的发生，不仅是一个索赔意识或合同观念的问题，从本质上讲，索赔也是一种客观存在。

三、索赔程序

承包人的索赔程序通常可分为以下几个步骤：

（一）承包人提出索赔要求

1. 发出索赔意向通知

索赔事件发生后，承包人应在索赔事件发生后的 28 天内向工程师递交索赔意向通知，声明将对此事提出索赔。该意向通知是承包人就具体的索赔事件向工程师和发包人表示的索赔愿望和要求。如果超过这个限期，工程师和发包人有权拒绝承包人的索赔要求。索赔事件发生后，承包商有义务做好现场施工的同期记录，工程师有权随时检查和调阅，以判断索赔事件造成的实际损害。

2. 递交索赔报告

索赔意向通知提交后的 28 天内，或工程师可能同意的其他合理时间，承包人应递送正式的索赔报告。索赔报告的内容应包括：事件发生的原因，对其权益影响的证据资料，索赔的依据，此项索赔要求补偿的款项和工期顺延天数的详细计算等有关材料。

如果索赔事件的影响持续存在，28 天内还不能算出索赔额和工期顺延天数时，承包人应按工程师合理要求的时间间隔（一般为 28 天），定期陆续报出每一个时间段内的索赔证据资料和索赔要求。在该项索赔事件的影响结束后的 28 天内，报出最终详细报告，提出索赔论证资料和累计索赔金额。

（二）工程师审核索赔报告

接到承包人的索赔意向通知后，工程师应建立自己的索赔档案，密切关注事件的影响，检查承包人的同期记录时，随时就记录内容提出他的不同意见或他希望应予以增加的记录项目。

在接到正式索赔报告以后，认真研究承包人报送的索赔资料。首先在不确认责任归属的情况下，客观分析事件发生的原因，分析合同的有关条款，研究承包人的索赔证据，并检查同期施工记录；其次通过对事件的分析，工程师再依据合同条款划清责任界限，必要时还可以要求承包人进一步提供补充资料。尤其是对承包人与发包人或工程师都负有一定责任的事件影响，更应划出各方应该承担合同责任的比例。最后再审查承包人提出索赔补偿要求，剔除其中不合理部分，拟定自己计算的合理索赔款额和工期顺延天数。

工程师判定承包人索赔成立的条件为：

（1）与合同相对照，事件已造成了承包人施工成本的额外支出，或总工期延误；

（2）造成费用增加或工期延误的原因，按合同约定不属于承包人应承担的责任，包括行为责任或风险责任；

（3）承包人按合同规定的程序提交了索赔意向通知和索赔报告。

上述三个条件没有先后主次之分，应当同时具备。只有工程师认定索赔成立后，才处理应该给予承包人补偿额。

（三）对索赔报告的审查

（1）事态调查。通过对合同实施的跟踪、分析了解事件经过、前因后果，掌握事件详细情况。

（2）损害事件原因分析。即分析索赔事件是由何种原因引起，责任应由谁来承担。在实际工作中，损害事件的责任有时是多方面原因造成，故必须进行责任分解，划分责任范围，按责任大小，承担损失。

（3）分析索赔理由。主要依据合同文件判明索赔事件是否属于未履行合同规定义务或未正确履行合同任务导致，是否在合同规定的索赔范围之内。只有符合合同规定的索赔要求才有合法性、才能成立。例如某合同规定，在工程总价 5‰ 范围内的工程变更属于承包人承担的风险。则发包人指令增加工程量在这个范围内，承包人不能提出索赔。

（4）证据资料分析。主要分析证据资料的有效性、合理性、正确性，这也是索赔要求有效的前提条件。如果在索赔报告中提不出证明其索赔理由、索赔事件的影响、索赔值的计算方面的详细资料，索赔要求是不能成立的。如果工程师认为承包人提出的证据不能足以说明其要求的合理性时，可以要求承包人进一步提交索赔的证据资料。

（四）确定合理的补偿额

1. 工程师与承包人协商补偿

工程师核查后初步确定应予以补偿的额定度往往与承包人的索赔报告中要求的额度不一致，甚至差额较大。主要原因大多为对承担事件损害责任的界限划分不一致，索赔证据不充分，索赔计算的依据和方法分歧较大等，因此双方应就索赔的处理进行协商。

2. 工程师索赔处理决定

工程师收到承包人送交的索赔报告和有关资料后，于 28 天内给予答复或要求承包人进一步补充索赔理由和证据。《建设工程施工合同示范文本》规定，工程师收到承包人递交的索赔报告和有关资料后，如果在 28 天内既未予答复，也未对承包人作进一步要求的话，则视为承包人提出的该项索赔要求已经认可。

工程师在经过认真分析研究，与承包人、发包人广泛讨论后，应该向发包人和承包人提出自己的"索赔处理决定"。

不论工程师与承包人协商达到一致，还是单方面作出的处理决定，批准给予补偿的款额和顺延工期的天数如果在授权范围之内，则可将此结果通知承包人，并抄送发包人。如果批准的额度超过工程师权限，则应报请发包人批准。

通常，工程师的处理决定不是终局性的，对发包人和承包人都不具有强制性的约束力。承包人对工程师的决定不满意，可以按合同中的争议条款提交约定的仲裁机构仲裁或诉讼。

（五）发包人审查索赔处理

当工程师确定的索赔额超过其权限范围时，必须报请发包人批准。

发包人首先根据事件发生的原因，责任范围，合同条款审核承包人的索赔申请和工程师的处理报告，在依据工程建设的目的，投资控制，竣工投产日期要求以及针对承包人在施工中的缺陷或违反合同规定等的有关情况，决定是否同意工程师的处理意见。例如，承包人某项索赔理由成立，工程师根据相应条款规定，既同意给予一定的费用补偿，也批准顺延相应的工期。但发包人权衡了施工的实际情况和外部条件的要求后，可能不同意顺延工期，而宁可给承包人增加费用补偿额，要求他采取赶工措施，按期或提前完工。这样的决定只有发包人才有权作出。

索赔报告经发包人同意后，工程师即可签发有关证书。

（六）承包人是否接受最终索赔处理

承包人接受最终的索赔处理决定，索赔事件的处理即告结束。如果承包人不同意，就会导致合同争议。合同争议按和解、调解、仲裁或诉讼的方式来解决。

［例11-2］ 某锅炉地下部分为钢筋混凝土基础，炉架立柱为钢结构，业主将基础施工和锅炉施工安装任务分别发包给土建和安装单位，并与他们签订了施工合同。土建和安装单位各自编制了相互协调的进度计划并得到了批准，当基础完成交付锅炉安装时，经检测发现有近1/2的立柱预埋地脚螺栓位置偏移过大，不符合交付条件，须返工处理。安装单位也因基础返工而受到影响，并向业主提出索赔要求。问题：（1）安装单位提出的索赔要求是否合理？其损失应由谁负责？为什么？安装单位可提出哪些索赔？（2）这起索赔应如何处理？

［解］ （1）安装单位的损失应由业主负责，因为安装单位与业主之间有合同关系，业主不能按合同规定提供基础交付条件，使安装单位无法按计划进行施工，由此给安装单位造成的损失业主应当承担责任。安装单位与土建单位之间没有合同关系，虽然造成安装工作受影响是由于土建施工单位引起的，但由于土建单位的合同是与业主签订的，因此安装单位不能直接向土建单位索赔（有合同关系的单位之间才能索赔）。业主可根据合同规定向土建单位提出索赔。安装单位可根据受到损失的实际情况提出费用索赔和工期索赔。（2）该索赔应按以下方式处理：业主在收到安装单位的索赔要求后，对索赔要求进行审核，然后进一步核实安装单位由此引起的费用损失和延误的工期，并就索赔相关事宜与安装单位进行协商；双方协商达成一致意见后形成文件，给予费用赔偿，并准予工期后延；业主向土建单位提出索赔和罚款。

复习思考题

1. 工程招标方式可分为哪几种？
2. 《中华人民共和国招标投标法》中对工程的招标范围做了哪些规定？
3. 建筑工程招投标的基本程序是什么？
4. 施工合同可分为哪几种？施工合同一般应包括哪些内容？
5. 承担违约责任的方式有哪些？
6. 合同索赔可分为哪几种类型？为什么会发生合同索赔？
7. 如何解决合同争议？

第十二章 施工组织设计与施工进度计划

第一节 施工组织设计

一、施工组织设计

建筑设备安装是一项复杂的生产过程，涉及各专业工种在时间上和空间上的配合，要合理安排人力、材料、机械、技术和资金等各生产因素，才能保证施工过程有组织、有秩序、按计划地进行。施工组织设计是对拟安装工程施工过程进行规划和部署，以指导施工全过程的技术经济文件。

施工组织设计的具体任务包括确定开工前必须完成的各项准备工作；确定在施工过程中，应执行和遵循的国家法令、规程、规范和标准；从全局出发，确定施工方案，选择施工方法和施工机具，做好施工部署；合理安排施工程序，编制施工进度计划，确保工程按期完成；计算劳动力和各种物资资源的需用量，为后期供应计划提供依据；合理布置施工现场平面图；提出切实可行的施工技术组织措施。

（一）施工组织设计的分类

根据施工对象的规模和阶段、编制内容的深度和广度，施工组织设计可分为施工组织总设计、单位工程施工组织设计和分部工程施工组织设计。

1. 施工组织总设计

施工组织总设计是以整个建设项目群或大型单项工程为对象，对项目全面的规划和部署的控制性组织设计。是在初步设计阶段，根据现场条件，由工程总承包单位组织建设单位、设计单位和施工分包单位共同编制的。

2. 单位工程施工组织设计

单位工程施工组织设计是以单位工程为对象对施工组织总设计的具体化，是指导单位工程施工准备和现场施工过程的技术经济文件。它是由施工单位根据施工图设计和施工组织总设计所提供的条件和规定编制的，具有可实施性。单位工程施工组织设计主要包括以下内容：

（1）工程概况和施工条件。单位工程的地点、工程内容、工程特点、施工工期和工程的其他要求。

（2）施工方案。确定单位工程施工程序，划分施工段，确定主要项目的施工顺序、施工方法和施工机械，制定劳动组织技术措施。

（3）施工进度计划。确定单位工程施工内容及计算工程量，确定劳动量和施工机械台班数，确定各分部分项工程的工作日，考虑工作的搭接，编排施工进度计划。

（4）施工准备计划。单位工程的技术准备，现场施工准备，劳动力准备，施工机具和各种施工物资准备。

（5）资源需要量计划。单位工程劳动力、材料、成品、半成品和机具等的需要量计划。

（6）施工现场平面图。各种临时设施的布置，各施工物资的堆放位置，水电管线的布置等。

（7）各项经济技术指标。单位工程工期指标、劳动生产率指标、工程质量和安全生产指标、主要工种机械化施工程度指标、降低成本指标和主要材料节约指标等。

（8）质量及安全保障措施和有关规定。

3. 分部工程施工组织设计

分部工程施工组织设计是以分部工程为对象，用于具体指导分部工程施工的技术经济文件。所涉及的内容与单位工程施工组织设计相同，但更具体详尽。

（二）施工组织设计编制的程序

施工组织设计的编制必须根据工程计划任务书或上一级施工组织设计要求、建设单位的要求，依据设计文件和图纸、有关勘测资料及国家现行的有关施工规范和质量标准、操作规程、技术定额等来进行，同时还要考虑施工企业拥有的资源状况、施工经验和技术水平及施工现场条件等。施工组织编制的程序如图 12-1 所示。

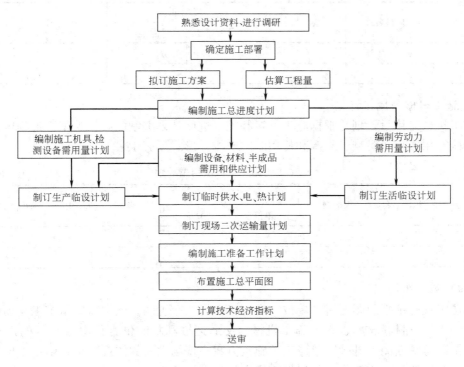

图 12-1 施工组织编制的程序

（三）资源供应计划

1. 劳动力需用量计划

劳动力需用量计划是在施工过程中对各工种劳动力的需要安排，是调配劳动力的依据。劳动力需用量计划是根据施工进度计划、施工预算及劳动定额的要求编制的。具体编制方法是：先将施工进度计划中各施工项目每日所需的各工种的工人人数统计汇总；再将每日需求汇总成周、旬、月的需求，将汇总结果填入表 12-1 中。

单位工程劳动力需用量计划　　　　　　　　　表 12-1

| 序 号 | 工种名称 | 总工日数 | 人　数 | 月 | | | 月 | | | 月 | | | 备注 |
				上	中	下	上	中	下	上	中	下	

2. 主要材料需用量计划

单位工程主要材料需用量计划根据施工进度计划、施工预算及材料消耗定额的要求编制。它主要为材料的储备、进料，仓库、堆放场面积，组织运输等提供依据。各种材料的需用量及需要时间可以从施工预算和施工进度计划中计算汇总得出。常用单位工程主要材料需用量计划表格见表 12-2。

单位工程主要材料需用量计划　　　　　　　　表 12-2

| 序　号 | 材料名称 | 规　格 | 需用量 | | 供应时间 | 备　注 |
			单位	数量		

3. 施工机械需用量计划

施工机械需用量计划是根据施工方案和施工进度计划编制的，反映施工过程中各种施工机械的需用数量、类型、来源和使用时间安排，形式见表 12-3。

单位工程施工机械需用量计划　　　　　　　　表 12-3

| 序　号 | 机械名称 | 规格型号 | 需用量 | | 来源 | 使用起止时间 | 备注 |
			单位	数量			

（四）施工平面图设计

单位工程施工平面图是一个单位工程施工现场的布置图，图中需表示施工现场的临时设施、加工厂、材料仓库、大型施工机械、交通运输和临时供水供电管线等的规划和布置。它是以总平面图为基础，单位工程施工方案在现场空间的体现，反映施工现场各种已建、待建的建筑物、构筑物和临时设施等之间的空间关系。

1. 设计依据

（1）施工设计图纸及有关施工现场现状资料和图纸。主要包括建筑总平面图、施工现场地形图、地下管线图和竖向设计资料等。

（2）现场自然条件和技术经济条件。工程当地的气象、地形、水文、地质条件，交通运输、供水供电等。

（3）施工方案、施工进度计划。施工不同阶段对各种机械设备、运输工具和材料、加工预制件、施工人数的要求。

（4）各种临时生产、生活设施要求情况。

2. 设计原则

（1）在保证现场施工及安全要求的条件下，要布置紧凑，减少施工占地。

（2）临时设施的设置要便于生产、管理；材料堆放和仓库布置应靠近材料使用地点，减少场内运输距离，尽量避免二次搬运。

（3）在满足施工需要的情况下，尽量减少临时设施，充分利用已有或拟建的永久性建筑和管线，或者采用可拆移式临时房屋。

（4）施工场地布置应符合劳动保护、技术安全和消防、环保、卫生等规定。

3. 设计内容

施工平面图的内容与工程性质、现场条件有关，以满足工程施工需要为原则。一般按 1：200～1：500 绘制在 2～3 号图上。图纸上除了应包括以下基本内容外，还应有图例、风玫瑰图及如下必要的文字解释：

（1）建筑总平面图上已建和拟建的地上和地下的一切建筑物、构筑物、道路、河流等的位置和尺寸，地形等高线和测量放线标桩。

（2）工程施工的各种机械的运行路线和处置运输设施的位置和尺寸。

（3）材料、成品、半成品堆放场，加工场，办公室、宿舍等临时生产、生活和管理设施的位置。

（4）临时供水、供电、供暖管网及泵站、变压站等。

二、施工方案

（一）施工方案的编制

施工方案是单位工程施工组织设计的核心，它是某分部或分项工程或某项工作在施工过程中由于难度大，工艺新或比较复杂，质量与安全性能要求高等原因，所需采取的施工技术措施，目的是确保施工的进度、质量、安全目标和技术经济效果。

施工方案编制的主要内容包括：

（1）工程概况及施工特点：施工对象的名称、特点、难点和复杂程度；施工的条件和作业环境，需解决的技术和要点。

（2）确定安装工程施工程序和顺序：应经过技术经济比较或分析条件制约后确定施工方法，按照安装施工规律、特点和经验，合理确定施工程序和安装工程各专业施工顺序，确定施工起点流向。

（3）资源的配置和要求：应按实际情况确定劳动力配置；施工机械设备和检测器具配置；临时设施和环境条件完善，所有配置的资源、能力均应满足需要。

（4）进度计划安排：按照已确定的施工方法，确定关键技术的要求，采取相应技术措施，根据规定的工期和各种资源供应条件，按照施工过程的合理施工顺序及组织施工原则，用横道图或网络图，对工程从开始施工到工程全部竣工，确定其全部施工过程在时间上空间上的安排和相互配合关系。

（5）工程质量要求：根据工程的要求，提出质量保证措施；以相应的规范、标准作为依据，确定应达到的质量标准；确定检测控制点；确定检测仪器及方法。

（二）施工方案的技术经济比较

建筑设备安装工程施工方案进行技术经济比较的目的是为了选优。评价的内容主要包括技术效率、技术先进性、方案的经济性、方案的重要性。

1. 技术效率

比较所预选的几种技术在单位时间内完成工作量的大小。如吊装技术中的起吊吨位，每吊时间间隔，吊装直径范围，起吊高度等；焊接技术中能否适应的母材，焊接速度，熔敷效率，适应的焊接位置等；无损检测技术中的单片、多片射线探伤等；测量技术中平面、空间、自动记录、绘图等。

2. 技术的先进性

评价方案所选用的技术在同行业中是否处于先进水平。

3. 方案的经济性

所选择的几种方案进行技术经济分析，以确定在满足要求的情况下费用最低的方案。

4. 方案的重要性

所选定方案在某项目、开辟某行业领域或在企业自身技术发展等方面所处的地位及推广应用的价值。

（三）施工方案技术经济分析的方法

对施工方案进行技术经济评价是选择最优施工方案的重要环节之一。根据条件不同，可以采用多个施工方案，进行技术经济分析，选出工期短、质量好、材料省、劳动力安排合理、工程成本低的方案。

在建筑设备安装工程中，需进行技术经济分析的主要施工方案包括：特大、重、高的设备的运输、吊装方案；大型特厚、大焊接量及重要部位的焊接施工方案；工程量大、多交叉的工程的施工组织方案；特殊作业方案；现场预制和工厂预制的方案；无损检测方案；传统作业技术和采用新技术、新工艺的方案；关键过程技术方案等。

施工方案经济评价常用综合评价法，综合评价法的计算公式：

$$E_j = \sum_{i=1}^{n} (A \times B) \tag{12-1}$$

式中 E_j——评价值；

i——评价要素；

A——方案满足程度，%；

B——权值，%。

用上述公式计算出最大的方案评价值 E_j 就是被选择的方案。

［例 12-1］ 某安装工程进行施工方案设计时，为了选择确定能保证焊接质量的焊接方法，已初选出电渣焊、埋弧焊、CO_2 焊、混合焊四个焊接方案。根据调查资料和该公司实践经验，已定出各评价要素的权重及方案的评分值，见表 12-4。试用综合评价法确定最佳焊接方案。

［解］ 由公式（12-1），可以计算出各方案的评价值。

$$E_1 = \sum_{i=1}^{5} (A \times B) = 0.73; \quad E_2 = \sum_{i=1}^{5} (A \times B) = 0.85$$

评价要素及各方案评分值　　　　　　　　表 12-4

序　号	评价要素 i	权值 $B(\%)$	方案满足程度 $A(\%)$			
			电渣焊(E_1)	埋弧焊(E_2)	CO_2 焊(E_3)	混合焊(E_4)
1	焊接质量	40	80	70	40	60
2	焊接效率	10	80	70	80	70
3	焊接成本	30	80	100	100	100
4	操作难度	10	50	100	70	90
5	客观条件	10	40	100	100	100

$$E_3=\sum_{i=1}^{5}(A\times B)=0.71;E_4=\sum_{i=1}^{5}(A\times B)=0.80$$

由上述计算可知，采用埋弧焊方法较好。

第二节　施工进度计划

由于安装工程进度受诸多因素的影响，为了确保进度控制目标得以实现，必须编制施工进度计划。施工进度计划的表示方法有多种，常用的有横道图和网络图两种表示方法。

一、横道图

横道图也称甘特图，是美国人甘特（Gantt）在 20 世纪 20 年代提出的。由于其形象、直观，且易于编制和理解，因而长期以来被广泛应用于施工进度控制之中。

用横道图表示的建设工程进度计划，一般包括两个基本部分，即左侧的工作名称及工作的持续时间等基本数据部分和右侧的横道线部分。图 12-2 所示即为用横道图表示的某空调工程施工进度计划。该计划明确地表示出各项工作的划分、工作的开始时间和完成时间、工作的持续时间、工作之间的相互搭接关系，以及整个工程项目的开工时间、完工时间和总工期。

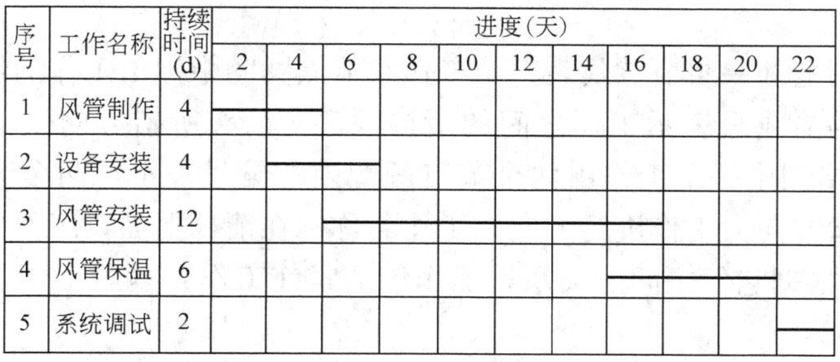

序号	工作名称	持续时间(d)	进度（天）										
			2	4	6	8	10	12	14	16	18	20	22
1	风管制作	4											
2	设备安装	4											
3	风管安装	12											
4	风管保温	6											
5	系统调试	2											

图 12-2　某空调工程施工进度计划横道图

利用横道图表示工程进度计划，存在下列缺点：

（1）不能明确地反映出各项工作之间错综复杂的相互关系，因而在计划执行过程中，当某些工作的进度由于某种原因提前或拖延时，不便于分析其对其他工作及总工期的影响程度，不利于施工进度的动态控制。

（2）不能明确地反映出影响工期的关键工作和关键线路，也就无法反映出整个工程项目的关键所在，因而不便于进度控制人员抓住主要矛盾。

（3）不能反映出工作所具有的机动时间，看不到计划的潜力所在，无法进行最合理的组织和指挥。

由于横道计划存在上述不足，给施工进度控制工作带来很大不便。即使进度控制人员在编制计划时已充分考虑了各方面的问题，在横道图上也不能全面地反映出来，特别是当工程项目规模大、工艺关系复杂时，横道图就很难充分暴露矛盾，而且在横道计划的执行过程中，对其进行调整也是十分繁琐和费时的。由此可见，利用横道计划控制施工进度有较大的局限性。

二、网络图

网络计划技术自 20 世纪 50 年代末诞生以来，已得到迅速发展和广泛应用，是用于控制施工进度的最有效工具。

（一）网络图的构成

图 12-3 是某安装工程进度计划的网络图。网络图由工作、事件（事项）和线路三部分组成。

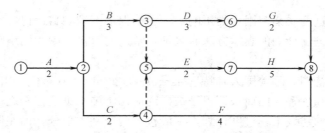

图 12-3   某安装工程进度计划的网络图

1. 工作

工作是需要消耗人力、物资和时间的某一作业过程，如图 12-3 中的 A、B、C、D、E、F、G 等表示工作。根据工作（施工过程）表达方式的不同，网络图分为单代号网络图和双代号网络图。

单代号网络图上的一个节点代表一个工作，节点圆圈中标出工作的编号、名称和作业时间，节点之间的箭线只表示工作之间的衔接顺序，箭头所指方向为工作进行方向（图12-4）。双代号网络图中一个工作由两个节点圆圈内的编号表示，两个节点之间的箭杆代表工作，箭头所指方向为工作进行方向，工作名称标在箭杆上面，工作作业时间标在箭杆下面（图 12-5）。根据它们之间的关系，工作包括紧前工作、紧后工作、平行工作和虚工作等多种类型。

图 12-4 工作的单代号表示   图 12-5 工作的双代号表示

紧前工作指紧接在某工作之前的工作，如图 12-3 中，A 为 B、C 的紧前工作，只有 A 工作完成以后，B、C 工作才能开始施工。

紧后工作指紧接在某工作之后的工作，如图 12-3 中，H 为 E 的紧后工作，G 为 D 的紧后工作。

与某工作平行的工作称为平行工作，如图 12-3 中，B、C 为平行工作。

虚工作只反映其前后两个工作的逻辑关系，不消耗人力、物资和时间，如图 12-3 中，3、5 节点及 4、5 节点之间的工作。利用 3、5 节点之间的虚工作将工作 B 及 E 联系起来，B 变成了 E 的紧前工作。同样，利用 4、5 节点之间的虚工作将工作 C 及 E 联系起来，C 也变成了 E 的紧前工作。也就是说，只有 B、C 工作都完成以后，E 工作才能开工。

2. 事件

事件是指网络图中的节点，反映某工作开始或结束的瞬间，不消耗人力、物资和时间。根据事件发生时的状态，事件可分成开始事件、结束事件、起点事件和终点事件。开始事件和结束事件分别反映工作的开始和结束；起点事件和终点事件分别反映工程的开始和结束。网络图中两工作之间的节点既代表前面工作的结束事件，也代表后续工作的开始事件。

3. 线路

线路是指从起点事件开始，顺着箭头所指方向，经过一系列事件和箭线，最终到达终点事件的一条通路。线路经过的所有工作的作业时间之和就是该线路所需的时间。在一个网络图中，一般都有多条线路，由于每条线路经过的事件和箭线有差别，各线路的时间也不一定相同，在图 12-3 中，共存在 4 条线路，其中，线路 1-2-3-6-8 所需时间为 10 天，线路 1-2-3-5-7-8 所需时间为 12 天，线路 1-2-4-5-7-8 所需时间为 11 天，线路 1-2-4-8 所需时间为 8 天。

时间最长的线路为关键线路，在图 12-3 中，线路 1-2-3-5-7-8 所需时间为 12 天，为关键线路。关键线路控制整个工程的总工期，此线路上的任何工作的延误必然影响总工期。

关键线路上的各工作为关键工作，在图 12-3 中，关键工作为 A、B、E、H。要缩短总工期，就必须压缩关键工作的施工时间。关键线路一般用黑粗线、双线或红线表示，以区别于非关键线路。

(二) 网络计划的特点

利用网络计划控制建设工程进度，可以弥补横道计划的许多不足。与横道计划相比，网络计划具有以下主要特点：

1. 网络计划能够明确表达各项工作之间的逻辑关系

所谓逻辑关系，是指各项工作之间的先后顺序关系。网络计划能够明确地表达各项工作之间的逻辑关系，对于分析各项工作之间的相互影响及处理它们之间的协作关系具有非常重要的意义，同时也是网络计划比横道计划先进的主要特征。

2. 通过网络计划时间参数的计算，可以找出关键线路和关键工作

通过时间参数的计算，能够明确网络计划中的关键线路和关键工作，也就明确了工程进度控制中的工作重点，这对提高施工进度控制的效果具有非常重要的意义。

3. 通过网络计划时间参数的计算，可以明确各项工作的机动时间

所谓工作的机动时间，是指在执行进度计划时除完成任务所必需的时间外尚剩余的、可供利用的富余时间，亦称"时差"。在一般情况下，除关键工作外，其他各项工作（非关键工作）均有富余时间。这种富余时间可视为一种"潜力"，既可以用来支援关键工作，

也可以用来优化网络计划，降低单位时间资源需求量。

4. 网络计划可以利用计算机进行计算、优化和调整

对进度计划进行优化和调整是工程进度控制工作中的一项重要内容。如果仅靠手工进行计算、优化和调整是非常困难的，必须借助于计算机。而且由于影响施工进度的因素有很多，只有利用计算机进行进度计划的优化和调整，才能适应实际变化的要求。网络计划就是这样一种模型，它能使进度控制人员利用计算机对工程进度计划进行计算、优化和调整。正是由于网络计划的这一特点，使其成为最有效的进度控制方法，从而受到普遍重视。

三、进度计划的编制

当应用网络计划技术编制施工进度计划时，其编制程序一般包括四个阶段 10 个步骤，见表 12-5。

施工进度计划编制程序   表 12-5

编制阶段	编制步骤	编制阶段	编制步骤
Ⅰ. 计划准备阶段	1. 调查研究	Ⅲ. 计算时间参数及确定关键线路阶段	6. 计算工作持续时间
	2. 确定网络计划目标		7. 计算网络计划时间参数
Ⅱ. 绘制网络图阶段	3. 进行项目分解		8. 确定关键线路和关键工作
	4. 分析逻辑关系	Ⅳ. 网络计划优化阶段	9. 优化网络计划
	5. 绘制网络图		10. 编制优化后网络计划

（一）计划准备阶段

1. 调查研究

调查研究的目的是为了掌握足够充分、准确的资料，从而为确定合理的进度目标、编制科学的进度计划提供可靠依据。调查研究的内容包括：工程任务情况、实施条件、设计资料；有关标准、定额、规程、制度；资源需求与供应情况；资金需求与供应情况；有关统计资料、经验总结及历史资料等。

2. 确定网络计划目标

网络计划的目标由工程项目的目标所决定，一般可分为以下三类：

（1）时间目标

时间目标也即工期目标，是指施工合同中规定的工期或有关主管部门要求的工期。工期目标的确定应以建筑安装工程工期定额为依据，同时充分考虑类似工程实际进展情况、气候条件以及工程难易程度和建设条件的落实情况等因素。施工进度安排必须以建筑安装工程工期定额为最高时限。

（2）时间—资源目标

所谓资源，是指在施工过程中所需要投入的劳动力、原材料及施工机具等。在一般情况下，时间—资源目标分为两类：

1）资源有限，工期最短。即在一种或几种资源供应能力有限的情况下，寻求工期最短的计划安排。

2）工期固定，资源均衡。即在工期固定的前提下，寻求资源需用量尽可能均衡的计划安排。

（3）时间—成本目标

时间—成本目标是指以限定的工期寻求最低成本时的工期安排。

（二）绘制网络图阶段

1. 进行项目分解

将工程项目由粗到细进行分解，是编制网络计划的前提。如何进行工程项目的分解，工作划分的粗细程度如何，将直接影响到网络图的结构。对于控制性网络计划，其工作划分得应粗一些，而对于实施性网络计划，其工作划分应细一些。工作划分的粗细程度，应根据实际需要来确定。

2. 分析逻辑关系

分析各项工作之间的逻辑关系时，既要考虑施工程序或工艺技术过程，又要考虑组织安排或资源调配需要。对施工进度计划而言，分析其工作之间的逻辑关系时，主要应考虑：施工工艺的要求；施工方法和施工机械的要求；施工组织的要求；施工质量的要求；当地的气候条件；安全技术的要求。分析逻辑关系的主要依据是施工方案、有关资源供应情况和施工经验等。

3. 绘制网络图

根据已确定的逻辑关系，即可按绘图规则绘制网络图。既可以绘制单代号网络图，也可以绘制双代号网络图。还可根据需要，绘制双代号时标网络计划。

（三）计算时间参数及确定关键线路阶段

1. 计算工作持续时间

工作持续时间是指完成该工作所花费的时间。其计算方法有多种，既可以凭以往的经验进行估算，也可以通过试验推算。当有定额可用时，还可利用时间定额或产量定额并考虑工作面及合理的劳动组织进行计算。

2. 计算网络计划时间参数

网络计划是指在网络图上加注各项工作的时间参数而成的工作进度计划。网络计划时间参数一般包括：工作最早开始时间、工作最早完成时间、工作最迟开始时间、工作最迟完成时间、工作总时差、工作自由时差、节点最早时间、节点最迟时间、计算工期等。应根据网络计划的类型及其使用要求选算上述时间参数。

3. 确定关键线路和关键工作

在计算网络计划时间参数的基础上，便可根据有关时间参数确定网络计划中的关键线路和关键工作。

（四）网络计划优化阶段

1. 优化网络计划

当初始网络计划的工期满足所要求的工期且资源需求量能得到满足而无需进行网络优化时，初始网络计划即可作为正式的网络计划。否则，需要对初始网络计划进行优化。根据所追求的目标不同，网络计划的优化包括工期优化、费用优化和资源优化三种。应根据工程的实际需要选择不同的优化方法。

2. 编制优化后网络计划

根据网络计划的优化结果，便可绘制优化后的网络计划，同时编制网络计划说明书。网络计划说明书的内容应包括：编制原则和依据，主要计划指标一览表，执行计划的关键问题，需要解决的主要问题及其主要措施，以及其他需要说明的问题。

第三节　流　水　施　工

流水施工是科学、有效的工程项目施工组织方法，它可以充分地利用工作时间和操作空间，减少非生产性劳动消耗，提高劳动生产率，保证工程施工连续、均衡、有节奏地进行，对提高工程质量、降低工程造价、缩短工期有着显著的作用。

一、组织施工的方式

考虑工程项目的施工特点、工艺流程、资源利用、平面或空间布置等要求，其施工可以采用依次、平行、流水等组织方式。

为说明三种施工方式及其特点，假设某安装公司承接了某幢三层办公建筑的设备安装任务，其层号分别为Ⅰ、Ⅱ、Ⅲ，设备安装任务可分解为A、B、C三个施工过程，分别由相应的专业队按施工工艺要求依次完成，每个专业队在每层的施工时间均为5周，各专业队的人数分别为10、16和8人。该建筑的设备安装工程施工的不同组织方式如图12-6所示。

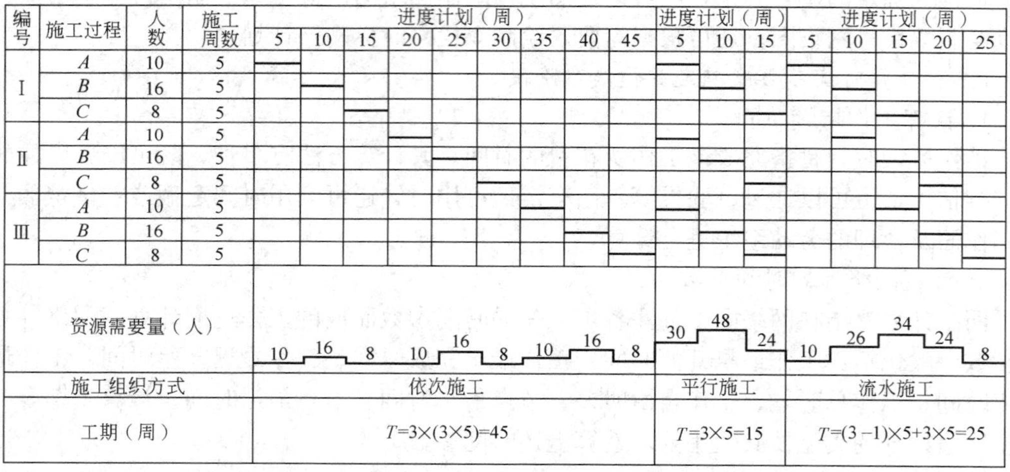

图 12-6　施工组织方式

1. 依次施工

依次施工方式是将拟建工程项目中的每一个施工对象分解为若干个施工过程，按施工工艺要求依次完成每一个施工过程；当一个施工对象完成后，再按同样的顺序完成下一个施工对象，依次类推，直至完成所有施工对象。这种方式的施工进度安排、总工期及劳动力需求曲线如图12-6"依次施工"栏所示。

依次施工方式具有以下特点：(1) 没有充分地利用工作面进行施工，工期长；(2) 如果按专业成立工作队，则各专业队不能连续作业，有时间间歇，劳动力及施工机具等资源无法均衡使用；(3) 如果由一个工作队完成全部施工任务，则不能实现专业化施工，不利于提高劳动生产率和工程质量；(4) 单位时间内投入的劳动力、施工机具、材料等资源量较少，有利于资源供应的组织；（5）施工现场的组织、管理比较简单。

2. 平行施工

平行施工方式是组织几个劳动组织相同的工作队，在同一时间、不同的空间，按施工工艺要求完成各施工对象。这种方式的施工进度安排、总工期及劳动力需求曲线如图12-6"平行施工"栏所示。

平行施工方式具有以下特点：（1）充分地利用工作面进行施工，工期短；（2）如果每一个施工对象均按专业成立工作队，则各专业队不能连续作业，劳动力及施工机具等资源无法均衡使用；（3）如果由一个工作队完成一个施工对象的全部施工任务，则不能实现专业化施工，不利于提高劳动生产率和工程质量；（4）单位时间内投入的劳动力、施工机具、材料等资源量成倍地增加，不利于资源供应的组织；（5）施工现场的组织、管理比较复杂。

3. 流水施工

流水施工方式是将拟建工程项目中的每一个施工对象分解为若干个施工过程，并按照施工过程成立相应的专业工作队，各专业队按照施工顺序依次完成各个施工对象的施工过程，同时保证施工在时间和空间上连续、均衡和有节奏地进行，使相邻两专业队能最大限度地搭接作业。这种方式的施工进度安排、总工期及劳动力需求曲线如图12-6"流水施工"栏所示。

与依次施工及平等施工相比，流水施工方式具有以下特点：

（1）施工工期较短，可以尽早发挥投资效益

由于流水施工的节奏性、连续性，可以加快各专业队的施工进度，减少时间间隔。特别是相邻专业队在开工时间上可以最大限度地进行搭接，充分地利用工作面，做到尽可能早地开始工作，从而达到缩短工期的目的，使工程尽快交付使用或投产，尽早获得经济效益和社会效益。

（2）实现专业化生产，可以提高施工技术水平和劳动生产率

由于流水施工方式建立了合理的劳动组织，使各工作队实现了专业化生产，工人连续作业，操作熟练，便于不断改进操作方法和施工机具，可以不断地提高施工技术水平和劳动生产率。

（3）连续施工，可以充分发挥施工机械和劳动力的生产效率

由于流水施工组织合理，工人连续作业，没有窝工现象，机械闲置时间少，增加了有效劳动时间，从而使施工机械和劳动力的生产效率得以充分发挥。

（4）提高工程质量，可以增加建设工程的使用寿命和节约使用过程中的维修费用

由于流水施工实现了专业化生产，工人技术水平高，而且各专业队之间紧密地搭接作业，互相监督，可以使工程质量得到提高。因而可以延长建设工程的使用寿命，同时可以减少建设工程使用过程中的维修费用。

（5）降低工程成本，可以提高承包单位的经济效益

由于流水施工资源消耗均衡，便于组织资源供应，使得资源储存合理，利用充分，可以减少各种不必要的损失，节约材料费；由于流水施工生产效率高，可以节约人工费和机械使用费；由于流水施工降低了施工高峰人数，使材料、设备得到合理供应，可以减少临时设施工程费；由于流水施工工期较短，可以减少企业管理费。工程成本的降低，可以提

高承包单位的经济效益。

二、流水施工的表达方式

流水施工主要用横道图来表示。图 12-7 是某安装工程流水施工的横道图。图中的横坐标表示流水施工的持续时间；纵坐标表示施工过程的名称或编号。4 条带有编号的水平线段表示 n 个施工过程或专业工作队的施工进度安排，其编号①、②……表示不同的施工段。

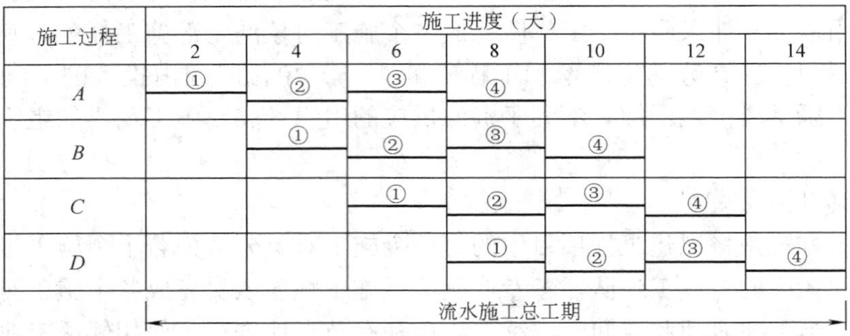

施工过程	施工进度（天）						
	2	4	6	8	10	12	14
A	①	②	③	④			
B		①	②	③	④		
C			①	②	③		
D				①	②	③	④

流水施工总工期

图 12-7　流水施工横道图表示方法

横道图表示法的优点在于绘图简单，施工过程及其先后顺序表达清楚，时间和空间状况形象直观，使用方便，因而被广泛用来表达施工进度计划。

三、流水施工参数

为了说明组织流水施工时，各施工过程在时间和空间上的开展情况及相互依存关系，这里引入一些描述工艺流程、空间布置和时间安排等方面的状态参数—流水施工参数，包括工艺参数、空间参数和时间参数。

（一）工艺参数

工艺参数主要是指在组织流水施工时，用以表达流水施工在施工工艺方面进展状态的参数，通常包括施工过程和流水强度两个参数。

1. 施工过程

组织建设工程流水施工时，根据施工组织及计划安排需要而将计划任务划分成的子项称为施工过程。施工过程划分的粗细程度由实际需要而定；当编制控制性施工进度计划时，组织流水施工的施工过程可以划分得粗一些，施工过程可以是单位工程，也可以是分部工程。当编制实施性施工进度计划时。施工过程可以划分得细一些，施工过程可以是分项工程，甚至是将分项工程按照专业工种不同分解而成的施工工作。

施工过程的数目一般用 n 表示，它是流水施工的主要参数之一。

2. 流水强度

流水强度是指流水施工的某施工过程（专业工作队）在单位时间内所完成的工程量，例如，风管制作过程的流水强度是指每工作班制作的风管面积（m^2）。

流水强度可用公式（12-2）计算求得：

$$V = \sum_{i=1}^{x} R_i S_i \tag{12-2}$$

式中　V——某施工过程（队）的流水强度；

R_i——投入该施工过程中的第 i 种资源量（施工机械台数或工人数）；

S_i——投入该施工过程中第 i 种资源的产量定额；

x——投入该施工过程中的资源种类数。

（二）空间参数

空间参数是指在组织流水施工时，用以表达流水施工在空间布置上开展状态的参数。通常包括工作面和施工段。

1. 工作面

工作面是指供某专业工种的工人或某种施工机械进行施工的活动空间。工作面的大小，表明能安排施工人数或机械台数的多少。每个作业的工人或每台施工机械所需工作面的大小，取决于单位时间内其完成的工程量和安全施工的要求。工作面确定的合理与否，直接影响专业工作队的生产效率。因此，必须合理确定工作面。

2. 施工段

将施工对象在平面或空间上划分成若干个劳动量大致相等的施工段落，称为施工段或流水段。施工段的数目一般用 m 表示，它是流水施工的主要参数之一。

（1）划分施工段的目的

划分施工段的目的就是为了组织流水施工。由于建设工程体形庞大，可以将其划分成若干个施工段，从而为组织流水施工提供足够的空间。在组织流水施工时，专业工作队完成一个施工段上的任务后，遵循施工组织顺序又到另一个施工段上作业，产生连续流动施工的效果。在一般情况下，一个施工段在同一时间内，只安排一个专业工作队施工，各专业工作队遵循施工工艺顺序依次投入作业，同一时间内在不同的施工段上平行施工，使流水施工均衡地进行。组织流水施工时，可以划分足够数量的施工段，充分利用工作面，避免窝工，尽可能缩短工期。

（2）划分施工段的原则

由于施工段内的施工任务由专业工作队依次完成，因而在两个施工段之间容易形成一个施工缝。同时，由于施工段数量的多少，将直接影响流水施工的效果。为使施工段划分得合理，一般应遵循下列原则：

1）同一专业工作队在各个施工段上的劳动量应大致相等，相差幅度不宜超过 $10\%\sim15\%$；

2）每个施工段内要有足够的工作面，以保证相应数量的工人、主导施工机械的生产效率，满足合理劳动组织的要求；

3）施工段的界限应尽可能与结构界限（如沉降缝、伸缩缝等）相吻合，或设在对建筑结构整体性影响小的部位，以保证建筑结构的整体性；

4）施工段的数目要满足合理组织流水施工的要求。施工段数目过多，会降低施工速度，延长工期；施工段过少，不利于充分利用工作面，可能造成窝工；

5）对于多层建筑物、构筑物或需要分层施工的工程，应既分施工段，又分施工层，各专业工作队依次完成第一施工层中各施工段任务后，再转入第二施工层的施工段上作业，依此类推。以确保相应专业队在施工段与施工层之间，组织连续、均衡、有节奏的流水施工。

（三）时间参数

时间参数是指在组织流水施工时，用以表达流水施工在时间安排上所处状态的参数，主要包括流水节拍、流水步距和流水施工工期等。

1. 流水节拍

流水节拍是流水施工的主要参数之一，它表明流水施工的速度和节奏性。流水节拍小，其流水速度快，节奏感强；反之则相反。流水节拍决定着单位时间的资源供应量，同时，流水节拍也是区别流水施工组织方式的特征参数。

同一施工过程的流水节拍，主要由所采用的施工方法、施工机械以及在工作面允许的前提下投入施工的工人数、机械台数和采用的工作班次等因素确定。有时，为了均衡施工和减少转移施工段时消耗的工时，可以适当调整流水节拍，其数值最好为半个班的整数倍。

流水节拍可分别按下列方法确定：

（1）定额计算法

如果已有定额标准时，可按公式（12-3）或公式（12-4）确定流水节拍。

$$t_{j,i} = \frac{Q_{j,i}}{S_j R_j N_j} = \frac{P_{j,i}}{R_j N_j} \tag{12-3}$$

$$t_{j,i} = \frac{Q_{j,i} H_j}{R_j N_j} = \frac{P_{j,i}}{R_j N_j} \tag{12-4}$$

式中　$t_{j,i}$——第 j 个专业工作队在第 i 个施工段的流水节拍；

$Q_{j,i}$——第 j 个专业工作队在第 i 个施工段要完成的工程量或工作量；

S_j——第 j 个专业工作队的计划产量定额；

H_j——第 j 个专业工作队的计划时间定额；

$P_{j,i}$——第 j 个专业工作队在第 i 个施工段需要的劳动量或机械台班数量；

R_j——第 j 个专业工作队所投入的人工数或机械台数；

N_j——第 j 个专业工作队的工作班次。

如果根据工期要求采用倒排进度的方法确定流水节拍时，可用上式反算出所需要的工人数或机械台班数。但在此时，必须检查劳动力、材料和机械供应的可能性，以及工作面是否足够等。

（2）经验估算法

对于采用新结构、新工艺、新方法和新材料等没有定额可循的工程项目，可以根据以往的施工经验估算流水节拍。

2. 流水步距

流水步距是指组织流水施工时，相邻两个施工过程（或专业工作队）相继开始施工的最小间隔时间。流水步距一般用 $K_{j,j+1}$ 来表示，其中 j（$j=1$，2，……，$n-1$）为专业工作队或施工过程的编号。它是流水施工的主要参数之一。

流水步距的大小取决于相邻两个施工过程（或专业工作队）在各个施工段上的流水节拍及流水施工的组织方式。确定流水步距时，一般应满足以下基本要求：

（1）各施工过程按各自流水速度施工，始终保持工艺先后顺序；

（2）各施工过程的专业工作队投入施工后尽可能保持连续作业；

（3）相邻两个施工过程（或专业工作队）在满足连续施工的条件下，能最大限度地实现合理搭接。

根据以上基本要求，在不同的流水施工组织形式中，可以采用不同的方法确定流水步距。

3. 流水施工工期

流水施工工期是指从第一个专业工作队投入流水施工开始，到最后一个专业工作队完成流水施工为止的整个持续时间。由于一项建设工程往往包含有许多流水组，故流水施工工期一般均不是整个工程的总工期。

4. 间歇时间及提前插入时间

间歇时间，是指相邻两个施工过程之间由于工艺或组织安排需要而增加的额外等待时间，包括工艺间歇时间和组织间歇时间。由于有间歇时间，会导致施工工期延长。

提前插入时间，是指相邻两个专业工作队在同一施工段上共同作业的时间。在工作面允许和资源有保证的前提下，专业工作队提前插入施工，可以缩短流水施工工期。

四、流水施工的基本组织方式

在流水施工中，由于流水节拍的规律不同，决定了流水步距、流水施工工期的计算方法等也不同，甚至影响到各个施工过程的专业工作队数目。因此，有必要按照流水节拍的特征将流水施工进行分类，其分类情况如图 12-8 所示。

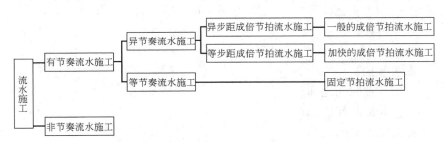

图 12-8　流水施工的分类

（一）有节奏流水施工

有节奏流水施工是指在组织流水施工时，每一个施工过程在各个施工段上的流水节拍都各自相等的流水施工，它分为等节奏流水施工和异节奏流水施工。

1. 等节奏流水施工

等节奏流水施工是指在有节奏流水施工中，各施工过程的流水节拍都相等的流水施工。

2. 异节奏流水施工

异节奏流水施工是指在有节奏流水施工中，各施工过程的流水节拍各自相等而不同施工过程之间的流水节拍不尽相等的流水施工。在组织异节奏流水施工时，又可以采用等步距和异步距两种方式。

（1）等步距异节奏流水施工

等步距异节奏流水施工是指在组织异节奏流水施工时，按每个施工过程流水节拍之间的比例关系，成立相应数量的专业工作队而进行的流水施工，也称为加快的成倍节拍流水施工。

（2）异步距异节奏流水施工

异步距异节奏流水施工是指在组织异节奏流水施工时，每个施工过程成立一个专业工作队，由其完成各施工段任务的流水施工，也称为一般的成倍节拍流水施工。

（二）非节奏流水施工

非节奏流水施工是指在组织流水施工时，全部或部分施工过程在各个施工段上的流水节拍不相等的流水施工。这种施工是流水施工中最常见的一种。

五、有节奏流水施工

（一）等节奏流水施工

1. 等节奏流水施工的特点

等节奏流水施工是一种最理想的流水施工方式，其特点如下：

（1）所有施工过程在各个施工段上的流水节拍均相等；

（2）相邻施工过程的流水步距相等，且等于流水节拍；

（3）专业工作队数等于施工过程数，即每一个施工过程成立一个专业工作队，由该队完成相应施工过程所有施工段上的任务；

（4）各个专业工作队在各施工段上能够连续作业，施工段之间没有空闲时间。

2. 等节奏流水施工工期

等节奏流水施工工期 T 可按公式（12-5）计算：

$$T=(n-1)t+\Sigma G+\Sigma Z-\Sigma C+mt=(m+n-1)t+\Sigma G+\Sigma Z-\Sigma C \qquad (12-5)$$

式中　　n——施工过程；

　　　　m——施工段；

　　　　t——流水节拍；

　　ΣZ——组织间歇时间之和；

　　ΣG——工艺间歇时间之和；

　　ΣC——提前插入时间之和。

[**例 12-2**]　某安装工程分部工程拟按下述方案组织流水施工：施工过程数 $n=4$、施工段数 $m=3$、各施工过程流水节拍 t 均为 3 天；其中，工作Ⅱ、Ⅲ之间由于工艺要求需间歇 1 天，工作Ⅳ由于工作面许可可以提前 2 天进行施工。试求该流水施工工期及绘制横道图。

[**解**]　本分部工程可按等节奏流水施工组织施工，其工期按式（12-5）计算。

其中：$m=3$、$n=4$、$t=3$ 天、$\Sigma G=1$ 天、$\Sigma C=2$ 天；

$$T=(3+4-1)\times 3+1-2=17天$$

其横道图如图 12-9 所示。

（二）成倍节拍流水施工

在通常情况下，组织固定节拍的流水施工是比较困难的。因为在任一施工段上，不同的施工过程，其复杂程度不同，影响流水节拍的因素也各不相同，很难使得各个施工过程的流水节拍都彼此相等。但是，如果施工段划分得合适，保持同一施工过程各施工段的流水节拍相等是不难实现的。使某些施工过程的流水节拍成为其他施工过程流水节拍的倍数，即形成成倍节拍流水施工。成倍节拍流水施工包括一般的成倍节拍流水施工和加快的成倍节拍流水施工。为了缩短流水施工工期，一般均采用加快的成倍节拍流水施工方式。

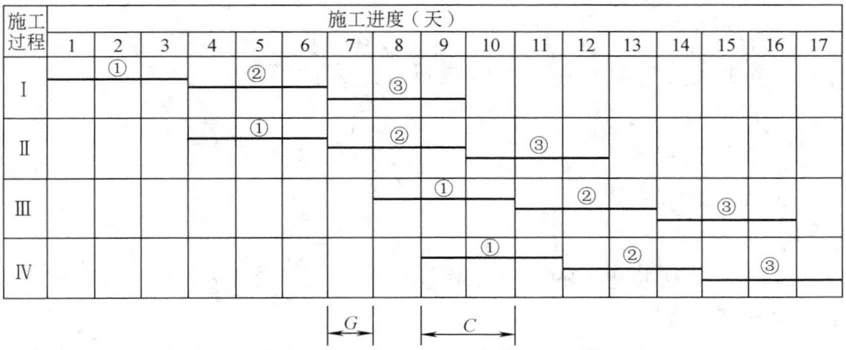

图 12-9 例 12-2 的横道图

加快的成倍节拍流水施工的特点如下：

（1）同一施工过程在其各个施工段上的流水节拍均相等；不同施工过程的流水节拍不等，但其值为倍数关系；

（2）相邻专业工作队的流水步距相等，且等于流水节拍的最大公约数（K）；

（3）专业工作队数大于施工过程数，即有的施工过程只成立一个专业工作队，而对于流水节拍大的施工过程，可按其倍数增加相应专业工作队数目；

（4）各个专业工作队在施工段上能够连续作业，施工段之间没有空闲时间。

加快的成倍节拍流水施工工期 T 可按公式（12-6）计算：

$$T=(n'-1)K+\sum G+\sum Z-\sum C+mK=(m+n'-1)K+\sum G+\sum Z-\sum C \quad (12\text{-}6)$$

式中 n' 为专业工作队数目，其余符号如前所述。

[**例 12-3**] 某安装工程由四幢楼房组成，每幢楼房为一个施工段，施工过程划分为Ⅰ、Ⅱ、Ⅲ、Ⅳ四项，其流水节拍如表 12-6 所示。试计算按加快的成倍节拍流水施工工期及绘制流水施工横道图。

流水节拍（天） 表 12-6

施工过程	施 工 段			
	①	②	③	④
Ⅰ	5	5	5	5
Ⅱ	10	10	10	10
Ⅲ	10	10	10	10
Ⅳ	5	5	5	5

[**解**] 1. 计算流水步距。流水步距等于流水节拍的最大公约数，即：

$$K=[5，10，10，5]_{最大公约数}=5 \text{ 天}$$

2. 确定专业工作队数目。每个施工过程成立的专业工作队数目可按公式（12-7）计算：

$$b_j=\frac{t_j}{K} \quad (12\text{-}7)$$

式中 b_j——第 j 个施工过程的专业工作队数目；

t_j——第 j 个施工过程的流水节拍；

K——流水步距。

在本例中，各施工过程的专业工作队数目分别为：

Ⅰ：$b_j = t_j/K = 5/5 = 1$

Ⅱ：$b_j = t_j/K = 10/5 = 2$

Ⅲ：$b_j = t_j/K = 10/5 = 2$

Ⅳ：$b_j = t_j/K = 5/5 = 1$

于是，参与该工程流水施工的专业工作队总数：$n' = \sum b_i = (1+2+2+1) = 6$ 个

3. 确定流水施工工期

本计划中没有组织间歇、工艺间歇及提前插入，故根据公式（12-6）算得流水施工工期为：

$$T = (m+n'-1)K = (4+6-1) \times 5 = 45 \text{天}$$

4. 绘制加快的成倍节拍流水施工进度计划图

在加快的成倍节拍流水施工进度计划图中，除表明施工过程的编号或名称外，还应表明专业工作队的编号。在表明各施工段的编号时，一定要注意有多个专业工作队的施工过程。各专业工作队连续作业的施工段编号不应该是连续的，否则，无法组织合理的流水施工。

加快的成倍节拍流水施工进度计划如图 12-10 所示。

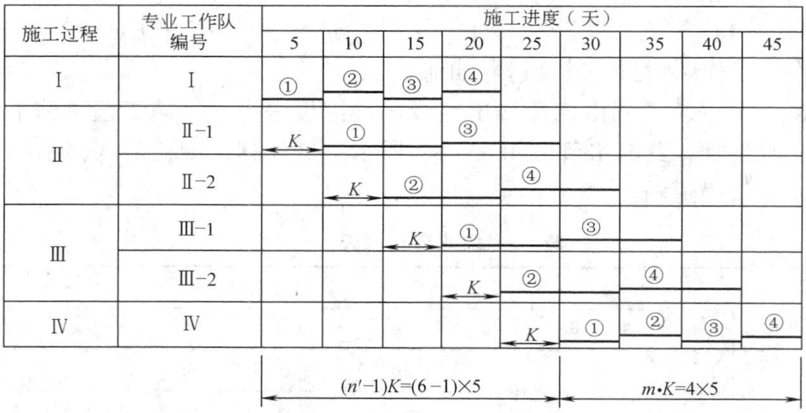

施工过程	专业工作队编号	施工进度（天）								
		5	10	15	20	25	30	35	40	45
Ⅰ	Ⅰ	①	②	③	④					
Ⅱ	Ⅱ-1	K	①		③					
	Ⅱ-2		K	②		④				
Ⅲ	Ⅲ-1			K	①		③			
	Ⅲ-2				K	②		④		
Ⅳ	Ⅳ					K	①	②	③	④

$(n'-1)K = (6-1) \times 5$ ，$m \cdot K = 4 \times 5$

图 12-10　加快的成倍节拍流水施工进度计划

六、非节奏流水施工

（一）非节奏流水施工的特点

在组织流水施工时，经常由于工程结构形式、施工条件不同等原因，使得各施工过程在各施工段上的工程量有较大差异，或因专业工作队的生产效率相差较大，导致各施工过程的流水节拍随施工段的不同而不同，且不同施工过程之间的流水节拍又有很大差异。这时，流水节拍虽无任何规律，但仍可利用流水施工原理组织流水施工，使各专业工作队在满足连续施工的条件下，实现最大搭接。这种非节奏流水施工方式是建设工程流水施工的普遍方式。非节奏流水施工具有以下特点：

（1）各施工过程在各施工段的流水节拍不全相等；

（2）相邻施工过程的流水步距不尽相等；

（3）专业工作队数等于施工过程数；

（4）各专业工作队能够在施工段上连续作业，但有的施工段之间可能有空闲时间。

（二）流水步距的确定

在非节奏流水施工中，通常采用累加数列错位相减取大差法计算流水步距。这种方法简捷、准确，便于掌握。累加数列错位相减取大差法的基本步骤如下：

（1）对每一个施工过程在各施工段上的流水节拍依次累加，求得各施工过程流水节拍的累加数；

（2）将相邻施工过程流水节拍累加数列中的后者错后一位，相减后求得一个差数列；

（3）在差数列中取最大值，即为这两个相邻施工过程的流水步距。

（三）流水施工工期的确定

流水施工工期可按公式（12-8）计算：

$$T = \sum K + \sum t_n + \sum Z + \sum G - \sum C \qquad (12\text{-}8)$$

式中　T——流水施工工期；

$\sum K$——各施工过程（或专业工作队）之间流水步距之和；

$\sum t_n$——最后一个施工过程（或专业工作队）在各施工段流水节拍之和；

$\sum Z$——组织间歇时间之和；

$\sum G$——工艺间歇时间之和；

$\sum C$——提前插入时间之和。

[例 12-4]　某工厂需要修建 4 台设备的基础工程，施工过程包括基础开挖、基础处理和浇筑混凝土。因设备型号与基础条件等不同，使得 4 台设备（施工段）的各施工过程有着不同的流水节拍（单位：周），见表 12-7。计算流水施工工期并绘制流水施工横道图。

设备基础工程流水节拍表

表 12-7

施工过程	施工段			
	设备 A	设备 B	设备 C	设备 D
基础开挖 1	2	3	2	2
基础处理 2	4	4	2	3
浇混凝土 3	2	3	2	3

[解]　本工程应按非节奏流水施工方式组织施工。

（1）确定施工流向由设备 $A \rightarrow B \rightarrow C \rightarrow D$，施工段数 $m = 4$；

（2）确定施工过程数 $n = 3$，包括基础开挖、基础处理和浇混凝土；

（3）采用"累加数列错位相减取大差法"求流水步距：

1）各施工过程的流水节拍的累加数列为：

基础开挖 1：[2，5，7，9]；基础处理 2：[4，8，10，13]；浇混凝土 3：[2，5，7，10]。

2）流水步距：

$$
\begin{array}{c}
2,\ 5,\ \ 7,\ \ \ 9 \qquad\qquad\qquad 4,\ 8,\ 10,\ 13 \\
-)\ \ \ \ 4,\ \ 8,\ \ 10,\ \ 13 \qquad\quad -)\ \ \ \ 2,\ 5,\ \ 7,\ \ \ 10
\end{array}
$$

$$K_{1,2}=\max\ [2,\ 1,\ -1,\ -1,\ -13]=2 \qquad K_{2,3}=\max\ [4,\ 6,\ 5,\ \ 6,\ -10]=6$$

（4）计算流水施工工期：

$$T=\sum K+\sum t_n=(2+6)+(2+3+2+3)=18\text{周}$$

（5）绘制非节奏流水施工进度计划，如图 12-11 所示。

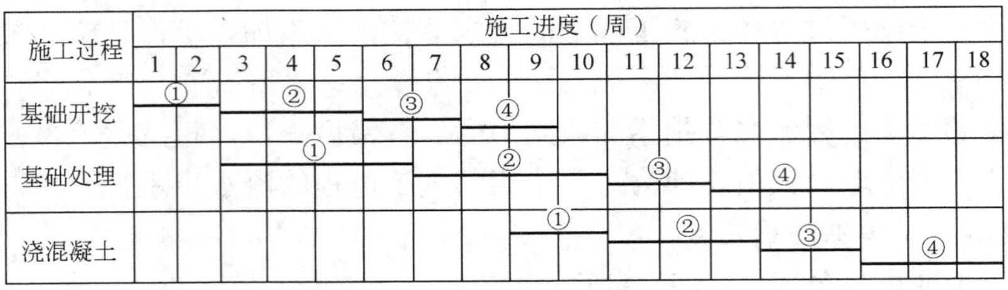

施工过程	施工进度（周）																	
	1	2	3	4	5	6	7	8	9	10	11	12	13	14	15	16	17	18
基础开挖	①			②		③		④										
基础处理				①			②			③			④					
浇混凝土							①				②			③		④		

图 12-11　流水施工横道图

第四节　网络计划

一、网络图的绘制

（一）双代号网络图的绘制

当已知每一项工作的紧前工作时，可按下述步骤绘制双代号网络图：

1. 绘制没有紧前工作的工作箭线，使它们具有相同的开始节点，以保证网络图只有一个起点节点。

2. 依次绘制其他工作箭线。这些工作箭线的绘制条件是其所有紧前工作箭线都已经绘制出来。在绘制这些工作箭线时，应按下列原则进行：

（1）当所要绘制的工作只有一项紧前工作时，则将该工作箭线直接画在其紧前工作箭线之后即可。

（2）当所要绘制的工作有多项紧前工作时，应按以下四种情况分别予以考虑：

1）对于所要绘制的工作（本工作）而言，如果在其紧前工作之中存在一项只作为本工作紧前工作的工作（即在紧前工作栏目中，该紧前工作只出现一次），则应将本工作箭线直接画在该紧前工作箭线之后，然后用虚箭线将其他紧前工作箭线的箭头节点与本工作箭线的箭尾节点分别相连，以表达它们之间的逻辑关系。

2）对于所要绘制的工作（本工作）而言，如果在其紧前工作之中存在多项只作为本工作紧前工作的工作，应先将这些紧前工作箭线的箭头节点合并，再从合并后的节点开始，画出本工作箭线，最后用虚箭线将其他紧前工作箭线的箭头节点与本工作箭线的箭尾节点分别相连，以表达它们之间的逻辑关系。

3）对于所要绘制的工作（本工作）而言，如果不存在情况 1）和情况 2）时，应判断本工作的所有紧前工作是否都同时作为其他工作的紧前工作（即在紧前工作栏目中，这几项紧前工作是否均同时出现若干次）。如果上述条件成立，应先将这些紧前工作箭线的箭头节点合并后，再从合并后的节点开始画出本工作箭线。

4）对于所要绘制的工作（本工作）而言，如果既不存在情况1）和情况2），也不存在情况3）时，则应将本工作箭线单独画在其紧前工作箭线之后的中部，然后用虚箭线将其各紧前工作箭线的箭头节点与本工作箭线的箭尾节点分别相连，以表达它们之间的逻辑关系。

3. 当各项工作箭线都绘制出来之后，应合并那些没有紧后工作之工作箭线的箭头节点，以保证网络图只有一个终点节点（多目标网络计划除外）。

4. 当确认所绘制的网络图正确后，即可进行节点编号。网络图的节点编号在满足前述要求的前提下，既可采用连续的编号方法，也可采用不连续的编号方法，如1、3、5……或5、10、15……，以避免以后增加工作时而改动整个网络图的节点编号。

以上所述是已知每一项工作的紧前工作时的绘图方法，当已知每一项工作的紧后工作时，也可按类似的方法进行网络图的绘制，只是其绘图顺序由前述的从左向右改为从右向左。

[例12-5]　已知各工作之间的逻辑关系如表12-8所示，则可按下述步骤绘制其双代号网络图。

工作逻辑关系表　　　　　　表 12-8

工　作	A	B	C	D
紧前工作	—	—	A、B	B

1. 绘制工作箭线A和工作箭线B，如图12-12（a）所示。

2. 按前述原则（2）中的情况1）绘制工作箭线C，如图12-12（b）所示。

3. 按前述原则（1）绘制工作箭线D后，将工作箭线C和D的箭头节点合并，以保证网络图只有一个终点节点。当确认给定的逻辑关系表达正确后，再进行节点编号。表3-2给定逻辑关系所对应的双代号网络图如图12-12（c）所示。

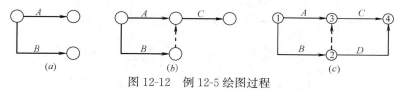

图12-12　例12-5绘图过程

[例12-6]　已知各工作之间的逻辑关系如表12-9所示，则可按下述步骤绘制其双代号网络图。

工作逻辑关系表　　　　　　表 12-9

工　作	A	B	C	D	E	G
紧前工作	—	—	—	A、B	A、B、C	D、E

1. 绘制工作箭线A、工作箭线B和工作箭线C，如图12-13（a）所示。

2. 按前述原则（2）中的情况3）绘制工作箭线D，如图12-13（b）所示。

3. 按前述原则（2）中的情况1）绘制工作箭线E，如图12-13（c）所示。

4. 按前述原则（2）中的情况2）绘制工作箭线G。当确认给定的逻辑关系表达正确后，再进行节点编号。表12-9给定逻辑关系所对应的双代号网络图如图12-13（d）所示。

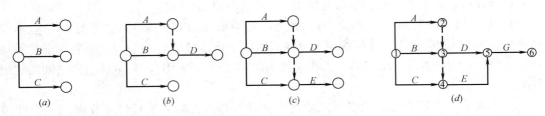

图 12-13　例 12-6 绘图过程

[例 12-7]　已知各工作之间的逻辑关系如表 12-10 所示，则可按下述步骤绘制其双代号网络图。

					表 12-10
			工作逻辑关系表		
工　作	A	B	C	D	E
紧前工作	—	—	A	A、B	B

1. 绘制工作箭线 A 和工作箭线 B，如图 12-14（a）所示。

2. 按前述原则（1）分别绘制工作箭线 C 和工作箭线 E，如图 12-14（b）所示。

3. 按前述原则（1）中的情况 4）绘制工作箭线 D，并将工作箭线 C、工作箭线 D 和工作箭线 E 的箭头节点合并，以保证网络图的终点节点只有一个。当确认给定的逻辑关系表达正确后，再进行节点编号。表 12-10 给定逻辑关系所对应的双代号网络图如图 12-14（c）所示。

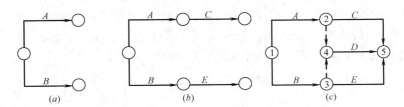

图 12-14　例 12-7 绘图过程

（二）双代号时标网络图的绘制

1. 直接绘制法

所谓直接绘制法，是指不计算时间参数而直接按无时标的网络计划草图绘制时标网络计划。现以图 12-15 所示网络计划为例，说明时标网络计划的绘制过程。

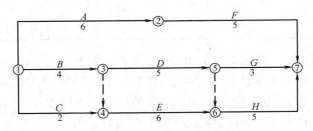

图 12-15　双代号网络计划

（1）将网络计划的起点节点定位在时标网络计划表的起始刻度线上。如图 12-16 所示，节点①就是定位在时标网络计划表的起始刻度线"0"位置上。

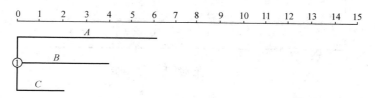

图 12-16　直接绘制法第一步

（2）按工作的持续时间绘制以网络计划起点节点为开始节点的工作箭线。如图 12-16 所示，分别绘出工作箭线 A、B 和 C。

（3）除网络计划的起点节点外，其他节点必须在所有以该节点为完成节点的工作箭线均绘出后，定位在这些工作箭线中最迟的箭线末端。当某些工作箭线的长度不足以到达该节点时，须用波形线补足，箭头画在与该节点的连接处。例如在本例中，节点②直接定位在工作箭线 A 的末端；节点③直接定位在工作箭线 B 的末端；节点④的位置需要在绘出虚箭线 3-4 之后，定位在工作箭线 C 和虚箭线 3-4 中最迟的箭线末端，即坐标"4"的位置上。此时，工作箭线 C 的长度不足以到达节点④，因而用波形线补足，如图 12-17 所示。

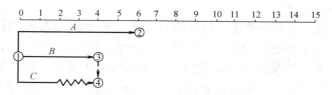

图 12-17　直接绘制法第二步

（4）当某个节点的位置确定之后，即可绘制以该节点为开始节点的工作箭线。例如在本例中，在图 12-17 基础之上，可以分别以节点②、节点③和节点④为开始节点绘制工作箭线 F、工作箭线 D 和工作箭线 E，如图 12-18 所示。

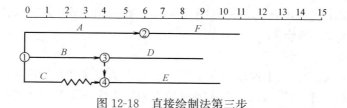

图 12-18　直接绘制法第三步

（5）利用上述方法从左至右依次确定其他各个节点的位置，直至绘出网络计划的终点节点。例如在本例中，在图 12-18 基础之上，可以分别确定节点⑤和节点⑥的位置，并在它们之后分别绘制工作箭线 G 和工作箭线 H，如图 12-19 所示。

最后，根据工作箭线 F、工作箭线 G 和工作箭线 H 确定出终点节点的位置。本例所对应的时标网络计划如图 12-20 所示，图中双箭线表示的线路为关键线路。

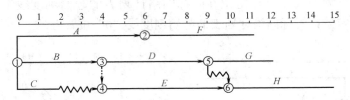

图 12-19　直接绘制法第四步

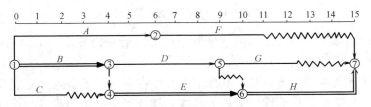

图 12-20　双代号时标网络计划

在绘制时标网络计划时，特别需要注意的问题是处理好虚箭线。首先，应将虚箭线与实箭线等同看待，只是其对应工作的持续时间为零；其次，尽管它本身没有持续时间，但可能存在波形线，因此，要按规定画出波形线。在画波形线时，其垂直部分仍应画为虚线（如图 12-20 所示时标网络计划中的虚箭线 5-6）。

2. 间接绘制法

所谓间接绘制法，是指先根据无时标的网络计划图计算其时间参数并确定关键线路，然后在时标网络计划表中进行绘制。在绘制时应先将所有节点按其最早时间定位在时标网络计划表中的相应位置，然后再用规定线型（实箭线和虚箭线）按比例绘出工作和虚工作。当某些工作箭线的长度不足以达到该工作的完成节点时，须用波形线补足，箭头应画在与该工作完成节点的连接处。

二、网络图时间参数计算

没有时间参数的网络图只相当于工艺流程图，仅仅反映工作之间的衔接关系，加上时间参数，网络图才能反映工作的活动状态。网络图时间参数分为节点时间参数和工作时间参数。计算时，一般先计算节点时间参数，再根据节点时间参数计算工作时间参数，最后计算时差。下面以图 12-15 所示的网络图为例阐述网络图时间参数的计算方法。

（一）节点时间参数计算

1. 节点最早时间（ET）

节点最早时间是指在某事件以前各工作完成后，从该事件开始的各项工作最早可能开工时间。在网络图上表示为以该节点为箭尾节点的各工作的最早开工时间，反映从起点到该节点的最长时间。起点节点 $ET_1 = 0$，其他节点最早时间的确定方法如下：

$$ET_j = \max\{ET_i + D_{i-j}\} \tag{12-9}$$

式中　ET_j——工作 $i-j$ 的完成节点 j 的最早时间；

　　　ET_i——工作 $i-j$ 的开始节点 i 的最早时间；

　　　D_{i-j}——工作 $i-j$ 的持续时间。

当只有一个箭头指向节点时，该节点的最早时间为紧前节点的最早时间加上其紧前工作作业时间；当有两个以上的箭头指向节点时，该节点的最早时间为各紧前节点的最早时间与对应紧前工作作业时间之和中取最大值。

2. 节点最迟时间（LT）

节点最迟时间是指某一事件为结束的各工作最迟必须完成的时间。在网络图上表示为以该节点为箭头节点的各工作的最晚开工时间，反映从终点到该节点的最短时间。终点节点 $LT_n = T_p$，其他节点最迟时间的确定方法如下：

$$LT_i = \min\{LT_j - D_{i-j}\} \tag{12-10}$$

式中　LT_i——工作 $i-j$ 的开始节点 i 的最迟时间；

　　　LT_j——工作 $i-j$ 的完成节点 j 的最迟时间。

当只有一个箭头从节点引出时，该节点的最迟时间为紧后节点的最迟时间减去其紧后工作作业时间；当有两个以上的箭头从节点引出时，该节点的最迟时间为各紧后节点的最迟时间与对应紧后工作作业时间之差中取最小值。

图 12-21 是按节点时间参数计算方法计算的图 12-15 的各节点的时间参数。

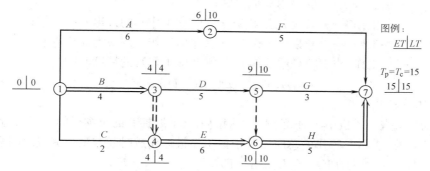

图 12-21　节点时间参数计算方法计算的各节点的时间参数

（二）工作时间参数计算

1. 工作最早开始时间和最早完成时间

工作最早开始时间是指一个工作在其所有紧前工作全部完成之后，本工作有可能开始的最早时刻。在双代号网络计划中，工作 $i-j$ 的最早开始时间用 ES_{i-j} 表示。工作最早完成时间是指在其所有紧前工作完成后，本工作有可能完成的最早时刻，工作 $i-j$ 的最早完成时间用 EF_{i-j} 表示。

工作的最早开始时间和最早完成时间的计算应从网络计划的起点节点开始，顺着箭线方向依次进行。以网络计划起点节点为开始节点的工作，当未规定其最早开始时间时，其最早开始时间为零。其他工作的最早开始时间应等于其紧前工作最早完成时间的最大值。工作的最早完成时间则等于其最早开始时间与工作持续时间之和。即：

$$ES_{i-j} = \max\{EF_{h-i}\} = \max\{ES_{h-i} + D_{h-i}\} \tag{12-11}$$

式中　ES_{i-j}——工作 $i-j$ 的最早开始时间；

　　　EF_{h-i}——工作 $i-j$ 的紧前工作 $h-i$（非虚工作）的最早完成时间；

　　　ES_{h-i}——工作 $i-j$ 的紧前工作 $h-i$（非虚工作）的最早开始时间；

　　　D_{h-i}——工作 $i-j$ 的紧前工作 $h-i$（非虚工作）的持续时间。

$$EF_{i-j} = ES_{i-j} + D_{i-j} \tag{12-12}$$

网络计划的计划工期应等于以网络计划终点节点为完成节点的工作的最早完成时间的最大值。即：

$$T_c = \max\{EF_{i-n}\} = \max\{ES_{i-n} + D_{i-n}\} \tag{12-13}$$

2. 工作最迟完成时间和最迟开始时间

工作的最迟完成时间是指在不影响整个任务按期完成的前提下，本工作必须完成的最迟时刻。工作的最迟开始时间是指在不影响整个任务按期完成的前提下，本工作必须开始的最迟时刻。在双代号网络计划中，工作 $i-j$ 的最迟开始时间用 LS_{i-j} 表示。工作 $i-j$ 的最迟完成时间用 LF_{i-j} 表示。

工作的最迟开始时间和最迟完成时间的计算应从网络计划的终点节点开始，逆着箭线方向依次进行。以网络计划终点节点为完成节点的工作，其最迟完成时间为网络计划的计划工期。其他工作的最迟完成时间应等于其紧后工作最早开始时间的最小值。工作的最迟开始时间则等于其最迟完成时间与工作持续时间之差。即：

$$LF_{i-j} = \min\{LS_{j-k}\} = \min\{LF_{j-k} - D_{j-k}\} \tag{12-14}$$

式中　LF_{i-j}——工作 $i-j$ 的最迟完成时间；

　　LS_{j-k}——工作 $i-j$ 的紧后工作 $j-k$（非虚工作）的最迟开始时间；

　　LF_{j-k}——工作 $i-j$ 的紧后工作 $j-k$（非虚工作）的最迟完成时间；

　　D_{j-k}——工作 $i-j$ 的紧后工作 $j-k$（非虚工作）的持续时间。

$$LS_{i-j} = LF_{i-j} - D_{i-j} \tag{12-15}$$

3. 工作总时差

工作总时差是一个工作在不影响总工期的情况下所拥有的机动时间的极限值。工作的总时差用 TF_{i-j} 表示。工作的总时差等于该工作最迟完成时间与最早完成时间之差。

$$TF_{i-j} = LF_{i-j} - EF_{i-j} = LS_{i-j} - ES_{i-j} \tag{12-16}$$

需要指出的是，关键线路是总时差为零的线路。

4. 工作自由时差

工作自由时差是在不影响其紧后工作最早开始时间的情况下，工作所具有的机动时间。工作的自由时差用 FF_{i-j} 表示。工作自由时差应按两种情况分别考虑。

（1）对于有紧后工作的工作，其自由时差等于本工作之紧后工作最早开始时间减本工作最早完成时间所得之差的最小值，即：

$$FF_{i-j} = \min\{ES_{j-k} - EF_{i-j}\} = \min\{ES_{j-k} - ES_{i-j} - D_{i-j}\} \tag{12-17}$$

式中　FF_{i-j}——工作 $i-j$ 的自由时差；

　　ES_{j-k}——工作 $i-j$ 的紧后工作 $j-k$（非虚工作）的最早开始时间；

　　EF_{i-j}——工作 $i-j$ 的最早完成时间；

　　D_{i-j}——工作 $i-j$ 的持续时间。

（2）对于无紧后工作的工作，也就是以网络计划终点节点为完成节点的工作，其自由时差等于计划工期与本工作最早完成时间之差，即：

$$FF_{i-n} = T_p - EF_{i-n} = T_p - ES_{i-n} - D_{i-n} \tag{12-18}$$

式中　FF_{i-n}——以网络计划终点节点 n 为完成节点的工作 $i-n$ 的自由时差；

　　T_p——网络计划的计划工期；

　　EF_{i-n}——以网络计划终点节点 n 为完成节点的工作 $i-n$ 的最早完成时间；

ES_{i-n}——以网络计划终点节点 n 为完成节点的工作 $i-n$ 的最早开始时间；

D_{i-n}——以网络计划终点节点 n 为完成节点的工作 $i-n$ 的持续时间。

需要指出的是，以网络计划终点节点为完成节点的工作，其自由时差等于总时差。

（三）网络图上参数计算步骤

（1）从起点事件顺着箭杆计算各节点的最早时间 ET，直到终点事件；

（2）从终点事件逆着箭杆计算各节点的最迟时间 LT，直到起点事件；

（3）计算工作最早开始时间 ES、工作最迟开始时间 LS、最早结束时间 EF；

（4）计算工作总时差 TF 和自由时差 FF；

（5）将第 3 步和第 4 步的计算结果按一定排列顺序标在箭杆附近。

（四）关键线路和关键工作的确定

关键线路是网络图中需要时间最长的线路，线路上的所有工作都是关键工作。关键线路长短决定工程的工期，反映工程进度中的主要矛盾。关键线路经常有以下特点：

（1）关键线路中各工作的自由时差总和为零；

（2）关键线路是从起点事件到终点事件之间最长的线路；

（3）在一个网络图中，关键线路不一定只有一条；

（4）如果非关键线路中各工作的自由时差都被占用，次要线路变成关键线路；

（5）非关键线路中的某工作占用了工作总时差时，该工作成为关键工作。

在网络图中计算各工作的总时差，总时差为零的工作为关键工作；由关键工作组成的线路即为关键线路。

[例 12-8]　试计算图 12-15 所示的网络图的时间参数。

[解]　1. 利用式（12-11）～式（12-18）计算。首先计算各工作的最早开始时间及最早完成时间，计算方法为从起点节点开始顺着箭头方向依次进行；其次计算各工作的最迟完成时间及最迟开始时间，计算方法由终点节点逆着箭头方向进行；最后计算总时差和自由时差，将计算结果填入表 12-11 中。

2. 将计算结果标示在图上，见图 12-22。

网络图时间参数计算表　　　　　　　　　　　　　　　　　表 12-11

序号	工作代号	节点编号	紧前工作	紧后工作	持续时间 D_{i-j}	最早时间 ES_{i-j}	最早时间 EF_{i-j}	最迟时间 LS_{i-j}	最迟时间 LF_{i-j}	总时差 TF_{i-j}	自由时差 FF_{i-j}	关键工作
1	A	1-2	无	F	6	0	6	4	10	4	0	否
2	B	1-3	无	$D、E$	4	0	4	0	4	0	0	是
3	C	1-4	无	E	2	0	2	2	4	2	2	否
4	F	2-7	A	无	5	6	11	10	15	4	4	否
5	D	3-5	B	$G、H$	5	4	9	5	10	1	0	否
6	虚	3-4	B	E	0	4	4	4	4	0	0	是
7	E	4-6	$B、C$	H	6	4	10	4	10	0	0	是
8	G	5-7	D	无	3	9	12	12	15	3	3	否
9	虚	5-6	D	H	0	9	9	10	10	1	1	否
10	H	6-7	$D、E$	无	5	10	15	10	15	0	0	是

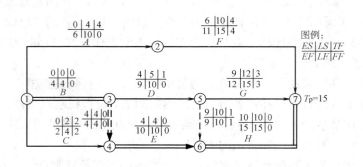

图 12-22   网络图六时间参数标注

第五节   进度计划的检查和调整

一、进度偏差

在工程项目的实施过程中，由于外部环境和条件的变化，进度计划的编制者很难事先对项目在实施过程中可能出现的问题进行全面的估计。气候的变化、不可预见事件的发生以及其他条件的变化均会对工程进度计划的实施产生影响，从而造成实际进度偏离计划进度，如果实际进度与计划进度的偏差得不到及时纠正，势必影响进度总目标的实现。为此，在进度计划的执行过程中，必须采取有效的监测手段对进度计划的实施过程进行监控，以便及时发现问题，并运用行之有效的进度调整方法来解决问题，确保进度总目标的实现。进度调整的系统过程如图 12-23 所示。

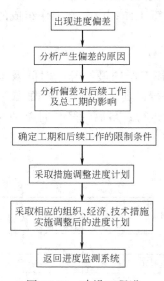

图 12-23   建设工程进度调整系统过程

1. 分析进度偏差产生的原因

通过实际进度与计划进度的比较，发现进度偏差时，为了采取有效措施调整进度计划，必须深入现场进行调查，分析产生进度偏差的原因。

2. 分析进度偏差对后续工作和总工期的影响

当查明进度偏差产生的原因之后，要分析进度偏差对后续工作和总工期的影响程度，以确定是否应采取措施调整进度计划。

3. 确定后续工作和总工期的限制条件

当出现的进度偏差影响到后续工作或总工期而需要采取进度调整措施时，应当首先确定可调整进度的范围，主要指关键节点、后续工作的限制条件以及总工期允许变化的范围。这些限制条件往往与合同条件有关，需要认真分析后确定。

4. 采取措施调整进度计划

采取进度调整措施，应以后续工作和总工期的限制条件为依据，确保要求的进度目标得到实现。

5. 实施调整后的进度计划

进度计划调整之后，应采取相应的组织、经济、技术措施执行它，并继续监测其执行情况。

二、实际进度与计划进度的比较方法

实际进度与计划进度的比较是施工进度监测的主要环节。常用的进度比较方法有前锋线和列表比较法。

（一）前锋线比较法

前锋线比较法是通过绘制某检查时刻工程项目实际进度前锋线，进行工程实际进度与计划进度比较的方法，它主要适用于时标网络计划。所谓前锋线，是指在原时标网络计划上，从检查时刻的时标点出发，用点画线依次将各项工作实际进展位置点连接而成的折线。前锋线比较法就是通过实际进度前锋线与原进度计划中各工作箭线交点的位置来判断工作实际进度与计划进度的偏差，进而判定该偏差对后续工作及总工期影响程度的一种方法。采用前锋线比较法进行实际进度与计划进度的比较，其步骤如下：

1. 绘制时标网络计划图

工程项目实际进度前锋线是在时标网络计划图上标示，为清楚起见，可在时标网络计划图的上方和下方各设一时间坐标。

2. 绘制实际进度前锋线

一般从时标网络计划图上方时间坐标的检查工期开始绘制，依次连接相邻工作的实际进展位置点，最后与时标网络计划图下方坐标的检查日期相连接。

工作实际进展位置点的标定方法有两种：

（1）按该工作已完任务量比例进行标定

假设工程项目中各项工作均为匀速进展，根据实际进度检查时刻该工作已完任务量占其计划完成总任务量的比例，在工作箭线上从左至右按相同的比例标定其实际进展位置点。

（2）按尚需作业时间进行标定

当某些工作的持续时间难以按实物工程量来计算而只能凭经验估算时，可以先估算出检查时刻到该工作全部完成尚需作业的时间，然后在该工作箭线上从右向左逆向标定其实际进展位置点。

3. 进行实际进度与计划进度的比较

前锋线可以直观地反映出检查日期有关工作实际进度与计划进度之间的关系。对某项工作来说，其实际进度与计划进度之间的关系可能存在以下三种情况：

（1）工作实际进展位置点落在检查日期的左侧，表明该工作实际进度拖后，拖后的时间为二者之差；

（2）工作实际进展位置点与检查日期重合，表明该工作实际进度与计划进度一致；

（3）工作实际进展位置点落在检查日期的右侧，表明该工作实际进度超前，超前的时间为二者之差。

4. 预测进度偏差对后续工作及总工期的影响

通过实际进度与计划进度的比较确定进度偏差后，还可根据工作的自由时差和总时差预测该进度偏差对后续工作及项目总工期的影响。由此可见，前锋线比较法既适用于工作实际进度与计划进度之间的局部比较，又可用来分析和预测工程项目整体进度状况。

值得注意的是，以上比较是针对匀速进展的工作。

[例 12-9] 某工程项目时标网络计划如图 12-24 所示。该计划执行到第 6 周末检查实际进度时，发现工作 A 和 B 已经全部完成，工作 D、E 分别完成计划任务量的 20％和 50％，工作 C 尚需 3 周完成，试用前锋线法进行实际进度与计划进度的比较。

[解] 根据第 6 周末实际进度的检查结果绘制前锋线，如图 12-24 中点画线所示。通过比较可以看出：

（1）工作 D 实际进度拖后两周，将使其后续工作 F 的最早开始时间推迟两周，并使总工期延长 1 周；

（2）工作 E 实际进度拖后 1 周，既不影响总工期，也不影响其后续工作的正常进行；

（3）工作 C 实际进度拖后两周，将使其后续工作 G、H、J 的最早开始时间推迟两周。由于工作 G、J 开始时间的推迟，从而使总工期延长两周。

综上所述，如果不采取措施加快进度，该工程项目的总工期将延长两周。

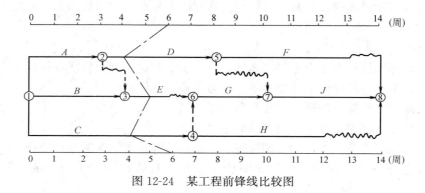

图 12-24 某工程前锋线比较图

（二）列表比较法

当工程进度计划用非时标网络图表示时，可以采用列表比较法进行实际进度与计划进度的比较。这种方法是记录检查日期应该进行的工作名称及其已经作业的时间，然后列表计算有关时间参数，并根据工作总时差进行实际进度与计划进度比较的方法。

采用列表比较法进行实际进度与计划进度的比较，其步骤如下：

（1）对于实际进度检查日期应该进行的工作，根据已经作业的时间，确定其尚需作业时间；

（2）根据原进度计划计算检查日期应该进行的工作从检查日期到原计划最迟完成时尚余时间；

（3）计算工作尚有总时差，其值等于工作从检查日期到原计划最迟完成时间尚余时间与该工作尚需作业时间之差；

（4）比较实际进度与计划进度，可能有以下几种情况：

1）如果工作尚有总时差与原有总时差相等，说明该工作实际进度与计划进度一致；

2）如果工作尚有总时差大于原有总时差，说明该工作实际进度超前，超前的时间为二者之差；

　　3）如果工作尚有总时差小于原有总时差，且仍为非负值，说明该工作实际进度拖后，拖后的时间为二者之差，但不影响总工期；

　　4）如果工作尚有总时差小于原有总时差，且为负值，说明该工作实际进度拖后，拖后的时间为二者之差，此时工作实际进度偏差将影响总工期。

　　[例12-10]　某工程项目进度计划如图12-24所示。该计划执行到第10周末检查实际进度时，发现工作A、B、C、D、E已经全部完成，工作F已进行1周，工作G和工作H均已进行2周，试用列表比较法进行实际进度与计划进度的比较。

　　[解]　根据工程项目进度计划及实际进度检查结果，可以计算出检查日期应进行工作的尚需作业时间、原有总时差及尚有总时差等，计算结果见表12-12。通过比较尚有总时差和原有总时差，即可判断目前工程实际进展状况。

工程进度检查比较表

表 12-12

工作代号	工作名称	检查计划时尚需作业周数	到计划最迟完成时尚余周数	原有总时差	尚有总时差	情　况　判　断
5-8	F	4	4	1	0	拖后1周,但不影响工期
6-7	G	1	0	0	-1	拖后1周,影响工期1周
4-8	H	3	4	2	1	拖后1周,但不影响工期

三、进度计划实施中的调整方法

　　在施工过程中，当通过实际进度与计划进度的比较，发现有进度偏差时，需要分析该偏差对后续工作及总工期的影响，从而采取相应的调整措施对原进度计划进行调整，以确保工期目标的顺利实现。

　　(一)分析进度偏差对后续工作及总工期的影响

　　进度偏差的大小及其所处的位置不同，对后续工作和总工期的影响程度是不同的，分析时需要利用网络计划中工作总时差和自由时差的概念进行判断。分析步骤如下：

　　1. 分析出现进度偏差的工作是否为关键工作

　　如果出现进度偏差的工作位于关键线路上，即该工作为关键工作，则无论其偏差有多大，都将对后续工作和总工期产生影响，必须采取相应的调整措施；如果出现偏差的工作是非关键工作，则需要根据进度偏差值与总时差和自由时差的关系作进一步分析。

　　2. 分析进度偏差是否超过总时差

　　如果工作的进度偏差大于该工作的总时差，则此进度偏差必将影响其后续工作和总工期，必须采取相应的调整措施；如果工作的进度偏差未超过该工作的总时差，则此进度偏差不影响总工期。至于对后续工作的影响程度，还需要根据偏差值与其自由时差的关系作进一步分析。

　　3. 分析进度偏差是否超过自由时差

　　如果工作的进度偏差大于该工作的自由时差，则此进度偏差将对其后续工作产生影响，此时应根据后续工作的限制条件确定调整方法；如果工作的进度偏差未超过该工作的自由时差，则此进度偏差不影响后续工作，因此，原进度计划可以不作调整。

　　进度偏差的分析判断过程如图12-25所示。通过分析，进度控制人员可以根据进度偏

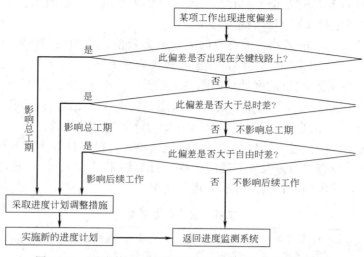

图 12-25　进度偏差对后续工作和总工期影响分析过程图

差的影响程度，制订相应的纠偏措施进行调整，以获得符合实际进度情况和计划目标的新进度计划。

（二）进度计划的调整方法

当实际进度偏差影响到后续工作、总工期而需要调整进度计划时，其调整方法主要有两种。

1. 改变某些工作间的逻辑关系

当工程项目实施中产生的进度偏差影响到总工期，且有关工作的逻辑关系允许改变时，可以改变关键线路和超过计划工期的非关键线路上的有关工作之间的逻辑关系，达到缩短工期的目的。例如，将顺序进行的工作改为平行作业、搭接作业以及分段组织流水作业等，都可以有效地缩短工期。

［例 12-11］　某风管安装工程项目包括风管制作、风管安装、风管保温等 3 个施工过程，各施工过程的持续时间分别为 9 天、15 天和 6 天，如果采取顺序作业方式进行施工，则其总工期为 30 天。为缩短总工期，如果在工作面及资源供应允许的条件下，将工程划分为工程量大致相等的 3 个施工段组织流水作业，试确定其计算工期，并绘制该工程流水作业网络计划。

［解］　按表 12-13 组织流水施工，按"累加数列，错位相减取大差法"计算工期为 20 天。比顺序施工节约工期 10 天。该工程流水作业网络计划如图 12-26 所示。

流水施工的流水节拍　　　　　　　　　　　　表 12-13

施 工 过 程	施 工 段		
	①	②	③
风管制作	3	3	3
风管安装	5	5	5
风管保温	2	2	2

序号	工作名称	进度(天)									
		2	4	6	8	10	12	14	16	18	20
1	风管制作	①		②		③					
2	风管安装			①			②		③		
3	风管保温								①	②	③

图 12-26　某安装工程流水施工网络计划

2. 缩短某些工作的持续时间

这种方法是不改变工程项目中各项工作之间的逻辑关系，而通过采取增加资源投入、提高劳动效率等措施来缩短某些工作的持续时间，使工程进度加快，以保证按计划工期完成该工程项目。这些被压缩持续时间的工作是位于关键线路和超过计划工期的非关键线路上的工作。同时，这些工作又是其持续时间可被压缩的工作。这种调整方法通常可以在网络图上直接进行。

[**例 12-12**]　某工厂建设工程按如图 12-27 的进度计划正在进行。箭线上方的数字为工作缩短一天需增加的费用（元/天），箭线下括弧外的数字为工作正常施工时间，箭线下括弧内的数字为工作最快施工时间。原计划工期是 170 天，在第 75 天检查时，工作 1-2（基础工程）已全部完成，工作 2-3（厂房及构件安装）刚刚开工。由于工作 2-3 是关键工作，所以它拖后 15 天，将导致总工期延长 15 天完成。问题：为使计划按原工期完成，则必须赶工，调整原计划，问应如何调整原计划，既经济又保证计划在 170 天内完成？

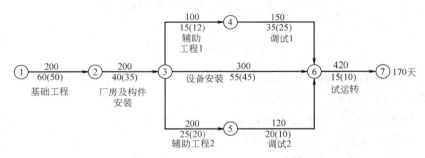

图 12-27　例 12-12 的网络进度计划

[**解**]　在调整网络计划时必须注意：（1）只有调整关键工作的工作时间才会影响工期；（2）当有多项关键工作可供调整时，应调整增加费用最少的工作的工作时间。计划调整过程如表 12-14 所示。

计划调整过程　　　　　　　　　　　　　　表 12-14

调整过程	关键工作	费率(元/天)	调整方案			增加费用(元)	备注
			工作	费率(元/天)	天数(天)		
第 1 次	2-3	200	2-3	200	5	1000	
	3-6	300					
	6-7	420					
第 2 次	3-6	300	3-6	300	5	1500	压缩后不能变成非关键工作
	6-7	420					

续表

调整过程	关键工作	费率（元/天）	调整方案			增加费用（元）	备注
			工作	费率（元/天）	天数（天）		
第3次	3-6	300	3-6 及 3-4	400	3	1200	3-6 与 3-4-6 为平行工作，均为关键线路，必须同时压缩 3-6 及 3-4 或 3-6 及 4-6 才能使两条线路都保持关键线路地位
	3-4	100					
	4-6	150					
	6-7	420					
第4次	3-6	300					
	4-6	150					
	6-7	420	6-7	420	2	840	
合计					15	4540	

调整后的网络计划见图 12-28。

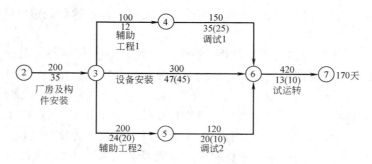

图 12-28 例 12-12 调整后的网络进度计划

复习思考题

1. 单位工程施工组织设计应包括哪些内容？

2. 施工组织设计应按什么程序编制？

3. 施工平面图设计应包括哪些内容？

4. 施工方案应从哪几个方面进行比较？

5. 如何进行网络计划的编制？

6. 如何对进度计划进行调整？

7. 某工程项目，建设单位通过招标将土建工程承包给 A 施工单位，将设备安装承包给 B 安装公司，A、B 分别与建设单位签订了施工合同。B 安装公司的设备安装工程合同工期为 20 个月，建设单位委托某监理公司承担施工阶段监理任务。经总监理工程师审核批准的施工进度计划如图 12-29 所示（时间单位：月），各项工作均匀速施工。

问题 1：如果工作 B、C、H 要由一个专业施工队顺序施工，在不改变原施工进度计划总工期和工作工艺关系的前提下，如何安排该三项工作最合理？此时该专业施工队最少工作间断时间为多少？

问题 2：由于负责土建施工的 A 单位施工未能按时完成，总监理工程师指令 B 承包单位开工日期推迟 4 个月，工期相应顺延 4 个月。推迟 4 个月开工后，当工作 G 开始之时检查实际进度，发现此前施工进度正常。此时，建设单位要求仍按原竣工日期完成工

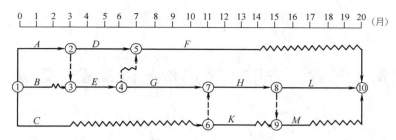

图 12-29　某工程时标网络计划

程，承包单位提出如下赶工方案，得到总监理工程师的同意。该方案将 G、H、L 三项工作均分成两个施工段组织流水施工，数据见表 12-15。那么，G、H、L 三项工作流水施工的工期为多少？此时工程总工期能否满足原竣工日期要求？

施工段及流水节拍　　　　　　　　　　　　　　　　　表 12-15

流水节拍(月)　施工段　工作	①	②
G	2	3
H	2	2
L	2	3

第十三章 安装工程造价与施工成本管理

第一节 安装工程定额

一、安装工程消耗量定额

消耗量定额是指在正常的施工条件和合理劳动组织、合理使用材料及机械的条件下，完成单位合格产品所必须消耗资源的数量标准。这里消耗资源的数量标准是指消耗在组成安装工程基本构造要素上的劳动力、材料和机械台班数量的标准。

在安装工程中，消耗量定额中的单位产品就是工程基本构造要素，即组成安装工程的最小工程要素，也称"子目"。

为了统一标准，国家专门编制发布了《通用安装工程消耗量定额》TY02-31-2015，该定额是完成规定计量单位分部分项（子目）工程所需的人工、材料、施工机械台班、仪器仪表台班的消耗量标准；消耗量水平为全国平均水平，是各省、自治区、直辖市，各部委、行业协会工程造价管理机构编制安装工程定额消耗量基准。

（一）《通用安装工程消耗量定额》的分类和编制依据

《通用安装工程消耗量定额》共分十二册，包括：《第一册 机械设备安装工程》《第二册 热力设备安装工程》《第三册 静置设备与工艺金属结构制作安装工程》《第四册 电气设备与线缆安装工程》《第五册 建筑智能化工程》《第六册 自动化控制仪表安装工程》《第七册 通风空调安装工程》《第八册 工业管道安装工程》《第九册 消防安装工程》《第十册 给排水、采暖、燃气安装工程》《第十一册 通信设备及线路安装工程》《第十二册 防腐、绝热工程》。

《通用安装工程消耗量定额》以国家和有关行业发布的现行设计规程或规范、施工及验收规范、技术操作规程、质量评定标准、产品标准和安全操作规程、绿色建造规定、通用施工组织与施工技术等为依据编制。同时参考了有关省市、部委、行业、企业定额，以及典型工程设计、施工和其他资料。

《通用安装工程消耗量定额》是按照正常施工组织和施工条件，以及国内大多数施工企业采用的施工方法、机械化程度、合理的劳动组织及工期进行编制。

（1）设备、材料、成品、半成品、构配件完整无损，符合质量标准和设计要求，附有合格证书和检验、实验合格记录。

（2）安装工程和土建工程之间的交叉作业合理、正常。

（3）正常的气候、地理条件和施工环境。

（4）安装地点、建筑物实体、设备基础、预留孔洞、预留埋件等均符合安装要求。

（二）《通用安装工程消耗量定额》的组成

《通用安装工程消耗量定额》每册均包括总说明、册说明、目录、章说明、定额项目表、附录。

（1）总说明 总说明主要说明定额的内容、适用范围、编制依据、作用，定额中人工、材料、机械台班消耗量的确定及其有关规定。

（2）册说明 主要介绍该册定额的适用范围、编制依据、定额包括的工作内容和不包括的工作内容、有关费用（如脚手架搭拆费、高层建筑增加费）的规定以及定额的使用方法、使用中应注意的事项和有关问题。

（3）目录 开列定额组成项目名称和页次，以方便查找相关内容。

（4）章说明 章说明主要说明定额章中以下几方面的问题：①定额适用的范围；②界线的划分；③定额包括的内容和不包括的内容；④工程量计算规则和规定。

（5）定额项目表 定额项目表是工程消耗量定额的主要内容，包括以下内容：

1）工作内容。一般列入项目表的表头。

2）一个计量单位的分项工程人工、材料、机械台班消耗量。

表 13-1 所示是第十册《给排水、采暖、燃气工程》第一章"给排水管道"中室内镀锌钢管安装有关的部分定额项目表的内容。

（6）附录 附录放在每册定额表之后，为使用定额提供参考数据，如主要材料损耗表。

（三）通用安装工程消耗量指标的确定

（1）人工消耗量的确定

人工消耗量指标是以劳动定额为基础确定的完成单位分项工程所必须消耗的劳动量标准。在定额中以"时间定额"的形式表示，其表达式如下：

人工消耗量＝基本用工＋辅助用工＋人工幅度差

式中，基本用工指完成该分项工程的主要用工，包括材料加工、安装等用工；辅助用工指在基本用工之外增加的用工；人工幅度差指劳动定额人工消耗只考虑就地操作，不考虑工作场地转移、工序交叉、机械转移、零星工程等用工，而消耗量定额则考虑了这些用工差。

《通用安装工程消耗量定额》中定额人工以合计工日表示，分别列出普工、一般技工和高级技工的消耗量。

人工每工日按照 8h 工作制计算。

（2）材料消耗量指标的确定

《通用安装工程消耗量定额》中材料泛指原材料、成品、半成品。定额中材料含安装材料和消耗性材料。安装材料属于未计价材料，在定额中以"（×××）"表示。消耗性材料包括施工中消耗的材料、辅助材料、周转材料和其他材料。

材料消耗量的表达式如下：

材料消耗量＝材料净用量＋材料损耗量＝材料净用量×（1＋材料损耗率）

材料净用量指构成工程子目实体必须占有的材料量。

材料损耗量包括从工地仓库运至安装堆放地点或现场加工地点至安装地点的搬运损耗、施工操作损耗、现场堆放损耗。不包括场外的运输损失、仓库或现场堆放地点或现场加工地点保管损耗、由于材料规格和质量不符合要求而报废的数量；不包括规范、设计文件规定的预留量、搭接量、冗余量。主要材料损耗率见定额各册附录。

《通用安装工程消耗量定额》项目表示例

表 13-1

2. 室内镀锌钢管（螺纹连接）

工作内容：调直、切管、套丝、组对、连接，管道及管件安装，水压试验及水冲洗等。　　　　　　　　计量单位：10m

定额编号				10-1-12	10-1-13	10-1-14	10-1-15	10-1-16	10-1-17
项目				公称直径（mm 以内）					
				15	20	25	32	40	50
名称			单位	消耗量					
人工	合计工日		工日	1.579	1.614	2.028	2.193	2.239	2.454
	其中	普工	工日	0.395	0.404	0.507	0.548	0.560	0.614
		一般技工	工日	1.026	1.049	1.318	1.426	1.455	1.595
		高级技工	工日	0.158	0.161	0.203	0.219	0.224	0.245
材料	镀锌钢管		m	(9.910)	(9.910)	(9.910)	(9.910)	(10.020)	(10.020)
	给水室内镀锌钢管螺纹管件		个	(14.490)	(12.100)	(11.400)	(9.830)	(7.860)	(6.610)
	尼龙砂轮片 ϕ400		片	0.066	0.070	0.108	0.146	0.150	0.156
	机油		kg	0.158	0.170	0.203	0.206	0.209	0.213
	聚四氟乙烯生料带宽 20		m	10.980	13.040	15.500	16.020	16.190	16.580
	镀锌铁丝 ϕ2.8～4.0		kg	0.040	0.045	0.068	0.075	0.079	0.083
	碎布		kg	0.080	0.090	0.150	0.167	0.187	0.213
	热轧厚钢板 δ8.0～15		kg	0.030	0.032	0.034	0.037	0.039	0.042
	氧气		m³	0.003	0.003	0.006	0.006	0.006	0.006
	乙炔气		kg	0.001	0.001	0.001	0.002	0.002	0.02
	低碳钢焊条 J422 ϕ3.2		kg	0.002	0.002	0.002	0.002	0.002	0.002
	水		m³	0.008	0.014	0.023	0.040	0.053	0.088
	橡胶板 δ1～3		kg	0.007	0.008	0.008	0.009	0.010	0.010
	六角螺栓		kg	0.004	0.004	0.004	0.005	0.005	0.005
	螺纹阀门 DN20		个	0.004	0.004	0.005	0.005	0.005	0.005
	焊接钢管 DN20		m	0.013	0.014	0.015	0.016	0.016	0.017
	橡胶软管 DN20		m	0.006	0.006	0.007	0.007	0.007	0.008
	弹簧压力表 Y-100 0～1.6MPa		块	0.002	0.002	0.002	0.002	0.002	0.003
	压力表弯管 DN15		个	0.002	0.002	0.002	0.002	0.002	0.003
	其他材料费		%	1.00	1.00	1.00	1.00	1.00	1.00
机械	载货汽车-普通货车 5t		台班	—	—	—	—	—	0.003
	吊装机械（综合）		台班	0.002	0.002	0.003	0.004	0.005	0.007
	砂轮切割机 ϕ400		台班	0.016	0.020	0.028	0.033	0.035	0.038
	管子切断套丝机 159mm		台班	0.134	0.158	0.245	0.261	0.284	0.293
	电焊机（综合）		台班	0.001	0.001	0.001	0.001	0.002	0.002
	试压泵 3MPa		台班	0.001	0.001	0.001	0.002	0.002	0.002
	电动单级离心清水泵 100mm		台班	0.001	0.001	0.001	0.001	0.001	0.001

定额中列出的周转性材料用量是按照不同施工方法、考虑不同工程项目类别、选取不同材料规格综合计算出的摊销量。

对于用量少、低值易耗的零星材料，列为其他材料。

（3）机械台班消耗量指标的确定

施工机械是按照常用机械、合理配备考虑，同时结合施工企业的机械化能力与水平等情况综合确定。机械台班消耗量的单位是台班。按现行规定，每台机械工作 8h 为一个台班。定额中的施工机械台班消耗量是按照机械正常施工效率并考虑机械施工适当幅度差综合取定。其表达式如下：

机械台班消耗量＝实际消耗量＋影响消耗量＝实际消耗量×（1＋幅度差额系数）

式中，实际消耗量指根据施工定额中机械产量定额的指标换算求出的；影响消耗量指考虑机械场内转移、质量检测、正常停歇等合理因素的影响所增加的台班耗量，一般采用机械幅度差额系数计算，对于不同的施工机械，幅度差额系数不相同。

施工机械原值在 4000 元以内、使用年限在一年以内不构成固定资产的施工机械，不列入机械台班消耗量，作为工具用具连同其消耗的燃料动力等在安装工程费用中考虑。

（4）仪器仪表消耗量指标的确定

定额仪器仪表是按照正常施工组织、施工企业技术水平考虑，同时结合市场实际情况综合确定。

定额中的仪器仪表台班消耗量是按照仪器仪表正常使用率，并考虑必要的检验检测及适当幅度差综合取定。

仪器仪表原值在 4000 元以内、使用年限在一年以内不构成固定资产的仪器仪表，不列入仪器仪表台班消耗量，作为工具用具连同其消耗的燃料动力等在安装工程费用中考虑。

二、安装工程费用定额

由于我国幅员辽阔，各省、自治区和直辖市社会发展情况不同，并且不同的建筑企业的人员配置、施工机械装备程度存在差异，《通用安装工程消耗量定额》仅给出了完成规定计量单位分部分项（子目）工程所需的人工、材料、施工机械台班、仪器仪表台班的消耗量标准；国家不再出台统一的费用标准，而由各省、自治区和直辖市根据本地区实际情况，出台相应的费用定额（标准）。

以下以《广东省通用安装工程综合定额（2018）》为例，介绍地区编制的费用标准。

（一）定额的分类和编制依据

《广东省通用安装工程综合定额（2018）》是在国家标准《建设工程工程量清单计价规范》GB 50500—2013、《建设工程劳动定额》LD/T 75.1—2008、《通用安装工程消耗量定额》TY02-31-2015 和《广东省建设工程计价依据》（2010 年）的基础上，结合广东省实际，根据现行国家产品标准、设计规范和施工验收规范、质量评定标准、安全操作规程、绿色施工评价标准等编制的。适用于广东省行政区域内采用绿色施工标准新建、扩建和改建的工业与民用建筑通用安装工程。

综合定额包括：《第一册 机械设备安装工程》《第二册 热力设备安装工程》《第三册 静置设备与工艺金属结构制作安装工程》《第四册 电气设备安装工程》《第五册 建筑智能化工程》《第六册 自动化控制仪表安装工程》《第七册 通风空调工程》《第八册 工业管道

工程》《第九册 消防工程》《第十册 给排水、采暖、燃气工程》《第十一册 通信设备及线路工程》《第十二册 刷油、防腐蚀、绝热工程》。

（二）定额的费用组成

综合定额各专业册均按章、节、项目、子目排列，各册均有总说明、册说明、章说明、工程量计算规则、分部分项工程项目、措施项目、其他项目、税金、附录，项目有工作内容和定额表格组成，有的加上必要的附注。工作内容简单额要说明主要施工工序，次要施工工序虽未具体说明，但均已综合考虑在内。表 13-2 是《广东省通用安装工程综合定额（2018）》项目表示例。

1. 人工费

综合定额的人工费是指直接从事施工作业的生产工人的薪酬，包括基本用工、辅助用工、人工幅度差、现场运输及清理现场等用工费用，已经综合考虑了不同工种、不同技术等级等因素，内容包括工资性收入、社会保险费、住房公积金、工会经费、职工教育经费、职工福利费及特殊情况下支付的工资等。

工资性收入：按计时工资标准和工作时间或对已工作按计件单价支付给个人的劳动报酬。

社会保险费：在社会保险基金的筹集过程中，企业按照规定的数额和期限向社会保险管理机构缴纳的费用，包括基本养老保险费、基本医疗保险费、工伤保险费、失业保险费和生育保险费。

住房公积金：企业按规定标准为职工缴纳的住房公积金。

工会经费：企业按《中华人民共和国工会法》规定的全部职工工资总额比例计提的工会经费。

职工教育经费：按职工工资总额的规定比例计提，企业为职工进行专业技术和职业技能培训，专业技术人员继续教育、职工职业技能鉴定、职业资格认定以及根据需要对职工进行各类文化教育所发生的费用。

职工福利费：企业为职工提供的除职工工资性收入、职工教育经费、社会保险费和住房公积金以外的福利待遇支出。

特殊情况下支付的工资：根据国家法律、法规和政策规等原因，按计时工资标准或计时工资标准的一定比例支付的工资。

综合定额的人工按 8h 工作制计算，借工、时工 4h 以内按半个工日计算，4h 以上 8h 以内按 1 个工日计算；停工、窝工按日历天计算。

2. 材料费

综合定额材料费是指工程施工过程中耗费的各种原材料、半成品、构配件的费用，包括材料原价、运杂费、运输损失费和采购及保管费。

（1）材料原价：材料的出厂价格或商家供应价格。

（2）运杂费：材料自来源地运至工地或指定堆放地点所发生的包装、捆扎、运输、装卸等费用。

（3）运输损耗费：材料在运输装卸过程中不可避免的损耗费用。

（4）采购及保管费：组织采购和保管材料的过程中所需要的各项费用，包括采购费、采购单位仓储及损耗费等。

综合定额项目表示例

表 13-2

2. 镀锌薄钢板矩形通风管道

工作内容：1. 风管制作：放样、下料、折方、轧口、咬口、制作直管、管件、法兰、吊托支架、钻孔、铆焊、上法兰、组对。

2. 风管安装：找标高、打支架墙洞、配合预留孔洞、埋设吊托支架、组装、风管就位、找平、找正、制垫、垫垫、上螺栓、紧固。

计量单位：10m²

定额编号						C7-2-34	C7-2-35	C7-2-36
子目名称						镀锌薄钢板矩形风管(δ=1.2mm 以内咬口) 制作安装		
						长边长(mm)		
						≤320	≤460	≤1000
基价(元)						1256.83	927.96	718.12
其中		人工费(元)				780.12	567.82	426.80
		材料费(元)				207.12	174.67	157.89
		机具费(元)				41.76	21.98	11.84
		管理费(元)				227.83	163.49	121.59
分类	编码	名称	单位	单价(元)		消 耗 量		
人工	00010010	人工费	元	—		780.12	567.82	426.80
材料	01290303	镀锌钢板	m³	—		[11.380]	[11.380]	[11.380]
	01010031	热轧圆盘条 φ10 以内	kg	3.56		1.350	1.930	1.490
	01010180	圆钢 φ10~14	kg	3.62		—	—	—
	01130002	扁钢 综合	kg	3.61		2.150	1.330	1.120
	01210001	角钢 综合	kg	3.55		40.420	35.660	35.200
	03010010	铆钉 综合	kg	5.90		0.430	0.240	0.220
	03010590	六角螺栓 M6×75	十套	1.12		16.900	—	—
	03010605	六角螺栓 M8×75	十套	1.70		—	9.050	4.300
	03013061	膨胀螺栓 M12	十套	8.41		0.200	0.150	0.150
	03131101	尼龙砂轮片 φ400	片	11.97		—	—	—
	03135001	低碳钢焊条 综合	kg	6.01		2.240	1.060	0.490
	14390070	氧气	m³	5.16		0.500	0.450	0.450
	14390100	乙炔气	kg	13.30		0.180	0.160	0.160
	15130210	难燃 B1 级 PEF 自粘板	m³	10.30		0.335	0.236	0.167
	99450760	其他材料费	元	1.00		6.03	5.09	4.60
机具	990726010	台式钻床 钻孔直径 16(mm)	台班	5.22		1.150	0.590	0.360
	990732005	剪板机 厚度×宽度 6.3×2000(mm)	台班	60.86		0.040	0.40	0.030
	990737040	折方机 厚度×宽度 4×2000(mm)	台班	39.84		0.040	0.040	0.030
	990739010	咬口机 板厚 1.2(mm)	台班	15.17		0.040	0.040	0.030
	990901010	交流弧焊机 容量 21(kV·A)	台班	64.83		0.480	0.220	0.100

综合定额中材料消耗量已含成品、半成品、材料配料等施工及场内运输过程中合理的损耗消耗量，包括直接消耗在施工中的原材料、辅助材料、构配件、零件和半成品等的费用和周转使用材料的摊销（或租赁）费用，并计入了相应的损耗，其内容和范围包括从工地仓库、现场集中堆放地点或现场加工地点到操作或安装地点的运输损耗、施工操作损耗、施工现场堆放损耗。

用量很少、占材料费比例很小的零星材料未详细列出，已经合并考虑在其他材料费内，除定额另有说明外不需要另行计算。

周转性材料已按不同施工方法、不同材质按规定的周转次数摊销计入定额内。

综合定额中未注明单价的材料均为未计价材料，基价中不包括其价格，应根据"[ ]"内所列的用量计算；子目表格中带（）符号者，只作换算时使用；子目中带 [ ] 符号者，表示未计价材料。

综合定额的材料按施工单位自行采购考虑，建设单位采购供应到现场或到施工单位指定地点的材料由施工单位负责保管的，即双方协商，可以按照材料价格的 1.5% 收取保管费。

3. 施工机具费

综合定额施工机具费是指施工作业所发生的施工机械使用费和施工仪器仪表使用费。

（1）施工机械使用费是指施工机械作业发生的使用费，包括以下内容：

折旧费：施工机械在规定的耐用总台班内，陆续收回其原值的费用。

检修费：施工机械在规定的耐用总台班内按规定的检修间隔进行必要的检修，以恢复其正常功能所需要的费用。

维护费：施工机械在规定的耐用总台班内，按规定的维修间隔进行各级维护和临时故障排除所需要的费用。保障机械正常运转所需替换设备与随机配备工具附具的摊销费用、机械运转及日常维护所需润滑与擦拭的材料费用，及机械停滞期间的维护费用等。

安拆费：施工机械在现场进行安装与拆卸所需要的人工、材料、机械和试运转费用以及机械辅助设施的折旧、搭设、拆除等费用。

机上人工费：机上司机（司炉）和其他操作人员的工作日人工费及上述人员在施工机械规定的年工作台班以外的人工费。

燃料动力费：施工机械的运转作业中所消耗的燃料及水电的费用。

其他费用：施工机械按照国家规定应缴纳的车船税、保险费及检验费等。

（2）施工仪器仪表使用费是指工程施工所发生的仪器仪表使用费，包括以下内容：

折旧费：施工仪器仪表在耐用总台班内陆续收回其原值的费用。

维护费：施工仪器仪表各级维护、临时故障排除所需的费用以及保证仪器仪表正常使用所需备件（备品）的维护费用。

校验费：按国家与地方政府规定的标准与检验费用。

动力费：仪器仪表在使用过程中所耗用的电费。

综合定额的施工机具台班消耗量是按正常合理的施工机械、现场校验仪器仪表配备情况和大多数施工企业的装备程度综合取定。实际情况与定额不符时，除各章另有说明外，均不做调整。

凡单位价值在 2000 元以内，使用年限在一年以内的不构成固定资产的工具用具、仪器仪表等未计入综合定额施工机具费内，但已计在综合定额管理费内。

综合定额施工机具每台班按 8h 工作制计算，签证机械台班 4h 以内按半个台班计算，4h 以上 8h 以内按一个台班计算。

4. 管理费

综合定额管理费是指施工企业为完成承包工程而组织施工生产和经营管理所发生的费用，包括以下内容：

管理人员薪酬：管理人员的人工费，内容包括工资性收入、社会保险费、住房公积金、工会经费、职工教育经费、职工福利费及特殊情况下支付的工资等。

办公费：企业管理办公用的文具、纸张、账表、印刷、通信、书报、宣传、办公软件、现场监控、会议、水电、烧水和集体取暖降温（包括现场临时宿舍取暖降温）等费用。

差旅交通费：职工出差的差旅费、市内交通费和误餐补助费，以及管理部门使用的交通工具的油料、燃料、年检等费用。

施工单位进退场费：施工单位根据建设任务需要，派遣生产人员和施工机具设备从基地前往工程所在地，或从一个项目迁往另一个项目所发生的搬迁费，包括生产工人调遣的差旅费，调遣转移期间的工资、行李运输，施工机械、工具、用具、周转性材料及其他施工装备的搬运费用等。

非生产性固定资产使用费：管理和试验部门及附属生产单位使用的属于非生产性固定资产的房屋、车辆、设备、仪器等的折旧、大修、维修或租赁费。

工具用具使用费：企业施工生产和管理使用的不属于固定资产的工具、器具、家具、交通工具和检验、试验、测绘、消防用具等的购置、维修和摊销费。

劳动保护费：企业按规定发放的劳动保护用品的支出，如工作服、手套、防暑降温饮料以及在有害身体健康的环境中施工的保健费用等。

财务费：企业为施工生产筹集资金或提供预付款担保、履约担保、职工工资支付担保等发生的各种费用。

税金：企业按规定缴纳的房产税、非生产性车船使用税、土地使用税、印花税、消费税、资源税、环境保护税、城市维护建设税、教育费附加、地方教育附加等各项税费。

其他管理性的费用：包括技术转让费、技术开发费、投标费、业务招待费、绿化费、广告费、公证费、法律顾问费、审计费、咨询费、保险费、劳动力招募费、企业定额编制费、远程视频监控费、信息化购置运维费、采购材料的自检费用等。

管理费以分部分项的人工费与施工机具费之和为计算基数，按不同费率计算并已列入各章相应项目中，实际执行时应随人工、机具等价格变动而调整。

需要说明的是，上述子目基价及其组项价格均不包含增值税，可抵扣进项税额。

第二节　安装工程造价工程量清单计价

一、工程量清单计价的概念

（一）工程量清单及工程量清单计价

所谓工程量清单就是载明建设工程分部分项工程项目、措施项目、其他项目的名称和相应数量以及规费、税金项目等内容的明细清单。工程量清单在不同阶段，又可分别称为"招标工程量清单"、"已标价工程量清单"等。招标工程量清单是在建设工程招投标阶段由具有编制能力的招标人或受其委托、具有相应资质的工程造价咨询人编制的技术文件，必须作为招标文件的组成部分，其准确性和完整性由招标人负责。招标工程量清单应以单位（单项）工程为单位编制，由分部分项工程项目清单、措施项目清单、其他项目清单、规费和税金项目清单组成。

工程量清单计价是建设工程招投标中，由具有编制能力的招标人或受其委托、具有相应资质的工程造价咨询人按照国家统一的工程量清单计价规范，列出工程数量作为招标文件的一部分提供给投标人，投标人自主报价经评审后确定中标的一种主要工程造价计价模式。工程量清单计价按造价的形成过程分为两个阶段，第一阶段是招标人编制工程量清单，作为招标文件的组成部分；第二阶段由投标人根据工程量清单进行计价或报价。

为了规范建设工程造价计价行为，统一建设工程计价文件的编制原则和计价方法，我国专门制订了国家标准《建设工程工程量清单计价规范》GB 50500—2013，同时还配套有相应的工程量计算规范，用来统一工程量的计算规则及工程量清单的编制方法。工程量计算规范按专业分为九本，分别是《房屋建筑与装饰工程工程量计算规范》《仿古建筑工程工程量计算规范》《通用安装工程工程量计算规范》《市政工程工程量计算规范》《园林绿化工程工程量计算规范》《矿山工程工程量计算规范》《构筑物工程工程量计算规范》《城市轨道交通工程工程量计算规范》《爆破工程工程量计算规范》。

（二）工程量清单计价方式下的安装工程造价组成

表 13-3 是采用工程量清单计价时的造价费用组成。

安装工程费用组成　　　　　　　　　　　　　　　　　　表 13-3

安装工程费	分部分项工程费	
	措施项目费	专业措施项目费
		安全文明施工及其他措施项目费
	其他项目费	暂列金额
		暂估价
		计日工
		总承包服务费
	规费	工程排污费
		社会保险费
		住房公积金
	税金	营业税
		城市维护建设税
		教育费附加
		地方教育附加

1. 分部分项工程费

分部分项工程费是工程实体的费用，指为完成设计图纸所要求的工程所需的费用。

2. 措施项目费

措施项目费是为完成工程项目施工，发生于该工程施工前和施工过程中技术、生活、安全等方面所需的非工程实体项目费。措施项目分专业措施项目、安全文明施工及其他措施项目两大类，《通用安装工程工程量计算规范》中规定的措施项目见表13-4、表13-5。措施项目在计价时分两类情况，一类是不能计算工程量的项目，如文明施工和安全防护、临时设施等，以"项"计价，称为"总价项目"；另一类是可以计算工程量的项目，如脚手架、降水工程等，以"量"计价，称为"单价项目"。

专业措施项目一览表 表 13-4

序号	项 目 名 称	序号	项 目 名 称
1	吊装加固	11	在有害身体健康环境中施工增加
2	金属抱杆安装、拆除、移位	12	工程系统检测、检验
3	平台铺设、拆除	13	设备、管道施工的安全、防冻和焊接保护
4	顶升、提升装置	14	焦炉烘炉、热态工程
5	大型设备专用机具	15	管道安拆后的充气保护
6	焊接工艺评定	16	隧道内施工的通风、供水、供气、供电、照明及通信设施
7	胎(模)具制作、安装、拆除		
8	防护棚制作安装拆除		
9	特殊地区施工增加	17	脚手架搭拆
10	安装与生产同时进行增加	18	其他措施

安全文明施工及其他措施项目一览表 表 13-5

序号	项 目 名 称
1	安全文明施工(含环境保护、文明施工、安全施工、临时设施)
2	夜间施工增加
3	非夜间施工增加
4	二次搬运
5	冬雨期施工增加
6	已完工程及设备保护
7	高层施工增加

3. 其他项目费

其他项目费包括暂列金额、暂估价、计日工及总承包服务费。

暂列金额：招标人在工程量清单中暂定并包含在合同价款中的一笔款项。用于施工合同签订时尚未确定或者不可预见的所需材料、工程设备、服务的采购，施工中可能发生的工程变更、合同约定调整因素出现时的合同价款调整以及发生的索赔、现场签证确认等的费用。

暂估价：招标人在工程量清单中提供的用于支付必然发生但暂时不能确定价格的材料、工程设备的单价以及专业工程的金额。

计日工：在施工过程中，承包人完成发包人提出的工程合同范围以外的零星项目或工作，按合同中约定的单价计价的一种方式。计日工包括计日工人工、材料和施工机械。

总承包服务费：总承包人为配合协调发包人进行的专业工程分包，对发包人自行采购的材料、工程设备等进行保管以及施工现场管理、竣工资料汇总整理等服务所需的费用。

4. 规费

根据国家法律、法规规定，由省级政府或省级有关权力部门规定施工企业必须缴纳的，应计入建筑安装工程造价的费用。

5. 税金

国家税法规定的应计入建筑安装工程造价内的营业税、城市维护建设税、教育费附加和地方教育附加。

二、工程量清单的编制

工程量清单编制必须遵循《建设工程工程量清单计价规范》GB 50500—2013 以及相关的工程量计算规范的规定，本专业所涉及的内容主要执行《通用安装工程工程量计算规范》GB 50856—2013 的规定。

《建设工程工程量清单计价规范》正文共 16 章，包括总则、术语、一般规定、工程量清单编制、招标控制价、投标报价、合同价款约定、工程计量、合同价款调整、合同价款期中支付、竣工结算与支付、合同解除的价款结算与支付、合同价款争议的解决、工程造价鉴定、工程计价资料与档案、工程计价表格等。附录共 11 部分，主要是计价过程中使用的各种表格。

《通用安装工程工程量计算规范》正文包括总则、术语、工程计量、工程量清单编制四部分内容。附录按专业划分为 13 部分，包括附录 A《机械设备安装工程》、附录 B《热力设备安装工程》、附录 C《静置设备与工艺金属结构制作安装工程》、附录 D《电气设备安装工程》、附录 E《建筑智能化工程》、附录 F《自动化控制仪表安装工程》、附录 G《通风空调工程》、附录 H《工业管道工程》、附录 J《消防工程》、附录 K《给排水、采暖、燃气工程》、附录 L《通信设备及线路工程》、附录 M《刷油、防腐蚀、绝热工程》、附录 N《措施项目》。

（一）分部分项工程量清单

工程量清单应按照《通用安装工程工程量计算规范》相应附录中规定的项目编码、项目名称、项目特征、计量单位和工程量计算规则进行编制。表 13-6 是工程量清单的项目设置表。

工程量清单的项目设置   表 13-6

项目编码	项目名称	项目特征	计量单位	工程量计算规则	工程内容

1. 项目编码

《通用安装工程工程量计算规范》附录文件中对每一个分部分项工程清单项目均给定一个编码。项目编码用十二位阿拉伯数字表示。具体编码代表的含义如下：

一、二位为专业工程代码，01 为房屋建筑与装饰工程，02 为仿古建筑工程工程量计算规范，03 为通用安装工程，04 为市政工程，05 为园林绿化工程，06 为矿山工程，07 为构筑物工程，08 为城市轨道交通工程，09 为爆破工程，以后进入国标的专业工程代码以此类推。

三、四位为附录分类顺序码，01 为机械设备安装工程，02 为热力设备安装工程，03 为静置设备与工艺金属结构制作安装工程，04 为电气设备安装工程，05 为建筑智能化工程，06 为自动化控制仪表安装工程，07 为通风空调工程，08 为工业管道工程，09 为消防工程，10 为给排水、采暖、燃气工程，11 为通信设备及线路工程，12 为刷油、防腐蚀、绝热工程。

五、六位为分部工程的顺序码。

七、八、九位为分项工程项目名称的顺序码。

十、十一、十二位为清单项目名称顺序码。

例：030703001 表示"通用安装工程"专业工程中的附录 G"通风空调工程"中的分部分项工程"通风管道部件制作安装"中的第一项"碳钢阀门"项目。

当同一标段（或合同段）的一份工程量清单中含有多个单位工程且工程量清单是以单位工程为编制对象时，在编制工程量清单时应特别注意对项目编码十至十二位的设置不得有重码的规定。例如一个标段的工程量清单中含有三个单位工程，每一个单位工程中都有项目特征相同的电梯安装工作，在工程清单中又需要反映三个不同单位工程的电梯工程量时，则第一个单位工程的电梯项目编码应为 030107001001，第二个单位工程的电梯项目编码应为 030107001002，第三个单位工程的电梯项目编码应为 030107001003。

随着工程建设中新材料、新技术、新工艺等的不断涌现，工程量计算规范附录中所列的工程量清单项目不可能包含所有项目。在编制工程量清单时，当出现真伪莫辨且附录中未包括的清单项目时，编制人可以补充。补充时要注意：（1）补充项目的编码要按计算规范的规定确定。补充项目的编码由通用安装工程代码 03 与 B 和三位阿拉伯数字组成，并应从 03B001 开始，同时也要注意同一招标工程的项目不得有重码；（2）在工程量中应补充项目名称、项目特征、计量单位、工程量计算规划和工作内容；（3）将编制的补充项目报省级或行业工程造价管理机构备案。

2. 项目名称

分部分项工程量清单项目名称应按附录的项目名称结合拟建工程的实际确定。

3. 项目特征

项目特征是确定一个清单项目综合单价不可缺少的重要依据，在编制工程量清单时必须对项目特征进行准确、全面的描述。

4. 计量单位

计量单位应采用基本单位，不使用扩大单位（100kg、$10m^2$、10m 等），这一点与定额计价有很大差别（各专业另有特殊规定除外）。以重量计算的项目——吨或千克（t 或 kg）；以体积计算的项目——立方米（m^3）；以面积计算的项目——平方米（m^2）；以长度计算的项目——米（m）；以自然计量单位计算的项目——个；没有具体数量的项目——系统、项。

以"t"为单位的，保留小数点后三位，第四位小数四舍五入；以"m"、"m^2"、

"m^3"、"kg"为单位，应保留两位小数，第三位小数四舍五入；以"台"、"个"、"件"、"套"、"根"、"组"、"系统"等为单位的，应取整数。

5. 工程内容

工程内容是指完成该清单项目可能发生的具体工程，可供招标人确定清单项目和投标人投标报价参考。

（二）措施项目清单

《通用安装工程工程量计算规范》附录N中列出了专业措施项目、安全文明施工及其他措施项目的内容。与分部分项工程量清单一样，措施项目清单必须列出项目编码、项目名称、项目特征、计量单位。如项目编码031301017为脚手架搭拆，031302001为安全文明施工。

措施项目一类是不能计算工程量的项目，如文明施工和安全防护、临时设施等，以"项"为单位；另一类是可以计算工程量的项目，如脚手架、降水工程等，以实际单位计量。

（三）其他项目清单

其他项目清单应根据拟建工程的具体情况列项。一般包括暂列金额、暂估价、计日工、总承包服务费。

三、工程量清单计价

（一）工程量清单计价步骤

工程量清单计价的基本过程可以描述为：在统一的工程量计算规则的基础上，制定工程量清单项目设置规则，根据具体工程的施工图纸核算各个清单项目的工程量，再根据各种渠道所获得的工程造价信息和经验数据计算得到工程造价。这一计算过程如图13-1所示。

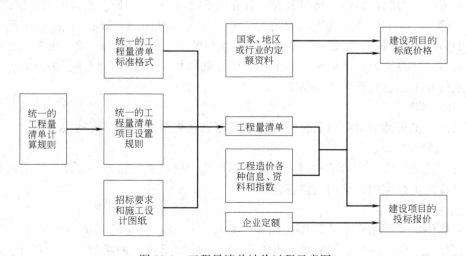

图13-1　工程量清单计价过程示意图

（二）费用计算

工程量清单计价采用综合单价计价。综合单价是完成一个规定清单项目所需的人工费、材料和工程设备费、施工机具使用费和企业管理费、利润以及一定范围内的风险费用。综合单价不但适用于分部分项工程量清单，也适用于措施项目清单、其他项目清单等。

1. 分部分项工程费

安装工程分部分项工程量清单的综合单价，应按设计文件或参照《通用安装工程工程量计算规范》附录文件中的工程内容确定。分部分项工程的综合单价包括以下内容：

（1）分部分项工程一个清单计量单位的人工费、材料费、机械费、管理费、利润；

（2）在不同条件下施工需增加的人工费、材料费、机械费、管理费、利润；

（3）人工、材料、机械动态价格调整与相应的管理费、利润调整；

（4）包括招标文件要求的风险费用。

综合单价应采用综合单价分析表进行。综合单价分析表中应包括完成某分部分项工程的全部工作的单价，单价组价可采用企业定额或该地区的综合定额确定。

2. 措施项目费

我国将措施项目费中的安全文明施工费纳入国家强制性管理范围，其费用标准不予竞争。

措施项目在计价时分两类情况，一类是不能计算工程量的项目，如文明施工和安全防护、临时设施等，以"项"计价，称为"总价项目"；另一类是可以计算工程量的项目，如脚手架、降水工程等，以"量"计价，称为"单价项目"。

3. 其他项目费

暂列金额：编制招标控制价时，暂列金额可根据工程特点、工期长短，按有关计价规定进行估算，一般可按分部分项工程费的10%～15%作为参考。

暂估价：编制招标控制价时，材料暂估价单价应按工程造价管理机构发布的工程造价信息或参考市场价格确定。专业工程暂估价应分不同专业，按有关计价规定估算。

计日工：编制招标控制价时，招标人应根据工程特点，按照列出的计日工项目和有关计价依据计算。

总承包服务费：编制招标控制价时，招标人应根据招标文件中列出的内容和向总承包人提出的要求参照下列标准计算：（1）招标人仅要求对分包的专业工程进行总承包管理和协调时，按分包的专业工程估算造价的1.5%计算；（2）招标人要求对分包的专业工程进行总承包管理和协调并同时要求提供配合服务时，根据招标文件中列出的配合服务内容和提出的要求按分包的专业工程估算造价的3%～5%计算；（3）招标人自行供应材料的，按招标人供应材料价值的1%计算。

4. 规费和税金

规费和税金应按国家或省级、行业建设主管部门的规定计算，不得作为竞争性费用。

四、工程量清单及计价表格

根据《建设工程工程量清单计价规范》的要求，工程量清单与计价要使用统一的表格。部分表格形式如下：

1. 工程计价汇总表包括建设项目投标报价汇总表、单项工程投标报价汇总表及单位工程投标报价汇总表。表 13-7 是单位工程投标报价汇总表。

单位工程投标报价汇总表　　　　　　　　　　　　　　**表 13-7**

工程名称：　　　　　　　标段：　　　　　　　　　　　　第 页 共 页

序号	汇 总 内 容	金额(元)	其中:暂估价(元)
1	分部分项工程		
1.1			
1.2			
2	措施项目		—
2.1	其中:安全文明施工费		—
3	其他项目		—
3.1	其中:暂列金额		—
3.2	其中:专业工程暂估价		—
3.3	其中:记日工		—
3.4	其中:总承包服务费		—
4	规费		—
5	税金		—
招标控制价 合计＝1+2+3+4+5			

注：本表适用于单位工程投标报价或招标控制价的汇总，如无单位工程划分，单项工程也使用本表汇总。

2. 分部分项工程和单价措施项目清单与计价表见表 13-8。招标人填写工程量清单部分内容，投标人填写金额栏。

分部分项工程和单价措施项目清单与计价表　　　　　　**表 13-8**

工程名称：　　　　　　　标段：　　　　　　　　　　　　第 页 共 页

序号	项目编码	项目名称	项目特征描述	计量单位	工程量	金额(元)		
						综合单价	合价	其中:暂估价
本页小计								
合计								

注：为记取规费等的使用，可在表中增设"其中：定额人工费"。

3. 综合单价分析表见表 13-9。投标人应对每一个清单项目所报的综合单价按工程量清单综合单价分析表的格式进行分析。

综合单价分析表 表 13-9

工程名称： 标段： 第 页 共 页

项目编码		项目名称		计量单位		工程量	

清单综合单价组成明细

定额编号	定额项目名称	定额单位	数量	单价				合价			
				人工费	材料费	机械费	管理费和利润	人工费	材料费	机械费	管理费和利润

人工单价		小计					
元/工日		未计价材料费					

清单项目综合单价

材料费明细	主要材料名称、规格、型号	单位	数量	单价（元）	合价（元）	暂估单价(元)	暂估合价(元)
	其他材料费			—		—	
	材料费小计			—		—	

注：1. 如不使用省级或行业建设主管部门发布的计价依据，可不填写定额编号、名称等。
　　2. 招标文件提供了暂估单价的材料，按暂估的单价填入表内"暂估单价"栏及"暂估合价"栏。

4. 总价措施项目清单与计价表格式见表 13-10。

总价措施项目清单与计价表 表 13-10

工程名称： 标段： 第 页 共 页

序号	项 目 名 称	计算基础	费率（%）	金额（元）	调整费率（%）	调整后金额（元）	备注
1	安全文明施工费						
2	夜间施工费						
3	二次搬运费						
4	冬雨期施工增加费						
5	已完工程及设备保护费						
	合计						

编制人（造价人员）： 复核人（造价工程师）：

注：1. "计算基础"中安全文明施工费可为"定额基价"、"定额人工费"或"定额人工费＋定额机械费"，
　　　其他项目可为"定额人工费"或"定额人工费＋定额机械费"。
　　2. 按施工方案计算的措施费，若无"计算基础"和"费率"的数值，也可只填"金额"数值，但应在备
　　　注栏说明施工方案出处或计算方法。

5. 其他项目计价表见表 13-11。

其他项目清单与计价汇总表　　　　　　　　　　　　表 13-11

工程名称：　　　　　　　　　　标段：　　　　　　　　　　　　　　第　页　共　页

序号	项 目 名 称	金额(元)	结算金额(元)	备注
1	暂列金额			
2	暂估价			
2.1	材料(工程设备)暂估价/结算价			
2.2	专业工程暂估价			
3	记日工			
4	总承包服务费			
5	索赔与现场签证			
	合计			

注：材料（工程设备）暂估单价进入清单项目综合单价，此处不汇总。

第三节　施工成本管理及成本控制

一、施工成本管理

（一）施工成本

施工成本是指在项目的施工过程中所发生的全部生产费用的总和，包括人工费、材料费、施工机械使用费、措施费、现场管理费，总的来说，施工成本由直接成本和间接成本所组成。

直接成本包括工程施工所消耗的材料费（主、辅材料）、工程设备（如施工企业承担工程设备采购、供货时）、施工机械台班费或租赁费、施工技术措施费、工程质量返修费、支付给生产工人的工资、奖金等。间接成本（也称现场管理费）包括现场管理人员的人工费、奖金、资产使用费、工具用具使用费、临时设施费、保险费、检验试验费、工程保修费、工程排污费以及其他费用等。

在施工过程中，项目成本一般可分为项目考核成本、项目计划目标成本、项目实际成本。项目考核成本是企业下达给项目经理部的成本，它是根据企业的有关定额经过评估、预算而下达的用于考核的成本，是考核工程项目成本支出的重要尺度。项目计划目标成本是在考核成本的基础上，根据工程的技术特征、自然地理特性、劳动力素质、设备情况等，企业法人代表和项目经理签订的内部承包合同规定的标准成本，它既是控制项目成本支出的标准，也是成本管理的目标。项目实际成本是在施工过程中发生的并按规定的成本对象和成本项目归集的实际耗费总和，它反映报告期成本耗费的实际水平，与考核成本相比较，便可确定项目成本的实际降低额和降低率。

（二）施工成本管理

施工成本管理就是要在保证工期和质量满足要求的情况下，采取相关管理措施，包括组织措施、经济措施、技术措施、合同措施，把成本控制在计划范围内，并进一步寻求最大程度的成本节约。施工成本管理的步骤包括：成本预测→成本计划→成本控制→成本核算→成本分析→成本考核。

1. 成本预测

施工成本预测是根据成本信息和施工项目的具体情况，对未来的成本水平及其可能发展的趋势做出科学的估计，它是在工程施工以前对成本进行的估算。通过项目成本预测，可以在满足项目业主和本企业要求的前提下，选择成本低、效益好的最佳成本方案，并能够在施工项目成本形成过程中，针对薄弱环节，加强成本控制，克服盲目性，提高预见性。因此，施工项目成本预测是施工项目成本决策与计划的依据。

2. 成本计划

施工成本计划是以货币形式编制的施工项目在计划期内的生产费用、成本水平、成本降低率以及为降低成本所采取的主要措施和规划的书面方案，它是建立施工项目成本管理责任制、开展成本控制和核算的基础。一般来说，一个施工项目成本计划应包括从开工到竣工所必需的施工成本，它是该施工项目降低成本的指导文件，是设立目标成本的依据。

3. 成本控制

施工成本控制是指在施工过程中，对影响项目施工成本的各种因素加强管理，并采取各种有效措施，将施工中实际发生的各种消耗和支出严格控制在成本计划范围内，随时揭示并及时反馈，严格审查各项费用是否符合标准，计算实际成本和计划成本之间的差异并进行分析，进而采取多种形式，消除施工中的损失浪费现象。施工项目成本控制应贯穿于施工项目从投标阶段开始直到项目竣工验收的全过程，它是企业全面成本管理的重要环节。

4. 成本核算

施工成本核算包括两个基本环节：一是按照规定的成本开支范围对施工费用进行归集和分配，计算出施工费用的实际发生额；二是根据成本核算对象，采用适当的方法，计算出该施工项目的总成本和单位成本。施工项目成本核算所提供的各种成本信息，是成本预测、成本计划、成本控制、成本分析和成本考核等各个环节的依据。施工成本一般以单位工程为成本核算对象，核算的基本内容包括人工费核算、材料费核算、机械使用费核算、其他措施费核算、分包工程成本核算、间接费核算等。

5. 成本分析

施工成本分析是在施工成本核算的基础上，对成本的形成过程和影响成本升降的因素进行分析，以寻求进一步降低成本的途径。它主要是利用施工项目的成本核算资料，与目标成本、预算成本以及类似的施工项目的实际成本等进行比较，了解成本的变动情况。同时成本分析也要分析主要技术经济指标对成本的影响，系统地研究成本变动的因素，检查成本计划的合理性，并通过成本分析，深入揭示成本变动的规律，寻找降低施工项目成本的途径，以便有效地进行成本控制。成本分析应贯穿于施工成本管理的全过程。

6. 成本考核

施工成本考核是指在施工项目完成后，对施工项目成本形成中的各责任者，按施工项目成本目标责任制的有关规定，将成本的实际指标与计划、定额、预算进行对比和考核，评定施工项目成本计划的完成情况和各责任者的业绩，并以此给以相应的奖励和处罚。施工成本考核的工作内容包括：企业对项目经理的考核、项目经理对各部门及专业管理人员的考核、项目管理效益的评价、施工成本管理的奖罚。

二、施工成本计划

成本计划是在成本预测的基础上编制的，用以确定施工单位在计划期内完成一定数量的施工任务，而计划所需支出的各项费用水平，以及降低成本所采取的主要技术组织措施。它也是施工单位控制生产消耗、开展增产节约的依据。项目成本计划主要由降低成本技术组织措施计划表和降低成本计划表组成。

（一）降低成本技术组织措施计划表

降低成本技术组织措施计划表是预测项目在计划期内各直接费计划降低额的依据，其格式见表 13-12。

某项目降低成本技术组织措施计划表   表 13-12

工程名称：   编制日期：   单位：元

措施项目	措施内容	涉及项目			降低成本来源		成本降低额					执行者
		实物量单位	单价	金额	预计收入	计划支出	合计	人工费	材料费	机械费	其他直接费	
合计												

（二）降低成本计划表

降低成本计划表是根据降低成本技术组织措施计划表和间接费用降低额编制的，其格式见表 13-13。

某项目降低成本计划表   表 13-13

工程名称：   编制日期：   单位：元

分项工程名称	成 本 降 低 额					
	合计	人工费	材料费	机械费	其他直接费	间接费用
分项合计						

三、施工成本的控制

（一）施工成本控制的步骤

在确定了施工成本计划之后，必须定期地进行施工成本计划值与实际值的比较，当实际值偏离计划值时，分析产生偏差的原因，采取适当的纠偏措施，以确保施工成本控制目标的实现。其步骤如下：比较→分析→预测→纠偏→检查。

比较。按照某种确定的方式将施工成本计划值与实际值逐项进行比较，以发现施工成本是否已超支。

分析。在比较的基础上，对比较的结果进行分析，以确定偏差的严重性及偏差产生的原因，从而采取有针对性的措施，减少或避免相同原因的再次发生或减少由此造成的损失。

预测。预测是根据项目实施情况估算整个项目完成时的施工成本,预测的目的在于为决策提供支持。

纠偏。当工程项目的实际施工成本出现了偏差,应当根据工程的具体情况、偏差分析和预测的结果,采取适当的措施,以期达到使施工成本偏差尽可能小的目的。通过纠偏,可以最终达到有效控制施工成本的目的。

检查。检查是指对工程的进展进行跟踪和检查,及时了解工程进展状况以及纠偏措施的执行情况和效果,为今后的工作积累经验。

（二）施工成本各阶段的控制

1. 施工准备阶段成本控制

施工准备阶段的成本控制主要是结合设计图纸交底、会审和施工组织设计,通过技术经济比较,选择经济合理、先进可靠的施工方案,编制明细而具体的成本计划,对项目成本进行事前控制,同时与签订的施工合同中经济费用进行对比分析。

2. 施工阶段成本控制

施工阶段的成本控制是以施工图预算、劳动定额、材料消耗定额和费用开支标准等作为依据,对实际发生的成本费用进行控制。施工阶段成本控制的内容包括:

人工成本控制:主要是对需用人工数量、工种配备的合理性、按工期安排决定现场人员调配和进出现场时间、施工高峰人数和平均人数等进行控制。在施工过程中要准确核定各施工队和班组的人工费用,严格按照完成进度和工程实物量核定人工费总额。

材料成本控制:主要是对材料消耗数量及材料采购成本的控制。

工程设备成本控制:如工程设备由施工单位采购,则必须对工程设备成本进行控制,主要是设备采购成本、设备交通运输成本和设备质量成本等进行控制。

施工机械成本控制:按施工方案和施工技术措施中规定的机种和数量安排使用,控制大型施工机械使用台班,提高现场施工机具使用效率、完好率,合理调度和控制进出现场时间等,以降低机具费用成本。

质量成本控制:质量成本主要包括控制成本和故障成本。控制成本有预防成本和鉴定成本,属于质量保证费用;故障成本分内部故障成本和外部故障成本,属于损失性费用。

3. 竣工交付使用及保修期阶段成本控制

对竣工验收过程发生的费用和保修费用进行控制。

（三）施工成本分析的方法

1. 偏差分析法

偏差分析法是通过分析项目目标实施与项目目标期望值之间的差异,从而判断项目实施费用、进度的一种方法。

偏差分析法主要运用三个费用值进行分析,它们分别是拟完工程的计划成本、已完工程的计划成本和已完工程的实际成本。

拟完工程的计划成本是指根据进度计划,截止某一时刻应当完成的计划成本。拟完工程计划成本等于拟完工程量（计划工程量）与计划单位成本的乘积。

已完工程的计划成本是指截止某一时刻已完成的计划成本,它等于已完成的工作量与计划单位成本的乘积。

已完工程的实际成本是指截止某一时刻，已完成计划成本过程中实际发生的费用总额，它等于已完成的工作量与实际单位成本的乘积。

在施工成本控制中，把施工成本的实际值与计划值的差异称为施工成本偏差，即：

$$施工成本偏差＝已完工程实际成本－已完工程计划成本 \quad\quad (13\text{-}1)$$

施工成本偏差结果为正表示施工成本超支，结果为负表示施工成本节约。

利用拟完工程的计划成本与已完工程的计划成本之间的差额也可以判断工程的计划进度与实际进度之间的偏差，即：

$$进度偏差＝拟完工程计划成本－已完工程计划成本 \quad\quad (13\text{-}2)$$

进度偏差结果为正值，表示工期拖延，结果为负值表示工期提前。

2. 因素分析法

因素分析法又称连环置换法，可用来分析各种因素对成本的影响程度。在进行分析时，首先要假定众多因素中的一个因素发生了变化，而其他因素则不变，然后逐个替换，分别比较其计算结果，以确定各个因素的变化对成本的影响程度。因素分析法的计算步骤如下：

（1）确定分析对象，并计算出实际与目标数的差异；

（2）确定该指标是由哪几个因素组成的，并按其相互关系进行排序（排序规则是：先实物量，后价值量；先绝对量，后相对量）；

（3）以目标数为基础，将各因素的目标数相乘，作为分析替代的基数；

（4）将各个因素的实际数按照上面的排列顺序进行替换计算，并将替换后的实际数保留下来；

（5）将每次替换计算所得的结果，与前一次的计算结果相比较，两者的差异即为该因素对成本的影响程度。

[**例13-1**] 某空调风管安装工程，目标成本为443040元，实际成本为473697元，比目标成本增加30657元，资料如表13-14所示。试分析成本超目标的主要原因。

某风管安装工程目标成本与实际成本对比表 表13-14

项　目	单　位	目　标	实　际	差　额
产量	m^2	7500	8000	＋500
单价	元/m^2	175	190	＋15
损耗率	%	13.8	11.0	－2.8
成本	元	1493625	1687200	193575

[**解**] 分析对象是风管安装工程的成本，实际成本与目标成本的差额为193575元。该指标是由产量、单价、损耗率三个因素的目标值与实际值发生偏差造成的，其排序见表13-14。

（1）目标数： $\quad\quad 7500 \times 175 \times (1+0.138)=1493625$ 元 $\quad\quad (13\text{-}3)$

第一次替代产量因素，以实际产量8000m^2替代式（13-3）中的目标产量7500m^2，并保留其余各项不变，得：

$$8000×175×(1+0.138)=1593200 \text{ 元} \tag{13-4}$$

第二次替代单价因素，以实际单价 190 元/m² 替代式（13-4）中的目标单价 175 元/m²，并保留其余各项不变，得：

$$8000×190×(1+0.138)=1729760 \text{ 元} \tag{13-5}$$

第三次替代损耗率因素，以实际损耗率 11.0% 替代式（13-5）中的目标损耗率 13.8%，并保留其余各项不变，得：

$$8000×190×(1+0.11)=1687200 \text{ 元} \tag{13-6}$$

（2）计算差额：

第一次替代与目标数的差额＝1593200－1493625＝99575 元

第二次替代与第一次替代的差额＝1729760－1593200＝136560 元

第三次替代与第二次替代的差额＝1687200－1729760＝ －42560 元

（3）产量增加使成本增加了 99575 元，单价提高使成本增加了 136560 元，而损耗率下降使成本减少了 42560 元。

由上述分析可知，造成成本上升的主要原因是单价上升，因此要控制成本上升主要是控制单价上升。

复习思考题

1. 什么是定额？
2. 建筑安装工程费用由哪几部分构成？
3. 什么叫规费？它由哪几个部分构成？
4. 什么是工程量清单？它由哪几部分构成？分部分项工程量清单项目如何进行编码？
5. 什么是综合单价？
6. 什么是措施项目费？
7. 工程量清单计价包括哪几部分费用？如何进行工程量清单计价？
8. 施工成本由哪几个部分构成？
9. 施工成本管理的步骤包括哪几个方面？
10. 如何编制施工成本计划？
11. 如何进行施工成本控制？施工各阶段成本如何控制？

第十四章　施工质量与安全管理

第一节　施工质量管理

一、施工质量

施工质量控制是在明确的质量目标条件下，贯彻执行建设工程质量法规和强制性标准，正确配置生产要素和采用科学的管理方法，使工程项目实现预期的使用功能。

任何工程项目都是由分项工程、分部工程和单位工程所组成，而工程项目的建设，则是通过一道道工序来完成，是在工序中创造的。所以，施工质量包含工序质量、分项工程质量、分部工程质量和单位工程质量。

（一）施工质量的特点

施工质量的特点主要表现在：

影响因素多。如决策、设计、材料、机械、环境、施工工艺、施工方案、操作方法、技术措施、管理制度、施工人员素质等均直接或间接地影响工程的质量。

质量波动大。工程建设因其具有复杂性、单一性，不像一般工业产品的生产（有固定的生产流水线、规范化的生产工艺、完善的检测技术、成套的生产设备、稳定的生产环境），所以其质量波动性大。

质量变异大。由于影响工程质量的因素较多，任一因素出现质量问题，均会引起工程建设中的系统性质量变异，造成工程质量事故。

质量隐蔽性。在施工过程中，由于工序交接多，中间产品多，隐蔽工程多，若不及时检查并发现其存在的质量问题，可能会将不合格的产品认为是合格的产品。

最终检验局限大。工程项目建成后，不可能像某些工业产品那样，可以拆卸或解体来检查内在的质量，工程项目最终检验验收时难以发现工程内在的、隐蔽的质量缺陷。

所以，对施工质量更应重视事前控制、事中严格监督，防患于未然，将质量事故消灭于萌芽之中，事后严格项目验收，重视工程回访和保修。

（二）施工质量的影响因素

在施工过程中，影响质量的因素主要有施工人员、施工机械、工程材料、施工方法和施工环境等五大方面（简称"人、机、料、法、环"）。

施工人员。施工人员指直接参与工程建设的决策者、组织者、指挥者和操作者，施工人员的综合素质是影响质量的首要因素。为了避免人为失误、调动施工人员的主观能动性，增强责任感和质量意识，必须对施工人员进行政策法规教育、政治思想教育、劳动纪律教育、职业道德教育、专业技术知识培训。

工程材料。工程材料（包括原材料、成品、半成品、构配件等）是施工的物质条件，因此工程材料质量是工程质量的基础，工程材料质量不符合要求，工程质量也就不可能符合标准。

施工机械。施工机械是实现施工机械化的重要物质基础，是现代化工程建设中必不可少的设施，机械设备的选型、主要性能参数和使用操作要求对工程项目的施工进度和质量均有直接影响。

施工方法。这里所指的方法，包含施工过程中所采取的技术方案、工艺流程、组织措施、检测手段、施工组织设计等。方法是否正确得当，是直接影响工程项目进度、质量、投资控制三大目标能否顺利实现的关键。

施工环境。影响施工质量的环境因素较多，有工程技术环境，如工程地质、水文、气象等；工程管理环境，如质量保证体系、质量管理制度等；劳动环境，如劳动组合、劳动工具、工作面等。环境因素对工程质量的影响，具有复杂而多变的特点，如气象条件就变化万千，温度、大风、暴雨、酷暑、严寒都直接影响施工质量。

二、施工质量管理

施工质量管理是企业管理的重要部分，其目的是以尽可能低的成本，按既定的工期完成一定数量的达到质量标准的工程。工程质量管理的任务在于建立健全的质量管理体系，用企业的工作质量来保证工程实物质量。

在质量与进度、质量与成本的关系中，要认真贯彻保证质量的方针，不能以任何理由牺牲工程质量去追求速度与效益。

（一）施工质量管理的标准化

施工质量管理的标准化包括技术工作的标准化和管理工作的标准化。技术工作的标准化主要由产品质量标准、操作标准、各种技术定额等组成，管理工作的标准化主要由各种管理业务标准、工作标准等组成。

施工质量管理标准化工作的要求是不断提高标准化程度，加强标准化的严肃性，使各种标准真正起到法规作用。

（二）施工质量管理的计量工作

施工质量管理的计量工作，包括生产时的投料计量，生产过程中的监测计量和对原材料、成品、半成品的试验、检测、分析计量工作等。工程质量管理计量工作的要求是：合理配备计量器具和仪表设备，且妥善保管；制定有关测试规程和制度；合理使用和定期检查计量器具；改革计量器具和测试方法，实现检测手段现代化。

（三）建立健全的施工质量责任制

建立健全的工程质量责任制，使企业每一个部门、每一个岗位都有明确的责任，形成一个严密的质量管理工作体系。工程质量责任制应包括各级行政领导和技术负责人的责任制、管理部门和管理人员的责任制和工人岗位责任制。

三、施工质量控制程序

工程质量控制过程是一个从对投入原材料的质量控制开始，直到完成工程质量检验验收和交工后服务的系统过程，如图14-1所示。工程质量形成的全过程可分七个阶段：施工准备阶段；材料、构配件、设备采购阶段；原材料检验与施工工艺试验阶段；施工作业阶段；使用功能、性能试验阶段；工程项目交竣工验收阶段；回访与保修阶段。在这些阶段中，对各项影响施工质量的因素（人、机、料、法、环），采用"计划（Plan）、实施（Do）、检查（Check）、处理（Action）"，即PDCA循环方法或质量控制统计技术方法进行有效控制，是确保工程项目质量符合设计意图和国家规范、标准要求的重要手段。

（一）施工准备阶段质量控制

依据施工合同，确定工程项目质量总目标，然后按项目各层次分解成质量分目标，并落实到相关部门及责任人。从技术质量的角度来讲，施工准备阶段的质量控制主要是做好图纸学习与会审、编制施工组织设计和进行技术交底，为确保施工生产和工程质量创造必要的条件。

（二）施工阶段的质量控制

施工阶段是形成工程项目实体的过程，也是形成最终产品质量的重要阶段，因此必须做好质量控制工作，以保持施工过程的工程总体质量处于稳定受控状态。施工阶段的质量控制主要包括：工程设备与材料进场检验验收、施工工艺、方法、工序质量监督、隐蔽工程质量检验、分部分项工程质量检验和试验、单机调试和试运转、系统联动调试和试运行等主要内容。

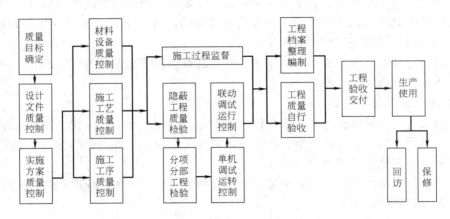

图 14-1　工程质量控制阶段程序图

1. 工序质量监控

工程的施工过程，是由一系列相互关联、相互制约的工序所构成的。工序质量直接影响项目的整体质量，工序质量包含两个相互关联的内容，一是工序活动条件的质量，即每道工序投入的人、材料、机械设备、方法和环境是否符合要求，二是工序活动效果的质量，即每道工序施工完成的工程产品是否达到有关质量标准。

工序质量监控的对象是影响工序质量的因素，特别是对主导因素的监控，其重点内容包括以下四个方面：

（1）设置工序质量控制点。即对影响工序质量的重点或关键部位、薄弱环节，在一定时期内和一定条件下进行强化管理，使之处于良好的控制状态。工序质量控制点涉及面较广，它可能是技术要求高、施工难度大的结构部位，也可能是对质量影响大的关键和特殊工序、操作或某一环节等。

（2）严格遵守工艺规程。施工工艺和操作规程，施工操作的依据和法规，是确保工序质量的前提，任何人都必须严格执行，不得违反。

（3）控制工序活动条件的质量。将影响质量的五大因素切实有效地控制起来，以保证每道工序的正常、稳定。

（4）及时检查工序活动效果的质量。通过质量检查，及时掌握质量动态，一旦发现质量问题，随即研究处理。

2. 过程质量检验

过程质量检验主要指工序施工中或上道工序完工即将转入下道工序时所进行的质量检验，目的是通过判断工序施工内容是否合乎设计或标准要求，决定该工序是否继续进行、转交或停止。具体形式有质量自检、互检和专业检查、工序交接检查、工程隐蔽验收检查等工作。

（1）质量自检和互检。自检是指由工作的完成者依据规定的要求对该工作进行的检查。互检是指工作的完成者之间对相应的施工工程或完成的工作任务的质量所进行的一种制约性检查。互检往往是对自检的一种复核和确认。操作者应依据质量检验计划，按时、按确定项目、内容进行检查，并认真填写检查记录。

（2）专业质量监督。施工企业必须建立专业齐全、具有一定技术水平和能力的专职质量监督检查队伍和机构，弥补自检、互检的不足。企业质量监督检查人员应按规定的检验程序，对工序施工质量及施工班组自检记录进行核查、验证，如对给水管道的强度试验、排水管道的通球试验、防雷装置的接地电阻的测试等。当工序质量出现异常时，除可作出暂停施工的决定外，并向主管部门和上级领导报告。专业质量检查人员应做好专业检查记录，清晰表明工序是否正常及其处理情况。

（3）工序交接检查。工序交接检查是指上道工序施工完毕即将转入下一道工序施工之前，以承接方为主，对交出方完成的施工内容的质量所进行的一种全面检查，因为需要有专门人员组织有关技术人员及质量检查人员参加，所以是一种不同于互检和专检的特殊检查形式。按承交双方的性质不同，可分为施工班组之间、专业施工队之间和承包工程的企业之间等几种交接检查类型。交出方和承接方通过资料检查及实体核查，对发现的问题进行整改，达到设计、技术标准要求后，办理工序交接手续，填写工序交接记录，并由参与各方签字确认。

（4）隐蔽工程验收。隐蔽工程验收是指将被其他分项工程所隐蔽的分项工程或分部工程，在隐蔽前进行的检查和验收，是一项防止质量隐患，保证工程质量的重要措施。各类专业工程都有规定的隐蔽验收项目，如空调工程中的管道保温、室外排水管道的埋地敷设等。隐蔽工程验收后，应办理验收手续，列入工程档案。对于验收中提出的不符合质量标准的问题，要认真处理，经复核合格并写明处理情况。未经隐蔽工程验收或验收不合格的，不得进行下道工序施工。

3. 成品保护

在施工过程中，有些分项、分部工程已经完成，其他部位或工程尚在施工，对已完成的成品，如不采取妥善的措施加以保护，就会造成损伤，影响质量。成品保护工作主要是合理安排施工顺序和采取有效的防护措施两个方面。如按正确的施工流程组织施工，不颠倒工序，可防止下一道工序损坏或污染上一道工序；通过采取提前防护、包裹、覆盖和局部封闭等产品防护措施，防止可能发生的损伤、污染、堵塞。此外，还必须加强对成品保护工作的检查。

（三）工程验收阶段质量控制

工程交工验收，应以单位工程为主体进行检查验收。单位工程施工全部完成，达到设计要求，工业建设项目达到能够生产合格产品，民用建设项目达到能够正常使用，经检查验收合格后，办理移交手续。工程验收阶段质量控制主要包括坚持竣工标准、做好竣工预检及整理工程竣工验收资料等方面。

（四）回访保修阶段质量控制

1. 工程回访

工程项目在竣工验收交付使用后，按照有关规定，在保修期限和保修范围内，施工单位应主动对工程进行回访，听取建设单位或用户对工程质量的意见，对属于施工单位施工过程中的质量问题，负责维修，不留隐患，如属设计等原因造成的质量问题，在征得建设单位和设计单位认可后，协助修补。

2. 工程保修

在工程竣工验收的同时，由施工单位向建设单位发送安装工程保修证书，保修证书的内容主要包括：工程简况；设备使用管理要求；保修范围和内容；保修期限、保修情况记录（空白）；保修说明；保修单位名称、地址、电话、联系人等。

根据《建设工程质量管理条例》，保修期限确定为：竣工验收完毕之日的第二天计算，电气管线、给水排水管道、设备安装工程保修期为两年，采暖和供冷工程为两个采暖期或两个供冷期。

四、施工质量统计分析方法

利用统计方法，对工程施工质量数据进行收集、整理和分析，可以更快、更好地找出产生质量问题的原因，以便采取改进的措施，提高工程施工质量。

（一）统计调查表法

统计调查表法常用的有：分项工程施工质量分布调查表；施工质量不合格项目调查表；施工质量不合格原因调查表；施工质量检查评定调查表。表 14-1 是某无缝钢管接口焊接质量问题调查表。

某无缝钢管接口焊接质量问题调查表   表 14-1

分项工程	某无缝钢管接口焊接		施工班组	
检查数量	200	施工时间	检查时间	
检查方式	全数检查		检查员	
焊接接口质量问题	检查记录		合计	
夹渣			9	
气孔			12	
裂缝			3	
焊瘤			6	
凹陷			4	
总计			34	

（二）分层法

分层方法有：按施工班组或施工人员分层；按施工机械设备型号分层；按施工操作方

法分层；按施工材料供应单位或供应时间分层；按施工时间或施工环境分层；按检查手段分层。对同一批数据可按不同性质分层，从不同角度分析质量问题和影响因素。例如检查200个无缝钢管接口的焊接质量，按焊接施工人员分层法，见表 14-2。

按焊接施工人员分层法 表 14-2

焊工	接口焊接数	合格数	不合格数	合格率（%）	不合格率（%）
A	60	55	5	91.7	8.3
B	50	40	10	80	20
C	40	33	7	82.5	17.5
D	50	38	12	76	24
合计	200	166	34	83	17

（三）排列图法

排列图中的每个直方形都表示一个质量问题或影响因素，影响程度与各直方形的高度成正比。通常按累计频率划分（0～80%）、（80%～90%）、（90%～100%）三部分，与其对应的影响因素分别为 A、B、C 三类。A 类为主要因素，B 类为次要因素，C 类为一般因素。例如铜排安装质量不合格点数统计表见表 14-3。其质量不合格点排列图见图 14-2。

铜排安装质量不合格点数统计表 表 14-3

序号	检查项目	不合格点数	频数	频率（%）	累计频率（%）
1	平整度	75	75	50.0	50.0
2	水平度	45	45	30.0	80.0
3	垂直度	15	15	10.0	90.0
4	标高	8	8	5.3	95.3
5	支架间距	4	4	2.7	98.0
6	其他	3	3	2.0	100.0
合计		150	150	100.0	

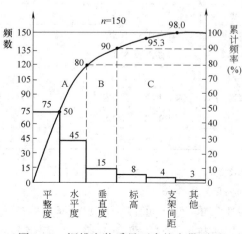

图 14-2 铜排安装质量不合格点排列图

（四）因果分析图法

利用因果分析图可系统整理分析某个施工质量存在的问题及其产生的原因。

如某公司在露天条件下进行钢结构制作，作业中雨天来临，由于工期较紧，不能停止施工，导致钢结构露天焊接作业产生焊缝的焊接变形，经 X 光射线检测，发现多处焊缝存在气孔、夹渣等超标缺陷，需要返工。图 14-3 是分析造成构件发生焊接变形质量问题原因的因果分析图，表 14-4 是结合因果分析图提出的预防钢结构焊接变形对策。

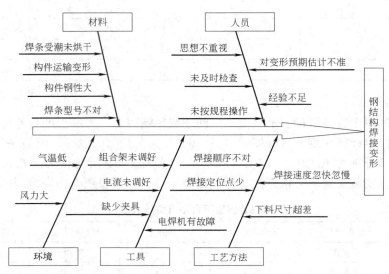

图 14-3 造成构件发生焊接变形质量问题原因的因果分析图

钢结构焊接变形对策表 表 14-4

项目	产生问题原因	采取对策	执行人	完成时间
人	经验不足	组织培训，交底		
	未按规程做	加强检查		
机械	焊机质量不好	焊机检查		
	焊机电流未调好	电流调节检查		
材料	焊条受潮	焊条烘干、保温		
	焊条型号不对	焊条检查、验收		
方法	焊接顺序不对	编制焊接工艺		
	焊接速度不稳定	按合理的速度焊接		
环境	气温低	钢结构焊件加温		
	风大	防风措施		

五、施工质量事故的处理

（一）施工质量事故的调查与分析

安装工程常见的工程质量事故发生的原因主要包括：违反施工程序；违反有关法规和施工合同规定；施工方案不正确；设计方案不正确；工程设备质量差；材料材质不合格；

使用建筑物、构筑物不当；施工管理问题；未经设计单位同意，擅自修改设计；偷工减料或不按图施工；图纸未经会审、仓促施工或不熟悉图纸，盲目施工；不按有关的施工规范或操作规程施工；缺乏安装工程基础知识，不懂装懂，蛮干施工；管理紊乱，施工方案考虑不周，施工顺序混乱错误；技术交底不清，违章作业，瞎指挥；疏于检查、验收等；自然条件和环境影响，如对影响安装质量的空气温度、湿度、暴雨、风、洪水、雷电、日晒和环境恶劣等因素未采取有效的措施等。

1. 质量事故的调查

为了弄清工程质量事故的原因，防止同类事故重复发生，必须对发生的工程质量事故进行调查。通过调查确定质量事故的范围、性质、影响和原因，为事故处理提供依据。

质量事故的调查包括：

（1）对事故进行细致的现场调查，包括发生时间、性质、操作人员、现状及发展变化的情况，充分了解与掌握事故的现场和特征。

（2）收集资料，包括所依据的设计图纸、使用的施工方法、施工工艺、采用的材料、施工机械、真实的施工记录、施工期间环境条件、施工顺序及质量控制情况等，摸清事故对象在整个施工过程中所处的客观条件。

（3）对收集到可能引发事故的原因进行整理，按"人、机、料、法、环"五个方面内容进行归纳，形成质量事故调查的原始资料。

2. 质量事故的分析

质量事故原因的分析，要建立在事故情况调查的基础上，避免情况不明就主观分析推断事故的原因。尤其是有些质量事故，其原因往往涉及设计、施工、材料、设备质量和管理等方面，只有对调查提供的数据、资料进行详细分析后，才能去伪存真，找到造成质量事故的主要原因。

对某些质量事故如吊装设备发生事故一定要结合专门的计算进行验证，才能做出综合判断，找出其真正原因。

3. 质量事故调查报告

质量事故调查与分析后，应整理撰写成"质量事故调查报告"，其内容包括：工程概况，重点介绍质量事故有关部分的工程情况；质量事故情况，事故发生时间、性质、现状及发展变化的情况；是否需要采取临时应急保护措施；事故调查中的数据资料；事故原因分析的初步判断；事故设计人员与主要责任者的情况等。

（二）质量事故的处理

质量事故处理的目的是消除质量缺陷或隐患，以达到设备或建筑物的安全可靠和正常使用的各项功能要求，并保证施工正常进行。对质量事故特别是重大质量事故均应贯彻"三不放过"原则（事故原因分析不清不放过、事故责任者与群众未受到教育不放过、没有防范措施不放过），才能改进管理，吸取教训，加强质量控制，提高责任人的责任心，避免类似问题的重复发生。质量事故处理的程序如图 14-4 所示。

质量事故处理后，应提交完整的事故处理报告，其内容包括：事故调查的原始资料、测试数据；事故原因分析、论证；事故处理依据；事故处理方案、方法及技术措施；检查复验记录；事故无需处理的论证；事故处理结论等。

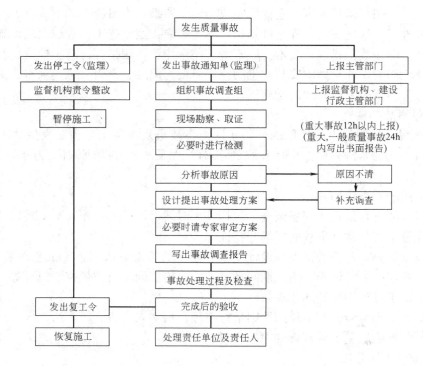

图 14-4　工程质量事故处理程序

第二节　施工安全控制

一、施工安全控制的程序

安全控制是为满足生产安全，涉及对生产过程中的危险进行控制的计划、组织、监控、调节和改进等一系列管理活动。安全管理的目标是减少或消除人的不安全行为、减少或消除设备、材料的不安全状态、改善生产环境和保护自然环境、改善管理缺陷，以达到减少和消除生产过程中的事故，保证人员健康安全和财产免受损失的目的。

建设工程项目施工安全控制的程序如图 14-5 所示。

二、施工安全技术措施计划及其实施

安全技术措施是以保护从事工作的员工健康和安全为目的的一切技术措施。在建设工程项目施工中，安全技术措施计划是施工组织设计的重要内容之一，是改善劳动条件和安全卫生设施，防止工伤事故和职业病，搞好安全生产工作的一项行之有效的重要措施。

安全措施计划的范围应包括改善劳动条件、防止伤亡事故、预防职业病和职业中毒等，主要应从安全技术（如防护装置、保险装置、信号装置和防爆炸装置等）、职业卫生（如防尘、防毒、防噪声、通风、照明、取暖、降温等措施）、辅助房屋及措施（如更衣室、休息室、淋浴室、消毒室、妇女卫生室、厕所和冬季作业取暖室等）、宣传教育的资料及设施（如职业健康安全教材、图书、资料、安全生产规章制度、安全操作方法训练设

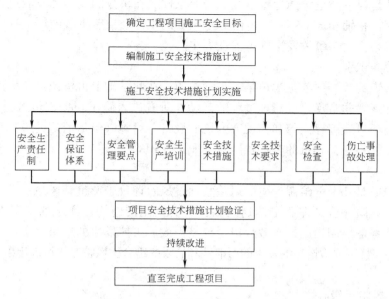

图 14-5 工程项目施工安全管理程序

施、劳动保护和安全技术的研究与实验等）等方面落实。

（一）施工安全技术措施计划的制定

制定施工安全技术措施计划可以按照图 14-6 所示的基本步骤进行。

1. 危险源的辨识

（1）危险源

危险源是可能导致伤害或疾病、财产损失、工作环境破坏或这些情况组合的根源或状态。

根据危险源在事故发生发展中的作用把危险源分为两大类。通常把产生能量的能量源或拥有能量的能量载体作为第一类危险源来处理，如施工过程中存在的可能发生意外释放（如爆炸、火灾、触电、辐射）而造成伤亡事故的能量和危险物质，包括机械伤害、电能伤害、热能伤害、光能伤害、化学物质伤害、放射和生物伤害等；造成约束、限制能量措施失效或破坏的各种不安全因素称作第二类危险源。在正常情况下，生产过程中的能量或危险物质受到约束或限制，不会发生意外释放，即不会发生事故。但一旦这些约束或限制

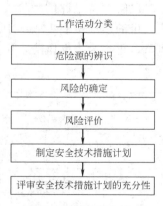

图 14-6 制定安全技术
措施计划的基本步骤

措施受到破坏或失效（故障），则将发生事故。第二类危险源包括人的不安全行为、物的不安全状态和不良环境条件三个方面。如机械设备、装置、部件等性质低下而不能实现预定功能，即物的不安全状态；人的行为结果偏离被要求的标准，即人的不安全行为；人与物的存在环境中，温度、湿度、噪声、振动、照明或通风换气等方面的问题，促使人的失误或物的故障发生。

事故的发生是两类危险源共同作用的结果：第一类危险源是事故发生的前提，第二类

危险源的出现是第一类危险源导致事故的必要条件。在事故的发生和发展过程中，两类危险源相互依存，相辅相成。第一类危险源是事故的主体，决定事故的严重程度，第二类危险源出现的难易，决定事故发生的可能性大小。

（2）危险源识别

危险源辨识的首要任务是辨识第一类危险源，在此基础上再辨识第二类危险源。所有工作场所（常规和非常规）或管理过程的活动；所有进入施工现场人员（包括外来人员）的活动，安装项目经理部内部和相关方的机械设备、设施（包括消防设施）等；施工现场作业环境和条件；施工人员的劳动强度及女职工保护等。

2. 风险的确定

由某一个或某几个危险源产生的风险宜通过风险评价来衡量其风险水平，确定该风险是否可容许。风险评价是在假定计划的和已有的控制措施均已实施的情况下做出主观评价，同时还需考虑控制措施的有效性以及控制失效后可能发生的后果。

风险是某一特定危险情况的发生的可能性和后果的组合。风险等级可以用以下公式表达。

$$R = p \cdot f \qquad (14-1)$$

式中　R——风险等级；

　　　p——危险情况发生的可能性，通常把危险情况发生的可能性用很大、中等和极小三种情况来判断，还可以用可能、不可能和极不可能三种情况来判断；

　　　f——发生危险造成后果的严重程度。

3. 风险评价

风险评价是评估风险大小以及确定风险是否可容许的全过程。根据风险等级的表达式，可简单地按表14-5对风险的大小进行分级。表中Ⅰ类为可忽略风险，Ⅱ类为可容许风险，Ⅲ类为中度风险，Ⅳ类为重大风险，Ⅴ类为不可容许风险。

简单的风险等级评估表 表 14-5

可能性(p) ＼ 后果(f) 风险等级(R)	轻度损失（轻微伤害）	中度损失（伤害）	重大损失（严重伤害）
很大	Ⅲ	Ⅳ	Ⅴ
中等	Ⅱ	Ⅲ	Ⅳ
极小	Ⅰ	Ⅱ	Ⅲ

可容许风险是根据法律义务和职业健康安全方针，已降低组织可接受程度的风险。一般可把表14-5中的Ⅰ和Ⅱ两个等级视为可容许风险。

4. 制定安全技术措施计划

制定安全措施计划是针对风险评价中发现的、需要重视的任何问题，根据风险评估的结果，对不可容许等级的风险采取的控制措施。在制定安全措施计划时，应充分考虑现有的风险控制措施的适当性和有效性。对新的风险控制措施应保证其适应性和有效性。表14-6是一个根据不同的风险水平而制定的简单控制措施计划的例子，说明安全措施应该与风险等级相适应。

基于不同风险水平的简单控制措施计划表 表 14-6

风 险	措 施
可忽略的	不采取措施且不必保留文件记录
可容许的	不需要另外的控制措施,应考虑投资效果更佳的解决方案或不增加额外成本的改进措施,需要监视来确保控制措施得以维持
中度的	应努力降低风险,但应仔细测定并限定预防成本,并在规定的时间期限内实施降低风险的措施。在中度风险与严重伤害后果相关的场合,必须有进一步的评价,以更准确地确定伤害的可能性,并确定是否需要改进控制措施
重大的	直至风险降低后才能开始工作。为降低风险有时必须配给大量的资源。当风险涉及正在进行中的工作时,就应采取应急措施
不容许的	只有当风险已经降低时,才能开始或继续工作。如果无限的资源投入也不能降低风险,就必须禁止工作

应根据风险评价的结果,列出按照优先顺序排列的安全控制措施清单,在清单中应包含新设计的控制措施、拟保持原有的控制措施或应改进的原有控制措施等。

建设工程施工安全技术措施计划的主要内容:

(1) 建设工程施工安全技术措施计划的主要内容包括:工程概况、控制目标、控制程序、组织结构、职责权限、规章制度、资源配置、安全措施、检查评价、奖惩制度等。

(2) 对结构复杂、施工难度大、专业性较强的工程项目,除制定项目总体安全保证计划外,还必须制定单位工程或分部分项工程的安全技术措施。

(3) 对高处作业、井下作业等专业性强的作业,电器、压力容器等特殊工种作业,应制定单项安全技术规程,并应对管理人员和操作人员的安全作业资格和身体状况进行合格检查。

(4) 制定和完善施工安全操作规程,编制各施工工种,特别是危险性较大工种的安全施工操作要求,作为规范和检查考核员工安全生产行为的依据。

(5) 施工安全技术措施包括安全防护设施的设置和安全预防措施,主要有 17 个方面的内容:防火、防毒、防爆、防洪、防尘、防雷击、防触电、防坍塌、防物体打击、防机械伤害、防起重设备滑落、防高空坠落、防交通事故、防寒、防暑、防疫、防环境污染等方面措施。

5. 评审安全技术措施计划的充分性

所制定的安全技术措施计划应该在实施前予以评审。评审需要包含以下方面:

(1) 更改的控制措施是否使风险降至可容许水平;

(2) 是否产生了新的危险源;

(3) 是否已选定了成本效益最佳的解决方案;

(4) 受影响的人员如何评价更改的预防措施的必要性和实用性;

(5) 更改的预防措施是否会用于实际工作中,以及在面对诸如完成工作任务的压力等情况下是否将不被忽视。

(二) 施工安全措施计划的实施

1. 建立安全生产责任制

建立安全生产责任制是施工安全技术措施计划实施的重要保证。安全生产责任制是指企业对项目经理部各级领导、各个部门、各类人员所规定的在他们各自职责范围内对安全生产应负责任的制度。

2. 进行安全教育和培训

不断增强企业全体职工的安全意识，并使之掌握和运用安全管理的方法和技术，通过安全教育，使职工牢固树立"安全第一，预防为主"的思想，懂得安全生产是企业实现文明施工、取得好的经济效益的重要手段，不仅满足企业生存发展的需要，而且保证职工自身免受伤害的需求。

安全教育的内容包括思想政治教育、安全生产方针政策教育、安全技术知识教育、生产技术知识教育、一般安全技术知识教育、专业安全技术知识教育、典型经验和事故教训教育。

3. 安全技术交底

工程开工前，工程技术负责人要将工程概况、施工方法、安全技术措施等向全体职工进行详细交底。分项、分部工程施工前，施工员向所管辖的班组进行安全技术措施交底，如交底到劳务队长而不包括作业人员时，劳务队长还应向作业人员进行书面交底。两个以上施工队或工种配合施工时，施工员要按工程进度向班组长进行交叉作业的安全技术交底。班组长要认真落实安全技术交底，每天要对工人进行施工要求、作业环境的安全交底。

安全技术交底主要内容包括本工程项目的施工作业特点和危险点；针对危险点的具体预防措施；应注意的安全事项；相应的安全操作规程和标准；发生事故后应及时采取的避难和急救措施。

4. 安全检查

安全检查的目的，是通过检查增强职工的安全意识，促进企业对劳动保护和安全生产方针、政策、规章制度的贯彻落实，解决安全生产上存在的问题，有利于改善企业的劳动条件和安全生产状况，预防工伤事故发生；通过互相检查、相互督促、交流经验、取长补短，进一步推动企业搞好安全生产。

三、应急预案

应急预案是针对具体设备、设施、场所和环境，在安全评价的基础上，为降低事故造成的人身、财产与环境损失，就事故发生后的应急救援机构和人员，应急救援的设备、设施、条件和环境，行动的步骤和纲领，控制事故发展的方法和程序等，预先做出的科学而有效的计划和安排。企业应急预案由企业根据自身情况负责组织制定。

（一）应急预案的主要内容

应急预案主要内容应包括：

总则：说明编制预案的目的、工作原则、编制依据、适用范围等。

组织指挥体系及职责：明确各组织机构的职责、权利和义务，以突发事故应急响应全过程为主线，明确事故发生、报警、响应、结束、善后处理处置等环节的主管部门与协作部门；以应急准备及保障机构为支线，明确各参与部门的职责。

预警和预防机制：包括信息监测与报告，预警预防行动，预警支持系统，预警级别及发布。

应急响应：包括分级响应程序（原则上按一般、较大、重大、特别重大四级启动相应预案），信息共享和处理，通信，指挥和协调，紧急处置，应急人员的安全防护，群众的安全防护，社会力量动员与参与，事故调查分析、检测与后果评估，新闻报道，应急结束12个要素。

后期处置：包括善后处置、社会救助、保险、事故调查报告和经验教训总结及改进建议。

保障措施：包括通信与信息保障，应急支援与装备保障，技术储备与保障，宣传、培训和演习，监督检查等。

附则：包括有关术语、定义，预案管理与更新，奖励与责任，制定与解释部门，预案实施或生效时间等。

附录：包括相关的应急预案、预案总体目录、分预案目录、各种规范化格式文本，相关机构和人员通讯录等。

（二）应急预案的编制方法

应急预案的编制一般可以分为5个步骤，即组建应急预案编制队伍、开展危险与应急能力分析、预案编制、预案评审与发布和预案的实施。

1. 组建编制队伍

预案从编制、维护到实施都应该有各级各部门的广泛参与，在预案实际编制工作中往往会由编制组执笔，但是在编制过程中或编制完成之后，要征求各部门的意见。

2. 危险与应急能力分析

（1）法律法规分析

分析国家法律、地方政府法规与规章，如安全生产与职业卫生法律、法规，环境保护法律、法规，消防法律、法规与规程，应急管理规定等。

（2）风险分析

风险分析通常应考虑历史情况、地理因素、技术问题、人的因素、物理因素等。

（3）应急能力分析

对每一紧急情况应考虑所需要的资源与能力是否配备齐全、外部资源能否在需要时及时到位、是否还有其他可以优先利用的资源。

（三）应急培训与演习

应急救援培训与演习的指导思想应以加强基础、突出重点、边练边战、逐步提高为原则。

基本应急培训主要包括以下几个方面：报警、疏散、火灾应急培训、不同水平应急者培训。在具体培训中，通常将应急者分为5种水平，即初级意识水平应急者、初级操作水平应急者、危险物质专业水平应急者、危险物质专家水平应急者、事故指挥者水平应急者。

（四）应急预案的有效性评价

应急管理部门应定期依照应急预案组织演练，在演练后，对应急预案及措施进行评估，找出存在的不足并进行修改。在实施时，有可能达不到预期的要求，在事故或紧急情况发生后，再对应急预案的有效性进行评价。

应急预案的有效性主要从控制事故发生的有效性、一旦事故发生后能否将事故控制住的有效性、减少事故损失的有效性等几方面进行评价。

四、安全事故的处理

（一）安全事故发生的原因

1. 直接原因造成的伤亡事故

由于施工过程中机械、物质或环境的不安全状态或由于人的不安全行为造成的伤亡事故叫做直接原因造成的伤亡事故。

2. 间接原因造成的伤亡事故

由于技术上和设计上有缺陷，教育培训不够，劳动组织不合理，对现场工作缺乏检查或指导错误，没有安全操作规程或规程不健全，没有或不认真实施事故防范措施，对事故隐患整改不力等造成的伤亡事故叫做间接原因造成的伤亡事故。

（二）安全事故的分级

国务院《生产安全事故报告和调查处理条例》把安全事故分为四个等级：

（1）特别重大事故，是指造成30人以上死亡，或者100人以上重伤，或者1亿元以上直接经济损失的事故；

（2）重大事故，是指造成10人以上30人以下死亡，或者50人以上100人以下重伤，或者5000万元以上1亿元以下直接经济损失的事故；

（3）较大事故，是指造成3人以上10人以下死亡，或者10人以上50人以下重伤，或者1000万元以上5000万元以下直接经济损失的事故；

（4）一般事故，是指造成3人以下死亡，或者10人以下重伤，或者1000万元以下100万元以上直接经济损失的事故。

须注意的是，上述等级划分所称的"以上"包括本数，所称的"以下"不包括本数。

（三）安全事故的处理程序

1. 事故报告

（1）施工单位事故报告要求

事故发生后，事故现场有关人员应当立即向施工单位负责人报告；施工单位负责人接到报告后，应当于1小时内向事故发生地县级以上人民政府建设主管部门和有关部门报告。情况紧急时，事故现场有关人员可以直接向事故发生地县级以上人民政府建设主管部门和有关部门报告。实行施工总承包的建设工程，由总承包单位负责上报事故。

（2）建设主管部门事故报告要求

建设主管部门接到事故报告后，应当依照下列规定上报事故情况，并通知安全生产监督管理部门、公安机关、劳动保障行政主管部门、工会和人民检察院：

1）较大事故、重大事故及特别重大事故逐级上报至国务院建设主管部门。

2）建设主管部门按规定上报事故情况，应当同时报告本级人民政府。国务院建设主管部门接到重大事故和特别重大事故的报告后，应当立即报告国务院。必要时，建设主管部门可以越级上报事故情况。

3）建设主管部门按规定逐级上报事故情况时，每级上报的时间不得超过两小时。

（3）事故报告内容

事故报告的内容包括：事故发生的时间、地点和工程项目、有关单位名称；事故的简要经过；事故已经造成或者可能造成的伤亡人数（包括下落不明的人数）和初步估计的直接经济损失；事故的初步原因；事故发生后采取的措施及事故控制情况；事故报告单位或报告人员；其他应当报告的情况。

事故报告后出现新情况，以及事故发生之日起 30 日内伤亡人数发生变化的，应当及时补报。

2. 事故调查

建设主管部门应当按照有关人民政府的授权或委托组织事故调查组对事故进行调查，并履行下列职责：

（1）核实事故项目基本情况，包括项目履行法定建设程序情况、参与项目建设活动各方主体履行职责的情况；

（2）查明事故发生的经过、原因、人员伤亡及直接经济损失，并依据国家有关法律法规和技术标准分析事故的直接原因和间接原因；

（3）认定事故的性质，明确事故责任单位和责任人员在事故中的责任；

（4）依照国家有关法律法规对事故的责任单位和责任人员提出处理建议；

（5）总结事故教训，提出防范和整改措施；

（6）提交事故调查报告。

事故调查报告应当包括下列内容：事故发生单位概况；事故发生经过和事故救援情况；事故造成的人员伤亡和直接经济损失；事故发生的原因和事故性质；事故责任的认定和对事故责任者的处理建议；事故防范和整改措施。

事故调查报告应当附具有关证据材料，事故调查组成员应当在事故调查报告上签名。

3. 事故处理

（1）建设主管部门应当依据有关人民政府对事故的批复和有关法律法规的规定，对事故相关责任者实施行政处罚。处罚权限不属本级建设主管部门的，应当在收到事故调查报告批复后 15 个工作日内，将事故调查报告（附具有关证据材料）、结案批复、本级建设主管部门对有关责任者的处理建议等转送有权限的建设主管部门。

（2）建设主管部门应当依照有关法律法规的规定，对因降低安全生产条件导致事故发生的施工单位给予暂扣或吊销安全生产许可证的处罚；对事故负有责任的相关单位给予罚款、停业整顿、降低资质等级或吊销资质证书的处罚。

（3）建设主管部门应当依照有关法律法规的规定，对事故发生负有责任的注册执业资格人员给予罚款、停止执业或吊销其注册执业资格证书的处罚。

4. 事故统计

（1）建设主管部门除按规定上报生产安全事故外，还应当按照有关规定将一般及以上生产安全事故通过《建设系统安全事故和自然灾害快报系统》上报至国务院建设主管部门。

（2）对于经调查认定为非生产安全事故的，建设主管部门应在事故性质认定后 10 个工作日内将有关材料报上一级建设主管部门。

复习思考题

1. 影响工程质量的因素有哪些？

2. 安装工程常见的工程质量事故发生的原因主要包括哪些？发生工程质量事故后如何处理？

3. 什么是施工过程的危险源？如何进行危险源的识别？

4. 何谓风险评价？如何进行风险评价？

5. 安全事故发生以后应按什么程序进行处理？

第十五章 绿色施工及 BIM 技术应用

第一节 绿 色 施 工

一、绿色施工

建筑业消耗了大量资源，同时也对环境造成了影响，因此应全面实施绿色施工，承担起可持续发展的社会责任。

绿色施工作为建筑全寿命周期中的一个重要阶段，是实现建筑领域资源节约和节能减排的关键环节。绿色施工是指工程建设中，在保证质量、安全等基本要求的前提下，通过科学管理和技术进步，最大限度地节约资源并减少对环境负面影响的施工活动，实现节能、节地、节水、节材和环境保护（"四节一环保"）。

二、绿色施工原则

绿色施工是建筑全寿命周期中的一个重要阶段，是可持续发展理念在工程施工中全面应用的体现，它涉及可持续发展的各个方面，如生态与环境保护、资源与能源利用、社会与经济的发展等内容。

绿色施工应符合国家的法律、法规及相关的标准规范，实现经济效益、社会效益和环境效益的统一。实施绿色施工，应依据因地制宜的原则，贯彻执行国家、行业和地方相关

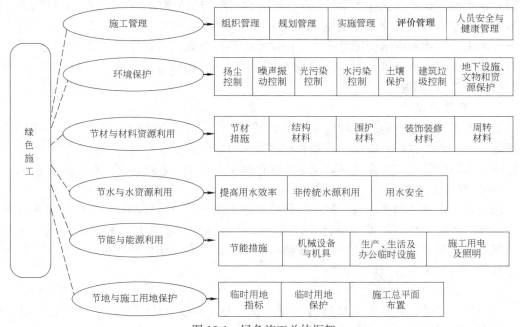

图 15-1 绿色施工总体框架

的技术经济政策。运用 ISO 14000 和 ISO 18000 管理体系，将绿色施工有关内容分解到管理体系目标中去，使绿色施工规范化、标准化。

实施绿色施工，应进行总体方案优化，在规划、设计阶段，应充分考虑绿色施工的总体要求，为绿色施工提供基础条件。同时，应对施工策划、材料采购、现场施工、工程验收等各阶段进行控制，加强对整个施工过程的管理和监督。

三、绿色施工总体框架

如图 15-1 所示，绿色施工总体框架由施工管理、环境保护、节材与材料资源利用、节水与水资源利用、节能与能源利用、节地与施工用地保护六个方面组成。这六个方面涵盖了绿色施工的基本指标，同时包含了施工策划、材料采购、现场施工、工程验收等各阶段指标的子集。

四、绿色施工管理

绿色施工管理主要包括组织管理、规划管理、实施管理、评价管理及人员安全与健康管理五个方面。

（一）组织管理

施工企业及项目部应建立绿色施工管理体系，并制定相应的管理制度与目标。施工项目部项目经理为绿色施工第一责任人，负责绿色施工的组织实施及目标实现，并指定绿色施工管理人员和监督人员。

（二）规划管理

在施工组织设计中应单独编制绿色施工方案，绿色施工方案编制完成后要按有关规定进行审批。绿色施工方案应包括环境保护措施、节材措施、节水措施、节能措施、节地与施工用地保护措施等内容。

环境保护措施中应制定环境管理计划及应急救援预案，同时采取有效措施，降低环境负荷，保护地下设施和文物等资源。在保证工程安全与质量的前提下，制定节材措施，如进行施工方案的节材优化，建筑垃圾减量化，尽量利用可循环材料等。节水措施的制订应充分考虑工程所在地的水资源状况。节能措施中要进行施工节能策划，确定节能目标，制定节能措施。在节地与施工用地保护措施中要制定临时用地指标、施工总平面布置规划及临时用地节地措施等。

（三）实施管理

绿色施工应对整个施工过程实施动态管理，加强对施工策划、施工准备、材料采购、现场施工、工程验收等各阶段的管理和监督。同时应结合工程项目的特点，有针对性地对绿色施工作相应的宣传，定期对职工进行绿色施工知识培训，增强职工绿色施工意识。

（四）评价管理

绿色施工评价分两个阶段，第一阶段由评估施工企业及项目部结合建设行政主管部门颁布的《绿色施工导则》的指标体系，结合工程特点，对绿色施工的效果及采用的新技术、新设备、新材料与新工艺进行自评估；第二阶段由专家评估小组对绿色施工方案、实施过程至项目竣工，进行综合评估。

（五）人员安全与健康管理

在施工过程中，人员安全与健康管理十分重要，在绿色施工过程中，应制定施工防尘、防毒、防辐射等职业危害的措施，保障施工人员的长期职业健康。

在绿色施工方案中应合理布置施工场地，保护生活及办公区不受施工活动的有害影响。施工现场建立卫生急救、保健防疫制度，在安全事故和疾病疫情出现时提供及时救助。同时提供卫生、健康的工作与生活环境，加强对施工人员的住宿、膳食、饮用水等生活与环境卫生的管理，明显改善施工人员的生活条件。

五、绿色施工技术要点

（一）环境保护技术要点

1. 扬尘控制

施工过程中应注意扬尘控制，运送土方、垃圾、设备及建筑材料等，不污损场外道路。运输容易散落、飞扬、流漏物料的车辆，必须采取措施封闭严密，保证车辆清洁。施工现场出口应设置洗车槽。

结构施工、安装装饰装修阶段，作业区目测扬尘高度小于 0.5m。对易产生扬尘的堆放材料应采取覆盖措施；对粉末状材料应封闭存放；场区内可能引起扬尘的材料及建筑垃圾搬运应有降尘措施，如覆盖、洒水等；浇筑混凝土前清理灰尘和垃圾时尽量使用吸尘器，避免使用吹风器等易产生扬尘的设备；机械剔凿作业时可用局部遮挡、掩盖、水淋等防护措施；高层或多层建筑清理垃圾应搭设封闭性临时专用道或采用容器吊运。

施工现场非作业区达到目测无扬尘的要求。对现场易飞扬物质采取有效措施，如洒水、地面硬化、围挡、密网覆盖、封闭等，防止扬尘产生。

在施工现场场界四周隔挡高度位置测得的大气总悬浮颗粒物月平均浓度与城市背景值的差值不大于 $0.08mg/m^3$。

2. 噪声与振动控制

在施工场界对噪声进行实时监测与控制，现场噪声排放不得超过国家标准《建筑施工场界环境噪声排放标准》GB 12523—2011 的规定。

施工中应使用低噪声、低振动的机具，采取隔声与隔振措施，避免或减少施工噪声和振动。

3. 光污染控制

尽量避免或减少施工过程中的光污染。如夜间室外照明灯加设灯罩，透光方向集中在施工范围，电焊作业采取遮挡措施，避免电焊弧光外泄。

4. 水污染控制

在施工现场应针对不同的污水，设置相应的处理设施，如沉淀池、隔油池、化粪池等。污水排放应委托有资质的单位进行废水水质检测，并提供相应的污水检测报告。施工现场污水排放应达到国家标准《污水综合排放标准》GB 8978—1996 的要求。

施工过程中要注意保护地下水环境。对于化学品等有毒材料、油料的储存地，应有严格的隔水层设计，做好渗漏液收集和处理。

5. 土壤保护

施工过程中应注意保护地表环境，防止土壤侵蚀、流失。因施工造成的裸土，及时覆盖砂石或种植速生草种，以减少土壤侵蚀；因施工造成容易发生地表径流土壤流失的情况，应采取设置地表排水系统、稳定斜坡、植被覆盖等措施，减少土壤流失。

施工后应恢复施工活动破坏的植被（一般指临时占地内）。与当地园林、环保部门或当地植物研究机构进行合作，在先前开发地区种植当地或其他合适的植物，以恢复剩余空地地貌或科学绿化，补救施工活动中人为破坏植被和地貌造成的土壤侵蚀。

6. 建筑垃圾控制

绿色施工方案中应制定建筑垃圾减量计划，如住宅建筑，每万平方米的建筑垃圾不宜超过 400t。

加强建筑垃圾的回收再利用，力争建筑垃圾的再利用和回收率达到 30%，建筑物拆除产生的废弃物的再利用和回收率大于 40%。对于碎石类、土石方类建筑垃圾，可采用地基填埋、铺路等方式提高再利用率，力争再利用率大于 50%。

施工现场生活区设置封闭式垃圾容器，施工场地生活垃圾实行袋装化，及时清运。对建筑垃圾进行分类，并收集到现场封闭式垃圾站，集中运出。

7. 地下设施、文物和资源保护

施工前应调查清楚地下各种设施，做好保护计划，保证施工场地周边的各类管道、管线、建筑物、构筑物的安全运行。施工过程中一旦发现文物，立即停止施工，保护现场并通报文物部门并协助做好工作。避让、保护施工场区及周边的古树名木。

（二）节材与材料资源利用技术要点

1. 节材措施

在图纸会审阶段即应审核节材与材料资源利用的相关内容，达到材料损耗率比定额损耗率降低 30%。

在施工阶段应根据施工进度、库存情况等合理安排材料的采购、进场时间和批次，减少库存。现场材料应堆放有序，储存环境适宜，保管制度健全，责任落实。材料运输工具适宜，装卸方法得当，防止损坏和遗洒。同时应根据现场平面布置情况就近卸载，避免和减少二次搬运。

施工过程中还应就地取材，施工现场 500km 以内生产的建筑材料用量占建筑材料总重量的 70%以上。

2. 围护材料

建筑门窗、屋面、外墙等围护结构应选用耐候性及耐久性良好的材料，施工确保密封性、防水性和保温隔热性。门窗采用密封性、保温隔热性能、隔声性能良好的型材和玻璃等材料。屋面材料、外墙材料具有良好的防水性能和保温隔热性能。当屋面或墙体等部位采用基层加设保温隔热系统的方式施工时，应选择高效节能、耐久性好的保温隔热材料，以减小保温隔热层的厚度及材料用量。屋面或墙体等部位的保温隔热系统采用专用的配套材料，以加强各层次之间的粘接或连接强度，确保系统的安全性和耐久性。

施工过程中应根据建筑物的实际特点，优选屋面或外墙的保温隔热材料系统和施工方式，例如保温板粘贴、保温板干挂、聚氨酯硬泡喷涂、保温浆料涂抹等，以保证保温隔热效果，并减少材料浪费。

施工过程中还应加强保温隔热系统与围护结构的节点处理，尽量降低热桥效应。针对建筑物不同部位的保温隔热特点，选用不同的保温隔热材料及系统，以做到经济适用。

3. 周转材料

在施工过程中应选用耐用、维护与拆卸方便的周转材料和机具。优先选用制作、安装、拆除一体化的专业队伍进行模板工程施工。模板应以节约自然资源为原则，推广使用定型钢模、钢框竹模、竹胶板。施工前应对模板工程的方案进行优化，多层、高层建筑使用可重复利用的模板体系，模板支撑宜采用工具式支撑。推广采用外墙保温板替代混凝土施工模板的技术。

现场办公和生活用房采用周转式活动房，现场围挡应最大限度地利用已有围墙，或采用装配式可重复使用围挡封闭。力争工地临房、临时围挡材料的可重复使用率达到 70%。

（三）节水与水资源利用的技术要点

1. 提高用水效率

施工过程中应采用先进的节水施工工艺及节水设备。施工现场喷洒路面、绿化浇灌不宜使用市政自来水。现场搅拌用水、养护用水应采取有效的节水措施，严禁无措施浇水养护混凝土。施工现场办公区、生活区的生活用水采用节水系统和节水器具，提高节水器具配置比率。项目临时用水应使用节水型产品，安装计量装置，采取针对性的节水措施。

施工过程中应重视水的再生循环利用。施工现场要建立可再利用水的收集处理系统，使水资源得到梯级循环利用，特别是现场机具、设备、车辆冲洗用水必须设立循环用水装置。

建立用水定额，强化计量考核。施工现场应分别对生活用水与工程用水制定用水定额指标，并分别计量管理。大型工程的不同单项工程、不同标段、不同分包生活区，凡具备条件的应分别计量用水量。在签订不同标段分包或劳务合同时，将节水定额指标纳入合同条款，进行计量考核。对混凝土搅拌站点等用水集中的区域和工艺点进行专项计量考核。施工现场供水管网应根据用水量设计布置，管径合理、管路简捷，采取有效措施减少管网和用水器具的漏损。

2. 非传统水源利用

施工现场应采取有力措施加大非传统水的使用量，争取使非传统水源和循环水的再利用量大于 30%。

优先采用中水搅拌、中水养护，有条件的地区和工程应收集雨水养护。处于基坑降水阶段的工地，宜优先采用地下水作为混凝土搅拌用水、养护用水、冲洗用水和部分生活用水。

3. 用水安全

在非传统水源和现场循环再利用水的使用过程中，应制定有效的水质检测与卫生保障措施，确保避免对人体健康、工程质量以及周围环境产生不良影响。

（四）节能与能源利用的技术要点

1. 节能措施

在绿色施工方案中要制订合理的施工能耗指标，提高施工能源利用率。在施工过程中应优先使用国家、行业推荐的节能、高效、环保的施工设备和机具，如选用变频技术的节能施工设备等。

施工现场分别设定生产、生活、办公和施工设备的用电控制指标，定期进行计量、核算、对比分析，并有预防与纠正措施。

在施工组织设计中，合理安排施工顺序、工作面，以减少作业区域的机具数量，相邻作业区充分利用共有的机具资源。安排施工工艺时，应优先考虑较少耗用电能的或其他能耗较少的施工工艺。避免设备额定功率远大于使用功率或超负荷使用设备的现象。

根据当地气候和自然资源条件，充分利用太阳能、地热等可再生能源。

2. 机械设备与机具

在绿色施工方案中要建立施工机械设备管理制度，开展用电、用油计量，完善设备档案，及时做好维修保养工作，使机械设备保持低耗、高效的状态。同时，合理安排工序，提高各种机械的使用率和满载率，降低各种设备的单位耗能。

应选择功率与负载相匹配的施工机械设备，避免大功率施工机械设备低负载长时间运行。机电安装可采用节电型机械设备，如逆变式电焊机和能耗低、效率高的手持电动工具等，以利节电。机械设备宜使用节能型油料添加剂，在可能的情况下，考虑回收利用，节约油量。

3. 生产、生活及办公临时设施

在施工现场应利用场地自然条件，合理设计生产、生活及办公临时设施的体形、朝向、间距和窗墙面积比，使其获得良好的日照、通风和采光。南方地区可根据需要在其外墙、窗设遮阳设施。临时设施宜采用节能材料，墙体、屋面使用隔热性能好的材料，减少夏天空调、冬天取暖设备的使用时间及耗能量。同时注意合理配置采暖、空调、风扇数量，规定使用时间，实行分段分时使用，节约用电。

4. 施工用电及照明

现场的临时用电应优先选用节能电线和节能灯具，临电线路合理设计、布置，临电设备宜采用自动控制装置，如采用声控、光控等节能照明灯具。照明设计以满足最低照度为原则，照度不应超过最低照度的 20%。

（五）节地与施工用地保护的技术要点

1. 临时用地指标

在绿色施工方案中应根据施工规模及现场条件等因素合理确定临时设施，如临时加工厂、现场作业棚及材料堆场、办公生活设施等的占地指标。临时设施的占地面积应按用地指标所需的最低面积设计。施工现场平面布置应合理、紧凑，在满足环境、职业健康与安全及文明施工要求的前提下尽可能减少废弃地和死角，临时设施占地面积有效利用率应大于 90%。

2. 临时用地保护

绿色施工方案中应对深基坑施工方案进行优化，减少土方开挖和回填量，最大限度地减少对土地的扰动，保护周边自然生态环境。红线外临时占地应尽量使用荒地、废地，少占用农田和耕地。工程完工后，及时对红线外占地恢复原地形、地貌，使施工活动对周边环境的影响降至最低。

施工现场应利用和保护施工用地范围内原有植被，对于施工周期较长的现场，可按建筑永久绿化的要求，安排场地新建绿化。

3. 施工总平面布置

施工现场总平面布置应做到科学、合理，充分利用原有建筑物、构筑物、道路、管线为施工服务。

施工现场搅拌站、仓库、加工厂、作业棚、材料堆场等布置应尽量靠近已有交通线路或即将修建的正式或临时交通线路，缩短运输距离。临时办公和生活用房应采用经济、美观、占地面积小、对周边地貌环境影响较小，且适合于施工平面布置动态调整的多层轻钢活动板房、钢骨架水泥活动板房等标准化装配式结构。生活区与生产区应分开布置，并设置标准的分隔设施。

施工现场围墙可采用连续封闭的轻钢结构预制装配式活动围挡，减少建筑垃圾，保护土地。施工现场道路按照永久道路和临时道路相结合的原则布置。施工现场内形成环形通路，减少道路占用土地。

六、绿色施工技术方案

根据建设行政管理部门的规定，在施工组织设计中应单独编制绿色施工方案，绿色施工方案编制完成后要按有关规定进行审批。

绿色施工方案一般包括编制依据、工程概况、管理机构、绿色施工原则、绿色施工目标及目标责任分解、绿色施工措施等。

绿色施工方案应充分考虑施工现场的实际情况，方案应具有可行性及科学性。

第二节　BIM 技术应用

一、建筑信息模型概述

建筑信息模型（BIM：Building Information Modeling，以下简称"BIM"）是指在建设工程及设施全生命周期内，对其物理和功能特性进行数字化表达，并依此设计、施工、运营的过程和结果的总称。BIM 模型宜采用基于工程实践的建筑信息模型方式（P-BIM：Practice-based BIM mode）。

BIM 的实施组织方式按照主体不同分为：建设单位（业主）BIM 和承包商 BIM。建设单位 BIM 是指建设单位为完成项目建设与管理，自行或委托第三方机构（有能力的设计、施工或咨询单位）应用 BIM 技术，实施项目全过程管理，有效实现项目的建设目标。承包商 BIM 是指设计、施工和咨询单位为完成自身承接的项目，自行实施应用 BIM 技术，实施项目设计、施工或管理。

在建设项目进行过程中，设计、施工、运营各相关方应根据 BIM 应用目标和范围选用具备相应功能的 BIM 软件。BIM 软件应具备下列基本功能：模型输入、输出；模型浏览或漫游；模型信息处理；相应的专业应用功能；应用成果处理和输出。各相关方宜在施工 BIM 应用中协同工作、共享模型数据，应采取协议约定等措施，保证施工模型中需共享的数据在施工各环节之间交换和应用。

在欧美建筑业普遍使用 Autodesk Revit 系列、Bentley Building 系列和 Graphisoft 的 ArchiCAD 等 BIM 软件。我国基于 BIM 技术的软件开发处于初级阶段，主要有天正、鸿业、博超等开发的 BIM 核心建模软件，中国建筑科学研究院的 PKPM 以及广联达等开发的造价管理软件等。

随着建筑领域 BIM 技术的发展，为了推进工程建设信息化实施、提高应用水平，我国也制定了一系列 BIM 标准：《建筑信息模型应用统一标准》GB/T 51212—2016、《建筑信息模型施工应用标准》GB/T 51235—2017、《建筑信息模型分类和编码标准》GB/T 51269—2017、《建筑信息模型设计交付标准》GB/T 51301—2018。各省、自治区和直辖市以及行业协会，也制定了各自的 BIM 技术标准。

二、建筑设备工程施工与管理各阶段 BIM 应用

(一) 施工图设计阶段

施工图设计阶段的 BIM 应用是各专业模型构建并进行优化设计的复杂过程。各专业信息模型包括建筑、结构、给水排水、暖通、电气等专业。施工图设计阶段的 BIM 应用主要包括：协同设计与碰撞检查、结构分析、工程量计算、施工图出具、三维渲染图出具。

协同设计是项目成员在同一个环境下用同一套标准来完成同一个设计项目。基于 BIM 技术的协同设计是指建立统一的设计标准，在此基础上，所有设计专业及人员在一个统一的平台上进行设计，从而减少现行专业之间以及专业内部之间由于沟通不畅或沟通不及时导致的错、漏、碰、缺，真正实现所有图纸信息元的单一性，实现一处修改其他自动修改，提升设计效率和设计质量。通过基于 BIM 的协同设计，可避免产生大量的专业冲突问题以及施工中因冲突而不断变更的问题 (见图 15-2)。

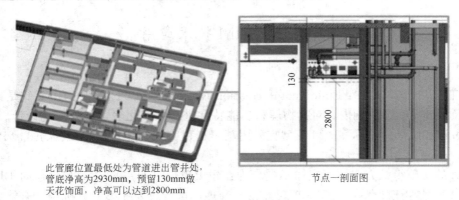

此管廊位置最低处为管道进出管井处，
管底净高为2930mm，预留130mm做
天花饰面，净高可以达到2800mm

节点一剖面图

图 15-2　机电协同设计

二维图纸不能用于空间表达，使得图纸中存在许多意想不到的碰撞盲区。并且，目前的设计方式多为"隔断式"设计，各专业分工作业，依赖人工协调项目内容和分段，也会导致设计往往存在专业间碰撞。同时，在机电设备和管道线路的安装方面还存在软碰撞的问题，即设备、管线不存在实际碰撞，但安装人员、机具不能到达安装位置的问题。基于 BIM 技术可以将两个不同专业的模型集成为两个模型，通过软件提供的空间冲突检查功能查找两个专业构件之间冲突可疑点，软件可以在发现可疑点时向操作者报警，经人工确认该冲突。应用 BIM 技术进行三维管线的碰撞检查，能够彻底消除管线打架、碰撞问题，优化管线排布方案，节省建筑空间，减少施工阶段的返工 (见图 15-3)，在实际工程应用中，BIM 的冲突检查已经取得良好的效果。

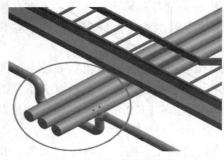

图 15-3　管线碰撞检查

设计成果中最重要的表现形式就是施工图，施工图是含有大量技术标注的图纸，在建筑工程的施工方法仍然以人工操作为主的技术条件下，施工图有其不可替代的作用。传统的 CAD 出图方式存在明显的不足：当产生施工图后，如果工程的某个局部发生设计更

新，则会同时影响与该局部相关的多个图纸。利用 BIM 技术，在施工图生成中，基于完整描述建筑空间与构件及管线的模型，自动生成图纸的理想情况下，理论上可实现任何实质性修改都反映在模型中，软件可根据模型修改信息自动更新所有与该修改相关的图纸；三维图渲染出具，既可以向业主展示建筑设计的仿真效果，也可供团队协调设计和讨论使用。

（二）施工阶段

施工阶段是实施贯彻设计意图的过程，是在确保工程各项目标的前提下，建设工程的重要环节，也是周期最长的环节。这阶段的工作任务是如何保质保量按期地完成建设任务。基于 BIM 技术的施工现场管理，一般是将施工准备阶段完成的模型，配合选用合适的施工管理软件进行集成应用，其不仅是可视化的媒介，而且能对整个施工过程进行优化和控制。有利于提前发现并解决工程项目中的潜在问题，减少施工过程中的不确定性和风险。同时，按照施工顺序和流程模拟施工过程，可以对工期进行精确的计算、规划和控制，也可以对人、机、料、法等施工资源统筹调度、优化配置，实现对工程施工过程交互式的可视化和信息化管理。BIM 技术在施工阶段具体应用主要体现在以下方面：

1. 施工进度管理

传统的项目进度管理过程中，二维设计图形象性差造成各专业之间的协调沟通不便，以及网络计划抽象难以理解和执行等。BIM 技术的应用，可以突破二维的限制，给项目进度控制带来极大的便利，如可以减少变更和返工进度损失、加快生产计划及采购计划编制、加快竣工交付资料准备，从而提升了全过程的协同效率。

通过将 BIM 模型与施工进度计划相链接，将空间信息与时间信息整合在一个可视的4D 模型中，不仅可以直观、精确地反映整个建筑的施工过程，还能实时追踪当前的进度状态，分析影响进度的因素，协调各专业，制定相应措施，以缩短工期、降低成本、提高质量（图 15-4）。

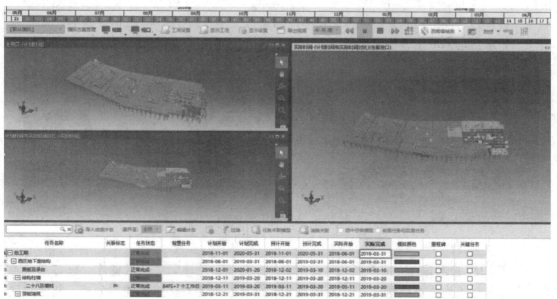

图 15-4　4D 进度模拟

2. 施工质量管理

基于 BIM 的工程项目质量管理包括产品质量管理及技术质量管理。

产品质量管理：BIM 模型储存了大量的建筑构件、设备信息。通过软件平台，可快速查找所需的材料及构配件信息，规格、材质、尺寸要求等，并可根据 BIM 设计模型，对现场施工作业产品进行追踪、记录、分析，掌握现场施工的不确定因素，避免不良后果的出现，监控施工质量。

技术质量管理：通过 BIM 的软件平台动态模拟施工技术流程，再由施工人员按照仿真施工流程施工，确保施工技术信息的传递不会出现偏差，避免实际做法和计划做法不一样的情况出现，减少不可预见情况的发生，监控施工质量（图 15-5）。

利用平台进行模型交底　利用PC端BIM模型进行复核　利用移动端BIM模型进行复核　技术复核

模型三维视角　　　　　现场完工状态

图 15-5　基于 BIM 模型的施工协同管理

3. 施工安全管理

基于 BIM 模型，结合 VR 技术和仿真模拟技术，利用施工现场虚拟三维全真模型，可以发现潜在的安全隐患并予以排除，对管理和施工人员开展安全教育活动（图 15-6）。对施工过程进行动态监测，特别是重要部位和关键工序（图 15-7），及时发现各类潜在危险源，系统自动采取报警给予提醒。

物品高坠打击体验场景　　　　　　　　火灾消防逃生体验场景

图 15-6　VR 施工安全教育

4. 施工成本管理

基于 BIM 技术，建立成本的 5D（3D 实体、时间、工序）关系数据库，以各单位工程量人机料单价为主要数据进入成本 BIM 中，能够快速实现多维度成本分析，从而对项目成本进行动态控制。BIM 技术在工程项目成本控制中的应用包括：

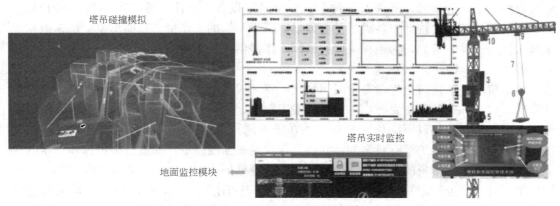

塔吊碰撞模拟

塔吊实时监控

地面监控模块

图 15-7　塔吊模拟和实时监控

（1）快速精确的成本核算

BIM 模型包含了二维图纸中所有位置长度等信息，并包含了二维图纸中不包含的材料等信息，计算机通过识别模型中的不同设备、构件及模型的几何物理信息，对各种设备、构件数量进行汇总统计。这种基于 BIM 的算量方法，减少了人为原因造成的计算错误，大量节约了人力的工作量和时间。

（2）预算工程量动态查询与统计

基于 BIM 技术，模型可直接生成所需材料的名称、数量和尺寸等信息，而且这些信息将始终与设计保持一致，在设计出现变更时，该变更将自动反映到所有相关的材料明细表中，预算工程量动态查询与统计所使用的所有构件信息也会随之变化。在基本信息模型的基础上增加工程预算信息，即形成了资源和成本信息的预算信息模型（图 15-8）。

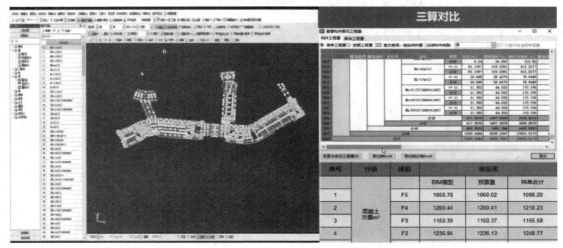

图 15-8　工程量统计与预算管理

（3）限额领料与进度款支付管理

基于 BIM 技术，在管理多专业和多系统数据时，能够采用系统分类和构件类型等方式对整个项目数据进行管理，为视图显示和材料统计提供规则。例如：给水排水、暖通专业可以根据设备的型号、外观及各种参数分别显示设备，方便计算材料用量。基于 BIM 模型，能够快速准确统计出各类构件的数量，减少预算的工作量，且能形象、快速地完成工程量拆分和重新汇总，为工程进度款结算工作提供技术支持。

（三）运维阶段

运维阶段是在建筑全生命期中时间最长、管理成本最高的重要阶段。目前，传统的运营管理阶段存在的问题主要有：一是目前竣工图纸、材料设备信息、合同信息、管理信息分离，设备信息往往以不同格式和形式存在于不同位置，信息的凌乱造成运营管理的难度；二是设备管理维护没有科学的计划性，仅仅是根据经验不定期进行维护保养，难以避免设备故障发生所带来的损失，处于被动式的管理维护；三是资产运营缺少合理的工具支撑，没有对资产进行运筹管理统计，造成很多资产的闲置浪费。BIM 技术在运维阶段应用的目的是提高管理效率、提升服务品质及降低管理成本，为设施的保值增值提供可持续的解决方案。BIM 技术在运维阶段的主要应用为：空间管理、资产管理、维护管理、公共安全管理、能耗管理。

复习思考题

1. 何谓绿色施工？绿色施工总体框架由哪些部分组成？
2. 绿色施工管理包括哪几个方面？
3. 绿色施工技术要点有哪些？
4. 什么是建筑信息模型？
5. BIM 技术应用价值是什么？

参 考 文 献

[1] 刘耀华. 施工技术及组织 [M]. 北京：中国建筑工业出版社，1988.

[2] 刘耀华. 安装技术 [M]. 北京：中国建筑工业出版社，1997.

[3] 王智伟. 建筑设备安装工程经济与管理（第三版）[M]. 北京：中国建筑工业出版社，2020.

[4] 张金和. 管道安装工程手册 [M]. 北京：机械工业出版社，2006.

[5] 丁志华，邱惠清. 新型管材与管件应用指南 [M]. 上海：同济大学出版社，2002.

[6] 柳金海. 工业管道施工安装工艺手册 [M]. 北京：中国计划出版社，2003.

[7] 丁云飞. 安装工程预算与工程量清单计价（第三版）[M]. 北京：化学工业出版社，2016.

[8] 许富昌. 暖通工程施工技术 [M]. 北京：中国建筑工业出版社，1997.

[9] 杨绿乔，郑安涛，郑克敏. 塑料管道工程设计与施工 [M]. 北京：中国建筑工业出版社，1990.

[10] 邢丽珍. 给水排水管道设计与施工（第二版）[M]. 北京：化学工业出版社，2009.

[11] 赵培森，竺士文，赵炳文. 建筑给排水·暖通空调设备安装手册 [M]. 北京：中国建筑工业出版社，1997.

[12] 贺平，孙刚，等. 供热工程（第五版）[M]. 北京：中国建筑工业出版社，2021.

[13] 郭邦海. 管道安装技术实用手册 [M]. 北京：中国建材工业出版社，1999.

[14] 吴耀伟. 供热通风与建筑给排水工程施工技术 [M]. 哈尔滨：哈尔滨工业大学出版社，2001.

[15] 杨万高. 建筑电气安装工程手册 [M]. 北京：中国电力出版社，2005.

[16] 中国建设监理协会. 建设工程合同管理 [M]. 北京：知识产权出版社，2019.

[17] 中国建设监理协会. 建设工程进度控制 [M]. 北京：中国建筑工业出版社，2019.

[18] 全国一级建造师执业资格考试用书编写委员会. 机电工程管理与实务（2021年版）[M]. 北京：中国建筑工业出版社，2020.

[19] 上海市住房和城乡建设管理委员会. 上海市建筑信息模型技术应用指南. 2017.

[20] 上海住房和城乡建设管理委员会. 上海市建筑信息模型技术应用于发展报告 2021-案例集. 2021.

[21] 中华人民共和国住房和城乡建设部. 建筑信息模型应用统一标准 GB/T 51212 [S]. 北京：中国建筑工业出版社，2017.

[22] 中华人民共和国住房和城乡建设部. 建筑信息模型施工应用标准 GB/T 51235 [S]. 北京：中国建筑工业出版社，2018.

[23] 李慧民. BIM 技术应用基础教程 [M]. 北京：冶金工业出版社，2017.

[24] 陆泽荣，刘占省. BIM 技术概论（第二版）[M]. 北京：中国建筑工业出版社，2018.

[25] 陆泽荣，刘占省. BIM 应用与项目管理（第二版）[M]. 北京：中国建筑工业出版社，2018.

[26] Autodesk. BIM 案例-同济设计院集团大楼 BIM 运维管理应用. 2018.

教育部高等学校建筑环境与能源应用工程专业教学指导分委员会规划推荐教材

征订号	书名	作者	定价(元)	备 注
23163	高等学校建筑环境与能源应用工程本科指导性专业规范(2013年版)	本专业指导委员会	10.00	2013年3月出版
25633	建筑环境与能源应用工程专业概论	本专业指导委员会	20.00	
34437	工程热力学(第六版)	谭羽非 等	43.00	国家级"十二五"规划教材(可免费索取电子素材)
35779	传热学(第七版)	朱彤 等	58.00	国家级"十二五"规划教材(配有电子素材)
32933	流体力学(第三版)	龙天渝 等	42.00	国家级"十二五"规划教材(附网络下载)
34436	建筑环境学(第四版)	朱颖心 等	49.00	国家级"十二五"规划教材(可免费索取电子素材)
31599	流体输配管网(第四版)	付祥钊 等	46.00	国家级"十二五"规划教材(可免费索取电子素材)
32005	热质交换原理与设备(第四版)	连之伟 等	39.00	国家级"十二五"规划教材(可免费索取电子素材)
28802	建筑环境测试技术(第三版)	方修睦 等	48.00	国家级"十二五"规划教材(可免费索取电子素材)
21927	自动控制原理	任庆昌 等	32.00	土建学科"十一五"规划教材(可免费索取电子素材)
29972	建筑设备自动化(第二版)	江亿 等	29.00	国家级"十二五"规划教材(附网络下载)
34439	暖通空调系统自动化	安大伟 等	43.00	国家级"十二五"规划教材(可免费索取电子素材)
27729	暖通空调(第三版)	陆亚俊 等	49.00	国家级"十二五"规划教材(可免费索取电子素材)
27815	建筑冷热源(第二版)	陆亚俊 等	47.00	国家级"十二五"规划教材(可免费索取电子素材)
27640	燃气输配(第五版)	段常贵 等	38.00	国家级"十二五"规划教材(可免费索取电子素材)
34438	空气调节用制冷技术(第五版)	石文星 等	40.00	国家级"十二五"规划教材(可免费索取电子素材)
31637	供热工程(第二版)	李德英 等	46.00	国家级"十二五"规划教材(可免费索取电子素材)
29954	人工环境学(第二版)	李先庭 等	39.00	国家级"十二五"规划教材(可免费索取电子素材)
21022	暖通空调工程设计方法与系统分析	杨昌智 等	18.00	国家级"十二五"规划教材
21245	燃气供应(第二版)	詹淑慧 等	36.00	国家级"十二五"规划教材
34898	建筑设备安装工程经济与管理(第二版)	王智伟 等	49.00	国家级"十二五"规划教材
38811	建筑设备工程施工技术与管理(第三版)	丁云飞 等	58.00	国家级"十二五"规划教材(配有电子素材)
20660	燃气燃烧与应用(第四版)	同济大学 等	49.00	土建学科"十一五"规划教材(可免费索取电子素材)
20678	锅炉与锅炉房工艺	同济大学 等	46.00	土建学科"十一五"规划教材

欲了解更多信息，请登录中国建筑工业出版社网站：www.cabp.com.cn查询。在使用本套教材的过程中，若有何意见或建议以及免费索取备注中提到的电子素材，可发Email至：jiangongshe@163.com。